精通嵌入式
Linux
程式設計 第三版 上

Mastering Embedded Linux Programming

Frank Vasquez、Chris Simmonds　著
錢亞宏　譯・博碩文化　審校

博碩文化

精通嵌入式
Linux
程式設計 第三版 上

Mastering Embedded Linux Programming

Frank Vasquez、Chris Simmonds 著
錢亞宏 譯．博碩文化 審校

本書如有破損或裝訂錯誤，請寄回本公司更換

作　　者：Frank Vasquez、Chris Simmonds
譯　　者：錢亞宏
責任編輯：盧國鳳

董 事 長：陳來勝
總 編 輯：陳錦輝

出　　版：博碩文化股份有限公司
地　　址：221 新北市汐止區新台五路一段 112 號 10 樓 A 棟
　　　　　電話 (02) 2696-2869　傳真 (02) 2696-2867

發　　行：博碩文化股份有限公司
郵撥帳號：17484299　戶名：博碩文化股份有限公司
博碩網站：http://www.drmaster.com.tw
讀者服務信箱：dr26962869@gmail.com
訂購服務專線：(02) 2696-2869 分機 238、519
（週一至週五 09:30 ～ 12:00；13:30 ～ 17:00）

版　　次：2023 年 7 月三版一刷

建議零售價：新台幣 750 元
I S B N：978-626-333-511-0
律師顧問：鳴權法律事務所 陳曉鳴律師

國家圖書館出版品預行編目資料

精通嵌入式 Linux 程式設計 / Frank Vasquez, Chris
Simmonds 著；錢亞宏譯. -- 第三版. -- 新北市：
博碩文化股份有限公司, 2023.07
　冊；　公分. -- (博碩書號；MP12204-MP12205)
譯自：Mastering embedded Linux programming,
3rd ed.

ISBN 978-626-333-511-0 (上冊：平裝). --
ISBN 978-626-333-512-7 (下冊：平裝)

1.CST: 作業系統

312.54　　　　　　　　　　　　112008869

Printed in Taiwan

歡迎團體訂購，另有優惠，請洽服務專線
博碩粉絲團 (02) 2696-2869 分機 238、519

商標聲明

本書中所引用之商標、產品名稱分屬各公司所有，本書引用
純屬介紹之用，並無任何侵害之意。

有限擔保責任聲明

雖然作者與出版社已全力編輯與製作本書，唯不擔保本書及
其所附媒體無任何瑕疵；亦不為使用本書而引起之衍生利益
損失或意外損毀之損失擔保責任。即使本公司先前已被告知
前述損毀之發生。本公司依本書所負之責任，僅限於台端對
本書所付之實際價款。

著作權聲明

Copyright © Packt Publishing 2021. First published in the
English language under the title 'Mastering Embedded Linux
Programming - Third Edition – (9781789530384)'

本書著作權為作者所有，並受國際著作權法保護，未經授權
任意拷貝、引用、翻印，均屬違法。

貢獻者

關於作者

Frank Vasquez 是一名專精於消費性電子產品的獨立軟體顧問。尤其在嵌入式 Linux 系統的設計與開發上，有著超過 10 多年的經驗。這些經驗中包括了機架式的 DSP 音訊伺服器、水下手持聲納攝影機，以及消費性 IoT 熱點裝置等無數裝置。而在成為一名嵌入式 Linux 工程師之前，Frank 曾經是 IBM 公司的一名 DB2 資料庫內核開發人員。他如今生活在美國矽谷。

> 感謝全心接納我的開源軟體社群（尤其是 Yocto Project 社群）。同時也感謝我的太太 Deborah，感謝她容忍我熬夜研究各式硬體。這個世界因 Linux 而美好！

Chris Simmonds 出身於英格蘭南部。他是一名軟體顧問與指導者，擁有 20 多年的「嵌入式系統開源軟體」的設計與開發經驗。同時，他也是 2net Ltd. 公司的創辦人與主要顧問，在嵌入式 Linux、Linux 裝置驅動程式以及 Android 平台開發上，提供專業的訓練與顧問服務。他為許多「嵌入式領域」知名的大型公司訓練過無數軟體工程師，這些公司包括 ARM、Qualcomm、Intel、Ericsson 以及 General Dynamics。他也是各種開源軟體社群與嵌入式技術大會的常客，其中包括 Embedded Linux Conference 與 Embedded World 等等。

關於審校者

Ned Konz 信仰史特金定律（Sturgeon's Law，意指世上其實有 90% 的作品一無是處），並且努力自學成才，積極投身於剩下那 10% 的人當中。在過去 45 年間，他的工作經驗橫跨了工業用、消費性以及醫療領域各種裝置、軟體還有電子零組件的設計開發，並與 Alan Kay 的團隊一同在 HP 實驗室中研究使用者介面。他曾將「嵌入式 Linux」應用於高端聲納裝置、檢查用相機以及 Glowforge 雷射切割器當中。身為西雅圖 Product Creation Studio 的一名資深嵌入式系統開發工程師，他設計了無數終端產品的軟體與電子零組件。在閒暇之餘，他會自己組裝打造各種電子零件。他也是搖滾樂團中的一名貝斯手。他還曾進行兩次單人自行車之旅，每次都旅行至少超過了 4,500 英哩之遠。

感謝我的妻子 Nancy，感謝她一直以來的支持。感謝 Frank Vasquez 推薦我成為本書的技術審校者。

Khem Raj 是一名在電子與通訊工程學領域擁有榮譽學位的學士。在 20 多年的軟體系統開發職涯當中，他曾在各種新創公司以及財星 500 大公司當中任職。在任職期間，致力於開發作業系統、編譯器、程式設計語言、具擴展性的組建系統，以及各種系統軟體的開發與最佳化。他對開源軟體的開發充滿熱情，並且是一名多產的社群貢獻者，經常投身於維護廣為人知的開源專案（例如 Yocto Project）。同時，他也是各種開源軟體大會的演講常客。他還是一名書蟲，並努力做到終身學習。

目錄

Section 1：嵌入式 Linux 的要件

Section 2：系統架構與設計決策

前言

多年以來，Linux 一直都是嵌入式裝置開發的主流。但奇怪的是，卻很少有專書涵蓋完整的主題：這也是本書的主旨所在，為了填補此一空白。不過，所謂的「嵌入式Linux」（embedded Linux）這個術語並沒有明確的定義，甚至可以泛指從「恆溫控制器」到「Wi-Fi 路由器」再到「工業控制元件」中各式各樣裝置的作業系統。然而，這些作業系統都有著共通的開源軟體基礎，也就是筆者會在本書中描述的技術，並且在說明時，會輔以個人多年來的開發經驗，以及用於訓練課程中的教材。

科技技術日新月異。嵌入式裝置業界就如同主流的電子計算機領域，同樣都容易受到「摩爾定律」（Moore's law）的影響。這也意味著自本書「第一版」問世以來，許多事物在指數級增長的影響下，發生了翻天覆地的變化。「第三版」經過全面修訂，採用本書寫成當下最新版本的開源軟體與元件，包括 Linux 5.4 版本、Yocto Project 3.1 版本（Dunfell），以及 Buildroot 2020.02 LTS 長期維護版本。而且，除了原先的 Autotools 之外，這次也將 CMake 這項近年來越來越廣受採用的組建系統（build system）涵蓋進來。

在本書中，我們將按照各位讀者實務上可能會遇到議題的順序，來依序介紹這些主題。前 8 個章節為 Section 1（第一部分），涉及了專案早期階段中關於「工具鏈」的選擇、「啟動載入器」以及「內核」等基礎知識，並且以 Buildroot 與 Yocto Project 作為範例，示範如何建立起一套嵌入式組建系統。在 Section 1 結束前，會稍微深入介紹一下 Yocto Project。

本書的 Section 2（第二部分），也就是「第 9 章」至「第 15 章」的內容，會著眼於實際開發前需要做出的各種設計決策。包括了對檔案系統的規劃、軟體更新的機制、驅動程式的安排、init 程式，還有電源管理等議題。其中「第 12 章」會示範「使用針腳擴充板（breakout board）快速打造產品原型」的過程，說明如何看懂機板的電路圖、操作焊錫接線，以及用一台邏輯分析儀來查看訊號排除異常。「第 14 章」會深入介紹 Buildroot，學習如何使用 BusyBox 的 runit 來將軟體化為常駐服務。

Section 3（第三部分）的「第 16 章」、「第 17 章」與「第 18 章」會以專案的實務開發階段為主進行說明。我們會從 Python 打包方案及依賴關係管理議題開始，這是一個

重要的主題，因為機器學習正快速普及到我們的日常生活中。接著，我們會討論各種形式的「程序間通訊」與「執行緒程式設計」。這個部分的最後，我們會深入探討 Linux 系統如何管理記憶體，並使用各種工具，來查看記憶體的使用情形，以及檢測是否有出現「記憶體洩漏」的問題。

最後的 Section 4（第四部分）包括「第 19 章」與「第 20 章」，這邊筆者會向各位讀者示範如何有效利用 Linux 的眾多除錯與剖析工具，來查看發生的異常問題，並找出問題的原因。其中「第 19 章」會說明如何設定 Visual Studio Code 以 GDB 進行遠端除錯；「第 20 章」則會介紹一種可以進一步在 Linux 內核中追蹤程式的新技術，即 BPF。最後一章，我們會彙總本書所介紹的各項主題，說明如何在即時（real-time）應用程式開發的領域中運用 Linux 系統。

這些章節所介紹的內容，都是在嵌入式 Linux 開發中的重要議題。涵蓋的範圍從「學習常見原則的背景知識」到「各項議題領域的實務範例」都有。這本書除了學習理論之外，也可以當作一本工具書，要是在各位讀者手上這兩種功用兼具那就最好了：因為「從做中學」總是最快的。

目標讀者

本書是專為開發人員編寫的，特別針對那些希望在「嵌入式開發」與「Linux 作業系統」等領域上拓展各項議題知識的讀者，或對此感興趣的讀者。在撰寫本書時，筆者會假設各位讀者對 Linux 系統中的指令列環境（Linux command line）已具備基礎認識，並且能夠看懂以 C 或 Python 程式語言所寫成的範例。其中也有數個章節會牽涉到嵌入式開發常用的目標機板（target board），因此要是在這部分事先有所涉獵的話，閱讀與學習起來會更事半功倍。

本書內容

編輯註：上冊包含前言以及第 1 章到第 15 章（Section 1 ～ Section 2），下冊包含前言以及第 16 章到第 21 章（Section 3 ～ Section 4）。

「第 1 章，一切由此開始」中，將會向各位讀者介紹嵌入式 Linux 領域中的各大生態系統，以及在專案初期時可能面臨的選擇，以此作為破題。

「第 2 章，工具鏈」中，將會著重於跨平台編譯的議題，介紹工具鏈裡的各項元件。當中包括如何獲取工具鏈，以及告訴你該如何從原始碼組建出一個工具鏈的詳細步驟。

「第 3 章，啟動載入器」中，將會說明啟動載入器在載入 Linux 內核的過程裡所扮演的角色，並以 U-Boot 作為實例。在這邊，還會介紹硬體結構樹，這是一種在許多嵌入式 Linux 系統中都會用來描述硬體設定的檔案結構。

「第 4 章，設定與組建內核」中，將會向各位讀者說明，如何替嵌入式系統選擇 Linux 內核，並且根據裝置上的硬體進行設定。在這邊，還會說明如何將 Linux 移植到新的硬體上面去。

「第 5 章，建立根目錄檔案系統」中，將會以逐步漸進的方式，指引讀者設定出一個根目錄檔案系統，藉此說明嵌入式 Linux 系統開發中用戶空間（user space）背後的概念。

「第 6 章，選擇組建系統」中，將會介紹兩款嵌入式 Linux 組建系統，一個是 Buildroot，另一個是 Yocto Project，濃縮前面四個章節中的工作，使過程自動化。

「第 7 章，運用 Yocto Project 開發」中，將會示範如何在既有的機板支援套件（BSP）資料層上組建出系統映像檔、如何利用 Yocto 的擴充 SDK 來開發可供機板使用的軟體套件，以及如何利用執行期的套件管理器，來完善自己的嵌入式 Linux 發行版。

「第 8 章，深入 Yocto Project」中，將會深入探討 Yocto 組建系統的運作流程，並詳細說明 Yocto 獨有的多資料層架構。此外，我們還會以實際的方案檔作為範例，介紹 BitBake 語法的基礎。

「第 9 章，建立儲存空間的方式」中，將會討論在管理快閃記憶體時會遇到的挑戰，這些快閃記憶體包括了快閃記憶體晶片、**eMMC（embedded MMC，嵌入式 MMC）** 的硬體套件，並根據不同技術類型，介紹適合的檔案系統。

「第 10 章，上線後的軟體更新」中，將會探討各種裝置上線後更新軟體的方式，包括**遠端推送更新（Over-the-Air，OTA）** 這種由遠端全權管理的機制。但無論是哪一種機制，重要的議題都是圍繞在可靠性與安全性上。

「第 11 章，裝置驅動程式」中，將會以一個簡單的驅動程式實例，說明內核驅動程式是如何與硬體互動。在這邊，還會介紹從用戶空間呼叫裝置驅動程式的各種方法。

「第 12 章，使用針腳擴充板打造原型」中，將會示範如何使用針腳擴充板，搭配已預先針對 BeagleBone Black 組建好的一份 Debian 映像檔，快速地在軟、硬體雙方面建立起產品原型。本章也會說明如何查看機板的規格書與電路圖、操作焊錫接線、處理硬體結構樹的定義，以及分析 SPI 訊號等。

「第 13 章，動起來吧！ init 程式」中，將會介紹用戶空間中第一支執行的程式，也是負責啟動系統其他元件的程式：init。當中將介紹 init 程式的三種版本，從最單純的 BusyBox init、System V init，再到現今最常被採用的 systemd，每種版本都有對應不同合適的嵌入式系統情境。

「第 14 章，使用 BusyBox runit 快速啟動」中，將會深入說明如何使用 Buildroot 將系統劃分為獨立的 BusyBox runit 服務，每個服務都有自己專用的服務監督與服務紀錄，就像 systemd 提供的功能一樣。

「第 15 章，電源管理」中，將會討論各種能夠節降 Linux 系統耗電量的手段，包括動態時脈、電壓調整、選擇採用深層閒置狀態，甚至讓系統進入睡眠。然而，不論是哪一種策略，目標都是在於讓電池的運作更持久、讓系統不要過熱。

「第 16 章，打包 Python 應用程式」中，將會利用 Python 這個程式語言的開發情境，說明如何將 Python 模組一同打包並部署，以及討論 pip、虛擬環境、conda、Docker 等各種打包部署手段的使用時機。

「第 17 章，程序與執行緒」中，將會以應用程式開發者的角度切入，以此觀點來說明嵌入式系統。這個章節將會介紹程序、執行緒、程序之間的通訊方式，以及關於排程上的策略。

「第 18 章，記憶體管理」中，將會介紹虛擬記憶體的原理，以及如何將位址空間配置為記憶體的映射。在這邊，還會探討到如何確認記憶體的使用量，以及偵測記憶體洩漏問題。

「第 19 章，以 GDB 除錯」中，將會告訴你如何使用 GDB 這個 GNU 的除錯器，並搭配除錯代理程式（debug agent）gdbserver，從遠端對目標裝置進行除錯作業。此外，我們還會進一步針對內核程式碼的部分，利用 KGDB 這項工具進行除錯作業。

「第 20 章，剖析與追蹤」中，將會探討可用來量測系統效能的技巧，從對整個系統全面性的剖析開始，然後逐步縮小範圍鎖定到真正造成效能低下的特定瓶頸問題。在這邊還會介紹 Valgrind，並使用這項工具確認應用程式內的執行緒同步機制以及記憶體配置是否有出現異常。

「第 21 章，即時系統開發」中，將會針對 Linux 上的即時作業開發提供詳盡的指引，包括對內核的設定，以及如何進行 PREEMPT_RT 即時系統版本的內核修補，並且介紹 Ftrace 工具，以便量測即時系統情境下的內核延遲問題。在這邊，還會探討各類內核設定下會造成的影響。

閱讀須知

本書全面使用開源軟體。大多數時候，筆者都是採用本書寫成當下該軟體的最新穩定版本。不過，即使筆者在敘述時已盡量避開那些與特定版本相關的功能，不可避免地，本書的範例在將來的某一天還是會因為軟體版本更新而需要做出一定的修改才能運行。

本書採用的硬體／軟體	作業系統需求
BeagleBone Black	無
Raspberry Pi 4	無
QEMU（32 位元 ARM 架構）	Linux（任意發行版）
Yocto Project 3.1（代號 Dunfell）	需相容的 Linux 發行版 *
Buildroot 2020.02 LTS 長期維護版本	Linux（任意發行版）
Crosstool-NG 1.24.0	Linux（任意發行版）
U-Boot v2021.01	Linux（任意發行版）
Linux 5.4 版本內核	Linux（任意發行版）

關於上表 * 的細節，請參考「Yocto Project Quick Build」中的「Compatible Linux Distribution」小節：https://docs.yoctoproject.org/brief-yoctoprojectqs/index.html。

嵌入式 Linux 的開發會同時牽涉到兩個系統：用於編寫程式碼的「開發環境」（the host）以及負責執行這些程式的「目標環境」（the target）。雖然筆者是採用 Ubuntu 20.04 LTS 長期維護版本作為開發環境，但只要稍微修改一下，其實大多數的 Linux 發行版都能作為此用。只是，如果有讀者想要以虛擬機器的方式運行 Linux 作業系統，就要注意本書中某些範例（例如以 Yocto Project 組建出自訂發行版）對「作業系統」與「環境」的要求會比較多，因此最好還是以非虛擬的 Linux 作業系統安裝進行。

至於在目標環境這一方面，筆者則是提供了三種不同範例：QEMU 的模擬器（emulator）、BeagleBone Black 機板，以及 Raspberry Pi 4 機板。其中 QEMU 模擬器適合在無法取得硬體的情況下使用，本書中大多數的範例都能以 QEMU 進行操作。但如果手上有硬體的話，操作起來還是會比較有實感，因此筆者選擇了入手門檻比較低的 BeagleBone Black 作為第二種選項，方便入手、廣為採用，並且有著非常活躍的支援社群。第三種選項的 Raspberry Pi 4 則是因為本身就內建了 Wi-Fi 與藍牙模組的關係，因此被筆者納入採用。當然了，其實讀者們也不一定要侷限在這幾種環境，主要還是為了盡可能地提供可通用的範例與操作情境，以便將解決方案套用到各式各樣的目標機板（target board）上。

下載範例程式檔案

你可以從 GitHub 下載本書的範例程式碼：`https://github.com/PacktPublishing/Mastering-Embedded-Linux-Programming-Third-Edition`。

如果程式碼有更新，筆者也會直接更新在這份 GitHub 儲存庫上。在 `https://github.com/PacktPublishing/`，我們還為各類專書提供了豐富的程式碼和影片資源。讀者可以去查看一下！

下載本書的彩色圖片

我們還提供你一個 PDF 檔案，其中包含本書使用的彩色截圖和圖表，可以在此下載：`https://static.packt-cdn.com/downloads/9781789530384_ColorImages.pdf`。

本書排版格式

在這本書中,你會發現許多不同種類的排版格式。

段落間的程式碼(Code in text):在文本中的程式碼、資料庫表格名稱、資料夾名稱、檔案名稱、副檔名、路徑名稱、網址、使用者的輸入和 Twitter 帳號名稱。舉例來說:「我們需要 User Mode Linux(UML)專案中的 tunctl 指令工具,才能設定開發環境端的網路連線。」

程式碼區塊,會以如下方式呈現:

```
#include <stdio.h>
#include <stdlib.h>
int main (int argc, char *argv[])
{
    printf ("Hello, world!\n");
    return 0;
}
```

指令列環境的輸入或輸出則如下所示:

```
$ sudo tunctl -u $(whoami) -t tap0
```

粗體字:本書中第一次出現的專有名詞和重要詞彙,或是讀者們操作範例時在畫面上看到的輸出,會以粗黑字體顯示。舉例來說,主選單或對話視窗當中的字串,會以如下格式呈現:「點擊 Etcher 中的 **Flash** 選項開始寫入映像檔。」

Tip、 Note
小提醒、小技巧或警告等重要訊息,會出現在像這樣的文字方塊中。

讀者回饋

我們始終歡迎讀者的回饋。

一般回饋：如果你對本書的任何方面有疑問，請發送電子郵件到 customercare@ packtpub.com，並在郵件的主題中註明書籍名稱。

提供勘誤：雖然我們已經盡力確保內容的正確性與準確性，但錯誤還是可能會發生。若你在本書中發現錯誤，請向我們回報，我們會非常感謝你。勘誤表網址為 www. packtpub.com/support/errata，請選擇你購買的書籍，點擊 Errata Submission Form，並輸入你的勘誤細節。

侵權問題：如果讀者在網路上有發現任何本公司的盜版出版品，請不吝告知，並提供下載連結或網站名稱，感謝您的協助。請寄信到 copyright@packt.com 告知侵權情形。

著作投稿：如果你具有專業知識，並對寫作和貢獻知識有濃厚興趣，請參考：http:// authors.packtpub.com。

讀者評論

我們很樂意聽到你的想法！當你使用並閱讀完本書時，何不到 Packt 官網分享你的回饋？讓尚未接觸過本書的潛在讀者，可以在 Packt 官網看到你客觀的評論，並做出購買決策。讓 Packt 可以了解你對我們書籍產品的想法，並讓 Packt 的作者可以看到你對他們著作的回饋。謝謝你！

有關 Packt 的更多資訊，請造訪 packtpub.com。

Section 1

嵌入式Linux的要件

本書的 Section 1 旨在協助各位讀者建立開發環境與工作平台,為後續的閱讀和接下來的範例操作做好準備。這個階段通常又被稱為「啟動階段」。

Section 1 包含了以下章節:

- 第 1 章:一切由此開始
- 第 2 章:工具鏈
- 第 3 章:啟動載入器
- 第 4 章:設定與組建內核
- 第 5 章:建立根目錄檔案系統
- 第 6 章:選擇組建系統
- 第 7 章:運用 Yocto Project 開發
- 第 8 章:深入 Yocto Project

1

一切由此開始

我們正準備著手下一個專案，而且這次，專案的成果需要在 Linux 系統上運行。等等，在急著把手指頭放到鍵盤上、開始敲打之前，有沒有什麼事情是應該先考慮清楚的？底下讓我們先以概觀的方式，看看嵌入式 Linux 之所以如此受到歡迎的原因、開源授權的意義，以及我們運行 Linux 時需要什麼樣的硬體。

1999 年左右，Linux 開始在嵌入式裝置上嶄露頭角。那時正值 Axis（www.axis.com）以及 TiVo（business.tivo.com）分別公開第一台以 Linux 為核心的網路攝影機和**數位錄影機（DVR）**。於是，從 1999 年開始 Linux 越來越普及，直到今日已經是許多專案所採用的作業系統。在本書寫作的 2021 年時，採用 Linux 的裝置數量已超過二十億之譜。這當中有很大一部分包括了使用 Linux 內核的 Android 智慧型手機，還有數以百萬計的機上盒、智慧型電視機、無線路由器，更不用說其他那些數量雖少，但五花八門的車況診斷工具、電子磅秤、工業裝置和醫療監控裝置了。

在本章節中，我們將帶領各位讀者一起了解：

- 為何要選擇 Linux ？
- 為何不選擇 Linux ？
- 為 Linux 生態圈貢獻的人們
- 專案的生命週期
- 開放原始碼
- 嵌入式 Linux 的硬體

- 本書會用到的硬體
- 關於開發環境

為何要選擇 Linux ？

為什麼你的電視要用 Linux ？就表面上來看，電視機的功能再簡單不過：將一連串的影像顯示在螢幕上而已。有何必要用到 Linux 這麼複雜的作業系統？

答案很簡單，就是「摩爾定律」（Moore's Law）：由 Intel 的共同創辦人 Gordon Moore 在 1965 年所觀察到，只要每過兩年，單一晶片上的元件密度就會增加一倍的定律。這定律影響了我們設計出來、在日常生活中所使用的裝置，如桌上型電腦、筆記型電腦、伺服器等。而大多數嵌入式裝置的重心，都是一顆包括了一到多個處理器核心的高度整合晶片，然後再與主記憶體、儲存空間，以及各種週邊透過介面介接。這又稱為**系統單晶片（System on Chip）**或簡稱 **SoC**，而在遵循摩爾定律下，這類晶片的複雜度越來越高。一顆普通的系統單晶片的技術指引手冊可以多達上千頁，所以如今的電視不再像過去的老類比電視機一樣，只是單純地將影像的訊號顯示出來而已。

影像的訊號流是數位的，而且還可能經過加密，於是需要處理後才能轉成畫面。這些電視機能夠（或是將來會）連上網際網路，還能夠從智慧型手機、平板電腦與家庭媒體伺服器上接收內容。它能夠（或是將來會）用來遊玩遊戲，還有更多各式各樣的功能，而這些你都需要一個完整的作業系統才能因應越來越複雜的需求。

於是，下面是一些促成 Linux 被採用的關鍵：

- Linux 擁有所需的功能。包括一個好的排程管理，一個好的網路堆疊機制、支援 USB、Wi-Fi、藍牙和各種儲存媒體，以及對多媒體裝置的支援度夠好等等。以上這些功能盡在其中。
- Linux 支援多種處理器架構，而且當中包括一些在系統單晶片設計裡常見的架構，如 ARM、MIPS、x86、PowerPC。
- Linux 是開源的，所以你可以自由下載原始碼，並依你的需求修改。你自己或者是替你工作的人，可以根據特定的系統單晶片機板或裝置來建立支援套件（support package）。你可以自行增加協定、功能，以及其他不在主版本原始碼中的技術。你也可以移除那些不需要的功能，以降低記憶體與空間需求。Linux 是很彈性的。

- Linux 有一個活躍的社群，特別是在 Linux 內核（kernel）的部分非常活躍。
  只要每 8 到 10 週，就會釋出一個新版本的內核，而且每次釋出中都包含了超過
  1,000 名開發者所貢獻的程式碼。一個活躍的社群代表著 Linux 能持續跟上潮
  流，而且支援最新的硬體、協定、標準。
- 開源授權（open source license）保證我們能拿到原始碼，而無需與供應商打交
  道。

基於以上這些理由，Linux 對複雜功能的裝置來說是個理想的選擇，但在這裡也要提出
一些警告。複雜，代表著你很難全盤理解。而且，伴隨著快速的發展進程以及基於開源
精神的非集中式架構，你必須花上一點心力才能學會使用，甚至隨著它的發展，你必須
一直學習。希望本書能在各位讀者的學習過程中，發揮一些幫助作用。

為何不選擇 Linux ？

Linux 真的適合我們的專案嗎？Linux 適合面對複雜的問題，尤其適合於需要互連性、
安全性與複雜的使用者介面時。然而，它並非什麼萬靈丹，所以有些事情我們必須先考
慮清楚：

- 我們的硬體能力足夠嗎？相較於 VxWorks 或 QNX 這類傳統的**即時作業系統**
  （**real-time operating system，RTOS**）來說，Linux 需要更多的硬體資源。
  它需要至少一個 32 位元的處理器以及更多的記憶體空間。這部分筆者會在講到
  硬體需求的章節時再詳細描述。
- 我們是否具備足夠的技術？在專案早期的硬體啟動（board bring-up）階段，需
  要對 Linux 有詳盡的認識，了解 Linux 與你的硬體之間如何關聯在一起。比方
  說，當你替軟體進行除錯跟微調時，需要有能力分析結果。如果你並不具備這類
  技巧，你可能該考慮將部分工作外包。當然，閱讀本書也能有所幫助。
- 我們需要即時系統嗎？只要注意一些細節，Linux 當然可以處理許多即時行為的
  需求，我們之後會在「**第 21 章，即時系統開發**」中提到這點。
- 我們需要符合法規上的規範嗎（例如醫療器材規範、自動駕駛規範、航空設備規
  範等等）？如果有這類需求，需要符合法規上的驗證與規定，那麼或許其他作業
  系統更適合。即便你最終還是決定採用 Linux，最好還是從其他廠商那邊採購商
  業化版本的 Linux 為佳。

仔細考慮上面這幾點。你也可以找找與專案目標近似、同樣運行著 Linux 的產品，並了解他們怎麼做的，或許這也能成為最佳的成功指引，然後依樣畫葫蘆。

為 Linux 生態圈貢獻的人們

這些開源軟體是從哪裡來的？是誰寫出了它？更重要的是，這些人是如何影響在嵌入式開發中的關鍵要件——工具鏈、啟動載入器、內核與根目錄檔案系統中的基本功能？

這些源頭主要來自於：

- **開源社群**：畢竟，我們將要使用的軟體是由他們去推動、製作出來的。社群是一群組織鬆散的開發者們，許多人都以不同的方式獲得贊助，如透過非營利組織、學術單位或企業行號。他們同心協力發展出各式各樣的專案，而且這些專案的大小不一。有些將會在本書接下來的內容中助我們一臂之力，如 Linux 本身，還有 U-Boot、BusyBox、Buildroot、Yocto Project，以及在 GNU 旗下的眾多專案。
- **處理器架構制定者**：這些組織設計出了我們使用的處理器。這當中最重要的，就　屬 ARM/Linaro（ARM Cortex-A）、Intel（x86 與 x86_64）、SiFive（RISC-V）以及 IBM（PowerPC）。他們開發出，或者至少影響了處理器的架構基礎。
- **系統單晶片供應商**（Broadcom、Intel、Microchip、NXP、Qualcomm、TI 等等）：他們會從處理器架構的制定者那邊，拿到內核以及工具鏈，然後將其修改為能支援他們晶片的版本。他們同時也是公板（reference board）的開發者：給下游用來進行開發機板（development board）以及成品的製作。
- **機板的供應商與原始設備製造商（OEM）**：這些人會從系統單晶片供應商那邊，拿到公板的設計，然後以此為基礎開發產品，如機上盒、相機，或是像 Advantech 與 Kontron 那樣，製造更廣泛用途的開發機板。其中一種重要的產品類型是廉價的開發機板，如 BeagleBoard/BeagleBone 以及 Raspberry Pi，他們開發出屬於自己的輕量系統與軟體、硬體配件。
- **商業化 Linux 供應商**：像是 Siemens（Mentor）、Timesys 以及 Wind River 這樣的公司，會提供商業化版本的 Linux 系統，以滿足各個領域的法規需求（例如醫療器材、自動駕駛、航空設備等等），並遵循這些需求中的嚴格驗證規範。

以上這些構成了一組產業鏈，而我們的專案通常在這產業鏈的最末端，這代表著我們不能自由決定所有事情。比方說，除了少數特殊狀況外，我們不能直接從 https://www. kernel.org/ 上拿最新版本的內核下來用，因為這版本並沒有支援我們正在使用的晶片或機板。

這是在嵌入式開發中常見的問題。理想上，在這產業鏈裡每個環節的開發者，都應該要將他們的貢獻往上回報，但他們並沒有這樣做。我們很容易就能找到一版內核裡有上千個修補檔案（patch），但卻都沒有整合回上游。除此之外，系統單晶片的供應商傾向於只針對他們最新推出的晶片，持續投入對開源元件的開發，而這代表著任何超過一定年限以上的老舊晶片將不再受到支援，也無法獲得更新。

這結果導致了大部分的嵌入式裝置都裝載著老舊版本的軟體。這些裝置無法獲得在安全性上的修正、效能的改善或是較新版本中的功能。而如 Heartbleed（心淌血漏洞，一個在 OpenSSL 函式庫中的程式缺陷）以及 Shellshock（一個在 Bash shell 中的程式缺陷）之類的問題也無法獲得修正。我們會在這個章節後面一點提到安全性問題時再詳述。

那我們能怎麼辦？首先，向供應商（例如 NXP、Texas Instruments、Xilinx 等）問看看：他們的更新原則是什麼？他們多久修改一次內核版本？目前的內核版本是什麼？之前的內核版本又是什麼？他們是否會將開發整合回上游？有些供應商在這方面做得很好，你應該優先考慮他們的晶片。

再來，我們可以試著讓自己較能獨立自主。本書的 Section 1 會試著在這些套件依賴關係上說明得更詳盡，好讓讀者知道哪些地方可以自己動手來。別在對其他可能的替代方案一無所知的情況下，就直接使用系統單晶片或機板供應商給的套件。

專案的生命週期

本書可以分為四個 Section（部分），這代表了一個專案的四個階段。這些階段並不一定會是線性的，有時它們會同時進行，有時我們甚至會需要回頭重新審視之前已經完成的東西。但這大致上可以代表一個開發者隨著專案所會進行的工作：

- **嵌入式 Linux 的要件**（第 1 ~ 8 章）將會協助讀者建立開發環境，並且為後續的階段建立一個工作的平台。這通常又稱為硬體啟動（board bring-up）階段。

- **系統架構與設計決策（第 9 ～ 15 章）** 將會協助讀者根據程式與資料的儲存空間，來審視一些需要決定的設計方向，以及說明如何在內核與應用程式之間分配工作量，還有如何啟動系統。
- **開發嵌入式應用程式（第 16 ～ 18 章）** 會告訴讀者如何開發、打包並部署一份 Python 應用程式，如何有效運用 Linux 的程序與執行緒，以及如何在資源有限的裝置上管理記憶體。
- **除錯以及效能最佳化（第 19 ～ 21 章）** 會描述如何在應用程式與內核層面上替手上的程式碼追蹤、剖析、除錯。最後一章，我們會探討如何面對即時需求。

接下來就讓我們一起進入 Section 1，了解嵌入式 Linux 的四大基本要件吧。

嵌入式 Linux 的四大要件

每個專案的起頭，都伴隨著取得、自訂並部署這四項要件：工具鏈、載入器、內核、根目錄檔案系統。這也是本書 Section 1 的重點：

- **工具鏈（toolchain）**：包含了編譯器（compiler），以及其他必要的工具，用以產出能在目標裝置上執行的程式碼。
- **載入器（bootloader）**：用以啟動機板（board），並且載入、啟動 Linux 的內核。
- **內核（kernel）**：這是系統的核心，用以管理系統資源，並與硬體介接。
- **根目錄檔案系統（root filesystem）**：這當中包含了一旦內核完成啟動，就會執行的函式庫和程式。

其實還有第五個要件，但在本書中我們先略過不提。那就是，為了配合嵌入式應用程式，用來讓裝置發揮應有功能的程式集，例如讓裝置可以秤重、播放電影、控制機械人、操控無人機等等。

一般來說，當我們購入系統單晶片或是機板時，就會收到一包套件，包含上述所有（或部分）的這些要件。不過，就像我們在前面提到的，這些不一定會是最好的選擇。筆者會在前 8 章當中協助讀者，讓你可以做出正確的決定，並且介紹兩套可以讓整個過程自動化的工具：Buildroot 和 Yocto Project。

開放原始碼

嵌入式 Linux 的元件都是屬於**開源**（**open source**，**開放原始碼**）的，所以該先來好好了解一下開源的意義是什麼、為何軟體要開源，以及這件事情是如何影響我們打算要以開源元件為基礎開發出來的專利嵌入式裝置。

授權

當我們提及開源時，總是會想到「免費」這個詞。對開源不熟悉的人，覺得開源就是代表著「不用付出任何代價」，而「開源軟體授權」（open source software license）則保證了我們可以將軟體用來開發、安裝使用，而且免錢。但是，開源更重要的意義在於「自由」：我們可以自由取得原始碼，並且修改成任何想要的形式，然後重新部署在其他系統上。而這些授權則賦予我們這樣的權利。相較於「免費軟體授權」（freeware license）僅僅只是允許我們免費複製可執行檔（binary），但卻不提供原始碼；又或者是其他種類的授權可能只允許我們在某些情況下，如個人非營利時，才能免費使用軟體。因此這些都不能算是開源。

為了讓讀者更加了解以開源授權開發的意義何在，以下將謹提供筆者個人的說明，但必須提醒的是，筆者只是個工程師，而非律師。因此，以下只是我個人對於這些授權的理解及解讀。

開源授權大致上可以分為兩類：如 **GPL**（**GNU General Public License**）的「公共版權」（copyleft license，或稱著作傳），以及其他如 BSD 授權、MIT 授權的「寬鬆授權」（permissive license）。

寬鬆授權就如字面所示，只要不去更動授權裡面的條款，就可以自由修改原始碼，並且使用在任意系統上。換句話說，在這個僅有的限制下，我們能自性而為，包括將其用來建構成可能成為專利的系統。

GPL 授權也很類似，但差別在於有條款會強迫我們，把取得與修改軟體的權利開放給使用者，也就是要將原始碼分享出去。一種分享的做法是將其置於「開放的伺服器」上做完全公開。另外一種做法，則是限於在使用者向我們提出申請時，只提供給這些使用者而已。GPL 進一步要求不能將「GPL 授權的程式碼」包裝為有專利的程式，任何這類行為都會使授權擴入到整個程式。也就是說，我們不能將 GPL 授權和其他有專利的

程式碼整合在同一個程式中。而且除了 Linux 內核之外，舉凡 GNU 編譯器、GNU 除錯器，以及凡是有用到 GNU 專案的各類免費工具，全都屬於 GPL 授權的保護之下。

那函式庫呢？只要是有程式用到這些 GPL 授權的，整個函式庫也會被變成 GPL 授權。不過，大多數的函式庫都是採用 **LGPL（GNU Lesser General Public License）** 授權，在這個情況下，專利程式是被允許使用這些函式庫的。

> **Note**
>
> 以上這些敘述都是針對 GPL v2 與 LGPL v2.1 而言。而筆者要提醒目前最新的版本為 GPL v3 與 LGPL v3，這個版本有點爭議，但筆者也要承認，我並未完整了解其內容。不過，這個版本的重點在於，要確保任何系統上的 GPL v3 與 LGPL v3 元件，能夠被其使用者自由替換掉，這也是開源軟體精神的一部分。

然而，目前的 GPL v3 與 LGPL v3 也會牽涉到資安問題。要是裝置的擁有者可以接觸到系統程式碼，那不懷好意的入侵者也能做到。常見的防禦方式是，對內核的映像檔（image）加上授權，也就是供應商的簽章，這樣「未經授權的更新」就無法通過。不過，這樣不就違反了自由修改裝置的權利嗎？因此，各方意見不一。

> **Note**
>
> TiVo 推出的機上盒，在此爭議中扮演了重要角色。機上盒採用經 GPL v2 授權的 Linux 內核，TiVo 於是遵循授權，釋出了他們版本的內核原始碼。但 TiVo 同時也使用了一種啟動載入器，只能載入經過他們簽章的內核。所以，就結論上來說，雖然我們可以自行編寫出一個給 TiVo 機上盒的修改版內核，但卻無法放到硬體上來真正使用。**自由軟體基金會（Free Software Foundation，FSF）** 認為這違反了開源軟體的精神，然後稱這種做法是 **TiVo 化（Tivoization）**。而 GPL v3 跟 LGPL v3 就是為了防止這種事情發生的版本。某些專案，尤其是 Linux 內核的專案，並不願意採用這個第三版的授權，因為這個授權限制將會被沿用到裝置的生產商去。

嵌入式 Linux 的硬體

如果讀者本身是負責替嵌入式 Linux 的專案「設計」或「決定」硬體的人，該注意些什麼？

首先，是準備一個內核能夠支援的處理器架構——除非你要自己開發一個新的架構，那就另當別論！看看 Linux 5.4 版的原始碼內有 25 種架構，每種架構在 arch/ 目錄下都會有一個子目錄。這些架構都是同樣屬於 32 或是 64 位元的，而大多數都會有**記憶體管理單元（memory management unit，MMU）**，但有些還是沒有。你在嵌入式裝置中，最常會看到的架構是 32 或 64 位元的 ARM、MIPS、PowerPC、x86，而以上這些架構會有記憶體管理單元。

本書大部分的篇章都是以這些處理器為前提來寫，但還有一類處理器是沒有記憶體管理單元，並且運行**微控制器 Linux（microcontroller Linux）**，或稱為 **uClinux** 的 Linux 衍生分支。這種架構包括了 ARC（Argonaut RISC Core）、Blackfin、MicroBlaze、Nios。本書偶爾會提到 uClinux，但不會詳細介紹，因為那是非常特殊的一類。

再來，就是你需要一定容量以上的主記憶體資源。最少應該也要 16MiB。雖然可能只需要這個量的一半，就可以運行 Linux。而如果已經做好心理準備，要對整個系統進行最佳化，那甚至可能只要 4MiB 就可以運行 Linux 了。當然，要再更低也不是不可能，只是那可能已經不能算是 Linux 了。

第三點，非揮發性的儲存媒體，通常是用快閃記憶體（flash memory）。對於簡單的裝置，如網路攝影機或是路由器來說，8MiB 就足夠了。如果你想的話，可以根據主記憶體的大小，建立一個只需少量儲存空間便能運行的 Linux 系統，但要是主記憶體越少，就越難這樣做。Linux 可以支援的快閃儲存裝置很多樣化，包括單純的 NOR 或 NAND 快閃晶片，以及以 SD 卡、eMMC 晶片、USB 快閃記憶體等形式存在的管理型快閃裝置（managed flash）等等。

第四點，有個序列埠（serial port）會非常有用，通常大部分會是一個 UART 的序列埠。成品的機板上不一定要有這個東西，但能讓我們在硬體啟動、除錯以及開發的過程中比較輕鬆。

第五點，一開始起步時，你需要某種形式的載入軟體（loading software）。以前，許多微控制器機板都會支援 **JTAG（Joint Test Action Group）**介面來達到這個目的，但現在的系統單晶片（SoC）都可以直接從「可移除裝置」中載入啟動程式碼（boot code），尤其是 SD 卡和 microSD 卡，或是透過序列埠介面如 UART、USB。

除了上面這些必備的東西之外，我們還需要能夠與這些硬體進行互動的介面。主流的 Linux 發行版有著數以千計的各式開源驅動程式，以及來自系統單晶片製造商的驅動程式（但品質不一），當中可能也有來自於代工廠商第三方晶片的驅動程式，但請留心筆者對部分製造商能力水準的評價。身為嵌入式裝置的開發者，你將會發現自己的很多時間，要不是都花在評估與引入手中這些第三方的程式，要不就是在聯繫製造商來拿到這些第三方的程式碼。最後，若裝置上有極罕見的介面，你便需要自行設法來支援它，不然你也得需要找人來做這件事情。

本書會用到的硬體

本書當中的範例都是刻意以一般的情形作為範例，但為了要讓這些範例有意義的同時，也易於遵循，筆者必須選擇一組特定的裝置作為範例。我們會使用三組裝置作為範例：Raspberry Pi 4、BeagleBone Black，以及 QEMU。第一組是目前以 ARM 架構為主的單機板市場中，最為人所知者。第二組雖然是泛用且價格便宜的開發機板，但也能作為正式的嵌入式硬體。第三組則是一種模擬器，可以模擬出各種常見的嵌入式硬體環境。當然，我們也可以只用 QEMU 來模擬各種硬體平台就好，但模擬器跟實際硬體之間畢竟多少還是會有所出入。而使用 Raspberry Pi 4 或 BeagleBone Black，就能滿足讀者想跟實際硬體互動的需求，並且看到真正的 LED 燈亮起。當然，比起 Raspberry Pi 來說，BeagleBone Black 已經有點舊了，畢竟距離這東西推出已經有幾年以上了，但 BeagleBone Black 至今依舊在硬體架構上維持開源的精神。換言之，只要手邊有充足的材料，任何人都能自行組裝出 BeagleBone Black 機板，並且使用於成品中。

無論如何，筆者鼓勵各位讀者能夠在這幾種平台或者在其他你能夠入手的嵌入式硬體上，盡可能地多嘗試實作這些範例。

關於 Raspberry Pi 4

在本書寫成當下，目前由 Raspberry Pi 基金會所推出的、最新的旗艦級雙顯示迷你桌上型電腦單機板為 Raspberry Pi 4 Model B（https://raspberrypi.org/）。Pi 4 的技術規格如下所示：

- Broadcom BCM2711 1.5 GHz 四核心 Cortex-A72（ARMv8）64 位元系統單晶片（SoC）
- 2、4 或 8GiB 的 DDR4 主記憶體（RAM）
- 支援 2.4GHz 與 5.0GHz 頻段的 802.11ac 無線網路，以及低功耗的藍芽 5.0
- 序列埠，用於除錯與開發
- microSD 卡插槽，用來作為啟動裝置（boot device）
- USB Type-C 連接埠，用來供應機板電源（power）
- 兩個 USB 3.0 與兩個 USB 2.0 連接埠
- Gigabit 乙太網路連接埠（Ethernet port）
- 兩個 micro-HDMI 連接埠，用於影像或聲音輸出

除此之外，還有一個 40 引腳（pin，又稱接腳、針腳）的擴充頭（expansion header）提供給各式各樣的子板（daughter board），或稱為**加裝硬體（Hardware Attached on Top，HAT）**，你可以安裝這些加裝硬體來做到各種不同的用途。不過，本書中的範例不會需要用到任何的加裝硬體。但由於 BeagleBone Black 不支援 Wi-Fi 或藍牙，因此有這類需求的讀者可以妥善利用。

除了機板本身之外，你還會需要：

- 一條能穩定供應 3A 以上電流的 5V USB Type-C 電源供應線
- 帶有 3.3V 邏輯引腳（logic-level pin）的 USB 轉 TTL 序列傳輸線（USB to TTL serial cable），如 Adafruit 954
- 在要將軟體載到機板上時，需要一張 microSD 卡，以及可以從你開發用的電腦或筆記型電腦寫到這張卡上的方法
- 由於部分範例有網路連線需求，因此還需要一條網路線，以及可連網的環境

接著說明 BeagleBone Black。

關於 BeagleBone Black

BeagleBone 以及後繼版本的 BeagleBone Black 都是由 CircuitCo LLC 這家廠商所推出的，這是一種小型、只有信用卡大小的開發機板，並且是開源硬體設計。讀者主要可以在 https://beagleboard.org/ 上看到相關資訊。而主要的規格大致如下：

* TI AM335x 1GHz ARM® Cortex-A8 Sitara 系統單晶片
* 512 MiB 的 DDR3 主記憶體
* 2 或 4 GiB 的 8 位元 eMMC 整合快閃儲存空間
* 序列埠，用於除錯與開發
* microSD 卡插槽，用來作為啟動裝置
* 同樣可以用以啟動機板（供應電源）的 mini USB OTG 主／從埠（client/host port）
* 一個 USB 2.0 連接埠
* 10/100 乙太網路連接埠（Ethernet port）
* 一個 HDMI 連接埠，用於影像或聲音輸出

除此之外，還有兩個 46 引腳的擴充頭提供給各式各樣的子板，或稱為**功能擴充板（cape，又稱外擴板）**，你可以安裝這些功能擴充板來做到各種不同的用途。不過，本書中的範例不會需要用到任何的功能擴充板。

除了機板本身之外，你還會需要：

* 從 mini USB 轉換為 USB Type-A 的傳輸線（機板隨附）
* 一條 RS-232 介面線，用來介接機板上 6 引腳、3.3V 的 TTL 訊號。 在 BeagleBoard 的官方網站上，有個連結列出可相容的介面線
* 在要將軟體載到機板上時，需要一張 microSD 卡，以及可以從你開發用的電腦或筆記型電腦寫到這張卡上的方法
* 由於部分範例有網路連線需求，因此還需要一條網路線，以及可連網的環境
* 一條能穩定供應 1A 以上電流的 5V 電源供應線

在「**第 12 章，使用針腳擴充板建立原型**」時，還會需要：

* 一張 SparkFun 的 GPS-15193 針腳擴充板（breakout board，又稱分線板，或擴充實驗板）

- 一台 Saleae Logic 8 的邏輯分析儀（logic analyzer），主要用於監控 BeagleBone Black 與 NEO-M9N 之間的 SPI 通訊

QEMU

QEMU 是一種模擬器，並且有著不同的類型，每種類型不僅能夠模擬特定的處理器架構，也能夠模擬該架構的多種機板。舉例來說，有以下數種：

- `qemu-system-arm`：32 位元 ARM
- `qemu-system-mips`：MIPS
- `qemu-system-ppc`：PowerPC
- `qemu-system-x86`：x86 與 x86_64

針對每種架構，QEMU 都能擬出許多硬體，你可以輸入參數 `-machine help` 來查閱。而每種模擬的環境，都能夠模擬出機板上多數的常見硬體。你也可以透過參數將硬體與本機端的資源連結起來，像是將一個本機端的檔案模擬成一顆磁碟。下面是一個具體的範例：

```
$ qemu-system-arm -machine vexpress-a9 -m 256M -drive file=rootfs.
ext4,sd -net nic -net use -kernel zImage -dtb vexpress-v2p-ca9.dtb
-append "console=ttyAMA0,115200 root=/dev/mmcblk0" -serial stdio -net
nic,model=lan9118 -net tap,ifname=tap0
```

上面的指令中使用到了以下這些參數：

- `-machine vexpress-a9`：這會建立一個使用 Cortex A-9 處理器的 ARM Versatile Express 機板模擬環境
- `-m 256M`：加上 256 MiB 的主記憶體
- `-drive file=rootfs.ext4,sd`：將 SD 介面連結到本機端的 `rootfs.ext4` 檔案（這是一個檔案系統的映像檔）
- `-kernel zImage`：從一個名為 `zImage` 的本機端檔案載入 Linux 的內核
- `-dtb vexpress-v2p-ca9.dtb`：從本機端的 `vexpress-v2p-ca9.dtb` 檔案載入硬體結構樹（device tree）
- `-append "..."`：將這串字串作為內核指令列（kernel command line）發送
- `-serial stdio`：將啟動 QEMU 模擬器的終端機（terminal）連結到序列埠，通常這樣你就能透過序列主控台（serial console）登入模擬的機板

- `-net nic,model=lan9118`：建立網路介面卡
- `-net tap,ifname=tap0`：將網路介面卡連結到虛擬的網路介面 `tap0` 上

我們需要 **UML（User Mode Linux）** 專案中的 `tunctl` 指令工具，才能設定開發環境端的網路連線。在 Debian 以及 Ubuntu 上的套件名稱是 `uml-utilities`：

```
$ sudo tunctl -u $(whoami) -t tap0
```

這會建立一個名稱是 `tap0` 的虛擬網路介面，並且與 QEMU 模擬器的網路控制器連結。接著，我們就可以像其他網路介面卡那樣設定 `tap0`。

以上這些參數都會在後續的章節中詳細說明。而在大部分的範例中，筆者都會使用 Versatile Express 機板，但若讀者要使用不同的機板或架構實作，也不會太困難。

關於開發環境

不論在開發工具，或者是目標環境的作業系統和應用程式上，筆者都只會使用開源軟體，並且也假定各位讀者是在 Linux 系統上進行開發工作。所有的指令都是在 Ubuntu 20.04 的這個 LTS 版本上進行測試，所以可能會有少許限定於該版本的情況出現，但要使用其他較新的 Linux 發行版應該也不會有問題。

小結

根據摩爾定律，嵌入式硬體的發展會越來越複雜。而 Linux 的能力與彈性，能夠有效地運用這些硬體。在本書中，我們會以一份嵌入式專案的生命週期為主軸，詳細說明會經歷的五個階段，透過這五個階段一起學習如何運用這份能力，替客戶打造出穩健的產品。而本章節為第一階段的起始，接下來，我們會一一介紹嵌入式 Linux 裝置中的四項要件。

嵌入式平台環境五花八門，而且開發的進展十分迅速，這導致了軟體彼此自絕於外，而無法廣泛交流。在這些前提下，讀者會因此被這些軟體受限，尤其是會依賴於系統單晶片或機板供應商所提供的特製版本 Linux 內核，或是依賴於特定的工具鏈。不過，某些系統單晶片製造商有更加積極地將變更反饋給上游，使這些變更的維護更加容易。儘

管如此，要替嵌入式 Linux 專案選擇合適的硬體規格，仍舊是一件難事。除了支援度之外，在嵌入式 Linux 生態圈中開發產品時，開源授權的規定也是需要留意的事情。

在本章節中，我們主要介紹了書中會用到的硬體與軟體（像是 QEMU）。接下來，我們會介紹能夠幫助各位讀者開發以及維護裝置軟體的各種好用工具。在這些工具當中，我們會稍微說明 Buildroot，並深入介紹 Yocto Project。但在我們開始介紹這些組建工具之前，首先要介紹無論你在任何嵌入式 Linux 專案中，都會遇到的嵌入式 Linux 的四個要件。

下一個章節就是關於此四項要件之首：工具鏈。我們需要這項要件，才能針對目標環境編譯程式。

2

工具鏈

工具鏈（toolchain）是嵌入式 Linux 作業系統中首要的組成，也是各位讀者專案的起點。所有預計於裝置上執行的程式碼，都需要使用工具鏈來編譯。在專案初期階段對工具鏈的選擇，將會深深影響到最終的成果。好的工具鏈，其要件應該是要能根據處理器的規格，使用最適化的指令集來發揮硬體的效能。工具鏈要能支援你使用的程式語言，而且嚴格依照 **POSIX 標準（Portable Operating System Interface）**，以及支援各種作業系統的介面。

整個專案的過程中，都應該要能使用同一套工具鏈。也就是說，統一使用這套你選定的工具鏈是很重要的事情。在一項專案開發的過程中，經常性地更換編譯器（compiler）或是函式庫（library），將會招致不可預期的問題。不僅如此，工具鏈最好能在被人發現程式缺失或是安全漏洞的時候，提供更新。

建立工具鏈的動作可能只是單純地下載一份 TAR 檔案並進行安裝，但工具鏈並非如表面這般單純的東西，它也有可能非常複雜，需要使用「原始碼」從頭組建出來。在本章節中，筆者打算向各位讀者展示建立工具鏈的細節，因此我們會在 **crosstool-NG** 工具的輔助下採取後者的做法。但到了**「第 6 章，選擇組建系統」**時，我們會改用一般常見的做法，也就是以「組建系統」提供的工具鏈為主。再往後到**「第 14 章，使用 BusyBox runit 快速啟動」**時，我們會進一步直接下載事先組建好的 Linaro 工具鏈，搭配 Buildroot 使用，節省我們的時間。

在本章節中，我們將帶領各位讀者一起了解：

- 什麼是工具鏈？
- 尋找工具鏈
- 使用 crosstool-NG 組建工具鏈
- 剖析工具鏈
- 連結函式庫：靜態與動態的連結
- 跨平台編譯的技巧

環境準備

執行本章節中的範例時，請讀者先準備如下環境：

- 一個 Linux 系統，安裝了以下這些工具或函式庫，或同等於這些工具或函式庫的其他替代選項：autoconf、automake、bison、bzip2、cmake、flex、g++、gawk、gcc、gettext、git、gperf、help2man、libncurses5-dev、libstdc++6、libtool、libtool-bin、make、patch、python3-dev、rsync、texinfo、unzip、wget 以及 xz-utils

由於在本書寫成時，筆者是以 Ubuntu 20.04 LTS 版本作為範例執行的測試環境，所以這邊也建議各位讀者以此版本為主。這是在 Ubuntu 20.04 LTS 上建立如上環境的安裝指令：

```
$ sudo apt-get install autoconf automake bison bzip2 cmake \
flex g++ gawk gcc gettext git gperf help2man libncurses5-dev libstdc++6 libtool \
libtool-bin make patch python3-dev rsync texinfo unzip wget xz-utils
```

此外，讀者可以在本書 GitHub 儲存庫的 Chapter02 資料夾下找到本章的所有程式碼：https://github.com/PacktPublishing/Mastering-Embedded-Linux-Programming-Third-Edition。

什麼是工具鏈？

工具鏈（toolchain）就是一整組的工具集，能讓我們將原始的程式碼，編譯為可在目標裝置上運行的執行檔（binary）。工具集當中包括了編譯器（compiler）、連結器

（linker）以及在執行期（runtime）使用的函式庫（library）。在一開始，我們需要一組工具鏈才能建立起嵌入式 Linux 作業系統的其他三項組成：啟動載入器、內核、根目錄檔案系統。而且這組工具鏈必須要能夠編譯以組合語言、C 語言、C++ 語言所編寫的程式碼，因為這些是最基層的開源套件（open source package）所使用的程式語言。

就一般而言，Linux 系統上所使用的工具鏈都是基於 GNU 專案（http://www.gnu.org）所發展的套件而來，而且至今大多數的開發情況下都是如此。然而，在過去的幾年間，**Clang 編譯器**和其相關的 **LLVM 專案（Low Level Virtual Machine，** http://llvm.org）有了明顯的進展，因此已發展為能取代 GNU 工具鏈的另一種選擇。在基於 LLVM 專案和基於 GNU 專案的工具鏈之間，其中一個最大的差異，在於這兩者的授權方式：LLVM 專案使用 BSD 授權，但 GNU 採用的是 GPL 授權。

在編譯器方面，Clang 編譯器有著更快的編譯速度以及更好的語法診斷功能，但 GNU 的 GCC 編譯器優勢在於，它能廣泛支援各種作業系統架構，並適用各種既存的程式庫。不過，在經過數年的發展之後，Clang 編譯器現在也能夠處理所有嵌入式 Linux 作業系統所需的編譯工作了，使其真正成為 GNU 之外的另一種選擇。更多資訊，請參考：https://www.kernel.org/doc/html/latest/kbuild/llvm.html。

這裡有一份關於如何使用 Clang 進行跨平台編譯（cross-compilation）的詳盡說明：http://clang.llvm.org/docs/CrossCompilation.html。如果你想試著將 Clang 作為組建嵌入式 Linux 系統的一環，現在 EmbToolkit（https://www.embtoolkit.org）已經能支援不論 GNU 或是 LLVM/Clang 的工具鏈，而且也有許多開發者將 Clang 搭配 Buildroot 以及 Yocto Project 來使用。在「**第 6 章，選擇組建系統**」中，筆者會再向各位讀者說明用於嵌入式 Linux 的組建系統。然而，對於 Linux 生態圈來說，由於這是當下最為人所知、發展最成熟的可行選項，因此本章節還是會以說明 GNU 的工具鏈為主。

一般的 GNU 工具鏈主要包含以下三項要件：

- **Binutils**：一組包括組譯器（assembler）、連結器之類的已編譯工具集，可以直接在這裡下載：http://www.gnu.org/software/binutils/。
- **GNU Compiler Collection（GCC）**：根據 GCC 的版本不同，這個編譯器可以適用於包括 C 語言，還有 C++、Objective-C、Objective-C++、Java、Fortran、Ada、Go 等等的程式語言編譯工作。這些程式語言透過這個共同的後

製作業轉換為組合語言後，就能提供給 GNU 組譯器使用，可以直接在這裡下載：http://gcc.gnu.org/。

- **C 語言函式庫**：一個依照 POSIX 標準化過的 **API（application program interface）**，可以提供應用程式一個與作業系統內核溝通的標準介面。在 C 語言函式庫上我們有許多選擇，後面會再提及。

除此之外，你還會需要一份 Linux 內核的標頭檔（header），這份檔案中包含了用來直接存取內核所需的定義檔（definition）和常數項（constant）。現在，你需要這份檔案才能編譯 C 語言函式庫。而且，之後在開發或是編譯的過程中，當你需要與特定的 Linux 元件互動時，也會需要這份檔案，例如：透過 Linux 的畫格緩衝驅動程式（frame buffer driver）來顯示圖像時。請注意，你不能只是從內核原始碼中，將 include 資料夾下的標頭檔複製出來而已，因為這些檔案只能供內核使用，如果你在編譯一般的 Linux 應用程式時直接使用這些檔案，將會造成衝突。

所以，之後我們將會如同「**第 5 章，建立根目錄檔案系統**」中所述的那樣，另外產生一套整理過的內核標頭檔。

至於這些標頭檔的產製來源，是否來自於你將要使用的 Linux 作業系統版本並不重要。因為內核的介面設計永遠是向下相容的（backward compatible），所以你用來產製標頭檔的內核，只要版本號是早於或等於你將要使用的目標版本號就可以了。

大多數人都會將 **GNU 除錯器（GNU Debugger，GDB）**也納入工具鏈的一環，所以你也可以在這個時候就組建起來。之後我們會在「**第 19 章，以 GDB 除錯**」中再深入介紹 GDB。

理解標頭檔的重要性以及工具鏈所扮演的角色之後，接下來就讓我們看看工具鏈分為哪幾種類型。

工具鏈的類型

對我們來說，有兩種工具鏈類型可以選擇：

- **原生工具鏈（Native）**：這類工具鏈及其所產生的程式是運行在同類型、有時甚至是同一部系統上。通常這種情況會發生在桌上型或是伺服器的環境，而且在某

些類型的嵌入式裝置上,這種情況越來越普遍。舉例來說,在 ARM 處理器架構的 Debian 作業系統上運行的 Raspberry Pi,就有著一個原生的編譯器。

* **跨平台工具鏈(Cross)**:這類工具鏈可以在與目標系統不同類型的作業系統上運行,這能讓開發工作在桌上型電腦上完成、再載入到嵌入式的目標環境上進行測試。

幾乎所有的嵌入式 Linux 開發都採用跨平台類型的工具鏈,一部分的原因是大多數的嵌入式裝置並不適合用於程式開發,因為這些裝置欠缺足夠的運算能力、記憶體、儲存空間。另一個原因則是因為此舉能夠把開發環境(host environment)與目標環境(target environment)分離開來。後者的原因尤為關鍵,尤其是當你的開發環境與目標環境都使用同樣的架構時,例如 x86_64,在這個情況下,大家會傾向在開發環境編譯好,然後再將已編譯的程式移至目標環境上。

這會面臨一個狀況:因為比起目標環境來說、開發環境較常被更新,而如果不同的程式開發者使用了不同版本的開發環境函式庫來編譯,那麼我們就會違反了「在專案的開發過程中,都應維持使用同一套工具鏈」的原則。當然,我們也可以想辦法讓「開發」和「目標」的環境保持一致,但更好的做法是讓這兩個環境分開,然後使用「可跨平台的工具鏈」來解決這個問題。

然而,相較於以原生工具鏈的開發工作模式來說,跨平台存在著一項問題。跨平台的開發會因為配合你的目標環境所需,編譯所有跨平台的函式庫與工具而產生負擔。後續在**「跨平台編譯的技巧」小節**中,我們會看到跨平台編譯(cross compiling)其實不一定容易,因為大多數開源套件並不是配合跨平台編譯設計的。雖然那些整合式的組建工具,如 Buildroot 以及 Yocto Project,都已針對一般嵌入式系統所需要的常見套件,擬定跨平台編譯的規則,但如果你想要編譯大量的額外套件,那麼最好還是採用「原生」的方式來編譯。舉例來說,我們無法利用跨平台編譯器(cross compiler)來產生在 Raspberry Pi 或是 BeagleBone 上的 Debian 發行版,因為這些平台必須以原生方式編譯。

要從無到有地組建一個原生編譯環境並不容易,首先你需要透過跨平台的編譯器,在目標環境上建立一個原生的編譯環境,再用這個環境來組建套件。因此,你要不是需要一個正規的目標機板(target board)作為建構環境,要不就是以 **QEMU(Quick Emulator)** 的方式來模擬目標環境。

不過，在這個章節中，筆者會著重在比較主流的跨平台編譯環境，因為這樣會比較容易上手。接下來，我們先來了解一下，各種不同目標環境的 CPU 架構有什麼差異。

處理器架構

工具鏈的組建必須根據目標環境的處理器規格來決定，規格的要素包括了：

- **處理器的架構**（**CPU architecture**）：例如 **ARM**、**MIPS**（**Microprocessor without Interlocked Pipelined Stages**）、x86_64 等等。
- **大端序**（**Big-endian**）**或小端序**（**Little-endian**）運算：某些處理器同時支援這兩種模式，但這兩種模式下的機器碼還是不同的。
- **浮點數的支援**（**Floating point support**）：並不是所有版本的嵌入式處理器，都會從硬體層面上實作浮點數運算，因此工具鏈可以設定呼叫「有實作浮點數運算的軟體函式庫」。
- **應用程式二進位介面**（**Application Binary Interface，ABI**）：決定「如何在函式呼叫（function call）之間傳遞參數」的呼叫協定。

在各家不同的處理器架構中，ABI 的規格始終保持一致。唯一的例外就是 ARM。ARM 架構從 2000 年後，採用的是**擴增應用二進位介面**（**Extended Application Binary Interface，EABI**），所以原本的應用程式二進位介面就被稱為**舊式的應用程式二進位介面**（**Old Application Binary Interface，OABI**）。隨著 OABI 被淘汰的現今，之後看到的都將會是 EABI。自此之後，EABI 又根據傳遞浮點數參數的方式不同，發展出兩個分支。

原本的 EABI 使用的是「整數型態」的通用暫存器（general-purpose register），而比較新的 **EABIHF**（**Extended Application Binary Interface Hard-Float**）使用的則是「浮點數型態」的暫存器。既然 EABIHF 不需要在「整數型態」與「浮點數型態」的暫存器之間切換，自然對於浮點數的運算較快，但也是因為如此，它無法相容於「沒有浮點數運算器（floating-point unit）的處理器架構」。因此，你必須在這兩個互不相容的 ABI 中做抉擇：你無法混用，所以你得在這個時候就想清楚。

GNU 為了能夠辨認出需要產生的不同工具組合，用了一組綴詞（tuple）做辨識，並且以「破折號」將這三到四個綴詞連結起來，如下所示：

- **處理器（CPU）**：處理器的架構名稱，如 arm、mips 或是 x86_64。如果該處理器架構同時支援兩種不同的端序，那麼可以加上 el（小端序）或是 eb（大端序）綴詞字樣來分別。比方說，MIPS 架構的小端序處理器，會寫作 mipsel，而 ARM 架構的大端序處理器，則寫作 armeb。
- **供應商（Vendor）**：區別工具鏈的供應商。比如說，buildroot、poky 或是 unknown。有時候這個部分會跳過不寫入。
- **內核（Kernel）**：我們的目標就是 linux。
- **作業系統（Operating system）**：與用戶空間（user space，或稱使用者空間）有關的元件名稱，如 gnu 或是 musl。ABI 的選擇也是加在這條綴詞後面，所以在 ARM 工具鏈上，你會看到如 gnueabi、gnueabihf、musleabi 或是 musleabihf 等不同的綴詞。

在要組建工具鏈的時候，你可以對 gcc 指令下 -dumpmachine 參數，就能看到一組綴詞的內容。你可能會在開發環境上看到像這樣的結果：

```
$ gcc -dumpmachine
x86_64-linux-gnu
```

以上面這組綴詞來說，代表的就是 x86_64 架構的 CPU 處理器、linux 的內核以及 gnu 的用戶空間。

Note

當在一台機器上安裝原生的編譯器時，通常會替「工具鏈中的每項工具」建立無綴詞名稱的指令呼叫捷徑，這樣你就可以直接以指令 gcc 呼叫 C 語言編譯器，不需要加上一堆額外的綴詞。

這裡則是使用跨平台編譯器的範例：

```
$ mipsel-unknown-linux-gnu-gcc -dumpmachine
mipsel-unknown-linux-gnu
```

以上面這組綴詞來說，代表的就是小端序 MIPS 架構的 CPU 處理器、未知名稱（unknown）的供應商、linux 的內核以及 gnu 的用戶空間。

選擇 C 語言的函式庫

以 Unix 為主的作業系統，都是以 C 語言、根據 POSIX 標準，來定義程式開發的介面。**C 語言函式庫（C library）**就是根據此類介面實作而成的；就像下面這張圖所顯示的那樣，你可以將它視為在 Linux 上程式與內核之間溝通的管道。就算程式是以其他語言如 Java 或 Python 寫成，執行期間所呼叫的函式庫，最終都還是會引用 C 語言函式庫：

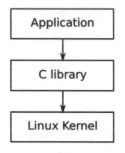

圖 2.1：C 語言函式庫是應用程式與內核之間的溝通管道

只要 C 語言函式庫需要用到內核的功能，就會使用內核的 system call 介面，來在用戶空間與內核空間（kernel space）之間做切換。雖然可以直接跳過 C 語言函式庫，直接呼叫內核，但這樣做會多出許多麻煩，因此實在沒什麼必要。

C 語言函式庫有許多選擇，不過主要的還是以下這幾種：

- **glibc**：這是標準的 GNU C 語言函式庫。這個函式庫大小較大，而且直到先前為止，都還沒提供太多自訂的設定，但這是最完整的 POSIX API 實作。可以在 https://gnu.org/software/libc 下載。採用 LGPL 2.1 授權。
- **musl libc**：musl libc 是最近崛起的、頗受矚目的新型函式庫，它與標準的 GNU libc 函式庫相容，但體積較小，因此適合記憶體與儲存空間都受限的系統。可以在 https://musl-libc.org 下載。採用 MIT 授權。
- **uClibc-ng**：這邊開頭的「u」其實是希臘字母裡面的「mu」字符，意思指的就是用於「微控制器」的 C 語言函式庫。起初這個函式庫是被設計來在 uClinux 上運作（一種特製的 Linux 內核，是針對無「記憶體管理單元」的處理器），但目前已能適用於完整的 Linux 系統。這個函式庫是從如今已停止維護的 uclibc（https://uclibc.org）分出來的分支（fork）專案。可以在 https://uclibc-ng.org 下載。採用 LGPL 2.1 授權。

- **eglibc**：這是嵌入式版本的 glibc。這個版本對 glibc 進行修改，增加了可以設定的選項，並且支援 glibc 中沒有的架構（尤其是 PowerPC e500）。不過，從版本 2.20 開始，eglibc 又移回 glibc 了，兩者再次合併，因此 eglibc 專案已停止維護。可以在 http://www.eglibc.org/home 下載。

所以，該選哪個？筆者個人的建議是，如果讀者使用的是 uClinux，或者是儲存空間有限、記憶體不足時，那就只需要 uClibc-ng 就好。否則，筆者建議最好還是使用 glibc。下面這張圖總結了決策的路徑：

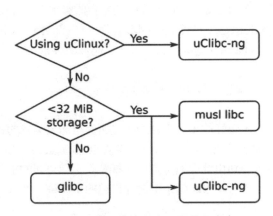

圖 2.2：選擇一個適合的 C 語言函式庫

值得注意的是，對 C 語言函式庫的抉擇，會進一步影響對工具鏈的選擇，因為事先組建好的工具鏈中，並不是所有工具鏈都會支援所有類型的 C 語言函式庫。

尋找工具鏈

在跨平台開發的工具鏈上，我們有三種選擇：第一種是尋找符合需求、已經組建好的工具鏈；第二種是可以透過我們在**「第 6 章，選擇組建系統」**中會提及的嵌入式組建工具來產生一組；最後，也可以按照本章節稍後提及的方式，自己動手建立一組。

既然只要下載，然後安裝就好，那麼這些「事先就組建好的工具鏈」的確是個吸引人的選項。不過，如此一來，你也會被這些工具鏈的設定給限制住，而且會依賴於發行這些工具鏈的特定人士或組織。

所謂的「特定人士或組織」，通常來說，會是以下這幾者之一：

- 系統單晶片（SoC）或是機板（board）的供應商。大部分的供應商都會提供 Linux 的工具鏈。
- 自願在系統層級上，對某種架構提供支援的組織。比方說，Linaro（https://www.linaro.org）就有針對 ARM 架構提供已組建好的工具鏈。
- Linux 工具的第三方供應商，如 Mentor Graphics、TimeSys 或 MontaVista。
- 桌上型 Linux 的發行版中提供的跨平台工具鏈，例如：以 Debian 為主的發行版會提供以 ARM、MIPS 還有 PowerPC 為平台的跨平台編譯工具鏈。
- 由整合式的嵌入式組建工具提供的開發套件，如 Yocto Project 就有提供一些範例 在 http://downloads.yoctoproject.org/releases/yocto/yocto-< 版本號 >/toolchain。
- 其他人在某些網路論壇上提供的下載連結等。

讀者必須審視在這些已組建好的工具鏈當中，是否有可滿足需求的選項：工具鏈中，有你偏好的 C 語言函式庫嗎？還是供應商有提供安全性的維護以及程式缺陷的修正？記得我們曾在**「第 1 章，一切由此開始」**當中，提及支援與更新的重要性。如果以上的答案都是否定的，那你應該考慮自己動手組建你自己的工具鏈。

不幸的是，組建工具鏈並非易事。如果你真的確定要全部自己動手，那不妨先參考看看「Cross Linux From Scratch」（https://trac.clfs.org）。你能夠在那裡找到如何產生每個元件的逐步指引。

另外一種較簡單的做法是利用 crosstool-NG，crosstool-NG 會把「產生工具鏈所需的指令」包裝在一組指令檔（script，又稱腳本）中，並且在前端提供操作選單。不過，使用者還是會需要一定程度的了解，才能做出正確的操作。

但使用如 Buildroot 或是 Yocto Project 這類的組建系統還是比較輕鬆，因為它們已經將產生工具鏈這件事，納入組建過程的一環。這也是筆者在**「第 6 章，選擇組建系統」**當中建議的做法。

有了 crosstool-NG 的協助，組建「自己的工具鏈」完全是一種可能且可行的做法。接下來，讓我們看看該如何進行。

使用 crosstool-NG 組建工具鏈

在數年前，Dan Kegel 為了產生跨平台的開發工具鏈，寫下了一組指令檔與 makefile（建置檔），並稱其為 crosstool（http://kegel.com/crosstool/）。到了 2007 年，Yann E. Morin 則以此為參考，建立了次世代的 crosstool，也就是 crosstool-NG（https://crosstool-ng.github.io）。直至今日，這是目前要從原始碼建立一組跨平台工具鏈的最方便方式。

在這一節的討論中，筆者會以 BeagleBone Black 與 QEMU 為目標，示範如何利用 crosstool-NG 組建出工具鏈。

安裝 crosstool-NG

在動手之前，首先需要在主電腦上安裝一份可用的原生工具鏈，以及一些組建工具。詳情請見本章一開始的**「環境準備」小節**，了解在組建與執行 crosstool-NG 時需要哪些依賴套件。

準備好環境後，接著，從 crosstool-NG 的 Git 儲存庫下載目前最新的版本。下載後，首先如以下指令所示，解壓縮並建立前端選單系統：

```
$ git clone https://github.com/crosstool-ng/crosstool-ng.git
$ cd crosstool-ng
$ ./bootstrap
$ ./configure --prefix=${PWD}
$ make
$ make install
```

參數 `--prefix=${PWD}` 的意思是，讓程式安裝在目前的工作路徑下，這能避免安裝在預設位置 `/usr/local/share` 時可能會需要 root 權限的問題。

這樣一來，我們已經安裝好 crosstool-NG，並且可以開始組建工具鏈了。接著輸入 `bin/ct-ng` 指令，啟動 crosstool 的選單。

組建 BeagleBone Black 的工具鏈

crosstool-NG 可以組建出各種不同搭配的工具鏈。為了簡化設定的過程，它還針對大多數時候的使用情況，給出了一組範本。你可以使用 `bin/ct-ng list-samples` 指令來叫出這份清單。

BeagleBone Black 的架構是使用 TI AM335x SoC 系統單晶片，含有 ARM Cortex A8 核心以及 VFPv3 浮點數運算器。由於 BeagleBone Black 的記憶體與儲存空間充足，因此我們採用 glibc 作為 C 語言函式庫的選擇。在 crosstool-NG 中最接近的範本為 `arm-cortex_a8-linux-gnueabi`。

如果想看到範本中的設定內容，你可以在範本名稱前面加上 `show-` 這個前綴詞（prefix）：

```
$ bin/ct-ng show-arm-cortex_a8-linux-gnueabi
[G...]    arm-cortex_a8-linux-gnueabi
    Languages      : C,C++
    OS             : linux-4.20.8
    Binutils       : binutils-2.32
    Compiler       : gcc-8.3.0
    C library      : glibc-2.29
    Debug tools    : duma-2_5_15 gdb-8.2.1 ltrace-0.7.3 strace-4.26
    Companion libs : expat-2.2.6 gettext-0.19.8.1 gmp-6.1.2 isl-0.20
libelf-0.8.13 libiconv-1.15 mpc-1.1.0 mpfr-4.0.2 ncurses-6.1 zlib-
1.2.11
    Companion tools :
```

這是與需求最相近的範本了，唯一的區別在於它使用的是 eabi 介面，而 eabi 介面會把「浮點數型態參數」傳入「整數型態暫存器」中。我們更傾向使用硬體浮點數型態暫存器（hardware floating point register），主要原因是為了在呼叫含有「float 或 double 資料型態參數」的函式時，加快函式呼叫（function call）的速度。後續我們也可以再自行調整設定，目前我們先以這個範本為主：

```
$ bin/ct-ng arm-cortex_a8-linux-gnueabi
```

到此階段，你就可以回頭審視這些設定，並且使用設定選單指令 menuconfig 來修改設定內容：

```
$ bin/ct-ng menuconfig
```

由於這個選單系統是基於 Linux 內核的 menuconfig，所以只要讀者們有設定過內核，應該都會對這個操作介面感到很熟悉才對。如果不熟悉的話，可以參考「**第 4 章，設定與組建內核**」中對於 menuconfig 的說明。

而在這邊，筆者要建議幾點在設定上的變更：

- 在 **Paths and misc options** 中，停用 **Render the toolchain read-only**（CT_PREFIX_DIR_RO）
- 在 **Target options | Floating point** 裡，選擇 **hardware (FPU)**（CT_ARCH_FLOAT_HW）
- 在 **Target options** 中的 **Use specific FPU** 輸入 neon

如果你想要在工具鏈安裝後增加函式庫，第一項是必要的，這點我們後續會在「**連結函式庫：靜態與動態的連結**」小節中說明。第二項是啟用 eabihf 介面，給有支援硬體浮點數運算元件的處理器架構，選擇最適化的浮點數運算集。最後一項，則是為了能夠正確組建出 Linux 內核而必要的設定。在括號中的名稱，指的是會在設定檔中出現的名稱。完成變更後，你就可以離開 menuconfig 介面，然後存檔。

現在，你可以使用下面這個指令，透過 crosstool-NG 根據你的配置下載、設定和組建元件：

```
$ bin/ct-ng build
```

組建的過程大概需要半個小時左右，之後你就可以在這裡找到組建好的工具鏈了：~/x-tools/arm-cortex_a8-linux-gnueabihf。

接下來，讓我們看看如何組建 QEMU 的工具鏈。

組建 QEMU 的工具鏈

如果讀者打算採用 QEMU 模擬器，那麼模擬出來的就是一個以 ARM 架構為主的機板（an ARM-Versatile PB evaluation board），基本上是採用 ARM926EJ-S 的處理器核心，擁有 ARMv5TE 的指令集。因此在組建 crosstool-NG 工具鏈時，要以此為目標。但整體流程上與 BeagleBone Black 大同小異。

首先，一樣是利用 `bin/ct-ng list-samples` 來找到最接近的設定範本。因為沒有最適合的範本，所以我們先從泛用範本 arm-unknown-linux-gnueabi 開始著手。另外，在選擇設定範本之前，請記得先執行一次 distclean 指令，清除前一次組建的產出：

```
$ bin/ct-ng distclean
$ bin/ct-ng arm-unknown-linux-gnueabi
```

接下來就跟 BeagleBone Black 時相同，你可以執行 `bin/ct-ng menuconfig` 查看設定內容，並且根據需求修改設定。這次我們只有一個設定需要修改：

- 在 **Paths and misc options** 中，停用 **Render the toolchain read-only**
  （CT_PREFIX_DIR_RO）

然後，使用以下指令組建工具鏈：

```
$ bin/ct-ng build
```

與先前一樣，整個過程大概需要半個小時左右。完成之後，工具鏈就會被安裝在這個路徑底下：~/x-tools/arm-unknown-linux-gnueabi。

在這裡要提醒各位讀者，接下來的範例需要一份可以有效運作的跨平台工具鏈，才能夠繼續執行下去。

剖析工具鏈

為了讓各位讀者對於一般工具鏈中有哪些東西具備概念，我們要來看一下剛剛建立的 crosstool-NG 工具鏈。如果是採用 BeagleBone Black 的話，那就是以 arm-cortex_a8-linux-gnueabihf- 為前綴詞的 ARM Cortex A8 工具鏈。如果是採用 QEMU 模擬方案，那就會是以 arm-unknown-linux-gnueabi- 為前綴詞的 ARM926EJ-S 工具鏈。

ARM Cortex A8 工具鏈的位置在 ~/x-tools/arm-cortex_a8-linux-gnueabihf/bin 底下。你會在這裡找到跨平台的編譯器：arm-cortex_a8-linux-gnueabihf-gcc。要使用它，得先透過以下的指令，將這個路徑加入環境變數中：

```
$ PATH=~/x-tools/arm-cortex_a8-linux-gnueabihf/bin:$PATH
```

現在，你可以試著寫一個簡單的 `helloworld` 程式看看。如果以 C 語言編寫的話，會是如下所示：

```
#include <stdio.h>
#include <stdlib.h>

int main (int argc, char *argv[])
{
    printf("Hello, world!\n");
    return 0;
}
```

然後，依照以下指令進行編譯：

```
$ arm-cortex_a8-linux-gnueabihf-gcc helloworld.c -o helloworld
```

接著，你可以使用 `file` 指令來將檔案的類型顯示出來，藉此確認已經以跨平台的方式編譯完成：

```
$ file helloworld
helloworld: ELF 32-bit LSB executable, ARM, EABI5 version 1 (SYSV),
dynamically linked, interpreter /lib/ld-linux-armhf.so.3, for GNU/
Linux 4.20.8, with debug_info, not stripped
```

現在你已經確認你的跨平台編譯器可以正常運作，讓我們仔細看看它吧！

關於跨平台編譯器的二三事

想像一下，我們剛拿到一組工具鏈，然後我們想要知道這組工具鏈的設定細節。這時可以透過 gcc 來查詢出這些設定。舉例來說，想要查詢版本號，可以用 `--version` 參數：

```
$ arm-cortex_a8-linux-gnueabihf-gcc --version
arm-cortex_a8-linux-gnueabihf-gcc (crosstool-NG 1.24.0) 8.3.0
Copyright (C) 2018 Free Software Foundation, Inc.
This is free software; see the source for copying conditions.
There is NO warranty; not even for MERCHANTABILITY or FITNESS FOR A
PARTICULAR PURPOSE.
```

而要顯示設定的情形，則使用 -v 參數：

```
$ arm-cortex_a8-linux-gnueabihf-gcc -v
Using built-in specs.
COLLECT_GCC=arm-cortex_a8-linux-gnueabihf-gcc
COLLECT_LTO_WRAPPER=/home/frank/x-tools/arm-cortex_a8-linux-gnueabihf/
libexec/gcc/arm-cortex_a8-linux-gnueabihf/8.3.0/lto-wrapper
Target: arm-cortex_a8-linux-gnueabihf
Configured with: /home/frank/crosstool-ng/.build/arm-cortex_a8-
linux-gnueabihf/src/gcc/configure --build=x86_64-build_pc-linux-
gnu --host=x86_64-build_pc-linux-gnu --target=arm-cortex_a8-linux-
gnueabihf --prefix=/home/frank/x-tools/arm-cortex_a8-linux-gnueabihf
--with-sysroot=/home/frank/x-tools/arm-cortex_a8-linux-gnueabihf/arm-
cortex_a8-linux-gnueabihf/sysroot --enable-languages=c,c++ --with-
cpu=cortex-a8 --with-float=hard --with-pkgversion='crosstool-NG
1.24.0' --enable-__cxa_atexit --disable-libmudflap --disable-libgomp
--disable-libssp --disable-libquadmath --disable-libquadmath-support
--disable-libsanitizer --disable-libmpx --with-gmp=/home/frank/
crosstool-ng/.build/arm-cortex_a8-linux-gnueabihf/buildtools --with-
mpfr=/home/frank/crosstool-ng/.build/arm-cortex_a8-linux-gnueabihf/
buildtools --with-mpc=/home/frank/crosstool-ng/.build/arm-cortex_
a8-linux-gnueabihf/buildtools --with-isl=/home/frank/crosstool-
ng/.build/arm-cortex_a8-linux-gnueabihf/buildtools --enable-lto
--withhost-libstdcxx='-static-libgcc -Wl,-Bstatic,-lstdc++,-Bdynamic-
lm' --enable-threads=posix --enable-target-optspace --enable-plugin
--enable-gold --disable-nls --disable-multilib --with-local-prefix=/
home/frank/x-tools/arm-cortex_a8-linux-gnueabihf/arm-cortex_a8-linux-
gnueabihf/sysroot --enable-long-long
Thread model: posix
gcc version 8.3.0 (crosstool-NG 1.24.0)
```

雖然一口氣顯示了一大堆出來，但真正令人感興趣的只有下面這幾點：

- --with-sysroot=/home/frank/x-tools/arm-cortex_a8-linux-gnueabihf/
  arm-cortex_a8-linux-gnueabihf/sysroot：這是 sysroot 的預設位置，後續
  會再說明這個的意義。
- --enable-languages=c,c++：這個參數讓我們可以使用 C 以及 C++ 語言。
- --with-cpu=cortex-a8：將程式調整為適合 ARM Cortex A8 核心的版本。
- --with-float=hard：為「浮點數運算器」產生最佳化的程式，並使用「浮點數
  型態暫存器」（VFP register）來傳遞參數。

- `--enable-threads=posix`：啟用 POSIX 執行緒。

這些是針對編譯器的預設設定。當然，你也可以透過 `gcc` 的指令列來覆寫（override）大部分的設定。比方說，當你想要對不同架構的處理器進行編譯時，可以用 `-mcpu` 參數來覆寫 `--with-cpu` 這項設定，如下所示：

```
$ arm-cortex_a8-linux-gnueabihf-gcc -mcpu=cortex-a5 \
helloworld.c \
-o helloworld
```

你也可以使用 `--target-help` 參數，顯示出與處理器架構相關的參數一覽表：

```
$ arm-cortex_a8-linux-gnueabihf-gcc --target-help
```

可能有讀者會想，要是我可以之後再變更這些設定，那一開始是否有設定正確，好像沒有差別？答案是，這根據你使用的方法而定。如果你要分別給每個目標環境都建立一組新的工具鏈，那麼最好還是在一開始就設定好每個細節，因為這能降低之後才出錯的風險。這也是之後在「**第 6 章，選擇組建系統**」會提到的，筆者將這種做法稱為「Buildroot 哲學」。但反過來說，如果你想要先組建出一組泛用（generic）的工具鏈，然後，在之後組建到特定的目標環境上時，才調整成對應的設定，那你應該要先建立一份基礎的泛用工具鏈就好，Yocto Project 就是這樣做的。至於先前的範例，則是依照「Buildroot 哲學」來進行的。

sysroot、函式庫與標頭檔

工具鏈的 `sysroot` 資料夾底下，有存放函式庫、標頭檔和其他設定檔的子目錄。我們可以透過工具鏈的 `--with-sysroot=` 設定參數，或者是透過指令列的 `--sysroot=` 參數，來變更這個資料夾的預設路徑。至於預設的 `sysroot` 路徑位置，你可以透過 `-print-sysroot` 參數看到：

```
$ arm-cortex_a8-linux-gnueabihf-gcc -print-sysroot
/home/frank/x-tools/arm-cortex_a8-linux-gnueabihf/arm-cortex_a8-
linux-gnueabihf/sysroot
```

`sysroot` 中可以找到以下這些東西：

- `lib`：裡面有 C 語言函式庫的共用物件，以及動態連結器 / 載入器的 `ld-linux`。

- usr/lib：裡面是 C 語言函式庫的靜態函式庫（static library）封裝檔，以及其他後來才陸續安裝的函式庫。
- usr/include：裡面是所有函式庫要使用的標頭檔。
- usr/bin：裡面有在目標環境上要執行的工具程式，如 ldd 指令工具。
- usr/share：用來做本地化與進行國際語言翻譯的。
- sbin：提供給 ldconfig 功能使用，用來最佳化函式庫的載入路徑（loading path）。

簡單說，這裡某些東西是用來在開發環境上編譯程式，而其他東西（如共用函式庫和 ld-linux）則是在目標環境執行期上所需要的。

工具鏈裡的其他工具

我用下方這張表格，簡單介紹一下在工具鏈裡面的各種其他指令工具：

指令	說明
addr2line	透過讀取在可執行檔裡的除錯符號表（debug symbol table），將程式位址轉換為檔案名稱與數字。這在你要從系統當機報告中「解碼」顯示的程式位址時非常有用。
ar	用來建立靜態函式庫的封裝工具。
as	GNU 的組譯器（assembler）。
c++filt	用來解構（demangle）C++ 和 Java 的符號。
cpp	這是 C 語言的編譯前置處理器（preprocessor），用來展展（expand）如 #define、#include 這類的指令。你很少會單獨使用到這個工具。
elfedit	用來替 ELF 檔案更新 ELF 標頭。
g++	這是 GNU C++ 的前台工具，處理含有 C++ 語言的原始碼檔案。
gcc	這是 GNU C 的前台工具，處理含有 C 語言的原始碼檔案。
gcov	測試覆蓋率（code coverage）檢測工具。
gdb	GNU 的除錯器（debugger）。
gprof	程式剖析工具（program profiling tool）。
ld	GNU 的連結器（linker）。
nm	列出目標檔（object file）中的符號。
objcopy	複製和轉換目標檔。
objdump	顯示目標檔的資訊。

指令	說明
`ranlib`	可以建立或修改在靜態函式庫中的索引，讓連結階段更快速。
`readelf`	顯示 ELF 格式目標檔的資訊。
`size`	顯示分區大小（section size）以及總大小。
`strings`	顯示在檔案中的可列印字元。
`strip`	這能移除目標檔（object file）中的除錯符號表，讓檔案體積小一點。一般來說，在將可執行檔放到目標環境（target）之前，應該先進行這項清理動作。

在介紹完指令工具後，讓我們來看看 C 語言函式庫。

深入 C 語言函式庫元件

所謂的 C 語言函式庫可不是只有單指一個函式庫檔案而已，當中一共包含了四個組成要件，才能完整實作出 POSIX 標準的 API：

- `libc`：包含了各個知名 POSIX 標準函式的 C 語言主函式庫，如 `printf`、`open`、`close`、`read`、`write` 等。
- `libm`：`cos`、`exp` 和 `log` 這類的數學運算函式。
- `libpthread`：所有以 `pthread_` 開頭的 POSIX 標準執行緒函式。
- `librt`：即時系統的 POSIX 標準擴充函式庫，包括共享式記憶體（shared memory）以及非同步的輸出入（asynchronous I/O）。

除了第一個的 `libc` 之外，其他幾項都必須透過 `-l` 參數另外連結進來。加在 `-l` 參數後面的參數值，則是去掉 `lib` 字樣的函式庫名稱。因此，舉例來說，一個需要呼叫 `sin()` 函式來計算正弦（sine）的程式，應該要使用 `-lm` 參數來連結 `libm` 函式庫：

```
arm-cortex_a8-linux-gnueabihf-gcc myprog.c -o myprog -lm
```

你也可以使用 `readelf` 指令工具，來查看任一程式中連結了哪些函式庫：

```
$ arm-cortex_a8-linux-gnueabihf-readelf -a myprog | grep
"Shared library"
0x00000001 (NEEDED)                 Shared library: [libm.so.6]
0x00000001 (NEEDED)                 Shared library: [libc.so.6]
```

凡是共用的函式庫都會在執行期需要一個連結器，因此你可以透過下列方式查看：

```
$ arm-cortex_a8-linux-gnueabihf-readelf -a myprog | grep
"program interpreter"
    [Requesting program interpreter: /lib/ld-linux-armhf.so.3]
```

由於這工具非常有用，因此筆者將這些指令寫進去一份名為 list-libs 的指令檔
（script file）當中了，各位讀者可以在本書儲存庫中的 list-libs 找到該檔案，檔案
內容則如下所示：

```
#!/bin/sh
${CROSS_COMPILE}readelf -a $1 | grep "program interpreter"
${CROSS_COMPILE}readelf -a $1 | grep "Shared library"
```

除了以上這四項 C 語言函式庫的組成要件之外，我們也可以連結其他函式庫。接下來
就來看看怎麼做吧。

連結函式庫：靜態與動態的連結

不論是用 C 還是 C++ 語言寫成的，只要是針對 Linux 所寫的軟體，都會與 C 語言的
函式庫，也就是 libc 連結。這件事太理所當然了，因此也不用特地提醒 gcc 或 g++ 做
這件事情，因為 libc 永遠都會被連結進去。而其他我們想要連結進去的函式庫，則必
須透過 -l 參數特地宣告。

函式庫內的程式能以兩種方式連結：一種是「靜態」連結，表示所有在你軟體中呼叫的
函式，以及這些函式所依賴的函式，都會被從函式庫封裝中抽取出來，然後與你的執行
檔綁定在一起。另一種是動態連結，表示會在程式中產生「有在這些檔案裡使用到的函
式庫與函式」的參考，但真正「連結」的動作，則是在執行期時動態完成。讀者可以在
本書儲存庫中的 Chapter02/library 找到接下來的範例程式碼。

我們首先從靜態連結開始說明。

靜態函式庫連結

只有在少數狀況下，靜態連結（static linking）才有用。比方說，如果你要組建的
系統只是以 BusyBox 和一些指令檔組合而成的小型系統，那麼以靜態的方式連結

BusyBox，藉此省去複製「執行期」所需函式庫檔案與連結器的功夫，會比較簡單。
而且，也因為你只將程式中所需的函式連結進來，而不是將整個 C 語言函式庫都包
進去，所以佔用空間也較小。此外，如果你需要在持有執行期函式庫的「檔案系統」就
位之前，就執行一些程式的話，靜態連結也會很有用。

在指令列中加上 -static 參數，來告訴 gcc 將所有函式庫都以靜態方式連結：

```
$ arm-cortex_a8-linux-gnueabihf-gcc -static helloworld.c -o
helloworld-static
```

你會注意到執行檔的檔案大小急遽增加了：

```
$ ls -l
total 4060
-rwxrwxr-x 1 frank frank    11816 Oct 23 15:45 helloworld
-rw-rw-r-- 1 frank frank      123 Oct 23 15:35 helloworld.c
-rwxrwxr-x 1 frank frank  4140860 Oct 23 16:00 helloworld-static
```

靜態連結會從「通常被命名為 lib[名稱].a 的函式庫封裝」中抽取程式碼，而在這個
範例當中，函式庫封裝指的是在 [sysroot]/usr/lib 底下的 libc.a：

```
$ export SYSROOT=$(arm-cortex_a8-linux-gnueabihf-gcc -print-sysroot)
$ cd $SYSROOT
$ ls -l usr/lib/libc.a
-rw-r--r-- 1 frank frank 31871066 Oct 23 15:16 usr/lib/libc.a
```

要說明的是，export SYSROOT=$(arm-cortex_a8-linux-gnueabihf-gcc -print-
sysroot) 會把 sysroot 的路徑存放在環境變數 SYSROOT 中，這樣可以讓我們的範例內
容更簡潔一些。

欲建立一個靜態函式庫，可以簡單地使用 ar 指令工具建立「目標檔的封裝」（an
archive of object files）就好。假設現在有兩個原始碼檔案 test1.c 和 test2.c，然後
我想要建立一個靜態函式庫叫 libtest.a 的話，只要這樣做：

```
$ arm-cortex_a8-linux-gnueabihf-gcc -c test1.c
$ arm-cortex_a8-linux-gnueabihf-gcc -c test2.c
$ arm-cortex_a8-linux-gnueabihf-ar rc libtest.a test1.o test2.o
$ ls -l
total 24
```

```
-rw-rw-r-- 1 frank frank 2392 Oct 9 09:28 libtest.a
-rw-rw-r-- 1 frank frank  116 Oct 9 09:26 test1.c
-rw-rw-r-- 1 frank frank 1080 Oct 9 09:27 test1.o
-rw-rw-r-- 1 frank frank  121 Oct 9 09:26 test2.c
-rw-rw-r-- 1 frank frank 1088 Oct 9 09:27 test2.o
```

接著，就可以把 libtest 連結到 helloworld 程式當中了：

```
$ arm-cortex_a8-linux-gnueabihf-gcc helloworld.c -ltest \
-L../libs -I../libs -o helloworld
```

接下來，我們用動態連結的方式同樣示範一次。

共用函式庫

另一種更為普遍的函式庫部署方式，則是將函式庫作為共用元件，在執行期時連結。由於如此一來只要複製一份需要載入的程式碼，對於空間和系統記憶體的運用，都來得更有效率。此外，在更新函式庫的檔案時，也不需要讓「使用到這些函式庫的程式」都重新進行連結，因此也更輕鬆。

共用函式庫（shared library）中的目標代碼（object code）必須要是相對位址格式，這樣執行期的連結器才能自由地在記憶體當中進行定址。要進行動態連結，只要在 gcc 的參數當中加上 -fPIC，然後加上 -shared 參數：

```
$ arm-cortex_a8-linux-gnueabihf-gcc -fPIC -c test1.c
$ arm-cortex_a8-linux-gnueabihf-gcc -fPIC -c test2.c
$ arm-cortex_a8-linux-gnueabihf-gcc -shared -o libtest.so test1.o
test2.o
```

之後，要將程式連結到這個函式庫時，只需要像前面靜態函式庫的範例那樣，加上 -ltest 參數即可。這一次，函式庫程式碼不會直接包在可執行檔當中，但會留下一個參考，讓執行期連結器（runtime linker）可以處理：

```
$ arm-cortex_a8-linux-gnueabihf-gcc helloworld.c -ltest \
-L../libs -I../libs -o helloworld
$ MELP/list-libs helloworld
    [Requesting program interpreter: /lib/ld-linux-armhf.so.3]
 0x00000001 (NEEDED)                 Shared library: [libtest.so.6]
 0x00000001 (NEEDED)                 Shared library: [libc.so.6]
```

這個程式的執行期連結器是 /lib/ld-linux-armhf.so.3，屆時必須存在於目標環境的檔案系統裡面。連結器會在預設的搜尋路徑（/lib 和 /usr/lib）中尋找 libtest.so。如果你想要連結器在其他目錄尋找函式庫，你可以在指令列的 LD_LIBRARY_PATH 變數中加上以「冒號」分隔的路徑清單：

```
# export LD_LIBRARY_PATH=/opt/lib:/opt/usr/lib
```

但由於共用函式庫與可執行檔是分開的，因此在部署時需要額外留意這兩者之間的版本問題。

共用函式庫版本號的意義

採用共用函式庫做法的一個好處是，可以獨立於那些引用函式庫的程式來進行更新。

函式庫的更新通常會產生兩種情形：

- 在維持向下相容性的前提下，修補程式缺失或增加新的函式
- 直接毀掉（break）與現有程式之間的相容性

對此，GNU/Linux 有一套版本編號規則，可以管理這兩種狀況。

每個函式庫都會有一個發行版本號（release version）和一個介面版本號（interface number）。發行版本號會接在函式庫的名稱後方，如處理 JPEG 圖片的函式庫 libjpeg，如果最新的版本號是 8.2.2，那麼函式庫的名稱就會是 libjpeg.so.8.2.2。此外，還會有一個軟連結（symbolic link，又稱符號連結）的捷徑，從 libjpeg.so 連到 libjpeg.so.8.2.2，如此一來，當你用 -ljpeg 參數編譯程式時，你就會連結到最新的版本。如果之後你又安裝了 8.2.3 版本，那麼這個捷徑就會被更新，連結時也會改為連結到新的版本。

現在，假設 9.0.0 的版本發佈了，而且與過去的版本不相容。於是 libjpeg.so 這個捷徑現在指向的是 libjepg.so.9.0.0，所有新的程式都會被連結到這個新版本。當 libjpeg 的介面有變更時，可能會拋出編譯錯誤，這樣開發者還有機會修補。

但其他已經在目標環境上沒有被重新編譯的程式就會直接出錯，因為這些程式使用的還是舊版介面。這時就要靠 **soname** 這個屬性。soname 是在組建函式庫時編進去的介面版本號名稱，然後在執行期連結器要讀取函式庫時，就能以此為據。這個版本號編

碼的格式為 < 函式庫名稱 >.so.< 介面版本號 >。以 libjpeg.so.8.2.2 為例，soname 是 libjpeg.so.8，因為 libjpeg 的介面版本號為 8：

```
$ readelf -a /usr/lib/x86_64-linux-gnu/libjpeg.so.8.2.2 \
| grep SONAME
0x000000000000000e (SONAME)       Library soname: [libjpeg.so.8]
```

任何以此名稱進行編譯的程式，都會在執行期呼叫 libjpeg.so.8，然後就會根據這個軟連結捷徑連到目標環境上的 libjpeg.so.8.2.2。即使之後安裝了 9.0.0 版本的 libjpeg，則會有另一個叫作 libjpeg.so.9 的 soname 出現，所以你就能在同一個系統上安裝兩個不相容版本的同名函式庫了。凡是連結到 libjpeg.so.8.*.* 的，都會讀取 libjpeg.so.8，而連結到 libjpeg.so.9.*.* 的，則是讀取 libjpeg.so.9。

也因為如此，當你在目錄底下要列出以 /usr/lib/x86_64-linux-gnu/libjpeg* 開頭的檔案時，會出現以下四個檔案：

- libjpeg.a：這是用來靜態連結（static linking）的函式庫封裝檔。
- libjpeg.so -> libjpeg.so.8.2.2：這是用來動態連結（dynamic linking）的軟連結捷徑。
- libjpeg.so.8 -> libjpeg.so.8.2.2：這是用來在執行期讀取函式庫的軟連結捷徑。
- libjpeg.so.8.2.2：這才是真正在編譯與執行階段使用的共用函式庫檔案。

前兩者只有在開發環境（host computer）組建時才會用到，後兩者則會在目標環境（target）上的執行期時需要用到。

雖然我們前面示範了這麼多從指令列上使用 GNU 跨平台編譯工具的做法，但到現在為止，還僅止於 helloworld 的入門程度而已。如果要真正在實務上成為可用的跨平台編譯工具，就需要結合跨平台工具鏈以及組建系統。

跨平台編譯的技巧

將跨平台工具鏈（cross toolchain）建立起來，才只是個開始而已，總有一天，你會真正開始跨平台編譯在目標環境上所需的各種工具、應用程式和函式庫。這些很多都是開源套件，各自有各自編譯的方式和不同的設定。

以下是一些比較常見的組建管理系統，像是：

- 透過 make 指令的變數 CROSS_COMPILE 來控制工具鏈的純 makefile（建置檔）
- 名為 **Autotools** 的 GNU 組建管理系統
- **CMake**（https://cmake.org）

對於組建一個基本的嵌入式 Linux 系統而言，前兩者（Autotools 與 makefile）是必備的。而 CMake 主要用於跨平台編譯，近年來在 C++ 社群中被廣泛採用。在這一節中，我們會逐一介紹這三種工具。

簡易 makefile

某些重要的套件可以輕易地以跨平台方式編譯，包括 Linux 的內核、U-Boot 啟動載入器、BusyBox。以上這些情況，只要把工具鏈的前綴字樣餵給 make 指令的變數 CROSS_COMPILE 就好，如 arm-cortex_a8-linux-gnueabihf-。記得最末尾的那個破折號。

舉例來說，要編譯 BusyBox 的話，只要輸入：

```
$ make CROSS_COMPILE=arm-cortex_a8-linux-gnueabihf-
```

或者，先設定為環境變數，再執行指令：

```
$ export CROSS_COMPILE=arm-cortex_a8-linux-gnueabihf-
$ make
```

如果是 U-Boot 或是 Linux，你還要在 make 指令的變數 ARCH 底下設定為其中一種支援的架構，這點筆者會在「**第 3 章，啟動載入器**」以及「**第 4 章，設定與組建內核**」中說明。

無論採用 Autotools 或是 CMake 都可以產生 makefile，差別在於 Autotools 只會產生 makefile，而 CMake 可以根據指定的平台（例如本書的 Linux）提供其他不同的組建方式。底下就先來看看 Autotools。

Autotools

Autotools 這個名稱，意思指的就是一組源自於開源專案、用來組建系統的工具。以下是其中的元件和其對應的專案官網：

- GNU Autoconf（`https://www.gnu.org/software/autoconf/autoconf.html`）
- GNU Automake（`https://www.gnu.org/savannah-checkouts/gnu/automake`）
- GNU Libtool（`https://www.gnu.org/software/libtool/libtool.html`）
- Gnulib（`https://www.gnu.org/software/gnulib/`）

Autotools 所扮演的角色，在於簡化「套件」在「不同類型的系統」上編譯時的差異，如不同版本的編譯器、不同版本的函式庫、不同的標頭檔案位置，以及與其他套件之間的依賴問題。

使用 Autotools 編譯的套件，會有一個名為 configure 的指令檔，用以檢查依賴關係，並且根據檢查的結果產生 makefile。這個 configure 指令檔的存在，也讓我們有機會能夠「開」（enable）或「關」（disable）套件中的某些功能。你可以透過執行 `./configure --help` 指令來查看更多選項。

要在原生作業系統上設定、組建和安裝套件，你只需要執行以下三個指令：

```
$ ./configure
$ make
$ sudo make install
```

Autotools 也可以處理跨平台的開發，透過設定底下的環境變數，你可以改變設定指令檔（configured script）的行為模式：

- `CC`：C 語言編譯器的指令。
- `CFLAGS`：給 C 語言編譯器設定的額外參數。
- `CXX`：C++ 語言編譯器的指令。
- `CXXFLAGS`：給 C++ 語言編譯器設定的額外參數。
- `LDFLAGS`：給連結器設定的額外參數，像是如果你有函式庫在「非預設的函式庫路徑」中時，就可以用 `-L<` 函式庫路徑 `>` 參數，把函式庫的搜尋路徑加進去。
- `LIBS`：要傳遞給連結器的額外函式庫清單，比如說，用 `-lm` 參數連結數學運算函式庫。

- CPPFLAGS：給 C/C++ 語言編譯前置處理器設定的額外參數，像是你可以加上 -I< 標頭檔路徑 > 參數，以在「非預設的標頭檔路徑」底下搜尋標頭檔。
- CPP：要使用的 C 語言編譯前置處理器指令。

有時只要設定 CC 這個變數就夠了，比方說：

```
$ CC=arm-cortex_a8-linux-gnueabihf-gcc ./configure
```

但其他時候，這樣反而會造成下面這種錯誤訊息：

```
[...]
checking for suffix of executables...
checking whether we are cross compiling... configure: error: in
'/home/frank/sqlite-autoconf-3330000':
configure: error: cannot run C compiled programs.
If you meant to cross compile, use '--host'.
See 'config.log' for more details
```

之所以會失敗的原因，是因為 configure 會先「編譯一小段程式」，並且「試著查看執行結果」，來測試工具鏈的適合度，而對於需要跨平台編譯的程式來說，這當然是不可能會通過的。

> **Note**
>
> 需要跨平台編譯時，請記得設定 --host=< 平台名稱 > 參數，這樣 configure 就會根據設定的 < 平台名稱 > 去搜尋系統中的跨平台編譯工具鏈。在有設定這個參數的情況下，configure 就不會在「設定」階段試著編譯一些非平台原生的程式碼。

Autotools 知道自己在編譯一個套件時，可能會牽涉到三種不同類型的環境：

- **組建環境（Build）**：這是指用來組建這個套件的電腦（環境），通常預設會是各位讀者目前正在使用的環境。
- **開發環境或運行環境（Host）**：這是指將要執行這份程式的電腦（環境）。對於原生編譯來說，這部分就直接留空，換句話說，預設會是等同組建環境。對於跨平台編譯來說，就要視你的工具鏈綴詞而定。
- **目標環境（Target）**：這是指程式產出程式碼的電腦（環境）。比方說，當要組建跨平台的編譯器時，就要設定這個部分。

所以，要跨平台編譯時，就需要如下覆寫運行環境的部分：

```
$ CC=arm-cortex_a8-linux-gnueabihf-gcc \
./configure --host=arm-cortex_a8-linux-gnueabihf
```

最後要注意的是，預設的安裝目錄會是在 `<sysroot>/usr/local/*` 底下。通常你應該要安裝在 `<sysroot>/usr/*` 底下，這樣才能從預設的位置去搜尋標頭檔跟函式庫的檔案。

所以，標準的 Autotools 套件，完整設定指令為：

```
$ CC=arm-cortex_a8-linux-gnueabihf-gcc \
./configure --host=arm-cortex_a8-linux-gnueabihf --prefix=/usr
```

範例：SQLite 套件

SQLite 函式庫是一個在嵌入式裝置上廣受歡迎的關聯式資料庫（relational database）實作。我們先從下載 SQLite 開始（**譯者註**：作者勘誤說明，如果 `sqlite-autoconf-3330000.tar.gz` 在讀者閱讀本書時已經無法下載，請自行從 SQLite 官方網站的下載區，下載最新版本並取代。）：

```
$ wget http://www.sqlite.org/2020/sqlite-autoconf-3330000.tar.gz
$ tar xf sqlite-autoconf-3330000.tar.gz
$ cd sqlite-autoconf-3330000
```

接著執行 `configure` 指令檔：

```
$ CC=arm-cortex_a8-linux-gnueabihf-gcc \
./configure --host=arm-cortex_a8-linux-gnueabihf --prefix=/usr
```

看起來應該不錯！要是不幸出現問題，你會在終端畫面上看到錯誤訊息，也會被記錄在 `config.log` 檔案中，方便查閱。如果成功的話，會產生出數個 makefile，接著就可以開始組建：

```
$ make
```

最後，再透過 `make` 指令的 `DESTDIR` 變數，把組建好的產出，安裝到工具鏈的目錄底下。如果不這樣做的話，你會把它直接安裝到你的開發環境的 `/usr` 目錄底下，而那不是我們想要的：

```
$ make DESTDIR=$(arm-cortex_a8-linux-gnueabihf-gcc -print-sysroot)
install
```

讀者可能會在執行最後一行指令時，遇到因為檔案權限錯誤而失敗的問題。由於 crosstool-NG 的工具鏈預設是唯讀（read-only）的，因此在組建時需要把 CT_PREFIX_DIR_RO 參數設為 y。另外一個常見的問題是，萬一工具鏈被安裝在系統資料夾如 /opt 或是 /usr/local 底下，在這種情況下，執行安裝時需要 root 權限。

安裝完成後，你應該會發現工具鏈多出了幾個檔案：

- `<sysroot>/usr/bin` 底下的 sqlite3：這是 SQLite 的指令列介面，可以在目標環境上安裝及執行。
- `<sysroot>/usr/lib` 底下的 libsqlite3.so.0.8.6、libsqlite3.so.0、libsqlite3.so、libsqlite3.la、libsqlite3.a：這些是共用和靜態的函式庫。
- `<sysroot>/usr/lib/pkgconfig` 底下的 sqlite3.pc：這是套件設定檔，後面會再說明。
- `<sysroot>/usr/include` 底下的 sqlite3.h、sqlite3ext.h：這些是標頭檔。
- `<sysroot>/usr/share/man/man1` 底下的 sqlite3.1：這是操作手冊。

現在，你可以順利編譯那些有使用到 sqlite3 套件的程式了，使用 -lsqlite3：

```
$ arm-cortex_a8-linux-gnueabihf-gcc -lsqlite3 sqlite-test.c -o
sqlite-test
```

假設 sqlite-test.c 是我們要呼叫 SQLite 函式的程式。既然我們已經把 sqlite3 安裝在 sysroot 底下，那麼編譯器應該可以順利找到標頭檔與函式庫檔案。如果是安裝在別處，那你還要加上 -L< 函式庫路徑 > 與 -I< 標頭檔路徑 > 參數才行。

不過一般來說，除了編譯時的連結之外，還有執行期時的依賴關係需要被滿足，屆時請參考「**第 5 章，建立根目錄檔案系統**」的內容，正確地把相關的檔案安裝到目標環境上。

無論如何，要跨平台地獲得函式庫或套件包，最重要的前提條件還是編譯時的設定與資訊。例如 Autotools 會透過 pkg-config 功能，在要跨平台地編譯套件包時，取得相關的重要資訊。

套件設定

要清查套件的依賴關係是件麻煩事。還好,套件設定工具中的 pkg-config(https://www.freedesktop.org/wiki/Software/pkg-config/)可以藉由將 Autotools 的套件記錄在 <sysroot>/usr/lib/pkgconfig 的資料庫中,來協助清查安裝了哪些套件,以及這些套件在編譯時需要哪些參數。舉例來說,SQLite3 對應的檔案是 sqlite3.pc,裡面有其他套件所需的必要資訊:

```
$ cat $(arm-cortex_a8-linux-gnueabihf-gcc -print-sysroot)/usr/lib/
pkgconfig/sqlite3.pc
# Package Information for pkg-config

prefix=/usr
exec_prefix=${prefix}
libdir=${exec_prefix}/lib
includedir=${prefix}/include

Name: SQLite
Description: SQL database engine
Version: 3.33.0
Libs: -L${libdir} -lsqlite3
Libs.private: -lm -ldl -lpthread
Cflags: -I${includedir}
```

我們可以透過 pkg-config 這個指令工具,來將資訊抽取成能直接傳遞給 gcc 的格式。以 libsqlite3 這個函式庫為例,假設我們需要知道函式庫的名稱(--libs),以及是否有任何特殊的 C 語言編譯器設定參數(--cflags)的話:

```
$ pkg-config sqlite3 --libs --cflags
Package sqlite3 was not found in the pkg-config search path.
Perhaps you should add the directory containing 'sqlite3.pc' to the
PKG_CONFIG_PATH environment variable
No package 'sqlite3' found
```

糟糕!之所以出錯,是因為 pkg-config 會在開發環境上的 sysroot 底下,尋找我們還沒安裝進去的 libsqlite3 開發套件。所以你需要設定環境變數 PKG_CONFIG_LIBDIR,來讓搜尋重新指向目標環境工具鏈的 sysroot 路徑:

```
$ PKG_CONFIG_LIBDIR=$(arm-cortex_a8-linux-gnueabihf-gcc \
-print-sysroot)/usr/lib/pkgconfig
```

```
$ pkg-config sqlite3 --libs --cflags
-lsqlite3
```

這樣一來,就能得到正確的輸出 -lsqlite3 了。有些讀者可能會覺得這點資訊不用依靠 pkg-config 也能知道,但大多數人其實是不清楚的,也因此這項技巧非常實用。剩下要做的就是編譯了:

```
$ export PKG_CONFIG_LIBDIR=$(arm-cortex_a8-linux-gnueabihf-gcc \
-print-sysroot)/usr/lib/pkgconfig
$ arm-cortex_a8-linux-gnueabihf-gcc $(pkg-config sqlite3 --cflags
--libs) \
sqlite-test.c -o sqlite-test
```

許多 configure 指令檔,也都是像這樣,從 pkg-config 讀取資訊。接下來,我們要來看看,在跨平台編譯時這樣做會遇到什麼問題。

跨平台編譯時的問題

sqlite3 是個能讓我們輕鬆完成跨平台編譯的優秀套件,但不是所有套件都會這麼乖乖聽話。實務上會遇到的問題通常有:

- 那些獨立開發的組建系統,例如:zlib 有他們自己的 configure 指令檔,但和我們前面所介紹的 Autotools 的 configure,是兩回事情。
- 那些完全無視 --host 參數設定,直接從開發環境上讀取 pkg-config 的資訊、標頭檔,還有其他檔案的 configure 指令檔。
- 那些非得要嘗試運行「跨平台編譯程式碼」不可的指令檔。

以上這些情形都需要我們仔細分析錯誤訊息,並了解傳遞給 configure 指令檔的額外參數,才能得到足夠的正確資訊,或是讓你能修改程式來避免這些問題。請記住,光是單一套件就會有無數個依賴關係套件,尤其是有使用到 GTK 套件或 Qt 套件來顯示圖形化介面,或是處理多媒體內容的程式。比方說,像是 mplayer 這個普遍用來播放多媒體內容的工具,就有超過 100 個以上的依賴函式庫。要從頭開始組建全部這些東西,得花上數星期。

因此,除非別無他法,或是需要組建的套件數量不多,否則筆者不會建議你手動去跨平台編譯這些元件。更好的做法是利用 Buildroot 或是 Yocto Project 這樣的組建工具,

或者是根據你的目標環境架構，建立一個原生的組建環境。所以，各位讀者現在應該能理解像 Debian 這種軟體的發佈，為何要以原生的方式編譯了。

CMake

CMake 是一個跨環境組建系統，它依靠底層系統提供的原生環境工具來組建軟體。比方說，如果是在 Windows 上，CMake 就可以配合 Microsoft Visual Studio 的專案檔（project file），而如果是在 macOS 上，CMake 就可以配合 Xcode 的專案檔。能夠像這樣與各大平台的主要 IDE 工具整合並非易事，同時這也能看出，為何 CMake 在跨平台組建系統的方案中，這麼受到歡迎與成功。CMake 當然也可以在 Linux 上運作，並和我們選擇的跨平台編譯工具鏈配合使用。

在原生 Linux 作業系統上使用 CMake 時，請以如下方式來設定、組建以及安裝套件：

```
$ cmake .
$ make
$ sudo make install
```

以 Linux 系統來說，原生環境的工具是 GNU make，因此 CMake 預設會產出 makefile。但通常我們會希望把「組建的產出物」與「原始碼檔案」分離開來，以保持原始碼目錄的乾淨。

如果要做分離組建（out-of-source build），可以先建立一個名為 _build 的子目錄，然後執行以下指令：

```
$ mkdir _build
$ cd _build
$ cmake ..
```

這樣就會在 CMakeLists.txt 所在的專案目錄下的 _build 子目錄中產生 makefile。這裡的 CMakeLists.txt 檔案，它在 CMake 中扮演的角色相當於 Autotools 組建專案中的 configure 指令檔。

接著就能和之前一樣，在 _build 子目錄下組建專案、安裝套件：

```
$ make
$ sudo make install
```

因為 CMake 採用絕對路徑（absolute path），所以一旦產出 makefile 後，就不能再隨意把 _build 子目錄複製或搬移到他處，否則後續 make 等步驟都會出錯。此外，即使採用分離組建的方式，預設情況下，CMake 還是會把套件安裝到 /usr/bin 這類系統目錄底下。

如果你真的想要讓 make 把套件安裝到 _build 子目錄下，就要像下面這樣，修改先前的 cmake 指令參數，重新產生 makefile：

```
$ cmake .. -D CMAKE_INSTALL_PREFIX=../_build
```

這樣之後在執行 make install 時，就不用加上 sudo 指令，因為如果只是把套件檔案複製到 _build 目錄的話，不需要 root 權限。

另外，如果是要跨平台編譯套件的話，也可以用如下方式產生 makefile：

```
$ cmake .. -D CMAKE_C_COMPILER="/usr/local/share/x-tools/arm-cortex_
a8-linux-gnueabihf-gcc"
```

然而，使用 CMake 進行跨平台編譯的最佳做法，是事先建立一份工具鏈檔案，並在其中設定好如 CMAKE_C_COMPILER、CMAKE_CXX_COMPILER，以及其他與目標嵌入式 Linux 環境相關的變數。

而當我們以模組化（modular）的方式設計軟體，並在函式庫與元件之間實作明確的 API 邊界（boundary）時，最能發揮 CMake 的優勢。

在使用 CMake 時，經常會看到以下這些名詞出現：

- 目標（target）指的是「函式庫」或「可執行檔」這類軟體元件。
- 屬性（properties）指的是用於組建出目標的「原始碼檔案」、「編譯參數」、「連結的函式庫」等。
- 套件（package）是一個 CMake 檔案，可以設定外部目標（external target），讓該目標可以像在你的 CMakeLists.txt 中定義一樣被建置。

舉例來說，假設今天有一份 dummy 可執行檔，它依賴於 SQLite 套件，要以 CMake 作為組建工具，那麼我們定義的 CMakeLists.txt 就會如下所示：

```
cmake_minimum_required (VERSION 3.0)
project (Dummy)
add_executable(dummy dummy.c)
find_package (SQLite3)
target_include_directories(dummy PRIVATE ${SQLITE3_INCLUDE_DIRS})
target_link_libraries (dummy PRIVATE ${SQLITE3_LIBRARIES})
```

find_package 指令會搜尋套件（在這個範例中是 SQLite3），並引入進來作為外部目標，以便滿足後續 dummy 可執行檔在 target_link_libraries 中所定義的連結依賴關係。

相較於單純的 makefile，CMake 提供了各式各樣的搜尋功能，方便我們使用 OpenSSL、Boost、protobuf 等等熱門的 C、C++ 語言套件包，讓我們在原生環境上的開發更加輕鬆。

範例中的 PRIVATE 修飾子（qualifier）則是可以避免「標頭檔」或「旗標參數」等資訊洩露到 dummy 目標（target）之外。如果今天組建的目標不僅僅是一個可執行檔，而是一個函式庫的話，更建議應該要這樣做。在使用 CMake 定義你自己的目標時，可以把目標想像成是模組（module），並盡量減少對外暴露的資訊。僅在真正有必要時，才採用 PUBLIC 修飾子，而針對僅含有標頭檔的函式庫，則採用 INTERFACE 修飾子。

在設計應用程式時，最好描繪出一張依賴關係圖（dependency graph），其中包含了所有目標之間的依賴關係，並在這些目標之間建立相應的邊界（edge）。這份資訊所涵蓋的，不僅僅是應用程式直接連結到的函式庫，也包括後續遞移下去的依賴關係。接著，根據關係圖找出任何的依賴迴圈，或是不必要的依賴關係，然後移除掉。這項作業最好是能夠在實際開始編寫程式之前就試做看看，只要多下一點功夫，就可以讓整個情況改觀，使 CMakeLists.txt 更簡潔、更容易維護，而不是到最後搞得一團亂、沒人敢修改。

小結

每個人的起頭一定都是從工具鏈開始:因為後續的工作全都依賴於有一個好用、可靠的工具鏈。

沒了工具鏈,什麼事情都做不了——所以你得要用 crosstool-NG 建立,或是從 Linaro 下載——然後才能用工具鏈來編譯那些在目標環境上所需的套件。或者,你也可以採用系統發行版中內建的工具鏈。你也可以透過如 Buildroot 或是 Yocto Project 這類組建系統,從原始碼產製。要小心那些隨著硬體免費附贈的工具鏈或是發行版:這些通常設定得很隨便,而且沒有持續維護。

一旦你有了工具鏈,就可以用來組建嵌入式 Linux 系統的其他要件。在下一個章節中,我們要介紹「啟動載入器」(bootloader)這個能讓你的裝置運轉起來、且進入系統啟動階段的東西。過程中,我們會利用本章組建的工具鏈,然後以 BeagleBone Black 為目標,組建啟動載入器。

延伸閱讀

這裡有幾部影片,涵蓋了筆者在寫這本書時「跨平台工具鏈」與「組建系統」的最新技術:

* Bernhard "Bero" Rosenkränzer 的「A Fresh Look at Toolchains and Crosscompilers in 2020」:https://www.youtube.com/watch?v=BHaXqXzAs0Y
* Mathieu Ropert 的「Modern CMake for modular design」:
  https://www.youtube.com/watch?v=eC9-iRN2b04

3

啟動載入器

嵌入式 Linux 的第二項要件是啟動載入器（bootloader），是系統啟動且將作業系統內核（operating system kernel）裝載進來的一環。在本章節中，我們要來看看啟動載入器所扮演的角色，尤其在當中如何利用一種叫**硬體結構樹（device tree）**，也被稱作**扁平化硬體結構樹（flattened device tree，FDT）**的資料結構，來將控制權從載入器自身交棒給內核。筆者會從「硬體結構樹」的基礎開始講起，這樣你才能理解結構樹當中所描述的連結關係，以及它是如何對應到真實的硬體。

我們還要來看看，如何使用現在流行的開源載入器 U-Boot 來啟動目標裝置（target device），並且以 BeagleBone Black 為例，示範如何自訂載入器，以便在另一個新的裝置上運作。

在本章節中，我們將帶領各位讀者一起了解：

- 啟動載入器是做什麼的？
- 啟動的流程
- 從啟動載入器到內核
- 硬體結構樹
- U-Boot

就讓我們開始吧！

環境準備

執行本章節中的範例時,請讀者先準備如下環境:

- 一個 Linux 系統,安裝了以下這些工具或函式庫,或同等於這些工具或函式庫的其他替代選項:device-tree-compiler、git、make、patch、u-boot-tools
- 我們在「**第 2 章,工具鏈**」當中針對 BeagleBone Black 建立的 crosstool-NG 工具鏈
- 一張可供讀寫的 microSD 卡與讀卡機
- 一條 USB 轉 TTL 的 3.3V 序列傳輸線
- BeagleBone Black 機板
- 一條 5V、1A 的 DC 直流電源供應線

此外,讀者可以在本書 GitHub 儲存庫的 Chapter03 資料夾下找到本章的所有程式碼:https://github.com/PacktPublishing/Mastering-Embedded-Linux-Programming-Third-Edition。

啟動載入器是做什麼的?

在嵌入式 Linux 系統當中,啟動載入器肩負著兩大重要任務:基本的系統初始化和內核的載入。事實上,前面那項任務只是後者的輔助罷了,因為只要將系統帶起到一定程度,便能載入內核。

在啟動載入器的第一行程式被執行、而電源才正被開啟或重置的時候,這時系統的狀態其實還很初始。由於「動態隨機存取記憶體(DRAM)控制器」還沒啟動,因此連「主記憶體」(main memory)都還不能使用;同樣地,由於還沒設定好其他介面,所以也都無法透過「儲存型快閃記憶體(NAND)控制器」、「多媒體記憶卡(Multimedia Card,MMC)控制器」等等,來存取儲存空間。一般而言,一開始只有一顆處理器的核心、一些靜態記憶體晶片(on-chip static memory)和啟動唯讀記憶體(boot ROM)等資源能夠運作。

因此,系統啟動流程須經過數個階段的程式執行,而每個階段都要喚起更多的系統功能加入運作。啟動載入器的最終目標,則是將內核載入到主記憶體中,並替內核建立執行環境(execution environment)。根據架構不同,啟動載入器與內核之間的溝通細節也會有所不同,但大致上都會包括這兩件事情:其一,將啟動載入器所知的硬體資訊,

透過指標（pointer）傳遞給內核；其二，同樣是透過指標，傳遞內核指令列（kernel command line）。

所謂的內核指令列是一條 ASCII 字串，控制了 Linux 的行為。當內核開始執行後，就不再需要啟動載入器，而先前被啟動流程佔用的記憶體空間也都可以被收回。

啟動載入器的次要功能，則是在要「更新啟動設定」、「將新的啟動映像檔（boot image）載入記憶體」、「執行分析功能」時，提供維護模式。通常透過序列主控台（serial console），就可以使用簡單的使用者指令列介面，來控制這件事情。

啟動的流程

不過在數年前，一切還很單純的時候，只需將啟動載入器，放在處理器重置向量指向的「非揮發性記憶體」（non-volatile memory，NVM）中就好了。而當時因為可以直接映射到「位址空間」（address space）的緣故，所以作為此儲存空間的理想方案，通常都是**編碼型快閃記憶體（NOR flash memory）**。下圖展示的設定中，在快閃記憶體某一區段上端的 0xfffffffc 處就是**重置向量（reset vector）**，該處會有一條跳位指令（jump instruction），指向啟動載入器的程式開頭，以此與啟動載入器連結：

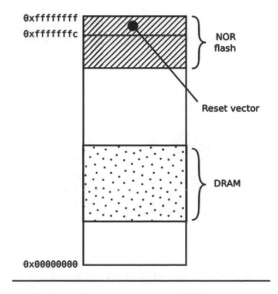

圖 3.1：NOR 快閃記憶體

從這裡開始，在 NOR 快閃記憶體中的啟動載入器程式，就可以啟動「記憶體控制器」（DRAM controller），然後主記憶體（也就是 **DRAM**）就能運作，因此可以把「啟動載入器」本身複製到 DRAM 中。等到功能運作完整後，啟動載入器就可以從快閃記憶體中，將內核載入到 DRAM，接著把控制權移交過去。

然而，一旦不使用 NOR 快閃記憶體這類線性定址的單純儲存媒體之後，啟動流程就會變成複雜、多階段的過程。過程的細節依據系統單晶片（SoC）會有所不同，但大致上會依照下列幾個階段。

第一階段：唯讀記憶體程式碼

基於沒有可靠的外部記憶體可用，所以在重置或電源接通之後要立即執行的程式，必須隨著系統單晶片儲存在上頭，這被稱為**唯讀記憶體程式碼（ROM code）**。由於是在晶片生產時就被編寫上去，因此「唯讀記憶體程式碼」是專利所有的，並且無法被任何開源軟體所代替。「唯讀記憶體程式碼」需要面對各種不同的設計，無法對「任何不在晶片上的硬體」做假設，甚至對系統主記憶體所使用的 DRAM 晶片也是，也因此沒有可啟動「記憶體控制器」的程式碼在其中。「唯讀記憶體程式碼」唯一可以使用到的記憶體空間，就只有不需要「記憶體控制器」的**靜態隨機記憶體（Static Random Access Memory，SRAM）**而已了。

大多數系統單晶片（SoC）上都會內建少量的 SRAM，這個大小從最小僅僅 4KB 到數百 KB 不等：

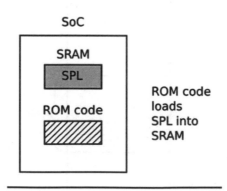

圖 3.2：第一階段的唯讀記憶體程式碼：唯讀記憶體程式碼會將 SPL 載入器帶入 SRAM 中

「唯讀記憶體程式碼」可以從幾個預先設定好的位址，讀取一小塊程式碼到 SRAM 當中。比方說，TI OMAP 以及 Sitara 的晶片會試著從以下幾個地方讀取程式：NAND 快閃記憶體的前幾個分頁（page）；或是透過**序列週邊介面**（**Serial Peripheral Interface，SPI**）連接的快閃記憶體；或者是 MMC 裝置（像是 eMMC 晶片或 SD 卡）的第一個區段（sector）；又或者是在 MMC 裝置第一個分割區（partition）中名為 MLO 的檔案。如果上述這些儲存裝置的讀取都失敗了，還會從乙太網路、USB 或是 UART 等介面嘗試讀取位元組串流（byte stream），不過後面這些主要是用來在生產（production）的過程中，把程式載入快閃記憶體之用，而不是正常的作業程序。大多數嵌入式系統單晶片上的「唯讀記憶體程式碼」，都是以類似的方式運作。但系統單晶片上的 SRAM 空間不足，無法完整載入像 U-Boot 這類啟動載入器，因此還需要一個被稱為**第二階段程式載入器**（**secondary program loader，SPL**）的中介載入器。

在這個階段結束時，下一階段的「SPL 載入器」會出現在晶片上內建的 SRAM 記憶體中，然後「唯讀記憶體程式碼」就會跳位到那段程式的開頭。

第二階段：第二階段程式載入器

第二階段程式載入器（SPL）的任務是要喚起記憶體控制器以及其他的系統必需部分，以便將**第三階段程式載入器**（**third stage program loader，TPL**）帶入主記憶體，也就是 DRAM 當中。「SPL 載入器」所擁有的功能受限於本身的大小。如同「唯讀記憶體程式碼」，它能夠從一堆儲存裝置中讀取出一段程式；它同樣可以使用一個在快閃記憶體裝置開頭「事先編寫好的記憶體位址」。而如果「SPL 載入器」本身內建「檔案系統驅動程式」的話，它也可以從磁碟分割區中讀取一個已知的檔案名稱，例如 u-boot.img。SPL 載入器通常不會允許使用者互動，不過可能會在終端畫面上印出一些我們可以看到的資訊，如版本編號、執行進度等。下圖說明了第二階段的架構：

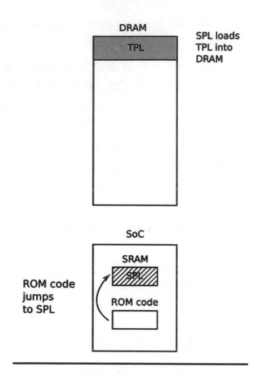

圖 3.3：第二階段的 SPL 載入器：從唯讀記憶體程式碼跳位到 SPL 載入器；SPL 載入器會將 TPL
載入器帶入 DRAM 中

在上圖中我們可以看到，「SPL 載入器」一樣是在 SRAM 當中執行，首先會從上一
階段的「唯讀記憶體程式碼」跳位到「SPL 載入器」，接著「SPL 載入器」會再把
「TPL 載入器」載入到 DRAM 記憶體中。在第二階段結束時，「TPL 載入器」會出
現在 DRAM 中，然後「SPL 載入器」就會跳位到那個區域。

以 Atmel 的 AT91Bootstrap 來看，「SPL 載入器」可以是來自開源軟體，但通常裡頭
還是會包含「以二進位格式存在、來自生產商的專利程式碼」。

第三階段：第三階段程式載入器

現在，我們終於要來執行 U-Boot 這類完整的啟動載入器了（U-Boot 的介紹容後再
敘）。通常可以透過簡單的指令列使用者介面來執行維護工作，像是把「新的啟動與內
核映像檔」載入快閃儲存空間、載入與啟動「內核」，也可以在無需使用者介入的情況
下，自動完成「內核」的載入。

下圖說明了第三階段的架構：

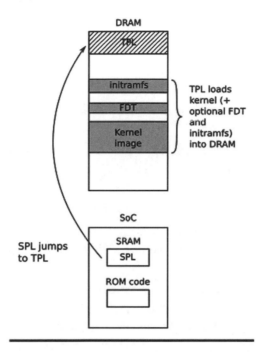

圖 3.4：第三階段的 TPL 載入器：從 SPL 跳位到 TPL；TPL 載入器會將內核（可能還會有 FDT 以及 initramfs）帶入 DRAM 中

在上圖中我們可以看到，首先會從「SRAM 中的 SPL」跳位到「DRAM 中的 TPL」。接著 TPL 執行後，會把內核載入到 DRAM 裡面。如果需要的話，也可以再往 DRAM 中額外加上「FDT」（扁平化硬體結構樹）或是「初始的 RAM 磁碟」（initial RAM disk）。無論如何，在第三階段結束時，內核就會在記憶體中等待啟動。

一旦內核開始執行，嵌入式啟動載入器通常就會從記憶體中消去，並且不再參與後續系統的運作。所以「TPL 載入器」的最後一項工作，就是把啟動流程（boot process）的控制權交給內核。

從啟動載入器到內核

啟動載入器為了要把控制權移交給內核，一些基本的資訊也要跟著傳遞過去，這些資訊包括下面這些內容：

- 採用的是 PowerPC 和 ARM 架構時：由於缺乏硬體結構樹的支援，因此，為了明確辨識出「系統單晶片」的類型，我們需要一組機型編號（machine number）。
- 到目前為止偵測到的硬體基本資料：至少會包括實體主記憶體的大小和位置，還有處理器的時脈（clock speed）。
- 內核指令列。
- 還可能會有：二進位硬體結構樹的位置與大小。
- 還可能會有：初始的 RAM 磁碟（initial RAM disk）的位置與大小，即 **initramfs（initial RAM filesystem，初始 RAM 檔案系統）**。

內核指令列是一組能控制 Linux 行為的純 ASCII 字串，例如：指定含有「根目錄檔案系統」的裝置的名稱。筆者會在下一個章節再詳細說明這個部分。由於啟動載入器會負責將「RAM 磁碟的映像」帶入主記憶體當中，因此通常會選用「RAM 磁碟」作為根目錄檔案系統。我們會在「**第 5 章，建立根目錄檔案系統**」中解釋「如何建立初始的 RAM 磁碟」。

這些資訊的傳遞方式會取決於架構（architecture）而有所不同，並在近幾年有所變化。舉例而言，在 PowerPC 架構上，啟動載入器會傳遞一個指標（pointer），直接指向機板資訊的資料結構；但在 ARM 架構上，它會傳遞一個指標指向「一長串的 ATAG」，關於這種內核程式碼格式的詳盡說明，可以參考內核原始碼中的 Documentation/arm/Booting。

不過，不論是哪種架構，能夠傳遞的資訊其實都極其有限，其餘大部分都留待執行期間再來探索，或是直接作為**平台資訊（platform data）**編寫在內核當中。而這種平台資訊的廣泛使用，也代表了每個平台都需要「內核」特地為其做設定與修改，因此我們需要一個更好的方式來維護，也就是硬體結構樹（device tree）。在 ARM 架構中，最早從 2013 年的 2 月發佈的 Linux 3.8 版本開始，就移除了 ATAG。如今，即使是 ARM 架構的系統，大多數都已改用「硬體結構樹」作為獲取硬體平台資訊的管道，讓同一版本的內核可以運行在多種不同的平台上。

現在，我們已經學會「啟動載入器是做什麼的」、「啟動的流程當中有哪些階段」，以及「如何把控制權移交給內核」，接下來，讓我們看看「如何針對一些常見的嵌入式系統單晶片（SoC）設定啟動載入器」。

硬體結構樹

如果讀者是採用 ARM 或 PowerPC 架構的系統單晶片，幾乎可以確定，你遲早都要面對到「硬體結構樹」（device tree）這件事情，因此本節就是要來快速介紹一下這個東西，以及它是如何運作的。不過這當中還有很多細節不會在此討論，我們會於本書其他章節段落中說明。

硬體結構樹是一個可以定義電腦系統硬體元件的彈性方式，其內容本身是靜態資料，而不是可執行的程式碼。通常來說，硬體結構樹也是由啟動載入器帶給內核，而對於那些無法分別處理這兩者的啟動載入器來說，可以選擇將硬體結構樹與內核封裝在一起。

硬體結構樹的格式是源自於 Sun Microsystems 旗下名為 **OpenBoot** 的啟動載入器，這個格式後來被正式定為專用於 Open Firmware 的 IEEE 標準 IEEE1275-1994。這個標準被使用在以 PowerPC 架構為主的 Macintosh 電腦中，因此對於同樣也在 PowerPC 架構上的 Linux 來說，這是很合理的選擇。不過，之後這個標準也開始被許多 ARM 架構上的 Linux 採用，甚至還有如 MIPS、MicroBlaze、ARC 以及一些其他的架構，也都逐漸採用這種做法。

想了解更多的話，可以到 https://www.devicetree.org 查看更多詳細資訊。

硬體結構樹的基礎

在 Linux 內核的 arch/$ARCH/boot/dts 路徑下，存放了大量的硬體結構樹原始檔，這裡是要了解硬體結構樹最好的起點。另外，在 U-boot 的原始碼當中，也有少數檔案在 arch/$ARCH/dts 路徑下。如果你的硬體是來自第三方廠商，這些 dts 檔案會連同其他的原始碼檔案，一併包含在機板的支援套件中。

硬體結構樹是以一種樹狀的資料結構，來展示相連在一起的電腦系統元件群。結構樹的開頭首先是以斜線符號（/）代表的根節點（root node），其子節點則代表系統

的硬體，每個子節點都有一個名稱，以及一串以 name = "value" 形式存在的屬性
（property）描述。底下是一個簡單的範例：

```
/dts-v1/;
/{
    model = "TI AM335x BeagleBone";
    compatible = "ti,am33xx";
    #address-cells = <1>;
    #size-cells = <1>;
    cpus {
        #address-cells = <1>;
        #size-cells = <0>;
        cpu@0 {
            compatible = "arm,cortex-a8";
            device_type = "cpu";
            reg = <0>;
        };
    };
    memory@0x80000000 {
        device_type = "memory";
        reg = <0x80000000 0x20000000>; /* 512 MB */
    };
};
```

上面所展示的是一個根節點，根節點（/）底下有一個名為 cpus 的子節點以及一個名
為 memory 的子節點。這個 cpus 節點底下則有一個叫作 cpu@0 的處理器節點。節點的
名稱當中，常會以加上 @ 符號及位址的方式，用來跟其他的節點作為區別。如果節點本
身有 reg 這項屬性的話，那麼 @ 符號就是必要的。

根節點和處理器的節點，都有 compatible 這項相容性描述的屬性。Linux 內核就是用
這個屬性來跟其他在裝置驅動程式的 of_device_id 字串做對應（在「**第 11 章，裝置
驅動程式**」中會進一步說明）。

> **Note**
>
> 習慣上，compatible 屬性的值是由製造商的名稱再加上元件名稱組合而
> 來的，以便和其他製造商生產的類似裝置做區別，因此上面範例顯示的是
> ti,am33xx 和 arm,cortex-a8。此外，compatible 屬性裡面也常有不只
> 一組屬性值，因為可能有不只一種驅動程式可以對應這個裝置，而順序上
> 則會以最適合的優先。

處理器與記憶體的節點則另外有 device_type 這個屬性，用以描述該裝置的類別。而該節點的名稱開頭，也通常是來自 device_type 這個屬性的值。

reg 屬性

memory 與 cpu 的節點資料中，有一項名稱為 reg 的屬性，代表的是一段暫存器空間（register space）中的位址。reg 這項屬性以兩段值來分別表示「起始的位址」和「範圍（長度）的大小」，這兩段數值都是以大於零的 32 位元整數來表示，這樣的數值又被稱為「單元」（cell）。因此，前面範例中的 memory 節點，就是指向一段從 0x80000000 起始、有著 0x20000000 位元組長度的單一區段記憶體空間。

但如果起始位址以及範圍大小的數值，無法以 32 位元來表示時，要看懂 reg 屬性的內容就會變得困難。比方說，在以 64 位元為定址的裝置上，每個屬性需要兩個單元來描述：

```
/ {
    #address-cells = <2>;
    #size-cells = <2>;
    memory@80000000 {
        device_type = "memory";
        reg = <0x00000000 0x80000000 0 0x80000000>;
    };
}
```

而需要用來描述資訊的單元數量，則是在父節點的 #address-cells 與 #size-cells 屬性當中宣告。換句話說，要看懂 reg 屬性，你得先順著節點資料結構往前查找，直到看到 #address-cells 與 #size-cells 為止。如果完全沒找到，那就表示兩項都是以預設值 1 為主──但這種需要自行臆測的做法，不是編寫硬體結構樹時的好習慣。

現在讓我們回到 cpu 跟 cpus 節點上。處理器本身也會有位址的編號：在四核心架構的裝置中，會以 0、1、2、3 編號。你可以把這想成是一個沒有深度的一維陣列，因此範圍大小的部分就是 0，所以在 cpus 節點中就會看到 #address-cells = <1> 和 #size-cells = <0>；而在子節點的 cpu@0 當中，則是給 reg 屬性直接給定一個單值：reg = <0>。

中斷與標籤

到目前為止對硬體結構樹的介紹，都是假設在只有單一樹狀結構中的元件群當中，但實際狀況不可能只有如此。除了元件與系統其他部分之間明顯有資料連結外，也可能會連接一個中斷控制器（interrupt controller）、時脈來源（clock source）或是穩壓器（voltage regulator）等等。要表示出這種連結關係，我們需要在節點中加上一個標籤（label），然後再將標籤作為參考（reference），從其他節點連結過來。這類標籤有時又被稱作**處理節點（phandle）**，因為在編譯硬體結構樹時，凡是有設定這種可供其他節點參考的標籤，都會產生出一個名為 phandle 的屬性，然後在其中指定一個唯一不重複的數值屬性值。當編譯完後，你只要再反編譯回去，就能看到這項資訊。

舉例而言，假設系統裡有一個可以產生中斷訊號（interrupts）的 LCD 控制器，以及一個中斷控制器（interrupt-controller）：

```
/dts-v1/;
{
    intc: interrupt-controller@48200000 {
        compatible = "ti,am33xx-intc";
        interrupt-controller;
        #interrupt-cells = <1>;
        reg = <0x48200000 0x1000>;
    };
    lcdc: lcdc@4830e000 {
        compatible = "ti,am33xx-tilcdc";
        reg = <0x4830e000 0x1000>;
        interrupt-parent = <&intc>;
        interrupts = <36>;
        ti,hwmods = "lcdc";
        status = "disabled";
    };
};
```

我們可以看到，在 interrupt-controller@48200000 節點的前面，定義了一個名為 intc 的標籤，而根據 interrupt-controller 屬性，可以確認這個節點是一個中斷控制器元件。在中斷控制器節點中，有個特殊的 #interrupt-cells 屬性，用來告訴我們需要用多少段「單元」，來表示中斷訊號。在上面的例子中，只用了一段來代表**中斷請求（interrupt request，IRQ）**。不過通常也會使用「額外的值」來區分中斷情形，像是區分不同的中斷觸發，例如變化觸發（edge-triggered）或是條件觸發（leveltriggered）等等。描述「中斷」所使用的單元數量以及其意義，是隨每種中斷控制器元件而不同的。至於硬體結構樹是採用哪種中斷控制器，則可以參考 Linux 內核原始碼中的 `Documentation/devicetree/bindings/` 目錄。

再來看到 `ldcd@4830e000` 節點，裡面的 `interrupt-parent` 屬性值表示的就是「連接到的中斷控制器」節點標籤名稱。另外還有一個 `interrupts` 屬性，屬性值是 `36`。可以看到這個節點自己也有一個標籤 `lcdc`。因此，所有節點都可以定義自己的標籤，這樣如果有其他節點依賴於此節點，就可以透過此標籤參考。

硬體結構樹引用檔

在同類型的系統單晶片和使用同類系統單晶片的機板當中，有很多硬體都是共通的。這種情形反映到硬體結構樹時，共通的部分會被分出放到「引用檔」（include file）裡面，這些引用檔以 `.dtsi` 副檔名作為結尾。Open Firmware 標準定義了 `/include/` 這個機制的用法，就像在 `vexpress-v2p-ca9.dts` 當中所看到的那樣：

```
/include/ "vexpress-v2m.dtsi"
```

不過，如果你檢視內核的 `.dts` 檔案的話，你會發現另外一種參考自 C 語言的 include 語法，比方說，像是在 `am335x-boneblack.dts` 當中：

```
#include "am33xx.dtsi"
#include "am335x-bone-common.dtsi"
```

或是其他如 `am33x.dtsi`：

```
#include <dt-bindings/gpio/gpio.h>
#include <dt-bindings/pinctrl/am33xx.h>
#include <dt-bindings/clock/am3.h>
```

而在前面的 `include/dt-bindings/pinctrl/am33xx.h` 當中，則是有 C 語言的巨集語法：

```
#define PULL_DISABLE      (1 << 3)
#define INPUT_EN          (1 << 5)
#define SLEWCTRL_SLOW     (1 << 6)
#define SLEWCTRL_FAST      0
```

上面這種情況會發生在使用 Kbuild 內核組建的硬體結構樹中，在這組建過程中會先執行 C 語言的前置處理器（也就是 cpp），這時上面那些 #include 與 #define 語法，就會被轉為可以讓硬體結構樹編譯器處理的文字。這樣做的理由，可在前面的範例中明顯看出：這是為了讓硬體結構樹可以使用和內核原始碼一樣的常數項宣告。

當我們引用了這些檔案，節點就會一個接一個，擴展外層或是修改內層的節點，組合出一個樹狀結構。例如：在 am33xx.dtsi 中，會對所有 am33xx 系列的系統單晶片定義一個初始的 MMC 控制器介面：

```
mmc1: mmc@48060000 {
    compatible = "ti,omap4-hsmmc";
    ti,hwmods = "mmc1";
    ti,dual-volt;
    ti,needs-special-reset;
    ti,needs-special-hs-handling;
    dmas = <&edma_xbar 24 0 0
        &edma_xbar 25 0 0>;
    dma-names = "tx", "rx";
    interrupts = <64>;
    interrupt-parent = <&intc>;
    reg = <0x48060000 0x1000>;
    status = "disabled";
};
```

請注意，status 屬性是 disabled，也就是指不要讓裝置驅動程式來使用它，此外這個節點也有設定標籤，名稱是 mmc1。

而在 BeagleBone 和 BeagleBone Black 的 microSD 卡介面中，都有參考到 mmc1。因此，在 am335x-bone-common.dsti 當中，就會看到如下定義：

```
&mmc1 {
    status = "okay";
    bus-width = <0x4>;
    pinctrl-names = "default";
    pinctrl-0 = <&mmc1_pins>;
    cd-gpios = <&gpio0 6 GPIO_ACTIVE_HIGH>;
};
```

status 屬性設為 okay，這表示不論是哪種 BeagleBone 機板，都會在執行期時將 MMC 裝置驅動程式與此介面綁定。此外，上面的範例中，同樣也以標籤參考的方式參考了另一個名為 mmc1_pins 的引腳控制（pin control）定義。至於何謂引腳控制這邊就暫且不詳述，相關資訊可以參考 Linux 內核原始碼中的 Documentation/devicetree/bindings/pinctrl 目錄。

雖然都是同一個介面，但是在 BeagleBone Black 上的 mmc1 介面卻需要參考另一種不同的穩壓器（voltage regulator）元件。也就是說，如果我們查看 am335x-boneblack.dts 的內容，就會看到另一種對 mmc1 的參考，其中會以 vmmcsd_fixed 標籤參考的形式，連結到另一個穩壓器元件：

```
&mmc1 {
    vmmc-supply = <&vmmcsd_fixed>;
};
```

就像這樣，這些原始碼檔案層層套疊在一起，提供了彈性，並且減少重複定義節點的需要。

編譯硬體結構樹

啟動載入器與內核需要的是以機器碼表示的硬體結構樹，因此還需要用硬體結構樹的編譯器 dtc 來進行編譯。編譯的結果會產生一個副檔名為 .dtb 的檔案，代表的意思是二進位硬體結構樹（device tree binary）或是大型二進位硬體結構樹（device tree blob）。

在 Linux 原始碼的 scripts/dtc/dtc 底下可以找到一份 dtc 編譯器，而許多基於 Linux 的發行版中，也可以找到相關套件，可以用以下的指令來編譯單純的（沒有 #include 語法的那種）硬體結構樹：

```
$ dtc simpledts-1.dts -o simpledts-1.dtb
DTC: dts->dts on file "simpledts-1.dts"
```

注意，dtc 本身沒辦法給出什麼有用的錯誤訊息，而且也不會檢查基本的語法錯誤，這表示即使對拼寫錯誤這種問題進行除錯，都可能是個大工程。

因此，若要建立更加複雜的硬體結構樹檔案，你就會需要用到在「**第 4 章，設定與組建內核**」中提到的 Kbuild 內核。

與內核相同，啟動載入器也可以利用硬體結構樹的資訊，來初始化嵌入式系統單晶片以及週邊硬體。當我們要從 QSPI 快閃記憶體這類大容量儲存裝置上載入內核時，這點就十分有用。可用於嵌入式 Linux 的啟動載入器其實有很多種，不過在本書中只會先介紹一種，底下就來介紹。

U-Boot

由於 U-Boot 有支援許多不同的處理器架構、獨立機板與裝置，因此我們會針對它來做介紹。此外，U-Boot 的使用也行之有年，還有一個很活躍的支援社群。

U-Boot（全稱是 **Das U-Boot**）最早是從嵌入式 PowerPC 架構的機板上，開始發展作為「開源啟動載入器」的生涯。在這之後，陸續被移植到 ARM 架構的機板以及其他架構上，當中包括了 MIPS、SH 等平台。這項專案是由 Denx Software Engineering 主持及維護的，因此從擁有許多資訊的 https://www.denx.de/wiki/U-Boot 開始研究，是個很好的起點。此外，也可以透過 https://lists.denx.de/listinfo/u-boot 的表單訂閱 u-boot@lists.denx.de 的資訊。

組建 U-Boot

先從下載原始碼開始。就如同大多數的專案，建議的下載方式是從儲存庫上複製 .git，並根據想要採用的版本，以該版本的標籤（tag）進行簽出（checkout）。在下面的範例中，我們使用的是本書寫成時最新的版本：

```
$ git clone git://git.denx.de/u-boot.git
$ cd u-boot
$ git checkout v2021.01
```

此外，你也可以從 ftp://ftp.denx.de/pub/u-boot/ 下載打包檔（tarball）。

下載後，在 configs/ 目錄下，有超過 1,000 個以上、提供給常見開發機板與裝置的設定檔。大多數情況下，你可以根據檔名來判斷出應該要使用的檔案，但你還是可以在 board/ 目錄下，從每個機板的 README 檔中找到詳細的資訊，或者也可以在網路上的某份教學或某個論壇中找到這些資料。

我們以 BeagleBone Black 為例，可以在 configs/ 目錄下找到一個名為 am335x_evm_
defconfig 的設定檔，同時也可以在 am335x 晶片的 README 檔案（board/ti/am335x/
README） 中 找 到 **The binary produced by this board supports ... Beaglebone
Black** 的字樣。在知曉了這點之後，要針對 BeagleBone Black 組建 U-Boot，應該並
不困難，只需要透過 make 工具的 CROSS_COMPILE 變數，告知 U-Boot 你使用的跨平台
編譯器前綴字樣，然後以指令 make [機板名稱]_defconfig 來選擇設定檔就好。就以
我們在「**第 2 章，工具鏈**」中建立的 crosstool-NG 編譯器為例，組建 U-Boot 時應如
下進行：

```
$ source ../MELP/Chapter02/set-path-arm-cortex_a8-linux-gnueabihf
$ make am335x_evm_defconfig
$ make
```

編譯的結果會產生以下這些檔案：

- u-boot：這是以 ELF 目標檔格式（ELF object format）存在的 U-Boot，可與除
  錯器搭配使用。
- u-boot.map：符號表（symbol table）。
- u-boot.bin：以二進位格式存在的 U-Boot，可在目標環境上運行。
- u-boot.img：這是加上了 U-Boot 標頭檔的 u-boot.bin，可作為 U-Boot 的運行
  複本上傳使用。
- u-boot.srec：這是以 Motorola S-Record 格式（又被稱為 **SRECORD** 或 **SRE**）
  存在的 U-Boot，可透過序列連接（serial connection）進行傳輸。

另外，就像前面提到的，BeagleBone Black 還需要一個**第二階段程式載入器**
（**SPL**）。這部分也一起組建出來了，並被命名為 MLO：

```
$ ls -l MLO u-boot*
-rw-rw-r-- 1 frank frank  108260 Feb  8 15:24 MLO
-rwxrwxr-x 1 frank frank 6028304 Feb  8 15:24 u-boot
-rw-rw-r-- 1 frank frank  594076 Feb  8 15:24 u-boot.bin
-rw-rw-r-- 1 frank frank   20189 Feb  8 15:23 u-boot.cfg
-rw-rw-r-- 1 frank frank   10949 Feb  8 15:24 u-boot.cfg.
configs
-rw-rw-r-- 1 frank frank   54860 Feb  8 15:24 u-boot.dtb
-rw-rw-r-- 1 frank frank  594076 Feb  8 15:24 u-boot-dtb.bin
-rw-rw-r-- 1 frank frank  892064 Feb  8 15:24 u-boot-dtb.img
-rw-rw-r-- 1 frank frank  892064 Feb  8 15:24 u-boot.img
```

```
-rw-rw-r-- 1 frank frank    1722 Feb  8 15:24 u-boot.lds
-rw-rw-r-- 1 frank frank  802250 Feb  8 15:24 u-boot.map
-rwxrwxr-x 1 frank frank  539216 Feb  8 15:24 u-boot-nodtb.bin
-rwxrwxr-x 1 frank frank 1617810 Feb  8 15:24 u-boot.srec
-rw-rw-r-- 1 frank frank  211574 Feb  8 15:24 u-boot.sym
```

其他種類目標環境的組建過程,則大致上都大同小異。

安裝 U-Boot

對於第一次在機板上安裝啟動載入器的人,這邊的練習可能會需要一點幫助。如果機板具備 **JTAG(Joint Test Action Group)**這類硬體式的除錯介面,通常可以循此將 U-Boot 的複本載入主記憶體,並運作起來。接著,你就可以利用 U-Boot 的指令,將它自身複製到快閃記憶體裡頭。關於這部分的細節,會根據機板類型而有所不同,因此不在本書中說明。

某些系統單晶片帶有「啟動唯讀記憶體」(boot ROM)的設計,可以用來從各種外部來源(如 SD 卡、序列埠介面或是 USB 儲存媒體等)讀取啟動程式,而 BeagleBone Black 上的 am335x 正是屬於此類,這樣就能輕鬆許多。

首先,我們需要一台用於將映像檔讀寫到 SD 卡中的 SD 讀卡機。很多筆記型電腦都會內建這樣的讀卡機插槽,或者,你也可以透過 USB 外接的方式接上一台讀卡機。當你把 SD 卡插入讀卡機後,Linux 系統就會為其配發一個裝置名稱。你可以利用 lsblk 指令來查看有哪些週邊裝置與設備。舉例而言,當筆者把一張 8GB 大小的 microSD 卡插進讀卡機後,會看到如下的畫面:

```
$ lsblk
NAME          MAJ:MIN RM   SIZE RO TYPE MOUNTPOINT
sda           8:0     1    7.4G  0 disk
└─ sda1       8:1     1    7.4G  0 part /media/frank/6662-6262
nvme0n1       259:0   0  465.8G  0 disk
├─ nvme0n1p1  259:1   0    512M  0 part /boot/efi
├─ nvme0n1p2  259:2   0     16M  0 part
├─ nvme0n1p3  259:3   0  232.9G  0 part
└─ nvme0n1p4  259:4   0  232.4G  0 part /
```

以上例來說，我們可以看到 nvme0n1 是一台 512GB 大小的磁碟機，而 sda 則是那張 microSD 卡。分割區只有一個，就是 sda1，並且已經被掛載於 /media/frank/6662-6262 目錄底下。

> **Note**
>
> 雖然 microSD 卡上寫著大小是 8GB，但你會發現，裡面怎麼只有 7.4GB 呢？這個差異其實是因為「同一個數字」隨著標示的單位而有所不同。通常我們在卡片上以 gigabytes（簡寫為 GB）來標示，但在軟體裡面，卻會看到以 gibibytes（簡寫為 GiB）來顯示。同樣地，在本書中，讀者也會看到 KB 與 KiB、MB 與 MiB 等單位，筆者會盡力留意這種單位上的差異。就以 SD 卡為例，其實廠商沒有偷工減料，只是「8GB」與「7.4GiB」的差別罷了。

如果我們改用內建的 SD 讀卡機插槽，則會看到：

```
$ lsblk
NAME            MAJ:MIN RM    SIZE RO TYPE MOUNTPOINT
mmcblk0         179:0    1    7.4G  0 disk
└─mmcblk0p1 179:1    1    7.4G  0 part /media/frank/6662-6262
nvme0n1         259:0    0  465.8G  0 disk
├─nvme0n1p1 259:1    0    512M  0 part /boot/efi
├─nvme0n1p2 259:2    0     16M  0 part
├─nvme0n1p3 259:3    0  232.9G  0 part
└─nvme0n1p4 259:4    0  232.4G  0 part /
```

現在，microSD 卡的名稱變成了 mmcblk0，分割區則是 mmcblk0p1。各位讀者手上的 microSD 卡在格式化時採用的格式可能與筆者不同，因此不一定會看到同樣的分割區編號，也不一定會掛載在同樣的位置上。尤其掛載上去後再格式化時，需要特別留意裝置名稱，畢竟我們不想一不小心，錯把主硬碟給抹除掉了，筆者過去就曾發生過好幾次這種事。因此筆者在本書儲存庫中提供了一份 MELP/format-sdcard.sh shell 指令檔（shell script），裡面所安排的檢查應該足夠各位（以及筆者本人）避免搞錯了要格式化的裝置名稱。該指令檔以「microSD 卡的裝置名稱」作為輸入參數，以上面兩個範例來說，分別會是 sda 和 mmcblk0 這兩個，例如：

```
$ MELP/format-sdcard.sh mmcblk0
```

執行指令檔之後，會在卡片中建立兩個分割區：一個是 FAT32 格式的 64MiB 大小分割區，用於存放啟動載入器；另一個則是 ext4 格式的 1GiB 大小分割區，會在

「**第 5 章，組建根目錄檔案系統**」中派上用場。然而，如果要格式化的對象大於 32GiB 的話，指令檔會回覆失敗，所以要是讀者想使用較大張的 microSD 卡，請再自行修改一下指令檔內容即可。

將 microSD 卡格式化好之後，就可以從讀卡機上拔出，再重新插入，讓格式化後的新分割區自動掛載上去。以本書寫成當下的 Ubuntu 版本來說，這兩個分割區會分別被掛載於 /media/[使用者名稱]/boot 與 /media/[使用者名稱]/rootfs 之下，接著，就可以把「SPL 載入器」和「U-Boot」複製過去：

```
$ cp MLO u-boot.img /media/frank/boot
```

最後，再卸載掉：

```
$ sudo umount /media/frank/boot
```

然後，在 BeagleBone 機板未通電的情況下，將 microSD 卡插入。把序列埠連接線（serial cable）接上，在你電腦上「序列埠」應該會以類似 /dev/ttyUSB0 的名稱顯示。選擇合適的終端機程式開啟，如 gtkterm、minicom 或是 picocom 等，然後以 115200 bps（bits per second，位元／秒）、無流量控制（no flow control）的方式與「序列埠」連接。根據筆者個人經驗，透過 gtkterm 大概是最簡單的方式了：

```
$ gtkterm -p /dev/ttyUSB0 -s 115200
```

如果讀者遇到了權限問題，可能需要先把自己的使用者帳號加到 dialout 這個群組底下，重開電腦後，再試著連接該序列埠。

以外部 5V 電源線供應機板電源，按住在 BeagleBone Black 上的啟動開關（Boot Switch button，距離 microSD 插槽最近的那顆），按住開關 5 秒後再放開。接著，就會在序列主控台（serial console）上看到 U-Boot 的提示字元：

```
U-Boot SPL 2021.01 (Feb 08 2021 - 15:23:22 -0800)
Trying to boot from MMC1


U-Boot 2021.01 (Feb 08 2021 - 15:23:22 -0800)

CPU  : AM335X-GP rev 2.1
Model: TI AM335x BeagleBone Black
```

```
DRAM  : 512 MiB
WDT   : Started with servicing (60s timeout)
NAND  : 0 MiB
MMC   : OMAP SD/MMC: 0, OMAP SD/MMC: 1
Loading Environment from FAT... *** Warning - bad CRC, using default
environment

<ethaddr> not set. Validating first E-fuse MAC
Net   : eth2: ethernet@4a100000, eth3: usb_ether
Hit any key to stop autoboot:  0
=>
```

隨便點擊鍵盤上的任一按鍵，避免 U-Boot 直接以預設環境進入自動啟動流程。現在你會看到停在 U-Boot 的指令列提示字元上，接下來，該是 U-Boot 上場的時刻了。

使用 U-Boot

在這個小節中，筆者會介紹一些 U-Boot 的常見用途。

一般來說，U-Boot 是透過序列埠提供指令列介面，並針對每種機板都給出客製化的提示字元。在這邊的範例中，筆者是使用 => 來表示。輸入 help 指令，就可以顯示出在這個版本的 U-Boot 當中，有哪些可用的指令；而輸入 help < 指令名稱 > 就可以看到某個指令的更多資訊。

內建的指令直譯器（command interpreter，例如 Linux 上的 shell）非常陽春，你無法透過「左右方向鍵」來在指令列上移動、進行編輯操作，你也不能使用「Tab 鍵」來快速完成指令輸入，更沒辦法以「上方向鍵」查看指令紀錄。要是按了以上這些按鍵，你只會被迫收到 Ctrl + C 訊號，中斷正在輸入的指令，讓一切重來。唯一你能使用的指令編輯按鍵，就只有「倒退鍵」而已。因此，你可以考慮安裝另外一個叫作 **Hush** 的指令列環境，以獲取更多複雜的互動操作與編輯支援。

指令中，預設的數字型態是十六進位型態。比方說，下面這串指令：

```
=> nand read 82000000 400000 200000
```

這串指令會從 NAND 快閃記憶體開頭算起 0x400000 位址處，讀取出 0x200000 位元組後，放進主記憶體的 0x82000000 位址處。

環境變數

U-Boot 非常依靠環境變數來在函式之間儲存與傳遞資訊，甚至用來建立指令檔。所謂的環境變數，就是以 name=value 這樣簡單的形式，存於記憶體中某個區塊內的資訊，而一些內建的變數可能是像這樣寫入在機板的設定標頭檔中：

```
#define CONFIG_EXTRA_ENV_SETTINGS
"myvar1=value1"
"myvar2=value2"
[...]
```

你可以從 U-Boot 的指令列以 setenv 工具建立並修改變數。舉例來說，指令 setenv foo bar 會建立一個名稱叫作 foo、值是 bar 的變數。注意在變數名稱與值的中間沒有 = 符號。只要把變數的值設成空值（null string），就可以刪去這個變數：setenv foo。你還可以用 printenv 指令，把所有變數都從終端印出來，或是只單印一個變數：printenv foo。

如果 U-Boot 有設定提供環境變數空間，你還可以用 saveenv 指令，把整個環境變數狀態都保存下來。如果你有 NAND 或 NOR 快閃記憶體，那麼上面還會有一個抹除區塊（erase block）可以作為這個用途；這個區塊的另外一個用途，則是作為避免資料污損的備份存放使用。而如果你有 eMMC 或是 SD 卡儲存空間，那就可以作為一個檔案（例如 uboot.env）儲存在某個磁碟分割區內。其他選項包括：透過 I2C 匯流排或是 SPI 介面連接，存放在序列式的可複寫唯讀記憶體（EEPROM）當中，或者是一個非揮發性記憶體裡。

啟動映像檔格式

U-Boot 本身沒有檔案系統，而是以 64 位元組的標頭作為標籤，用這些標籤來查索資訊的區塊。在下面的範例中，我們會使用 Ubuntu 內建的 u-boot-tools 套件包所提供的 mkimage 指令工具，來建立可供 U-Boot 使用的檔案。如果不透過 Ubuntu，你也可以從 U-Boot 原始碼檔案執行 make tools，在 tools/mkimage 取得這份工具。

下面是指令用法的簡短說明：

```
$ mkimage
Error: Missing output filename
Usage: mkimage -l image
          -l ==> list image header information
        mkimage [-x] -A arch -O os -T type -C comp -a addr -e ep -n
```

```
name -d data_file[:data_file...] image
          -A ==> set architecture to 'arch'
          -O ==> set operating system to 'os'
          -T ==> set image type to 'type'
          -C ==> set compression type 'comp'
          -a ==> set load address to 'addr' (hex)
          -e ==> set entry point to 'ep' (hex)
          -n ==> set image name to 'name'
          -d ==> use image data from 'datafile'
          -x ==> set XIP (execute in place)
      mkimage [-D dtc_options] [-f fit-image.its|-f auto|-F] [-b
<dtb> [-b <dtb>]] [-i <ramdisk.cpio.gz>] fit-image
          <dtb> file is used with -f auto, it may occur multiple
times.
          -D => set all options for device tree compiler
          -f => input filename for FIT source
          -i => input filename for ramdisk file
Signing / verified boot options: [-E] [-B size] [-k keydir] [-K dtb] [
-c <comment>] [-p addr] [-r] [-N engine]
          -E => place data outside of the FIT structure
          -B => align size in hex for FIT structure and header
          -k => set directory containing private keys
          -K => write public keys to this .dtb file
          -c => add comment in signature node
          -F => re-sign existing FIT image
          -p => place external data at a static position
          -r => mark keys used as 'required' in dtb
          -N => openssl engine to use for signing
      mkimage -V ==> print version information and exit
Use '-T list' to see a list of available image types
```

比方說，要準備「ARM 架構處理器」使用的內核映像檔時，指令就要這樣下：

```
$ mkimage -A arm -O linux -T kernel -C gzip -a 0x80008000 \
-e 0x80008000 -n 'Linux' -d zImage uImage
```

在上面的範例中，架構為 arm、作業系統為 linux、映像檔類型為 kernel、壓縮格式是 gzip，而載入位址與進入位址都是 0x80008000。最後，映像檔名稱是 Linux、映像檔的資料檔案（datafile）名稱是 zImage，而最後建立出來的映像檔名稱則是 uImage。

載入映像檔

通常你會從可移除儲存媒體（如 SD 卡）或是透過網路，來載入映像檔。在 U-Boot 裡面是用 MMC 驅動程式來管理 SD 卡，而一般將「映像檔」載入「記憶體」的過程就像這樣：

```
=> mmc rescan
=> fatload mmc 0:1 82000000 uimage
reading uimage
4605000 bytes read in 254 ms (17.3 MiB/s)
=> iminfo 82000000

## Checking Image at 82000000 ...
Legacy image found
Image Name: Linux-3.18.0
Created: 2014-12-23 21:08:07 UTC
Image Type: ARM Linux Kernel Image (uncompressed)
Data Size: 4604936 Bytes = 4.4 MiB
Load Address: 80008000
Entry Point: 80008000
Verifying Checksum ... OK
```

mmc rescan 這個指令的意思是要重新啟用 MMC 驅動程式，可以用來重新偵測才剛插上去的 SD 卡。接著，fatload 指令會從 SD 卡的「FAT 格式分割區」中讀取出檔案。該指令的用法是：

```
fatload <interface> [<dev[:part]> [<addr> [<filename> [bytes [pos]]]]]
```

在我們的範例中，<interface> 就是 mmc，而 <dev:part> 指的是 MMC 介面從 0 開始算起的裝置編號（device number），以及從 1 開始算起的分割區編號（partition number）。其中 microSD 卡的裝置名稱是 mmc 0、機板內建的 eMMC 則是 mmc 1，因此 microSD 卡的第一個分割區就是 <0:1>。記憶體位址的 0x82000000，是在主記憶體中選擇「一個現在沒在使用的區塊」。如果我們的目的是要啟動內核，就必須要確保該記憶體區塊，不會被內核映像檔解壓縮並運行時使用的位址 0x80008000 給覆蓋掉。

若要從網路載入映像檔的話，你需要透過**簡易檔案傳輸協定（Trivial File Transfer Protocol，TFTP）**，而這部分要在你的開發環境上安裝並運行一個叫作 tftpd 的 TFTP 常駐服務。此外，還要對任何阻擋在電腦與機板之間的防火牆，設定讓 TFTP 協定的 UDP 埠 69 可以通過。tftpd 工具的預設設定只允許可以存取 /var/lib/

tftpboot 目錄，因此下一步就是把你要傳到目標環境的檔案，放到那個路徑下。接著，我們先假設你是在環境兩端都使用「固定式 IP 位址」，省去浮動網路設定的那些問題後，載入一組內核映像檔案的指令過程，如下所示：

```
=> setenv ipaddr 192.168.159.42
=> setenv serverip 192.168.159.99
=> tftp 82000000 uImage
link up on port 0, speed 100, full duplex
Using cpsw device
TFTP from server 192.168.159.99; our IP address is 192.168.159.42
Filename 'uImage'.
Load address: 0x82000000
Loading:
################################################################
################################################################
################################################################
################################################################
#########################################################
3 MiB/s
done
Bytes transferred = 4605000 (464448 hex)
```

最後，我們看看透過 nand 指令，要怎樣把映像檔編入 NAND 快閃記憶體，然後再讀出來。下面的範例是從 TFTP 載入內核映像檔後，再寫入快閃記憶體：

```
=> tftpboot 82000000 uimage
=> nandecc hw
=> nand erase 280000 400000
NAND erase: device 0 offset 0x280000, size 0x400000
Erasing at 0x660000 -- 100% complete.
OK
=> nand write 82000000 280000 400000

NAND write: device 0 offset 0x280000, size 0x400000
4194304 bytes written: OK
```

接著，你就可以用 nand read 指令，從快閃記憶體中讀取內核了：

```
=> nand read 82000000 280000 400000
```

一旦內核被成功載入到主記憶體空間中，機板就能正常啟動了。

啟動 Linux

用 bootm 指令可以把內核映像檔運行起來,指令用法是:

```
bootm [內核位址] [ramdisk 位址] [硬體結構樹位址]
```

「內核映像檔的位址」當然是必要的,但如果內核的設定中不需要「ramdisk」跟「硬體結構樹」,這兩項位址就可以省略。而如果只有「硬體結構樹」、沒有「initramfs」,第二項參數的位址就用一個破折號(-)取代,看起來會像這樣:

```
=> bootm 82000000 - 83000000
```

然而,如果每一次啟動機板都要像範例這樣,輸入一連串的指令、跑完一連串的流程,實在是太累人了。所以接下來,讓我們看看如何讓這一連串的啟動流程自動化。

以 U-Boot 指令檔自動完成啟動

U-Boot 的環境變數可以用來存放這些指令。如果在名為 bootcmd 的特殊變數當中存入指令檔,在接通電源後的一段 bootdelay 延遲時間後就會開始自動執行。要是你透過序列主控台(serial console)仔細觀察,還會看到延遲慢慢倒數到零,在這段倒數期間按下任何按鍵,就可以中斷倒數,然後進入 U-Boot 的互動介面階段。

要建立指令檔的方式很簡單,內容卻可能很難看懂。你只要把指令以「分號」(;)串接在一起就好,不過分號的前面記得加上「反斜線」(\)的跳脫字元(escape character)。所以,舉例而言,假設要從快閃記憶體的位址中載入內核,然後啟動內核,就可以用下面這種指令:

```
setenv bootcmd nand read 82000000 400000 200000\;bootm 82000000
```

我們學會如何使用 U-Boot 在 BeagleBone Black 啟動內核了!但如果是沒有「機板支援套件」(board support package,BSP)的全新開發機板,又該如何利用 U-Boot 啟動呢?這就是接下來的課題了。

將 U-Boot 移植到全新開發機板上

假如說,今天公司內的硬體部門基於 BeagleBone Black 的架構,開發了一個叫作 Nova 的新機板,而我們需要把 U-Boot 移植到(port,運用在)這塊機板上,那麼你就需要先了解一下 U-Boot 原始碼的結構,以及 U-Boot 的機板設定機制是怎麼運作

的。底下筆者會說明，如何根據既有的已知機板（如 BeagleBone Black）建立一份衍生設定檔，然後再修改設定檔來做客製化。客製化時，有幾個檔案會被修改到，筆者把這些範例中「被修改到的檔案」做成了一份 patch 修補檔案（又譯補釘檔），放在本書儲存庫的 MELP/Chapter03/0001-BSP-for-Nova.patch 裡面。如果讀者使用的是 2021.01 版本的 U-Boot，可以直接套用上去，如下所示：

```
$ cd u-boot
$ patch -p1 < MELP/Chapter03/0001-BSP-for-Nova.patch
```

要是讀者打算使用不同版本的 U-Boot，那就要再稍微修改一下修補檔案，才能正確套用上去。

在接下來的討論中，我們會跟各位讀者說明「如何建立這份修補檔案」。範例過程中的步驟，都是以全新、尚未套用 Nova BSP 修補檔案的 2021.01 版本 U-Boot 為準。主要相關的目錄包括：

- arch：這個目錄下會根據各個已支援架構的名稱建立子目錄，包括了 arm、mips、powerpc 等，並存放與之相關的程式。在每個架構的目錄下，還有各個發展分支的子目錄，比如說，在 arch/arm/cpu 底下，有各種不同分支架構的目錄，如 amt926ejs、armv7、armv8 等。
- board：存放與各個機板相關的程式。如果有來自同一個生產商的不同機板，可能會再被存放到下層的子目錄中，所以如果要找 BeagleBone 所使用的 am335x EVM 機板支援，就要到 board/ti/am335x 目錄下。
- common：存放著包括了指令列環境和可以從指令列呼叫的指令工具等的核心函式（core function），每個檔案都以 cmd_[指令名稱].c 來命名。
- doc：這裡存放著關於 U-Boot 各種功能的說明 README 檔案。如果讀者對於 U-Boot 有各種疑問，可以先從這邊著手。
- include：這裡除了一堆共用的標頭檔之外，還有 include/configs/ 這個子目錄，你會在裡頭找到重要的機板設定。

我們之後會在「**第 4 章，設定與組建內核**」稍微解釋一下，Kconfig 是如何從 Kconfig 的檔案中把設定資訊抽取出來，然後把整個系統的設定都存入一個名為 .config 的檔案中。每張機板都要有一個預設的設定檔在 configs/[機板名稱]_defconfig。以這塊 Nova 範例機板為例，我們可以先從 BeagleBone Black 的 EVM 設定檔複製一份過來：

```
$ cp configs/am335x_evm_defconfig configs/nova_defconfig
```

然後再編輯 configs/nova_defconfig 的內容，在 CONFIG_AM33XX=y 的下一行，多加入一行 CONFIG_TARGET_NOVA=y，如下所示：

```
CONFIG_ARM=y
CONFIG_ARCH_CPU_INIT=y
CONFIG_ARCH_OMAP2PLUS=y
CONFIG_TI_COMMON_CMD_OPTIONS=y
CONFIG_AM33XX=y
CONFIG_TARGET_NOVA=y
CONFIG_SPL=y
[...]
```

CONFIG_ARM=y 會把 arch/arm/Kconfig 當中的內容引入，至於 CONFIG_AM33XX=y 的意思則是會引入 arch/arm/mach-omap2/am33xx/Kconfig 的內容。

接下來，在這份檔案中的 CONFIG_DISTRO_DEFAULTS=y 後面，再新增一行 CONFIG_SYS_CUSTOM_LDSCRIPT=y 以 及 一 行 CONFIG_SYS_LDSCRIPT=="board/ti/nova/u-boot.lds"，如下所示：

```
[...]
CONFIG_SPL=y
CONFIG_DEFAULT_DEVICE_TREE="am335x-evm"
CONFIG_DISTRO_DEFAULTS=y
CONFIG_SYS_CUSTOM_LDSCRIPT=y
CONFIG_SYS_LDSCRIPT="board/ti/nova/u-boot.lds"
CONFIG_SPL_LOAD_FIT=y
[...]
```

這樣就完成對 configs/nova_defconfig 的設定修改了。

機板限定的檔案

每類機板都會有一個名稱為 board/[機板名稱] 或是 board/[生產商]/[機板名稱] 的子目錄，來存放以下這些內容：

- Kconfig：存放針對這個機板的設定選項。

- `MAINTAINERS`：存放這類機板現在是否仍受到維護支援，以及負責維護支援的單位資訊。
- `Makefile`：用來組建與此機板相關的程式。
- `README`：存放關於這個 U-Boot 移植版本的實用資訊，如硬體的差異資訊。

此外，還可能會有與此機板相關的函式原始碼檔案。

由於這塊 Nova 範例機板是基於 BeagleBone 的架構，也就是基於 TI am335x EVM 的設定，所以你可以直接先從 am335x 機板的檔案複製一份過來：

```
$ mkdir board/ti/nova
$ cp -a board/ti/am335x/* board/ti/nova
```

接著，編輯 board/ti/nova/Kconfig，把 SYS_BOARD 設為 "nova"，這樣它就會組建 board/ti/nova 目錄下的檔案了。然後，同樣把 SYS_CONFIG_NAME 也設為 "nova"，這樣它就會把 include/configs/nova.h 當成是設定檔：

```
if TARGET_NOVA

config SYS_BOARD
        default "nova"

config SYS_VENDOR
        default "ti"

config SYS_SOC
        default "am33xx"

config SYS_CONFIG_NAME
        default "nova"
[...]
```

還有一個檔案需要修改。那就是 board/nova/u-boot.lds 這份連結器指令檔（linker script），它原先有一個寫死的參考（a hard-coded reference）到 board/ti/am335x/built-in.o，所以需要如下修改成這樣：

```
{
    *(.__image_copy_start)
    *(.vectors)
```

```
    CPUDIR/start.o (.text*)
    board/ti/nova/built-in.o (.text*)
}
```

現在，再把 Nova 的 Kconfig 檔案加到 Kconfig 檔案串中。先編輯 arch/arm/ Kconfig，然後在 source "board/tcl/sl50/Kconfig" 的下一行新增 source "board/ti/nova/Kconfig"，如下所示：

```
[...]
source "board/st/stv0991/Kconfig"
source "board/tcl/sl50/Kconfig"
source "board/ti/nova/Kconfig"
source "board/toradex/colibri_pxa270/Kconfig"
source "board/variscite/dart_6ul/Kconfig"
[...]
```

接著編輯 arch/arm/mach-omap2/am33xx/Kconfig 檔案，在 TARGET_AM335X_EVM 的區塊後面新增「與 TARGET_NOVA 相關的內容」，如下所示：

```
[...]
config TARGET_NOVA
        bool "Support the Nova! board"
        select DM
        select DM_GPIO
        select DM_SERIAL
        select TI_I2C_BOARD_DETECT
        imply CMD_DM
        imply SPL_DM
        imply SPL_DM_SEQ_ALIAS
        imply SPL_ENV_SUPPORT
        imply SPL_FS_EXT4
        imply SPL_FS_FAT
        imply SPL_GPIO_SUPPORT
        imply SPL_I2C_SUPPORT
        imply SPL_LIBCOMMON_SUPPORT
        imply SPL_LIBDISK_SUPPORT
        imply SPL_LIBGENERIC_SUPPORT
        imply SPL_MMC_SUPPORT
        imply SPL_NAND_SUPPORT
        imply SPL_OF_LIBFDT
        imply SPL_POWER_SUPPORT
```

```
        imply SPL_SEPARATE_BSS
        imply SPL_SERIAL_SUPPORT
        imply SPL_SYS_MALLOC_SIMPLE
        imply SPL_WATCHDOG_SUPPORT
        imply SPL_YMODEM_SUPPORT
        help
          The Nova target board
[...]
```

以上這些 imply SPL_ 開頭的內容都是必要的，這樣才能讓 U-Boot 組建順利進行。

這樣一來就完成針對 Nova 範例機板的相關設定了，接著是標頭檔的部分。

設定標頭檔

每類機板都會在 include/configs 底下有個標頭檔案，裡面存放著許多重要的設定資訊。在機板的 Kconfig 中，這個檔案的名稱被設定在 SYS_CONFIG_NAME 變數中；而在 U-Boot 原始碼最上層的 README 檔案中，則有詳細描述這個檔案的格式。為了配合 Nova 範例機板，我們就直接從 include/configs/am335x_evm.h 複製成 include/configs/nova.h，然後修改一些地方就好：

```
[...]
#ifndef __CONFIG_NOVA_H
#define __CONFIG_NOVA_H

include <configs/ti_am335x_common.h>
#include <linux/sizes.h>

#undef CONFIG_SYS_PROMPT
#define CONFIG_SYS_PROMPT "nova!> "

#ifndef CONFIG_SPL_BUILD
# define CONFIG_TIMESTAMP
#endif
[...]
#endif /* ! __CONFIG_NOVA_H */
```

除了把 __CONFIG_AM335X_EVM_H 替換為 __CONFIG_NOVA_H 之外，有修改的地方就只有把「指令列提示字元」換掉了而已，方便我們在執行期辨識出這份修改過後的新啟動載入器。

以上這些都修改過後，就能配合新機板來組建 U-Boot 了。

進行組建與測試

要組建這塊 Nova 範例機板的 U-Boot，請在組建時，選擇剛剛修改好的設定檔：

```
$ source ../MELP/Chapter02/set-path-arm-cortex_a8-linux-gnueabihf
$ make distclean
$ make nova_defconfig
$ make
```

再把 MLO 跟 u-boot.img 這兩個檔案，複製到先前 microSD 卡當中已經建立好的啟動分割區（boot partition），然後啟動機板。你應該會看到如下面所示的輸出（可以留意一下此時顯示的指令列提示字元）：

```
U-Boot SPL 2021.01-dirty (Feb 08 2021 - 21:30:41 -0800)
Trying to boot from MMC1


U-Boot 2021.01-dirty (Feb 08 2021 - 21:30:41 -0800)

CPU  : AM335X-GP rev 2.1
Model: TI AM335x BeagleBone Black
DRAM : 512 MiB
WDT  : Started with servicing (60s timeout)
NAND : 0 MiB
MMC  : OMAP SD/MMC: 0, OMAP SD/MMC: 1
Loading Environment from FAT... *** Warning - bad CRC, using default
environment

<ethaddr> not set. Validating first E-fuse MAC
Net  : eth2: ethernet@4a100000, eth3: usb_ether
Hit any key to stop autoboot:  0
nova!>
```

而如果你想要建立修補用的 patch 檔，就把「剛剛修改過的版本」用 git format-patch 指令簽入 Git 就好：

```
$ git add .
$ git commit -m "BSP for Nova"
```

```
[detached HEAD 093ec472f6] BSP for Nova
12 files changed, 2379 insertions(+)
  create mode 100644 board/ti/nova/Kconfig
  create mode 100644 board/ti/nova/MAINTAINERS
  create mode 100644 board/ti/nova/Makefile
  create mode 100644 board/ti/nova/README
  create mode 100644 board/ti/nova/board.c
  create mode 100644 board/ti/nova/board.h
  create mode 100644 board/ti/nova/mux.c
  create mode 100644 board/ti/nova/u-boot.lds
  create mode 100644 configs/nova_defconfig
  create mode 100644 include/configs/nova.h
$ git format-patch -1
0001-BSP-for-Nova.patch
```

完成建立修補檔案後，我們也完成對 U-Boot 作為「TPL 載入器」角色的介紹了。不過，其實也可以在 U-Boot 中設定「跳過 TPL 的階段」，這是啟動 Linux 時的另外一種做法。

快速啟動模式

我們一路過來，已經開始習慣要啟動一塊新的嵌入式處理器，一定要經過處理器啟動、唯讀記憶體載入「SPL 載入器」、再載入 u-boot.bin，才能載入 Linux 內核。可能有讀者會想：沒辦法省略這些步驟、然後直接加速啟動的過程嗎？答案是可以借助 U-Boot 的「快速啟動模式」，又稱為**飛隼模式（Falcon mode）**。這個模式的原理很簡單：忽略 u-boot.bin，直接讓「SPL 載入器」帶入「內核的映像檔」。因此，過程中不會有任何使用者互動介面、也不需要指令檔，就只是從快閃記憶體或是 eMMC 這類確定的位置，將內核載入到記憶體空間中，並把預先設定好的一組參數傳遞過去，然後開始運作。不過，關於「快速啟動模式」的設定細節，已經超出本書的討論範疇了。如果讀者有興趣了解的話，可以參考 doc/README.falcon。

> **Note**
> 「飛隼模式」的命名來自於 peregrine falcon，也就是「遊隼」這種飛行速度最快的鳥類，在俯衝時最高可達到超過每小時 200 英里的速度。

小結

所有的系統都需要啟動載入器，才能把硬體運作起來，以便載入內核。U-Boot 廣受開發者歡迎的原因在於，支援的硬體種類夠多，因此可以輕易移植並運用到新的裝置上面去。在本章節中，我們學到如何透過序列主控台（serial console）所提供的互動式指令列來使用 U-Boot。在這些指令列範例中，也包括了如何使用 TFTP 之類的方式，快速地從網路載入內核。最後，也說明了如何針對 Nova 這類全新開發的機板，建立修補檔案，讓 U-Boot 可支援這些新機板。

過去幾年，嵌入式硬體的複雜度與種類持續增加，以致需要用硬體結構樹來描述硬體架構。所謂的硬體結構樹即是以文字方式來描述系統結構，然後再編譯為二**進位硬體結構樹（device tree binary，DTB）**，於載入內核時傳遞過去。接著，就由內核來解譯（interpret）硬體結構樹，並根據在檔案中找到的裝置，來載入和啟動對應的驅動程式。

U-Boot 在使用上非常彈性化，可以從大容量儲存裝置、快閃記憶體或是網路來載入映像檔，然後啟動它。介紹過啟動 Linux 的複雜過程之後，在下一個章節中，要來看看這個過程的下一個階段，也就是嵌入式專案的第三個要件：內核，堂堂登場。

4

設定與組建內核

內核（kernel）是嵌入式 Linux 的第三項要件，也是負責管理資源並提供硬體介面的元件，因此對於最終產出的軟體有很深遠的影響。如同我們在「**第 3 章，啟動載入器**」當中提及的，雖然通常內核會根據硬體設定而量身打造，但我們還是可以透過硬體結構樹，在一邊組建通用內核版本的同時，卻又一邊能以硬體結構樹的內容，滿足替特定硬體元件量身設定的需求。

在本章節中，我們會介紹如何獲得、設定和編譯一個專屬機板的內核。同時我們要來回顧啟動流程，但這次會著重在內核的角色。還要來看看裝置驅動程式是如何從硬體結構樹中獲取資訊的。

在本章節中，我們將帶領各位讀者一起了解：

- 內核的用途
- 選擇內核
- 組建內核
- 啟動內核
- 把 Linux 移植到新的機板上

環境準備

執行本章節中的範例時,請讀者先準備如下環境:

- 以 Linux 為主系統的開發環境
- 我們在「第 2 章,工具鏈」當中所建立的 crosstool-NG 工具鏈
- 一張可供讀寫的 microSD 卡與讀卡機
- 我們在「第 3 章,啟動載入器」當中所建立的、安裝了 U-Boot 的 microSD 卡
- 一條 USB 轉 TTL 的 3.3V 序列傳輸線
- Raspberry Pi 4 機板
- 一條 5V、3A 的 USB Type-C 電源供應線
- BeagleBone Black 機板
- 一條 5V、1A 的 DC 直流電源供應線

此外,讀者可以在本書 GitHub 儲存庫的 Chapter04 資料夾下找到本章的所有程式碼:https://github.com/PacktPublishing/Mastering-Embedded-Linux-Programming-Third-Edition。

內核的用途

Linux 的起源,是來自於 1991 年時 Linus Torvalds 想要為 Intel 386 與 486 架構的個人電腦開發一個作業系統而來。他的靈感來自於 4 年前,由 Andrew S. Tanenbaum 所開發的 Minix 作業系統。不過 Linux 與 Minix 在很多方面都不同,其中最大的不同之處,即在於 Linux 採用了 32 位元的虛擬記憶體內核架構,以及程式碼是開放的,而後又加入了 GPL 2 授權。

1991 年的 8 月 25 日,Linus 在 comp.os.minix 的新聞群組(newsgroup)裡面發表一篇著名的文章,正式公開了 Linux。文章的開頭寫著:『使用 minix 的各位大家好,我正在為 386(486)AT 架構的電腦,開發一個(免費的)作業系統(只是興趣使然,不會發展到像 GNU 那樣龐大且專業的專案)。我從 4 月開始著手,已經接近完工。由於我的作業系統可以算是從 minix 重構而來的(其中一點是有著相同的檔案系統結構(因為某些實作上的原因)),所以我想聽聽大家對於 minix 喜歡/討厭的點是什麼。』

不過更精確一點地說，Linus 其實並沒有開發出一個作業系統，他開發的是一個內核
（kernel），這是作業系統中的一項元件。為了完成一個能實際運作的系統，他用上了
GNU 專案中的元件，尤其是工具鏈、C 語言函式庫和基本的指令列工具。這個特色至
今依然存在，而且給了 Linux 在運用上很大的彈性。它可以跟 GNU 的用戶空間（user
space）結合，建立一個完整的 Linux 發行版，然後運行在桌上型電腦或是伺服器上，
這又被稱為 GNU/Linux。此外，還可以和 Android 的用戶空間結合，就又搖身變成知
名的行動作業系統；又或者是跟 Busybox 這類的小型用戶空間結合，成為一個迷你的
嵌入式系統。

相較之下，它和 FreeBSD、OpenBSD 以及 NetBSD 這類 BSD 作業系統不同，這些
系統則是把內核、工具鏈與用戶空間，全都合併到了同一個專案程式庫（code base）
當中。然而，保留可以移除「工具鏈」的能力，才能從執行期所運行的映像檔身上拿掉
編譯器與標頭檔，整體大小較為輕便。而避免「用戶空間」與「內核」之間的耦合，也
才能保留選擇上的彈性，像是對初始化（init）系統的選擇（runit 或 systemd）、對
C 語言函式庫的選擇（musl 或 glibc），以及對套件格式的選擇（.apk 或 .deb）等
等。

內核肩負三項重要工作：管理資源、擔任與硬體之間的溝通，以及提供一個 API，為
「在用戶空間的程式」提供一個好用的抽象層級。大致上如下圖所示：

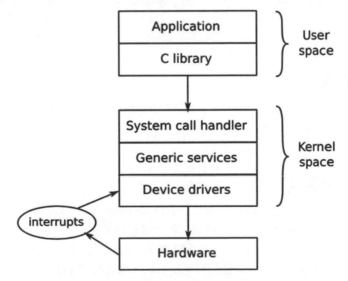

圖 4.1：用戶空間、內核空間與硬體之間的關係

在**用戶空間**中運行的應用程式，都是處在處理器資源低優先度的層級，能做的事情少到只能呼叫函式庫而已。橫亙在用戶空間與**內核空間**之間的，是 **C 語言的函式庫**，負責將來自用戶層級的 POSIX 標準函式呼叫，轉譯為對內核的系統呼叫。而系統呼叫的介面會根據架構的不同，以例外插斷或是軟體方式的中斷等，將處理器從低優先度的「用戶模式」切換到高優先度的「內核模式」，以便全面存取「記憶體位址」以及「處理器暫存器」。

接著，**系統呼叫處理器（system call handler）**會將呼叫事項，派工給相對應的內核子系統，例如：把記憶體配置的呼叫（memory allocation call）給記憶體管理器、把檔案系統的呼叫（filesystem call）給檔案系統的程式等。某些呼叫的工作需要由下層硬體接收輸入，然後再傳遞給裝置驅動程式，於是在某些情況下，硬體本身會產生一個中斷訊號來觸發內核函式。

> **Note**
>
> 從上圖中我們可以發現，接觸到內核空間的另外一種方式就是透過硬體的中斷訊號機制（hardware interrupt）。這是因為這些中斷訊號只能由裝置驅動程式處理，而非用戶空間的應用程式。

換句話說，這些由應用程式完成的便利工作，實際上都是透過內核成就的。因此，內核可以說是系統當中最重要的元件之一，而這麼重要的存在，在挑選上就勢必要謹慎再三。

選擇內核

下一步是為你的專案選擇一個內核，以便在「使用最新版本的軟體」、「生產商的額外支援」以及「程式庫的長期維護」之間，取得平衡點。

內核的開發週期

Linux 的開發進展迅速，每 8 到 12 週就會發佈一個新版本。最近幾年，版本的編號方式已經有所變化。在 2011 年的 7 月之前，版本號是以如 2.6.39 這樣的三個數字組合而成。中間的那個數字，表示這個版本是「開發版」還是「穩定版」：奇數（如 2.1.x、2.3.x、2.5.x）的話是開發版，而偶數就是給末端使用者的穩定版。

但由於開發版分支（奇數版本）的存在，會導致末端使用者較晚才能體驗到新功能，所以從 2.6 版開始，這個長久以來的做法就被捨棄了。至於 2011 年 7 月時，版本號從 2.6.39 跳到 3.0，則是純粹因為 Linus 覺得版本號變得太大了。事實上 Linux 的架構或功能在這兩個版本之間並沒有太大差異，而且這次也趁機把中間的版本號拿掉了。之後，來到 2015 年 4 月以及 2019 年 3 月，主版本號一口氣從 3 跳到 4 以及從 4 跳到 5，也是單純為了簡潔的緣故，而不是真的有什麼重大架構改變。

內核的開發工作樹由 Linus 管理，我們可以透過下面的方式，複製他的 Git 工作樹來追蹤：

```
$ git clone git://git.kernel.org/pub/scm/linux/kernel/git/torvalds/
linux.git
```

這會把 linux 這個子資料夾給簽出（check out），只要常常在這個資料夾下執行 git pull 指令，就可以持續追蹤目前的最新版本。

以目前來說，完整的內核開發週期會先從一個為時兩週的合併期（merge window）開始，在這個期間，Linus 會接受用於提供「新功能」的修補程式碼。在合併期結束後，就會進入穩定工作階段，這期間 Linus 會產製發行版的候選，版本號的尾端會加上如 -rc1、-rc2 等的字樣，通常會往上直到 -rc7、-rc8。此時，大眾可以測試這些候選版本，然後提交錯誤報告與修正。等到所有重大的程式缺失都修正後，才會正式發佈出去。

在合併期間整合進來的程式碼其實已算成熟，因為這些程式碼都來自於許多子系統以及內核架構的維護者，並由這些人的程式庫中抽取出來。為了維持較短的開發週期，一旦就緒時就可以將這些功能合併進來，但如果被內核的維護者認為不夠穩定或是尚未開發完成，功能就會被延後到下次發佈。

要在每次發佈時，都搞清楚做了哪些改變並不容易，雖然我們可以查看 Linus 在 Git 儲存庫中的提交紀錄內容，但每次發佈都有將近 10,000 條的紀錄，還是難以窺得全貌。不過，還好有一個叫 **KernelNewbies** 的 Linux 社群網站，網址是 https:// kernelnewbies.org，你可以透過下列網址找到每個版本的簡扼概要：https:// kernelnewbies.org/LinuxVersions。

穩定版本與長期維護版本

雖然 Linux 快速的更新頻率，有利於將新功能帶入主線程式庫（mainline code base），但這對擁有較長生命週期的嵌入式專案來說，可就不一定是件好事了。於是內核的開發者們提出了兩種做法：**穩定版本（stable）**與**長期維護版本（long-term）**。每當由 Linus Torvalds 負責維護的主線（mainline）發佈之後，該版本就會進入**穩定版本**工作樹（stable tree），後續交由 Greg Kroah-Hartman 負責維護。這樣，內核就可以繼續進入下一次的開發循環，而這段期間發現的程式缺失，也會被修正到 Greg 負責的穩定版本上。穩定版本在發佈修補版本時，編號以第三個數字做出標記，如 3.18.1、3.18.2 等。在版本 3 之前，則是以第四個數字做出標記，如 2.6.29.1、2.6.39.2 等。

我們可以用下面這道指令下載穩定版本的工作樹：

```
$ git clone git://git.kernel.org/pub/scm/linux/kernel/git/stable/
linux-stable.git
```

接著就能用 git checkout 指令來下載特定的版本，比方說 5.4.50 版：

```
$ cd linux-stable
$ git checkout v5.4.50
```

一般來說，穩定版本只會持續維護到下一次主線版本發佈時（大概就是 8 到 12 週的時間），所以我們在 https://www.kernel.org/ 上面只會看到一到兩個穩定版本內核。但為了要滿足那些需要長期更新支援，並且希望所有缺失都被修正的使用者們，有一部分的內核會被列為**長期維護版本**，並提供兩年以上的維護。每年都至少會有一個內核被列為長期維護版本。

而在本書寫成當下，https://www.kernel.org/ 上總共有五個長期維護版內核：5.4、4.19、4.14、4.9 以及 4.4。最後一個至少已經維護了 5 年以上，版本號來到了 4.4.256 版。如果讀者開發的產品需要維護到這麼長的時間尺度，那麼最新的長期維護版內核（例如 5.4 版）是個不錯的選擇。

來自生產商的支援

理想情況下，我們應該可以自己從 https://www.kernel.org/ 下載內核，然後針對那些聲稱支援 Linux 的裝置進行設定。不過，並非事事盡如人意，因為事實上，主線版本的 Linux 僅針對一小部分可以運行 Linux 的裝置進行支援而已。或許你能從獨立開

發的開源專案如 Linaro 或是 Yocto Project 等，又或者是從為嵌入式 Linux 提供第三方支援的公司，找到給機板或**系統單晶片（SoC）**的支援。不過，大多數時候你得搖尾乞憐，祈求機板或系統單晶片生產商提供適合的內核。

某些生產商在這方面做得比較好，因此，筆者對此的建議是，主動選擇那些提供良好支援的生產商，或者更好的是，選擇那些不厭其煩地將他們對內核的「更動」反饋給主線的生產商。至於如何尋找呢？你可以透過 Linux 內核的郵寄清單（mailing list），或是提交紀錄（commit history），來尋找與系統單晶片或機板相關的最近活動。如果「更動」沒有提交回去上游的主線內核，那麼生產商口中的「提供良好支援」，有時候只是一張空頭支票而已。甚至所謂的「支援」，是只會做一次內核版本發佈，然後就把所有精力轉向開發新版的系統單晶片了。

關於授權

Linux 的原始碼採用 GPL v2 的授權，這表示我們需要根據授權中指定的其中一種方式，將內核原始碼公開出來。

針對內核的授權文字在 COPYING 這個檔案裡面，檔案開頭還有 Linus 所寫的補充說明，聲明了凡是從用戶空間透過「系統呼叫介面」呼叫內核功能的程式碼，都不算在內核的衍生物（a derivative work）當中，因此不受到授權限制。所以那些受到專利保護的程式是可以在 Linux 上執行的。

不過，在 Linux 的授權當中，有一個部分持續引發爭議與誤解，那就是**內核模組（kernel module）**。所謂的內核模組，是在執行期時才動態連結到內核上，以此來擴充內核功能的一段程式碼。但 GPL 授權是不分靜態或動態連結的，所以看起來「內核模組的原始碼」也應該受到 GPL 授權限制？在 Linux 早期時就有過爭議，是否該對此規則給出例外情況，例如：引入 Andrew 檔案系統時，這些程式碼早於 Linux 本身，因此在爭議中認為不能算是衍生物的一部分，所以不受授權條款的限制。

關於其他程式部分，這些年來也都一再上演類似的討論，最終大家都能接受，內核模組無須受到 GPL 授權限制。這件事情被編寫在內核的 MODULE_LICENSE 巨集中，透過 Proprietary 這個參數來宣告是否適用於 GPL 授權。如果讀者也要用這個參數，或許可以先看看這篇經常被引用的信件討論串，標題是「Linux GPL and binary module exception clause?」（https://yarchive.net/comp/linux/gpl_modules.html）。

我們還是應該對 GPL 授權抱持正面的看法，因為對你我這種嵌入式專案的工作者而言，它保證了我們可以下載到內核的原始碼。要是沒了它，嵌入式 Linux 的開發工作將更艱難，且發展將更零散化。

組建內核

在決定好你要使用的內核版本之後，下一個步驟就是把它組建起來。

下載原始碼

本書採用的三種目標機板，即 Raspberry Pi 4、BeagleBone Black 和 ARM Versatile PB，在主線內核中都有獲得支援，因此我們可以直接從 https://www.kernel.org/ 下載最新的長期維護版本就好。在本書寫成當下，該版本為 5.4.50，但當各位讀者練習時，請先確認是否有比 5.4 更新的內核版本，這樣才能夠獲取 5.4.50 版本發佈後所提供的程式缺失修補。

> **Note**
>
> 如果有可用的「較新的長期維護版本」，就應該考慮採用它，但請留意，如果採用更新版本，接下來本書範例中的指令輸入和結果，可能會因為版本而有所不同。

請依照如下指令，獲取 Linux 5.4.50 版本的內核發佈打包檔（tarball）：

```
$ wget https://cdn.kernel.org/pub/linux/kernel/v5.x/linux-5.4.50.tar.xz
$ tar xf linux-5.4.50.tar.xz
$ mv linux-5.4.50 linux-stable
```

如果要下載更新的長期維護版本，就將指令中 linux- 後方的 5.4.50 字樣替換掉就可以了。

打包檔裡頭有許多程式碼，在 5.4 版的內核當中，有超過 57,000 個檔案，其中包括了 C 語言的原始碼、標頭檔、組合語言程式碼，有超過 14,000,000 行（以 SLOCCount 工具計算得來）的程式碼。儘管如此，了解一下基本的程式結構和大概可以從哪邊找到特定的元件，總是一件好事。值得一提的主要目錄結構如下：

- `arch`：這裡有與架構（architecture）相關的檔案。每種架構在這底下都有個子目錄。
- `Documentation`：內核的說明文件。如果你想要了解關於 Linux 的更多資訊，永遠記得先來這裡找找。
- `drivers`：這裡有成千上百的裝置驅動程式。每種類型的驅動程式都有一個子目錄。
- `fs`：檔案系統（filesystem）的程式存放處。
- `include`：內核的標頭檔，包括那些在組建工具鏈時需要的部分。
- `init`：內核的啟動（startup）程式。
- `kernel`：核心部分的函式，包括了排程管理器（scheduling）、共享資源鎖（locking）、計時器（timer）、電源管理，以及除錯與追蹤程式。
- `mm`：記憶體管理（memory management）相關。
- `net`：網路協定相關。
- `scripts`：這裡存放了許多有用的指令檔，包括我們曾在「**第 3 章，啟動載入器**」中提及的**硬體結構樹編譯器（device tree compiler，DTC）**。
- `tools`：這裡存放了許多有用的工具，包括我們會在「**第 20 章，剖析與追蹤**」當中介紹的 Linux 效能剖析工具 `perf`。

等到一段時間之後，你會漸漸熟悉這個目錄結構然後發現，如果要找出某個系統單晶片的序列埠相關程式碼，自己會知道應該要到 `drivers/tty/serial` 去找，而不是跑到 `arch/$ARCH/mach-foo` 底下找，因為那是屬於裝置驅動程式的類別，而不是系統單晶片用來運行 Linux 的核心要件。

內核的設定：關於 Kconfig

Linux 的其中一項強處，就是可以針對不同類型工作設定內核，小到如智慧型恆溫器這種小型的精密裝置，大到如手機這類複雜裝置都可以。在最新版本中，有數千個以上的設定選項，所以要如何做出正確的設定本身就是一個重點，不過在此之前，筆者想先介紹一下「設定」這件事情本身是如何進行的，讓各位讀者對之後要做的工作有所概念。

設定的機制叫作 `Kconfig`，而與其成對的組建系統則叫作 `Kbuild`，這兩者的文件都放在 `Documentation/kbuild` 底下。Kconfig/Kbuild 在許多除了內核之外的其他專案當中都有使用，包括了 crosstool-NG、U-Boot、Barebox 以及 BusyBox 等。

這些設定的內容定義在多個以 Kconfig 為名的檔案當中，其語法說明則可自
Documentation/kbuild/kconfig-language.rst 取得。

在 Linux 裡，最上層的 Kconfig 檔案會是這樣子的：

```
mainmenu "Linux/$(ARCH) $(KERNELVERSION) Kernel Configuration"

comment "Compiler: $(CC_VERSION_TEXT)"

source "scripts/Kconfig.include"
[...]
```

而 arch/Kconfig 檔案中第一行會是：

```
source "arch/$(SRCARCH)/Kconfig"
```

這一行會引用與架構相關的設定檔，其 Kconfig 檔案來源則取決於啟用的架構。

理解架構在這邊所扮演的角色有三個意義：

- 第一，這表示在設定 Linux 時，必須以 ARCH=[架構名稱] 指定一個架構，否則預設會是以本地端電腦的架構為主。
- 第二，SRCARCH 是根據 ARCH 的設定值而定的，所以其實不用特地再去設定 SRCARCH 值。
- 第三，那就是每個架構最上層的選單結構都可能不同。

你要指定給 ARCH 變數的值，是你可以在 arch 目錄底下找到的其中一個子目錄名稱，不過 ARCH=i386 和 ARCH=x86_64 是例外，因為這兩者的來源檔都是 arch/x86/Kconfig。

Kconfig 檔案的大部分內容都是選單，分為 menu、endmenu 等關鍵詞做區塊的劃分，而選單中的選項則以 config 為開頭。

底下是從 drivers/char/Kconfig 檔案中抽取出來的範例：

```
menu "Charactr devices"
[...]
```

```
config DEVMEM
    bool "/dev/mem virtual device support"
    default y
    help
      Say Y here if you want to support the /dev/mem device.
      The /dev/mem device is used to access areas of physical
      memory.
      When in doubt, say "Y".
[...]
endmenu
```

在 config 後面的參數是一個變數的名稱，以上例來說，宣告的是 DEVMEM。而由於這個選項是屬於布林值型態（bool）的，因此變數值只會有兩種：如果啟用這個選項，變數值就是 y，如果不啟用，則是不給定值。至於顯示在螢幕上的選單選項名稱，則是那段在 bool 關鍵詞後面的字串。

包括前述在內的所有選項值，都會保存在一個名為 .config 的檔案當中。

> **Tip**
> 請注意，開頭的 . 代表這是一個隱藏檔案，所以不會顯示在 ls 指令的結果中，除非你以 ls -a 指令強制顯示所有檔案。

寫在 .config 當中的變數，名稱前頭會加上 CONFIG_ 的前綴字樣，所以如果我們啟用了 DEVMEM 的選項，就會變這樣：

```
CONFIG_DEVMEM=y
```

除了 bool 這種型態的選項之外，還有其他幾種資料類型，如下列所示：

- bool：變數值為 y 或未定義。
- tristate：用來決定功能是要編入主內核映像檔，或是作為內核模組存在。如果值是 m，表示作為內核模組；如果是 y，就要編入映像檔；如果是停用該功能，則未定義。
- int：以十進位寫入的整數型態值。
- hex：以十六進位寫入的無正負號整數型態值。
- string：字串型態值。

選項之間可能會有依賴關係存在，這層關係會以如下 depends on 的語法描述：

```
config MTD_CMDLINE_PARTS
    tristate "Command line partition table parsing"
    depends on MTD
```

如果 CONFIG_MTD 完全沒有被啟用，那麼這個選單項目就不會顯示出來，因此也無法被選取。

另外也有反向的依賴關係存在：select 關鍵詞表示如果這個選項被啟用了，那麼會把其他選項也跟著啟用。在 arch/$ARCH 當中的 Kconfig 檔案就有很大比例都是 select 語法，用來啟用和這個架構相關的功能，比方說以 ARM 為例：

```
config ARM
    bool
    default y
    select ARCH_CLOCKSOURCE_DATA
    select ARCH_HAS_DEVMEM_IS_ALLOWED
[...]
```

當 CONFIG_ARM 被啟用時，ARCH_CLOCKSOURCE_DATA 和 ARCH_HAS_DEVMEM_IS_ALLOWED 這兩個選項也會跟著一起被設為 y 值，如此一來，這些功能就會在預設情況下被靜態地包進內核中了。

有些設定工具可以讀取 Kconfig 檔案的內容，然後產生出 .config 檔案，其中幾個還可以在畫面上顯示選單，然後讓我們用互動的方式選擇。menuconfig 大概是當中最為人所知的，不過還有 xconfig 與 gconfig。

在使用 menuconfig 之前，請先確認安裝了 ncurses、flex、bison 等套件。在 Ubuntu 上，請使用以下指令安裝這些依賴套件：

```
$ sudo apt install libncurses5-dev flex bison
```

然後以 make 指令啟動 menuconfig，但要記得指定架構的名稱，如下所示：

```
$ make ARCH=arm menuconfig
```

在下圖的反白處，你可以看到在 menuconfig 中，顯示出前面提及的 DEVMEM 這個
config 選項：

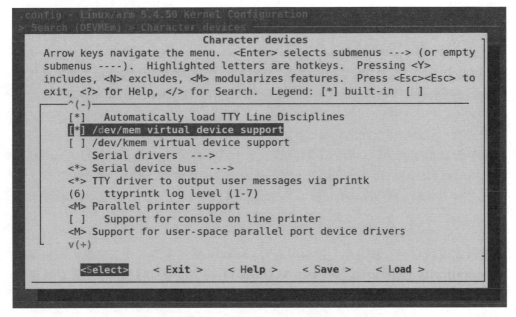

圖 4.2：選用 DEVMEM 選項

在上圖選單項目左側的星號（*）代表這個項目已被選取，會被靜態建入內核當中；如
果顯示的不是星號，而是字母 M，這代表的則是會被以內核模組的形式組建進去，於執
行期動態與內核連結。

Tip

你常常可以看到要你 enable CONFIG_BLK_DEV_INITRD 的這種指示，但卻
很難在一片選單的大海中找到設定這個選項的地方。所有的設定編輯器其
實都有搜尋（search）功能，你可以在 menuconfig 中按下斜線（/）按鍵
進入此功能。而在 xconfig 中，這個功能在 **Edit（編輯）**選單內，不過使
用 xconfig 時，記得要把變數前面的 CONFIG_ 字樣去除再搜尋。

有這麼多選項要設定，總不可能要你每次組建內核時都要從頭開始，所以在
arch/$ARCH/configs 底下都會有一組已知適合的設定檔可套用，而且都會針對某種或
某一系列的系統單晶片進行設定。

你可以用 make ［設定檔名稱］指令來選擇。舉例來說，若要將 Linux 設定在大量以 ARMv7-A 為主的系統單晶片架構上運行，你就要輸入：

```
$ make ARCH=arm multi_v7_defconfig
```

這就是一個可以在許多不同機板上運行的通用內核了。如果要進行更針對性的設定，比方說當你使用的是生產商提供的內核時，那麼預設的設定檔通常也會包含在生產商提供的機板支援套件中。也就是說，你要在組建內核之前，找出要使用的是哪個設定檔。

在設定時，另外一個很好用的指令參數則是 oldconfig，它的用途是可以把「既有的舊版本設定檔」套用於「新版本的內核」上。這時會讀取一個已存在的 .config 檔案，然後針對所有不在其中的選項，詢問是否要設定變數值。先從「舊版的內核」中複製 .config 到「新的原始碼目錄」下，然後執行 make ARCH=arm oldconfig 來更新它。

這種方式也可以用於驗證你手動編輯過的 .config 檔案內容（先忽略最上面出現的 **Automatically generated file; DO NOT EDIT** 的字樣：有時忽略警告訊息無傷大雅）。

但請記得，如果你修改過設定了，那麼「修改後的 .config 檔案」也算是機板支援套件的一部分，因此也需要納入到原始碼管控（source code control）的機制中。

當你開始組建內核後，一個名為 include/generated/autoconf.h 的標頭檔會被產生出來，裡頭會針對每個設定選項產生一行 #define 語法，以便將其引入到內核原始碼中。

在下載好內核並完成設定之後，接下來就是給這份內核一個可供辨認的識別。

用 LOCALVERSION 識別內核

我們可以用 make kernelversion 與 make kernelrelease 指令來查看我們組建的內核版本號：

```
$ make ARCH=arm kernelversion
5.4.50
$ make ARCH=arm kernelrelease
5.4.50
```

在執行期可以用 uname 指令顯示這個資訊，此外要命名內核模組存放的目錄時，也要使用到這項訊息。

如果你修改了預設的設定檔，一般會建議使用 CONFIG_LOCALVERSION 這個選項加上自己的版本號資訊。假設我想把組建的內核命名為 melp 的 1.0 版本，那麼我就要在 menuconfig 中這樣定義，如下圖所示：

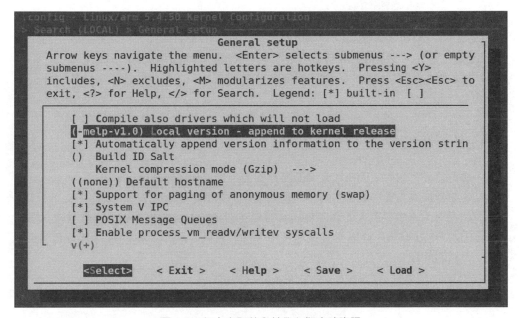

圖 4.3：加上自訂的內核發行版本號資訊

接著，雖然執行 make kernelversion 還是會看到跟前面一樣的結果，但如果執行 make kernelrelease 就會看到：

```
$ make kernelrelease
5.4.50-melp-v1.0
```

這樣，我們就可以辨識出並追蹤這份自訂的內核了。接下來，讓我們回到與內核相關的編譯設定上吧。

內核模組

我們已經提到「內核模組」這個東西很多次了。這在桌上型版本的 Linux 當中尤其運用廣泛，如此才能根據所偵測到的硬體與需求的功能不同，在執行期時載入正確的裝置與內核功能。要是沒了這項機制，就要把所有的驅動程式跟功能都靜態綁死在內核中，會使整體大小暴增。

但反過來說，對於嵌入式裝置而言，在你組建內核時通常就已經知悉硬體的情形與內核的設定，所以模組這個機制似乎無用武之地。事實上不只如此，模組還造成了若干問題，因為它會在內核與檔案系統間產生版本的依賴關係，如果更新時只更新其一，而非兩者，就會使得啟動失敗。因此，對嵌入式裝置來說，在組建時通常不會採用任何模組。

但還是有少數情形適合採用內核模組機制：

- 如同之前提到的，因為授權問題而需要使用受專利保護的模組時。
- 想要延後載入那些非必要的驅動程式，以加速啟動過程時。
- 如果有太多需要載入的驅動程式，需要花費過多記憶體來進行靜態編譯時。舉例來說，你的 USB 介面要支援許多種類的裝置時，基本上就會遇到跟桌上型版本一樣的問題。

總之，無論是否採用模組機制，接下來我們將使用 Kbuild 來編譯內核。

編譯：關於 Kbuild

內核的組建系統 Kbuild，是一組根據 .config 檔案的設定資訊而執行的 make 指令檔（script）。它會負責處理依賴問題並編譯所需之元件，以便產製出內含所有靜態連結元件的內核，此外還可能會編譯二進位的硬體結構樹，以及一到多個內核模組。依賴關係的描述會寫在各個可組建元件目錄下的 makefile（建置檔）中，比方說，下面這兩行是在 drivers/char/Makefile 中的內容：

```
obj-y += mem.o random.o
obj-$(CONFIG_TTY_PRINTK) += ttyprintk.o
```

obj-y 這條規則指的是要無條件地編譯檔案以產出目標，所以 mem.c 跟 random.c 一定都會是內核的一部分。但在第二行，是否編譯 ttyprintk.c 要根據一個設定參數（configuration parameter）才能決定。如果 CONFIG_TY_PRINTK 設成 y，那就會在組建時被編譯進來；如果是設成 m，就會被編譯成模組；如果未定義值，那麼就不會進行編譯。

對大多數目標環境來說，只要輸入 make 指令（記得加上正確的 ARCH 與 CROSS_COMPILE 變數），就可以完成組建，不過我們還是要來逐步看看過程增進了解。如果有讀者不清楚 make 指令的 CROSS_COMPILE 變數是什麼意思，請參考「**第 2 章，工具鏈**」當中最後一節的介紹。

編譯內核映像檔

要組建內核映像檔，你需要先知道啟動載入器規定的檔案格式。大概的情況如下所示：

*   **U-Boot**：過去 U-Boot 要求的是 uImage 格式檔案，不過比較新的版本中也可以用 bootz 指令工具載入 zImage 格式檔案。
*   **x86 環境**：需要 bzImage 格式檔案。
*   **其他大多數的啟動載入器**：需要 zImage 格式檔案。

底下是組建 zImage 格式檔案的範例：

```
$ make -j 4 ARCH=arm CROSS_COMPILE=arm-cortex_a8-linux-gnueabihf-
zImage
```

> **Tip**
> -j 4 這個參數是用來告訴 make 指令可以同時平行執行多少工作，以便減少組建所花費的時間。簡單的建議是根據各位讀者開發環境「處理器的核心數量」來指定平行工作數。

但在要針對 ARM 架構組建支援多平台的 uImage 格式映像檔時，會有一個小問題。支援多平台是最新一代 ARM 系統單晶片內核的設計，而針對 ARM 的多平台支援則是到 Linux 的 3.7 版本時推出。這功能能夠讓單一內核的組建版本在多種平台上運行，目的是試著進一步減少所有在 ARM 裝置上運行的內核種類。內核會讀取機器型號，

或是根據啟動載入器傳遞過來的硬體結構樹，來選擇正確的平台類型。之所以會說這造成問題，是由於每個平台的實體記憶體位址（the location of physical memory）可能都有所不同，因此要重新定址到內核的位址也可能不同（雖然一般都是從實體記憶體中 0x8000 位元組開始）。

而要重新定址到的位址（relocation address），是在組建內核時，透過 mkimage 指令工具寫入 uImage 的開頭，但如果有多種不同的位址時就會出錯。簡單來說，uImage 格式並不適合作為多平台的映像檔，但你還是可以利用其他多平台的組建版本來建立 uImage 檔，只要你針對這個內核預計運行的系統單晶片平台，利用 LOADADDR 變數給定位址。你可以從 arch/$ARCH/mach-[系統單晶片名稱]/Makefile.boot 當中找到 zreladdr-y 後面的值，來查看載入位址：

```
$ make -j 4 ARCH=arm CROSS_COMPILE=arm-cortex_a8-linux-gnueabihf-
LOADADDR=0x80008000 uImage
```

不過，無論目標環境要求什麼格式的內核檔案，在產製出「啟動用映像檔」之前，一定都會有同樣的兩項產出物。

組建的結果

內核組建的結果會在最上層目錄產生兩個檔案：vmlinux 與 System.map。vmlinux 是 ELF 目標檔格式的內核檔案，如果你在啟用除錯模式（CONFIG_DEBUG_INFO=y）的情況下編譯內核，這份檔案中將會帶有除錯符號，以便使用 kgdb 這類工具進行除錯。你也可以用其他的 ELF 目標檔工具來查看構成了 vmlinux 可執行檔的資訊，像是利用 size 查看各區塊（text、data、bss）大小：

```
$ arm-cortex_a8-linux-gnueabihf-size vmlinux
    text        data        bss         dec         hex      filename
14005643     7154342     403160    21563145    1490709      vmlinux
```

其中 dec 與 hex 這兩個欄位數值，其實都是同樣的總大小，差別在於以十進位或十六進位顯示而已。

至於 System.map 則含有可供人類閱讀及理解的符號表內容。

大部分的啟動載入器都無法直接處理 ELF 目標檔格式的程式碼，因此還有一個步驟是把 vmlinux 轉成二進位檔案放在 arch/$ARCH/boot 底下，才能對應各式各樣的載入器：

- Image 格式：會把 vmlinux 直接轉為二進位檔案。
- zImage 格式：對 PowerPC 架構來說，這個格式只是一個壓縮過的 Image 格式檔，也就是說啟動載入器必須先把它解壓縮。而對其他架構而言，這個壓縮過的 Image 格式檔需要自帶一小段能夠解壓縮並重新定址它的程式。
- uImage 格式：加上了 64 位元 U-Boot 標頭檔的 zImage 格式檔。

在組建執行的過程中，可以看到執行的指令紀錄：

```
$ make -j 4 ARCH=arm CROSS_COMPILE=arm-cortex_a8-linux-gnueabihf- \
zImage
  CC        scripts/mod/empty.o
  CC        scripts/mod/devicetable-offsets.s
  MKELF     scripts/mod/elfconfig.h
  HOSTCC    scripts/mod/modpost.o
  HOSTCC    scripts/mod/sumversion.o
[...]
```

萬一組建內核失敗，這時候，如果能夠確認實際執行的指令內容會很有用。在指令列後面加上 V=1 就可以看到詳細內容：

```
$ make -j 4 ARCH=arm CROSS_COMPILE=arm-cortex_a8-linux-gnueabihf- \
V=1 zImage
[...]
arm-cortex_a8-linux-gnueabihf-gcc -Wp,-MD,drivers/tty/.tty_baudrate.
o.d -nostdinc -isystem /home/frank/x-tools/arm-cortex_a8-linux-
gnueabihf/lib/gcc/arm-cortex_a8-linux-gnueabihf/8.3.0/include -I./
arch/arm/include -I./arch/arm/include/generated -I./include -I./arch/
arm/include/uapi -I./arch/arm/include/generated/uapi -I./include/
uapi -I./include/generated/uapi -include ./include/linux/kconfig.
h -include ./include/linux/compiler_types.h -D__KERNEL__ -mlittle-
endian -Wall -Wundef -Werror=strict-prototypes -Wno-trigraphs -fno-
strict-aliasing -fno-common -fshort-wchar -fno-PIE -Werror=implicit-
function-declaration -Werror=implicit-int -Wno-format-security
-std=gnu89 -fno-dwarf2-cfi-asm -fno-ipa-sra -mabi=aapcs-linux
-mfpu=vfp -funwind-tables -marm -Wa,-mno-warn-deprecated -D__LINUX_
ARM_ARCH__=7 -march=armv7-a -msoft-float -Uarm -fno-delete-null-
```

```
pointer-checks -Wno-frame-address -Wno-format-truncation -Wno-format-
overflow -O2 --param=allow-store-data-races=0 -Wframe-larger-than=1024
-fstack-protector-strong -Wno-unused-but-set-variable -Wimplicit-
fallthrough -Wno-unused-const-variable -fomit-frame-pointer -fno-
var-tracking-assignments -Wdeclaration-after-statement -Wvla -Wno-
pointer-sign -Wno-stringop-truncation -Wno-array-bounds -Wno-
stringop-overflow -Wno-restrict -Wno-maybe-uninitialized -fno-strict-
overflow -fno-merge-all-constants -fmerge-constants -fno-stack-check
-fconserve-stack -Werror=date-time -Werror=incompatible-pointer-
types -Werror=designated-init -fmacro-prefix-map=./= -Wno-packed-not-
aligned -DKBUILD_BASENAME='"tty_baudrate"' -DKBUILD_MODNAME='"tty_
baudrate"' -c -o drivers/tty/tty_baudrate.o drivers/tty/tty_baudrate.
c
[...]
```

這就是 Kbuild 如何將「vmlinux 的 ELF 格式檔」轉換為「可啟動的內核映像檔」的
方式。接著,就是如何編譯硬體結構樹。

編譯硬體結構樹

下一步是組建硬體結構樹,如果你要進行多平台的組建,那就會有多個硬體結構樹
檔。dtbs 這個組建目標參數,會根據在 arch/$ARCH/boot/dts/Makefile 裡面的規
則,並使用該目錄下的硬體結構樹原始檔,來組建硬體結構樹。底下是以 multi_v7_
defconfig 為目標時的情形:

```
$ make ARCH=arm dtbs
[...]
  DTC     arch/arm/boot/dts/alpine-db.dtb
  DTC     arch/arm/boot/dts/artpec6-devboard.dtb
  DTC     arch/arm/boot/dts/at91-kizbox2.dtb
  DTC     arch/arm/boot/dts/at91-nattis-2-natte-2.dtb
  DTC     arch/arm/boot/dts/at91-sama5d27_som1_ek.dtb
[...]
```

然後,.dtb 檔案就會產生在「和原始檔一樣的目錄」底下。

編譯內核模組

如果讀者有指定一些功能是作為「模組」來組建，那麼你可以使用 modules 目標（target）來另外組建它們：

```
$ make -j 4 ARCH=arm CROSS_COMPILE=arm-cortex_a8-linux-gnueabihf- \
modules
```

編譯好的模組檔會加上 .ko 的後綴字樣（suffix），並產生在「與原始檔同樣的目錄」底下，這代表著它們會散落在內核原始檔目錄的各處。要找出這些檔案會有點麻煩，但你可以透過 modules_install 這個目標參數把他們全都安裝在正確的位置。預設的位置是你開發環境下的 /lib/modules 目錄，但這通常不會是我們想要存放的位置。若要把這些檔案安裝到開發環境上「根目錄檔案系統」內的一個暫存目錄中（下一章會介紹「根目錄檔案系統」），就透過 INSTALL_MOD_PATH 變數設定路徑：

```
$ make -j 4 ARCH=arm CROSS_COMPILE=arm-cortex_a8-linux-gnueabihf- \
INSTALL_MOD_PATH=$HOME/rootfs modules_install
```

這樣內核模組就會被放在 $HOME/rootfs 目錄相對位置下的 /lib/modules/[內核版本號] 路徑中。

清理內核原始碼

有三種 make 指令的目標參數可以在編譯後用來清理內核原始檔：

- clean：移除所有目標檔以及大部分的中繼產物。
- mrproper：移除所有中繼產物，包括 .config 檔案。使用這個目標參數會把「原始檔目錄結構」還原到才剛從原始檔中解開的狀態。如果有讀者對這個參數名稱感到好奇的話，這個「Mr.Proper」在世界上某些地方是知名清潔產品的名稱，所以 make mrproper 的意思就是「把內核原始檔給清乾淨」。
- distclean：這個和 mrproper 相同，但會額外把編輯器的備份檔、修補檔和其他由開發軟體產生出來的檔案，都給刪除掉。

內核編譯及產出的結果到此告一段落。接下來，針對我們手上的機板，來實際演練一次吧。

針對 Raspberry Pi 4 組建 64 位元內核

雖然主線內核已經內建支援 Raspberry Pi 4 了，但在本書寫成當下，筆者發現有另一條 Raspberry Pi 基金會自己的 Linux 分株（fork）版本（`https://github.com/raspberrypi/linux`），它也更加穩定。其中該分株上的 `4.19.y` 分枝（branch）又比同分株上的 `rpi-5.4.y` 分枝要維護得更勤快。雖然之後不一定會是同樣情況，但在本書寫成當下，筆者先以 `4.19.y` 分枝為主。

Raspberry Pi 4 機板具備一顆 64 位元的四核心 ARM Cortex-A72 處理器，因此，我們這邊要以 ARM 架構的 AArch64 GNU/Linux 作為目標環境，利用 GNU 工具鏈來跨平台編譯一份 64 位元內核。我們可以下載事先準備好的工具鏈：`https://developer.arm.com/tools-and-software/open-source-software/developer-tools/gnu-toolchain/gnu-a/downloads`。

```
$ cd ~
$ wget https://developer.arm.com/-/media/Files/downloads/
gnu-a/10.2-2020.11/binrel/gcc-arm-10.2-2020.11-x86_64-aarch64-none-
linux-gnu.tar.xz
$ tar xf gcc-arm-10.2-2020.11-x86_64-aarch64-none-linux-gnu.tar.xz
$ mv gcc-arm-10.2-2020.11-x86_64-aarch64-none-linux-gnu \
gcc-arm-aarch64-none-linux-gnu
```

其中 `gcc-arm-10.2-2020.11-x86_64-aarch64-none-linux-gnu` 是在本書寫成當下，以 AArch64 GNU/Linux 作為目標環境，提供給 `x86_64` 開發環境 Linux 系統使用的跨平台編譯器。要是讀者在下載時出現錯誤，請試著將範例中 `10.2-2020.11` 字樣替換為目前最新的發行版編號。

接著，安裝組建內核需要的相關套件：

```
$ sudo apt install subversion libssl-dev
```

在安裝好所需的工具鏈與相關套件後，使用以下指令，將 Git 儲存庫中的內容複製（clone）到一個名為 `linux` 的目錄中（只複製一層深度（one level deep）），然後，把專案目錄下 `boot` 子目錄內「事先組建好的二進位檔案」匯出，到另一個名為 `boot` 的目錄中：

```
$ git clone --depth=1 -b rpi-4.19.y https://github.com/raspberrypi/
linux.git
$ svn export https://github.com/raspberrypi/firmware/trunk/boot
$ rm boot/kernel*
$ rm boot/*.dtb
$ rm boot/overlays/*.dtbo
```

然後進到複製下來的 `linux` 子目錄中,開始組建內核:

```
$ PATH=~/gcc-arm-aarch64-none-linux-gnu/bin/:$PATH
$ cd linux
$ make ARCH=arm64 CROSS_COMPILE=aarch64-none-linux-gnu- \
bcm2711_defconfig
$ make -j4 ARCH=arm64 CROSS_COMPILE=aarch64-none-linux-gnu-
```

組建作業完成後,把內核映像檔、硬體結構樹、啟動相關的設定參數,都複製到 `boot` 子目錄下:

```
$ cp arch/arm64/boot/Image ../boot/kernel8.img
$ cp arch/arm64/boot/dts/overlays/*.dtbo ../boot/overlays/
$ cp arch/arm64/boot/dts/broadcom/*.dtb ../boot/
$ cat << EOF > ../boot/config.txt
enable_uart=1
arm_64bit=1
EOF
$ cat << EOF > ../boot/cmdline.txt
console=serial0,115200 console=tty1 root=/dev/mmcblk0p2 rootwait
EOF
```

讀者可以在本書儲存庫的 `MELP/Chapter04/build-linux-rpi4-64.sh` 指令檔中找到以上這些指令。其中要注意的是,寫入 `cmdline.txt` 檔案中的指令必須是維持在同一行。底下逐步講解上面範例的內容:

1. 從 Raspberry Pi 基金會自己的內核分株,將 `rpi-4.19.y` 分枝複製到 `linux` 目錄中。
2. 把原先 Raspberry Pi 基金會 `firmware` 儲存庫中 `boot` 子目錄的內容,匯出到一個 `boot` 目錄下。
3. 刪除 `boot` 目錄下的內核映像檔、硬體結構樹等。

4. 在 linux 目錄下，組建出適用於 Raspberry Pi 4 的 64 位元內核、模組及硬體結構樹。

5. 將新組建好的內核映像檔、硬體結構樹等從 arch/arm64/boot/ 複製到 boot 目錄下。

6. 設定 Raspberry Pi 4 的啟動載入器，把載入（read）與轉交（pass）內核的動作寫入 boot 目錄下的 config.txt 與 cmdline.txt 檔案中。

讓我們看看 config.txt 檔案的內容。其中 enable_uart=1 表示，要在啟動時啟用序列主控台（serial console）（預設為停用）。而 arm_64bit=1 則表示，要 Raspberry Pi 4 的啟動載入器以「64 位元模式」啟動處理器，並且以 kernel8.img 為目標載入內核映像檔（而非預設的 32 位元 ARM 的 kernel.img 檔案）。

讓我們看看 cmdline.txt 檔案的內容。其中 console=serial1,115200 與 console=tty1 的內核指令列參數表示，要內核把啟動時的「紀錄訊息」輸出到序列主控台。

針對 BeagleBone Black 組建內核

在具備上述基礎知識的前提下，要針對 BeagleBone Black 組建內核並非難事，底下是以 ARM Cortex A8 作為目標環境，使用 crosstool-NG 跨平台編譯器組建內核、模組及硬體結構樹的完整指令：

```
$ cd linux-stable
$ make ARCH=arm CROSS_COMPILE=arm-cortex_a8-linux-gnueabihf- mrproper
$ make ARCH=arm multi_v7_defconfig
$ make -j4 ARCH=arm CROSS_COMPILE=arm-cortex_a8-linux-gnueabihf-
zImage
$ make -j4 ARCH=arm CROSS_COMPILE=arm-cortex_a8-linux-gnueabihf-
modules
$ make ARCH=arm CROSS_COMPILE=arm-cortex_a8-linux-gnueabihf- dtbs
```

讀者可以在本書儲存庫的 MELP/Chapter04/build-linux-bbb.sh 指令檔中找到以上這些指令。

針對 QEMU 組建內核

底下是以 QEMU 所模擬的 ARM Versatile PB 作為目標環境，使用 crosstool-NG v5TE 編譯器組建 Linux 的完整指令：

```
$ cd linux-stable
$ make ARCH=arm CROSS_COMPILE=arm-unknown-linux-gnueabi- mrproper
$ make ARCH=arm versatile_defconfig
$ make -j4 ARCH=arm CROSS_COMPILE=arm-unknown-linux-gnueabi- zImage
$ make -j4 ARCH=arm CROSS_COMPILE=arm-unknown-linux-gnueabi- modules
$ make ARCH=arm CROSS_COMPILE=arm-unknown-linux-gnueabi- dtbs
```

讀者可以在本書儲存庫的 `MELP/Chapter04/build-linux-versatilepb.sh` 指令檔中找到以上這些指令。在這一節中，我們介紹如何針對「不同的目標環境」以 Kbuild 編譯內核，接下來，讓我們啟動這份內核吧。

啟動內核

由於啟動（boot）的過程依「裝置」不同會有很大的差異，所以我們這邊會分別介紹在 Raspberry Pi 4、BeagleBone Black 以及 QEMU 上的啟動過程。至於其他沒有被本書涵蓋到的目標機板（target board），則需要請各位讀者自行洽詢該機板的生產商，或是尋求社群的協助了。

到目前為止，各位讀者手上應該都有了一份針對 Raspberry Pi 4、BeagleBone Black 或是 QEMU 的內核映像檔與硬體結構樹。

Raspberry Pi 4 上的啟動

Raspberry Pi 採用的啟動載入器並非 U-Boot，而是由 Broadcom 所提供的專利啟動載入器。與前幾代 Raspberry Pi 系列機板不同，Raspberry Pi 4 的啟動載入器是內建於機板上的 SPI EEPROM 中，而非透過 microSD 卡讀入。然而即便如此，我們仍舊需要依賴一張 microSD 卡，才能放入針對 Raspberry Pi 4 的內核映像檔與硬體結構樹，以便啟動這份 64 位元內核。

首先，把「組建好的內核產出」放入到 microSD 卡上一塊夠大的 FAT32 格式「啟動用的 boot 分割區」中。這個「啟動用的 boot 分割區」必須是 microSD 卡上的第一

個分割區，至於大小 1GB 應該足夠了。將這張 microSD 卡插入讀卡機，並且把組建後的 boot 目錄內容，全部複製到 boot 分割區上。退出卡片，重新插入到 Raspberry Pi 4 機板上。把 USB 轉 TTL 序列傳輸線，插到 40 引腳 GPIO 連接座的 GND、TXD 與 RXD 引腳上（請參閱 https://learn.adafruit.com/adafruits-raspberry-pi-lesson-5-using-a-console-cable/connect-the-lead 的內容）。接著，啟動 gtkterm 之類的終端機模擬器（terminal emulator）。在打開 Raspberry Pi 4 的電源後，應該會看到序列主控台跳出輸出訊息，如下所示：

```
[ 0.000000] Booting Linux on physical CPU 0x0000000000 [0x410fd083]
[ 0.000000] Linux version 4.19.127-v8+ (frank@franktop) (gcc version
10.2.1 20201103 (GNU Toolchain for the A-profile Architecture 10.2-
2020.11 (arm-10.16))) #1 SMP PREEMPT Sat Feb 6 16:19:37 PST 2021
[ 0.000000] Machine model: Raspberry Pi 4 Model B Rev 1.1
[ 0.000000] efi: Getting EFI parameters from FDT:
[ 0.000000] efi: UEFI not found.
[ 0.000000] cma: Reserved 64 MiB at 0x0000000037400000
[ 0.000000] random: get_random_bytes called from start_
kernel+0xb0/0x480 with crng_init=0
[ 0.000000] percpu: Embedded 24 pages/cpu s58840 r8192 d31272 u98304
[ 0.000000] Detected PIPT I-cache on CPU0
[...]
```

但整個輸出最終會以「內核崩壞」作結，因為此時內核還無法在 microSD 卡上找到可用的「根目錄檔案系統」。後面會再說明何謂「內核崩壞」（kernel panic，又譯核心錯誤）。

BeagleBone Black 上的啟動

如同先前「**第 3 章，啟動載入器**」中的說明，首先準備一張安裝有 U-Boot 的 microSD 卡。把卡片插入讀卡機，從 linux-stable 目錄下，將 arch/arm/boot/zImage 與 arch/arm/boot/dts/am335x-boneblack.dtb 檔案複製到 boot 分割區上。退出卡片，重新插入 BeagleBone Black 機板上。啟動如 gtkterm 之類的終端機模擬器，接著做好準備，一旦在終端機畫面看到 U-Boot 的提示訊息，就按下空白鍵。然後，正式開啟 BeagleBone Black 的電源，依訊息按下空白鍵，就會來到 U-Boot 的指令列提示字元。輸入底下 U-Boot# 提示字元後的指令，載入 Linux 與硬體結構樹：

```
U-Boot# fatload mmc 0:1 0x80200000 zImage
reading zImage
7062472 bytes read in 447 ms (15.1 MiB/s)
U-Boot# fatload mmc 0:1 0x80f00000 am335x-boneblack.dtb
reading am335x-boneblack.dtb
34184 bytes read in 10 ms (3.3 MiB/s)
U-Boot# setenv bootargs console=ttyO0,115200
U-Boot# bootz 0x80200000 - 0x80f00000
## Flattened Device Tree blob at 80f00000
Booting using the fdt blob at 0x80f00000
Loading Device Tree to 8fff4000, end 8ffff587 ... OK
Starting kernel ...
[ 0.000000] Booting Linux on physical CPU 0x0
[...]
```

注意我們這邊在內核指令列輸入了 console=ttyO0，這一行會指示 Linux 要用「哪個裝置」當作終端的輸出，也就是從機板上的第一個「通用非同步收發傳輸器」（Universal Asynchronous Receiver/Transmitter，UART）的 ttyO0 輸出。要是沒了這行，我們在 Starting the kernel ... 之後就不會再看到任何訊息，也無從得知究竟成功與否。同樣地，整個過程會以「內核崩壞」作結，後面會再說明何謂「內核崩壞」。

QEMU 上的啟動

這邊先假設已經安裝了 qemu-system-arm，那麼你就可以用針對 ARM Versatile PB 目標環境的內核以及 .dtb 檔案啟動，如下所示：

```
$ QEMU_AUDIO_DRV=none \
qemu-system-arm -m 256M -nographic -M versatilepb -kernel \
zImage
-append "console=ttyAMA0,115200" -dtb versatile-pb.dtb
```

要注意，我們這邊把 QEMU_AUDIO_DRV 設成 none 的用意，只是為了略過 QEMU 因為找不到對音效驅動程式的設定，而拋出的無用錯誤訊息。與 Raspberry Pi 4 還有 BeagleBone Black 的範例相同，整個過程會以「內核崩壞」作結，系統隨即停止運作。要離開 QEMU，先按下 Ctrl + A 之後，再按 x（這是兩次不同的按鍵輸入）。接下來，讓我們解釋何謂「內核崩壞」。

內核崩壞

當情況不如我們預期時，結果通常都不會是什麼好事：

```
[    1.886379] Kernel panic - not syncing: VFS: Unable to mount root
fs on unknown-block(0,0)
[    1.895105] ---[ end Kernel panic - not syncing: VFS: Unable to
mount root fs on unknown-block(0, 0)
```

上面是個關於內核崩壞的例子，當內核遇到了「無法修復的錯誤」時，就會造成崩壞。預設情況下，它會把一段訊息印到終端畫面上，然後隨即中止運行。你可以設定 panic 這個指令列參數，以便在崩壞後到它重新啟動之間，有幾秒的時間看看這段訊息。在上面這個案例中，所謂「無法修復的錯誤」指的是沒有根目錄檔案系統，也就是沒有可以對內核發號施令的用戶空間。我們可以用 ramdisk（記憶體模擬磁碟），或是一個可掛載的大容量儲存裝置（a mountable mass storage device），來作為根目錄檔案系統，以此提供一個用戶空間。我們在下一個章節才會談到如何建立根目錄檔案系統，這邊只是先向各位讀者展示「崩壞」時會發生什麼事。

初期的用戶空間

為了從內核的初始過程切換到用戶空間，內核需要掛載一個根目錄檔案系統，並且在那個根目錄檔案系統上執行程式。你可以利用 ramdisk（記憶體模擬磁碟），也可以用一個區塊裝置（block device）來掛載真正的檔案系統。關於這些的程式碼都寫在 init/main.c 當中，從 rest_init() 函式開始，建立 PID 編號 1 的第一條執行緒，然後執行 kernel_init() 當中的程式。如果有 ramdisk 的話，它會試著執行 /init 程式，以便開始設定用戶空間。

如果它找不到 /init 可以執行，那麼會呼叫在 init/do_mounts.c 當中的 prepare_namespace() 函式，來試著掛載檔案系統。此時，需要在 root= 指令列參數中，指定用於掛載的區塊裝置名稱，一般會是：

```
root=/dev/< 磁碟名稱 >< 分割區編號 >
```

但如果是 SD 卡或 eMMC 的話，則是：

```
root=/dev/< 磁碟名稱 >p< 分割區編號 >
```

舉例來說，指定 SD 卡上的第一個分割區，那就是 root=/dev/mmcblk0p1。如果掛載成功了，那麼就會試著執行 /sbin/init，若無法順利執行，則會接著嘗試 /etc/init、/bin/init 與 /bin/sh，直到可以成功執行為止。要執行的 init 程式可以用指令參數覆蓋過去，以 ramdisk 來說，可以透過 rdinit= 參數；而以檔案系統來說，則是透過 init= 參數。

內核訊息

內核的開發人員常透過 printk() 以及類似的函式，大量印出有用的訊息。這些訊息會依重要性分類為以下層級，而其中的 0 是最重大的層級：

層級名稱	值	代表意義
KERN_EMERG	0	系統無法使用。
KERN_ALERT	1	必須立即採取處理措施。
KERN_CRIT	2	緊急情況。
KERN_ERR	3	發生錯誤。
KERN_WARNING	4	發出警告。
KERN_NOTICE	5	正常，但有重要訊息。
KERN_INFO	6	一般資訊。
KERN_DEBUG	7	除錯用資訊。

這些訊息會先被寫進一個名為 __log_buf 的緩衝區（buffer），緩衝區大小是 2 的 CONFIG_LOG_BUF_SHIFT 次方。比方說，如果這個變數值是 16，那麼 __log_buf 的大小就是 64KiB。可以用指令 dmesg 來傾印（dump）出整個緩衝區的內容。

如果訊息本身的分類層級值，小於終端設定的紀錄層級值，那麼除了寫入 __log_buf 之外，還會顯示在終端畫面上。預設的終端紀錄層級值是 7，也就是說，除了 KERN_DEBUG 層級值為 7 的之外，層級值 6 以下的訊息都會顯示出來。你可以透過很多方式改變終端紀錄的層級，包括用內核指令列參數 loglevel=< 層級 > 或是指令工具 dmesg - n < 層級 >。

內核指令列

內核指令列（kernel command line）是一串由啟動載入器傳遞給內核的字串，以 U-Boot 來說，是透過 `bootargs` 這個變數傳遞的。此外，也可以定義在硬體結構樹中，或是以變數 `CONFIG_CMDLINE` 作為內核設定的一部分。

我們已經看過了一些內核指令列參數的範例，但其實還有更多。在 `Documentation/kernel-parameters.txt` 底下有完整的清單，這邊只列出一些最有用的：

名稱	說明
`debug`	把終端紀錄層級設定到最高的層級值 8，確保你可以在終端上看到所有的內核訊息。
`init=`	要從掛載的根目錄檔案系統上執行的 init 程式，預設是 /sbin/init。
`lpj=`	給 loops_per_jiffy 設定一個常數值，見後面段落的說明內容。
`panic=`	設定當內核崩壞時的行為規則：如果值大於 0，表示在重新啟動之前要等待的秒數；如果值等於 0，就會停下不動（預設）；如果值小於 0，就會立即重新啟動。
`quiet`	把終端紀錄層級值設成 1，排除最緊急之外的一切訊息。大部分的裝置都會有序列主控台（serial console），要把所有訊息都印出也會花上一點時間，因此，利用此設定項就能減少訊息量，以此加速啟動過程。
`rdinit=`	要從 ramdisk 執行的 init 程式，預設是 /init。
`ro`	以唯讀（read-only）狀態掛載根目錄裝置。對永遠為可讀寫（read/write）狀態的 ramdisk 無效。
`root=`	要掛載為根目錄檔案系統的裝置。
`rootdelay=`	在嘗試掛載根目錄檔案系統裝置之前要等待的秒數，預設為 0。對需要時間偵測「硬體」的裝置來說很有用，此外也可以參考 rootwait 指令參數。
`rootfstype=`	作為根目錄檔案系統裝置的系統類型。大多數情況下，會在掛載時自動偵測，但對 jffs2 類型的檔案系統來說，需要另外設定。
`rootwait`	直到偵測到根目錄檔案系統裝置前持續等待，通常對 MMC 裝置而言需要這個設定。
`rw`	以可讀寫狀態掛載根目錄檔案系統裝置（預設）。

`lpj` 這個參數能夠用於加快內核的啟動時間。在啟動的過程中，內核一般會以迴圈（loop）執行約 250ms 左右來測定延遲用的迴圈數。這個數值就保存在 `loops_per_jiffy` 變數中，並會顯示如下：

```
Calibrating delay loop... 996.14 BogoMIPS (lpj=4980736)
```

如果內核都在同樣的硬體環境下執行，那麼這個值就會保持一致。要是你直接在指令列參數設定 `lpj=4980736`，就可以讓內核的啟動時間加快 250ms。

接下來，我們要學習如何將 Linux 移植到一塊基於 BeagleBone Black 架構所開發的全新範例機板 Nova 上。

把 Linux 移植到新的機板上

這項任務的工作量取決於「你的機板」與既有「開發機板」（development board）之間的相似程度。在「**第 3 章，啟動載入器**」當中，我們曾把 U-Boot 移植到一個基於（但其實就是）BeagleBone Black 並命名為 Nova 的新機板上。而在這個案例中，我們並不需要對內核的程式做什麼更動。但如果你是要移植到一個全然不同的硬體上，那就有得忙了。這邊先只討論比較單純的情況，後續在「**第 12 章，使用針腳擴充板打造原型**」中會再探討有額外硬體週邊的情形。

隨著系統架構不同，在 arch/$ARCH 底下的程式結構也會隨之不同。x86 架構的結構簡潔，是因為硬體的細節都可以在執行期時偵測；PowerPC 架構則是把與系統單晶片和機板相關的檔案，放在以平台分類的子目錄下；而 ARM 架構由於擁有許多以 ARM 為主的機板與系統單晶片，所以也擁有最多與系統單晶片和機板相關的檔案。平台相關的程式都放在以 mach-* 名稱開頭的子目錄下，幾乎每種系統單晶片都有一個子目錄。另外一群以 plat-* 名稱開頭的子目錄，則是存放不同版本的系統單晶片之間都通用的程式。以 BeagleBone Black 機板為例，與其相關的目錄是 arch/arm/mach-omap2，不過不要被目錄名稱給騙到了，這裡頭其實包括了 BeagleBone 系列機板有用到的 OMAP2、3 及 4 版，還有 AM33xx 系列晶片的支援。

在接下來的小節中，筆者會說明如何針對新的機板建立硬體結構樹，以及如何將這份硬體結構樹植入 Linux 的初始程式（initialization code）中。

建立硬體結構樹

第一件任務是依機板建立硬體結構樹（device tree），然後再根據機板上額外或有變更的硬體，修改結構樹中的描述。在這個比較單純的案例中，我們只需把 am335x-boneblack.dts 檔案複製為 nova.dts，然後修改機板名稱為 Nova：

```
/dts-v1/;

#include "am33xx.dtsi"
#include "am335x-bone-common.dtsi"
#include "am335x-boneblack-common.dtsi"
```

```
/ {
    model = "Nova";
    compatible = "ti,am335x-bone-black", "ti,am335x-bone",
"ti,am33xx";
};
[...]
```

接著，我們就能具體的組建出 nova.dtb 檔案：

```
$ make ARCH=arm nova.dtb
```

或者，如果我們希望「當選擇 AM33xx 作為目標環境時，執行 make ARCH=arm dtbs 就能夠編譯針對 Nova 範例機板的硬體結構樹」，那麼我們也可以在 arch/arm/boot/ dts/Makefile 中加上如下內容：

```
[...]
dtb-$(CONFIG_SOC_AM33XX) += nova.dtb
[...]
```

現在，我們就可以用這份 Nova 機板的硬體結構樹，來啟動 BeagleBone Black 機板了。底下的流程與之前「**BeagleBone Black 上的啟動**」小節一樣，同一份 zImage 檔案，唯一不同的是，載入的硬體結構樹檔案是 nova.dtb，而非原先的 am335x-boneblack.dtb。請特別注意底下輸入訊息中的機板型號名稱：

```
Starting kernel ...
[ 0.000000] Booting Linux on physical CPU 0x0
[ 0.000000] Linux version 5.4.50-melp-v1.0-dirty (frank@franktop) (gcc
version 8.3.0 (crosstool-NG crosstool-ng-1.24.0)) #2 SMP Sat Feb 6
17:19:36 PST 2021
[ 0.000000] CPU: ARMv7 Processor [413fc082] revision 2 (ARMv7),
cr=10c5387d
[ 0.000000] CPU: PIPT / VIPT nonaliasing data cache, VIPT aliasing
instruction cache
[ 0.000000] OF: fdt:Machine model: Nova
[...]
```

這樣就是一份針對 Nova 範例機板的硬體結構樹檔案了，並且可以根據 Nova 與 BeagleBone Black 之間的硬體差異，進一步做修改。由於每當有硬體差異時，內核設定有很高機率也要隨之修改，因此筆者建議可以從 `arch/arm/configs/multi_v7_defconfig` 複製一份設定檔出來，以便進行自訂修改。

宣告相容性

在針對 Nova 範例機板建立一份新的硬體結構樹後，也就代表著我們能夠自訂硬體描述、宣告要採用的裝置驅動程式，並且設定相對應的屬性（property）。然而，萬一 Nova 範例機板就連初始程式也要跟 BeagleBone Black 不同，這該怎麼辦？

對機板的設定可以透過「根節點的 `compatible` 屬性」設定，先前 Nova 範例機板的根節點內容如下：

```
/ {
    model = "Nova";
    compatible = "ti,am335x-bone-black", "ti,am335x-bone",
"ti,am33xx";
};
```

當內核看到此節點時，就會根據 `compatible` 屬性中的宣告，從左至右尋找，直到找到第一個相符的機型設定。每一類機型都會以 `DT_MACHINE_START` 與 `MACHINE_END` 的巨集區塊定義。在 `arch/arm/mach-omap2/board-generic.c` 中會看到如下內容：

```
#ifdef CONFIG_SOC_AM33XX
static const char *const am33xx_boards_compat[] __initconst = {
    "ti,am33xx",
    NULL,
};
DT_MACHINE_START(AM33XX_DT, "Generic AM33XX (Flattened Device Tree)")
    .reserve = omap_reserve,
    .map_io = am33xx_map_io,
    .init_early = am33xx_init_early,
    .init_machine = omap_generic_init,
    .init_late = am33xx_init_late,
    .init_time = omap3_gptimer_timer_init,
    .dt_compat = am33xx_boards_compat,
    .restart = am33xx_restart,
```

```
MACHINE_END
#endif
```

其中 am33xx_boards_compat 這條字串陣列（string array）包含 "ti,am33xx"，這與在 compatible 屬性中列出的「其中一個機型名稱」相符。事實上，這是唯一相符的機型名稱，因為沒有 ti,am335x-bone-black 或是 ti,am335x-bone。在 DT_MACHINE_START 與 MACHINE_END 之間的，是指向了一組字串陣列的指標，以及指向「機板設定函式」（board setup function）的函式指標（function pointer）。

你可能會好奇，既然沒有 ti,am335x-bone-black 或是 ti,am335x-bone 的機型設定，為什麼還要寫上去？一部分的原因是為了保留日後的彈性，另一部分的原因，是為了配合內核中「那些有使用到 of_machine_is_compatible() 函式執行的執行期測試（runtime test）」，例如 drivers/net/ethernet/ti/cpsw-common.c：

```
int ti_cm_get_macid(struct device *dev, int slave, u8 *mac_
addr)
{
[...]
    if (of_machine_is_compatible("ti,am33xx"))
        return cpsw_am33xx_cm_get_macid(dev, 0x630, slave, mac_addr);
[...]
```

此時，我們會根據機型 compatible 屬性，遍歷（look through）整份內核原始碼（而非僅有 machi-* 開頭的目錄）。雖然在 5.4 版本內核中，還是沒有針對 ti,am335x-bone-black 或是 ti,am335x-bone 的檢查，但將來說不定會有。

回到範例的 Nova 機板上，如果我們需要針對某種機型做設定，那就在 arch/arm/mach-omap2/board-generic.c 中加入與該機型相關的區塊：

```
#ifdef CONFIG_SOC_AM33XX
[...]
static const char *const nova_compat[] __initconst = {
    "ti,nova",
    NULL,
};
DT_MACHINE_START(NOVA_DT, "Nova board (Flattened Device Tree)")
    .reserve = omap_reserve,
    .map_io = am33xx_map_io,
```

```
        .init_early = am33xx_init_early,
        .init_machine = omap_generic_init,
        .init_late = am33xx_init_late,
        .init_time = omap3_gptimer_timer_init,
        .dt_compat = nova_compat,
        .restart = am33xx_restart,
    MACHINE_END
    #endif
```

接著修改硬體結構樹根節點（root node）：

```
    / {
        model = "Nova";
        compatible = "ti,nova", "ti,am33xx";
    };
```

這樣一來，就會搜尋到 board-generic.c 中對 ti,nova 的設定宣告了。我們之所以保留 ti,am33xx，是因為我們希望「執行期測試」（如位於 drivers/net/ethernet/ti/cpsw-common.c 的測試）能夠繼續運作。

小結

Linux 是一個既強大而又複雜的作業系統內核，但真正使其強大之處，在於設定上的彈性。原始碼的下載來源基本上都是 https://www.kernel.org/，但你可能會因為特定的系統單晶片，而需要從該裝置的生產商，或是支援該裝置的第三方廠商那裡，來獲取原始碼。要針對特定的目標環境自訂內核，可能會需要修改內核的核心程式、添加 Linux 主線所不支援的裝置驅動程式、準備一份預設的內核設定檔，以及一個硬體結構樹檔案。

一般來說，我們會從目標機板（target board）的預設設定檔開始著手，然後以 menuconfig 這類設定工具對其進行微調。此時要抉擇的事項，是應該要把內核功能和驅動程式直接編譯在內，或是編譯為內核模組。內核模組通常不適用於嵌入式系統，因為硬體與功能往往都已經固定了。不過，模組還常用於將「受專利保護的程式」引入內核中，此外也可以在啟動後才載入那些非必要的驅動程式，以此來加速啟動過程。

組建內核會產生一個壓縮的內核映像檔（kernel image file），根據你使用的啟動載入器與目標環境架構不同，可能會有 zImage、bzImage 與 uImage 的分別。在組建內核時，可以同時把你所設定的內核模組（.ko 檔案）以及目標環境所需的二進位硬體結構樹（.dtb 檔案）產生出來。

根據主線或是生產商提供的內核所支援的硬體，以及目標環境之間的硬體差異程度，把 Linux 移植到一個新的目標機板可以很簡單，但也可以很困難。如果新機板的硬體是基於知名的泛用設計，那麼你所面對的問題就只是對硬體結構樹或平台資訊的修改。此外可能還要添加裝置驅動程式，如同我們會在「**第 11 章，裝置驅動程式**」中所提及的。但要是硬體結構與你的參考來源相去甚遠，那麼可能會需要額外的核心支援，不過這部分已經超出本書的討論範圍。

內核（kernel）是所有 Linux 衍生系統的核心（core），但卻無法獨力完成工作，它還需要根目錄檔案系統來存放用戶空間。根目錄檔案系統可以是 ramdisk（記憶體模擬磁碟），也可以是從區塊裝置而來的檔案系統，這將會是下一章節的討論主題，因為我們已經看到，在沒有根目錄檔案系統的情況下啟動內核，結果會導致內核崩壞。

延伸閱讀

如果讀者想要了解更多，可以參考以下資源：

- Jay Carlson 的「So You Want to Build an Embedded Linux System?」：
  https://jaycarlson.net/embedded-linux/
- Robert Love 的著作《*Linux Kernel Development, Third Edition*》
- Linux Weekly News 網站：https://lwn.net
- BeagleBone 討論區：https://beagleboard.org/discuss#bone_forum_embed
- Raspberry Pi 討論區：https://www.raspberrypi.org/forums/

5

建立根目錄檔案系統

根目錄檔案系統（root filesystem）是嵌入式 Linux 的第四項，也是最後一項要件。一旦你完成本章的閱讀後，就可以自行組建、啟動，並且運行一個簡單的嵌入式 Linux 系統。

這個章節中所描述的方法，通常被稱為**自主建立（roll your own，RYO）**，在早期的嵌入式 Linux，這也是唯一建立根目錄檔案系統的方式。還有一些情形可以適用自主建立的根目錄檔案系統，比方說，當掛載的記憶體或是儲存媒體的空間有限時，或是為了快速展示時，或是你的需求無法（或不容易）被一般的組建系統工具滿足時。不過，以上這些情況相對比較少見。這邊要強調的是，本章內容的學習目標偏向教育性質，而非提供日常進行嵌入式系統組建的指引：如果需要指引的話，請參考下一個章節所介紹的工具。

本章首要的目標是建立一個可提供指令列環境的小型根目錄檔案系統。接著，以此為基礎，我們再加入能啟動其他程式的指令檔，並且設定網路介面（network interface）和使用者的權限（user permission）。範例主要將針對 BeagleBone Black 與 QEMU 目標環境。當我們在接下來的章節中看到更加複雜的範例時，你就會發現我們學習如何從無到有組建根目錄檔案系統，將會有助於理解這一切。

在本章節中,我們將帶領各位讀者一起了解:

- 根目錄檔案系統中都有些什麼?
- 把根目錄檔案系統部署到目標環境上
- 建立 boot initramfs
- init 程式(初始程式)
- 設定使用者帳號
- 管理裝置節點的好辦法
- 設定網路
- 以裝置表建立檔案系統映像檔
- 用 NFS 掛載根目錄檔案系統
- 用 TFTP 來載入內核

環境準備

執行本章節中的範例時,請讀者先準備如下環境:

- 以 Linux 為主系統的開發環境
- 一張可供讀寫的 microSD 卡與讀卡機
- 我們在「**第 4 章,設定與組建內核**」當中所建立的、針對 BeagleBone Black 目標環境的 microSD 卡
- 先前於「**第 4 章,設定與組建內核**」當中所建立的、針對 QEMU 目標環境的 zImage 與 DTB 檔案
- 一條 USB 轉 TTL 的 3.3V 序列傳輸線
- BeagleBone Black 機板
- 一條 5V、1A 的 DC 直流電源供應線
- 一條乙太網路線,以及開通 NFS 與 TFTP 服務所使用的網路埠防火牆

此外,讀者可以在本書 GitHub 儲存庫的 Chapter05 資料夾下找到本章的所有程式碼:https://github.com/PacktPublishing/Mastering-Embedded-Linux-Programming-Third-Edition。

根目錄檔案系統中都有些什麼？

無論是透過啟動載入器，以指標的形式傳遞而來的 initramfs 也好，還是用內核指令列的 root= 參數指定的掛載區塊裝置也罷，內核都一定會需要一個根目錄檔案系統。一旦有了根目錄檔案系統，內核就會執行第一支程式，預設該程式應命名為 init，就像我們在**「第 4 章，設定與組建內核」**的**「初期的用戶空間」**小節中介紹的那樣。在與用戶空間掛上線之後，內核就功成身退，接下來的事情，就交由 init 這支程式開始執行指令檔、啟動其他的程式等等。

為了讓建立的系統有所用處，你至少會需要以下這些元件：

- **init**：啟動所有一切的程式，通常會由一系列的指令檔（script）組成。
- **指令列環境（shell）**：主要是顯示指令列環境的提示字元（prompt），但更重要的工作是，負責運行由 init 以及其他程式所呼叫的 shell 指令檔（shell script）。
- **常駐服務（daemon）**：提供「服務」的背景程式。例如系統紀錄常駐服務 syslogd、安全加密的指令列環境服務 sshd 等等。init 程式必須啟動一定數量的常駐服務，才足以供應主要系統應用程式所需。不過，init 程式本身也可以被視為是一種常駐服務，也就是用來啟動「其他常駐服務」的常駐服務。
- **共用函式庫（shared library）**：上面提到的各種程式，都會需要用到存在於根目錄檔案系統中的共用函式庫。
- **設定檔（configuration file）**：針對 init 以及其他常駐服務的設定內容，通常會存放在一系列位於 /etc 目錄底下的文字檔中。
- **裝置節點（device node）**：讓你可以存取各種裝置驅動程式的特殊檔案。
- **proc 與 sys**：將內核資料結構以「目錄」及「檔案」的階層結構呈現出來的擬似檔案系統（pseudo filesystem）。許多程式與函式庫函式（library function）都需要讀取 /proc 和 /sys。
- **內核模組（kernel module）**：如果你有把內核的部分功能設定為模組，通常就會出現在 /lib/modules/[內核版本號] 的路徑底下。

此外，還有與某些特定裝置相關、會驅使裝置執行工作的應用程式，以及這些應用程式在執行期產生出來的資料。

> **Note**
>
> 這邊要說個題外話，以上這些其實都有可能濃縮到一個程式當中，這樣就可以在啟動時不去執行 init，而是執行一個你自行建立的靜態連結程式（statically-linked program），而且無須再去執行別的程式。舉例來說，如果你這支程式叫作 /myprog，那麼你就要在內核指令列中做如下設定：init=/myprog。筆者曾經遇過一次這種設定方式，那時是在一個安全管控層級較高、停用了 fork 系統呼叫的系統上工作，由於 fork 被停用，於是就無法由一項程式去帶起其他程式了。這種做法的缺點是，沒辦法運用一般在嵌入式系統上常見的各種工具，而這就表示你得自立自強了。

目錄結構

除了以 init= 跟 rdinit= 所指定的程式的所在位置之外，有趣的是，Linux 內核其實並不在意其他檔案與目錄的存放結構，所以你可以隨意擺放它們。舉例而言，可以比較一下「桌上型版本 Linux」與「運行 Android 的裝置」這兩者的目錄結構，會發現幾乎沒有一處相同。

然而，許多程式還是會在特定的位置預期找到特定的檔案，而如果裝置之間都使用類似的目錄與檔案結構的話，也能對開發有所幫助；當然，Android 是個特例。**檔案系統階層標準（Filesystem Hierarchy Standard，FHS）**定義了 Linux 系統的基本目錄結構，請參閱 https://refspecs.linuxfoundation.org/fhs.shtml。這個 FHS 標準規範了無論大小的所有 Linux 作業系統，但嵌入式系統由於需求緣故，往往自樹一格，不過大致上都會包括下列這些目錄：

- /bin：所有使用者共通的必備程式。
- /dev：裝置節點和其他特殊檔案。
- /etc：系統設定。
- /lib：必需的共用函式庫，比方說，C 語言函式庫的成員。
- /proc：以虛擬檔案（virtual file）形式呈現「程序」的 proc 檔案系統。
- /sbin：屬於系統管理員的必備程式。
- /sys：以虛擬檔案形式呈現「裝置與驅動程式」的 sysfs 檔案系統。
- /tmp：用來存放暫存或可以被自然消滅的檔案。
- /usr：這裡面至少應該會有 /usr/bin、/usr/lib、/usr/sbin 等三個目錄，分別存放著額外的程式、函式庫以及系統管理工具程式。

- /var：存放著可能會在執行期間被更動的檔案與目錄，舉例來說，像是從啟動之後就開始記錄的紀錄訊息（log message）。

這邊特別要針對一些小地方提出說明：/bin 跟 /sbin 的差別只在於，/sbin 不會被「非 root 權限的使用者」作為搜尋路徑的一部分，這點對於 Red Hat 系列系統的使用者來說應該不陌生。而 /usr 目錄的意義在於，這個目錄可能存在於與根目錄檔案系統不同的分割區上，所以無法被用來存放與啟動系統相關的檔案。

暫存目錄

我們應該從在開發環境上建立一個**暫存目錄**（**staging directory**）開始著手，這樣才能把檔案整理好，之後再送到目標環境上面去。在下面的範例中，筆者使用 ~/rootfs 作為暫存目錄。接著，在暫存目錄底下建立目錄結構的骨架（skeleton directory），如下所示：

```
$ mkdir ~/rootfs
$ cd ~/rootfs
$ mkdir bin dev etc home lib proc sbin sys tmp usr var
$ mkdir usr/bin usr/lib usr/sbin
$ mkdir -p var/log
```

如果要更加清楚地了解目錄結構，可以使用 tree 這個指令工具，下面的示範中還加上了 -d 這個參數，只顯示出目錄（不包括檔案）的部分而已：

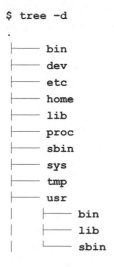

```
$ tree -d
.
├── bin
├── dev
├── etc
├── home
├── lib
├── proc
├── sbin
├── sys
├── tmp
├── usr
│   ├── bin
│   ├── lib
│   └── sbin
```

```
└── var
    └── log
```

以上這些目錄不一定都擁有同樣的存取權限設定,目錄底下的檔案,也不一定與目錄本身的存取權限相同,而是有可能更加嚴格。

POSIX 標準的檔案存取權限

每個程序(即 process,在這邊的討論中,每個程序指的就是每個執行的程式)都會屬於一個使用者(user)以及一到多個使用者群組(group)。使用者的身分會以一組 32 位元的數字代表,稱為**使用者編號(user ID)**或 **UID**。而使用者本身的資訊,包括要怎麼從 UID 對應到使用者的帳號名稱,都存在 /etc/passwd 當中。同樣地,使用者群組也有一組被稱為**使用者群組編號(group ID)**或 **GID** 的代表編號,資訊則是存放在 /etc/group 當中。root 這個使用者帳號則是必定存在,它的 UID 跟 GID 都是 0。這個 root 使用者又被稱為**超級使用者(superuser)**,因為在預設的設定中,它能略過大部分的權限檢查,而且可以存取系統中所有的資源。也因此,以 Linux 為主的系統安全議題,都環繞在如何限制對於 **root 帳號(root account)**的存取議題上。

每個檔案以及目錄,也都會有所屬的擁有者,並且隸屬於某一個群組。程序在存取這些檔案與目錄時,會被一組稱為 **mode** 的存取權限標記(access permission flag)給限制住。標記中共有三組,每組以三個位元構成:第一組代表檔案擁有者(owner)的權限;第二組代表同一群組下其他使用者(members)的權限;第三組代表所有其他使用者(everyone else)的權限。這些位元標記分為對這個檔案**讀取(read,r)**、**寫入(write,w)**與**執行(execute,x)**的權限。由於每三個位元正好組成一個八進位的數字,因此通常也以八進位的數字來表示這些權限,如下圖所示:

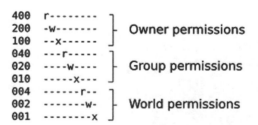

圖 5.1:檔案存取權限

另外還有一組具有特殊代表意義的位元標記：

- **SUID (4)**：如果檔案是可執行的，將執行時「程序的 UID」變更為檔案本身的擁有者。
- **SGID (2)**：如果檔案是可執行的，將執行時「程序的 GID」變更為檔案本身的群組。
- **Sticky (1)**：如果是目錄，限制不能刪除目錄底下「由其他使用者擁有的檔案」。這個設定常見於 /tmp 以及 /var/tmp 目錄。

SUID 大概是最常被使用的，因為可以讓非 root 的使用者，在執行作業時暫時性地把權限提升到超級使用者。ping 工具指令就是一個很好的例子：ping 要直接開啟網路 socket 的動作，是屬於需要授權的行為。為了讓一般的使用者也能使用 ping 指令，它的擁有者通常會是 root，並且設定有 SUID 位元標記，因此當你執行 ping 時，事實上是以 UID 0 而非你自己的 UID 來運行。

要設定這些位元標記，就用 chmod 指令工具以八進位數字 4、2、1 指定。舉例來說，要在暫存目錄的根目錄檔案系統中設定 /bin/ping 的 SUID 標記，你可以在 755 的模式（mode）前面加上 4，如下所示：

```
$ cd ~/rootfs
$ ls -l bin/ping
-rwxr-xr-x 1 root root 35712 Feb  6 09:15 bin/ping
$ sudo chmod 4755 bin/ping
$ ls -l bin/ping
-rwsr-xr-x 1 root root 35712 Feb  6 09:15 bin/ping
```

發現了嗎？最後一行 ls 指令顯示的開頭變成 rws，而不是原本的 rwx。那就表示已經設定了 SUID 標記。

暫存目錄的檔案擁有者

為了安全與穩定，對於要放到目標環境上的檔案，必須注意檔案所屬的擁有者以及它的權限問題，這件事情非常重要。一般來說，敏感資源會被限制成只有 root 權限才能存取；在許多程式都是以非 root 身分執行的情況下，要是這些程式被外部攻擊所影響，才能把「被暴露給攻擊者的系統資源」降到最低。舉例而言，/dev/mem 這個裝置節點可以對系統記憶體進行存取，對一些程式是必要的；但要是它可以被任何人進行讀寫，

那麼所有東西都被任意讀取的情況下，將沒有安全可言。所以 /dev/mem 的擁有者應該要是 root 使用者、隸屬於 root 的群組，並且設定權限為 600，表示除了擁有者之外，其他人都無法進行讀寫。

但暫存目錄還存在著一個問題。由我們使用者帳號建立的這些檔案，擁有者當然會是我們自己，但當它們要被安裝到目標裝置上時，這些檔案應該要是屬於某個其他的使用者，或是某個其他的使用者群組，大部分情況下，當然都是 root 使用者。一種簡單的修正方式，即在這個階段時，就將擁有者用下列的指令變更：

```
$ cd ~/rootfs
$ sudo chown -R root:root *
```

只是問題在於，你需要 root 使用者的權限來執行這道指令，而且從此之後，你就需要以 root 使用者的身分來修改在暫存目錄中的任何檔案。於是在不知不覺中，你會開始習慣以 root 身分登入並進行所有的開發工作，而這不是個好主意。這個問題我們稍後會再回頭探討。

根目錄檔案系統中的程式

現在，是時候來產生根目錄檔案系統了，裡頭將包括必備的程式、用以支援的函式庫、設定檔，以及運行所需的資料檔案。我們先從你所需要的程式類型概觀開始介紹。

init

init 是第一個被執行的程式，因此是根目錄檔案系統中的重要部分。本章會利用 BusyBox 所提供的一份簡單程式作為我們的 init 程式。

指令列環境

我們需要指令列環境才能執行指令檔，並且顯示指令提示字元，好讓我們和系統進行互動。在作為產品的裝置上（a production device），可以互動的指令列環境不是必要的，但這樣的環境對於開發、除錯和維護來說，都有所幫助。以下是一些在嵌入式系統上常見的指令列環境類型：

- bash：這是我們從桌上型 Linux 開始就熟知且熱愛的恐怖巨獸。它是 Unix Bourne shell 的集大成，並且有著眾多擴充功能（extensions），你可以稱它們為「Bash 家族」。

- `ash`：同樣也是從 Bourne shell 發展而來，並且在 BSD 版本的 Unix 上有著悠久的歷史。BusyBox 後來將 `ash` 發展出一套擴充版本，以便能和 `bash` 競爭。它比 `bash` 小上許多，也因此廣泛受到嵌入式系統的歡迎。

- `hush`：在「**第 3 章，啟動載入器**」中曾短暫介紹過的極小型化指令列環境。對於只有少量記憶體的裝置來說很有用。BusyBox 中也有發展出一套他們自己的版本。

> **Tip**
> 如果讀者打算在目標環境上使用 ash 或 hush 指令列環境，請務必先在目標環境上測試過你的 shell 指令檔。常會看到在開發環境上用 bash 進行測試，結果當你搬到目標環境上後，才驚訝地發現居然不能用。

接下來是工具程式。

工具程式

指令列環境只是用來啟動其他程式的一個管道，而 shell 指令檔本身，也只是一連串要執行的程式清單，加上一些流程控制，以及可以在程式之間傳遞資訊的機制而已。真正讓指令列環境有所用處的，還是那些 Unix 指令列所依靠的工具程式。即使是最簡單的根目錄檔案系統，也有將近 50 支工具程式，而這造成了兩個問題。首先，要找出每個工具程式的原始檔，然後再一個個進行跨平台編譯，將是件浩大的工程。再者，最後產出的程式群集將會佔據數十 MB 的空間，這對僅僅只有幾 MB 的舊型嵌入式 Linux 來說，是個嚴重的問題。也因此，為了要解決這個問題，BusyBox 應運而生。

BusyBox 登場！

BusyBox 的誕生其實跟嵌入式 Linux 沒有半點關係。這個專案是在 1996 年由 Bruce Perens 開發出來作為 Debian 的安裝程式（installer）之用，為的是能夠從只有 1.44MB 的軟碟（floppy disk）啟動 Linux。巧合的是，這個大小差不多正是當時的儲存裝置空間大小，因此嵌入式 Linux 的社群很快就愛上了它。自此，BusyBox 一直都處於嵌入式 Linux 的中心。

BusyBox 從無到有地，實現了那些在 Linux 上所必需的工具程式功能。開發者一貫遵循著 80:20 的原則，也就是只用程式碼的 20% 就實現程式中 80% 的功能。因此，雖然 BusyBox 工具只實作了相當於桌上型電腦的一小部分功能，但卻能很好地應付大部分的需求。

BusyBox 的另外一個秘訣是，它把所有的工具都合併在同一個二進位檔案中，這能輕易地讓工具之間共用程式碼。原理是這樣的：BusyBox 基本上是個小型應用程式集（a collection of applets），每個應用程式所對應的主要函式都是以 [程式名稱]_main 的形式命名。比方說，cat 這個指令是由 coreutils/cat.c 實作，函式名稱就是 cat_main。BusyBox 的主要工作，則是根據指令列參數（the command-line arguments），將各個呼叫派工給正確的小型應用程式。

所以，如果要讀取一個檔案內容，可以透過 busybox 指令，接著加上想要使用的應用程式名稱，後面再接上要給應用程式的參數，如下所示：

```
$ busybox cat my_file.txt
```

你也可以直接在沒有參數的情況下執行 busybox 指令，查詢所有被編譯進去的應用程式清單。

但要用這種方式來使用 BusyBox 有點綁手綁腳的，更好的方式是建立一個從 /bin/cat 到 /bin/busybox 的軟連結（symbolic link），直接讓 BusyBox 執行 cat 應用程式：

```
$ ls -l bin/cat bin/busybox
-rwxr-xr-x 1 chris chris 892868 Feb  2 11:01 bin/busybox
lrwxrwxrwx 1 chris chris      7 Feb  2 11:01 bin/cat -> busybox
```

這樣當你在指令列打入 cat 指令時，實際上就會去執行 busybox 這支程式。而 BusyBox 只要去檢查從 argv[0] 傳遞過來的指令內容（也就是 /bin/cat），把應用程式名稱的 cat 擷取出來，並查找表格，找到 cat 指令對應的是 cat_main 函式。這些動作都在 libbb/appletlib.c 底下這段（稍微簡化過的）程式中完成：

```
applet_name = argv[0];
applet_name = bb_basename(applet_name);
run_applet_and_exit(applet_name, argv);
```

BusyBox 收錄了包括 init 在內三百種以上的小型應用程式，還有數種不同複雜程度的指令列環境，以及可對應大部分管理需求的工具程式。甚至還有一個簡易版本的 vi 編輯器，可讓你在裝置上更改文字檔案。但通常 BusyBox 只會啟用這當中的數十來個而已。

總而言之，一般 BusyBox 的安裝內容會包括針對每個小型應用程式的軟連結，但運作起來就跟分別使用每個應用程式別無二致。

組建 BusyBox

BusyBox 跟內核一樣，同樣使用 Kconfig 與 Kbuild 機制，所以跨平台編譯不是什麼難事。你可以從 Git 儲存庫複製原始檔，然後簽出（check out）你想要採用的版本（在本書寫成時最新的版本號是 1_31_1），如下所示：

```
$ git clone git://busybox.net/busybox.git
$ cd busybox
$ git checkout 1_31_1
```

你還可以從 https://busybox.net/downloads/ 下載對應的打包檔。

接著，在這個範例中，我們就先以預設的方式來設定 BusyBox，當中已啟用了 BusyBox 大多數的功能：

```
$ make distclean
$ make defconfig
```

可以在此時執行 make menuconfig 來對設定進行微調，因為你應該會想要把在 **BusyBox Settings | Installation Options**（CONFIG_PREFIX）當中的安裝路徑改到暫存目錄。然後，就可以照往常一樣進行跨平台編譯。在以 BeagleBone 為目標環境時：

```
$ make ARCH=arm CROSS_COMPILE=arm-cortex_a8-linux-gnueabihf-
```

如果是以 ARM Versatile PB 的 QEMU 為目標環境時：

```
$ make ARCH=arm CROSS_COMPILE=arm-unknown-linux-gnueabi-
```

無論是何種目標環境，產出的結果就是一個可執行的 busybox 檔。預設情況下檔案大小約 900KiB。如果這對各位讀者來說還是太大了，可以在設定中把不需要的功能關掉，藉此來縮減體積。

用以下的指令來安裝 BusyBox：

```
$ make ARCH=arm CROSS_COMPILE=arm-cortex_a8-linux-gnueabihf- install
```

這會把二進位檔案複製到 CONFIG_PREFIX 中設定的目錄底下，然後建立所有連結到這個檔案的軟連結。

接下來，讓我們看看 BusyBox 的另一種替代方案：ToyBox。

ToyBox：另一種 BusyBox

BusyBox 不是你唯一的選擇。舉例來說，在 https://landley.net/toybox/ 可以下載 **ToyBox**，這是一項由前 BusyBox 成員 Rob Landley 起頭並維護的專案。ToyBox 的宗旨與 BusyBox 相同，但更專注於遵循標準，尤其是 POSIX-2008 與 LSB 4.1 的規範，而對於標準以外的 GNU 延伸版本則較不重視。ToyBox 比 BusyBox 更小，一部分的原因是因為應用程式數量較少。不過，兩者之間最主要的差別還是在 ToyBox 的授權方式採用 BSD 而非 GPL v2，因此能讓它在授權方面上，相容於同樣採用 BSD 授權用戶空間的作業系統，比如說 Android。所以現在新推出的 Android 裝置上，幾乎都是採用 ToyBox。但在最近的 0.8.3 版本後，我們也可以透過 ToyBox 來組建出完整且可啟動的 Linux 系統了。

根目錄檔案系統中的函式庫

程式是與函式庫連結在一起的。你可以把它們全都以靜態方式連結，這種情況下在目標裝置上就不會有函式庫，但如果你有兩支以上的程式，就會不必要地大量佔據掉儲存空間。所以，我們需要從工具鏈中把「共用的函式庫」複製到暫存目錄底下。但要怎麼知道該複製哪些函式庫？

其中一種方式當然是從工具鏈的 sysroot 目錄下把所有 .so 檔案都複製過來，免去猜測的煩惱，直接假設這些東西都會派上用場。這聽起來好像很合理，如果你是要替使用者建立一個用途廣泛的平台，這種做法當然沒錯。不過當心，完整的 glibc 可不小。在 crosstool-NG 當中的 glibc 2.22 版本，全部函式庫、語言支援、其他支援檔案加起來，一共就佔據了 33MiB。當然，你也可以考慮改用 uClibc-ng 或是 musl 的 libc 函式庫，以此來縮減被佔用的空間。

另外一種做法則是精選那些你真正需要的函式庫，而這種方式需要有方法可以讓你查出函式庫的依賴關係。運用我們在「**第 2 章，工具鏈**」學到的知識，你可以利用 readelf 指令工具來完成這件事：

```
$ cd ~/rootfs
$ arm-cortex_a8-linux-gnueabihf-readelf -a bin/busybox | grep
"program interpreter"
[Requesting program interpreter: /lib/ld-linux-armhf.so.3]
$ arm-cortex_a8-linux-gnueabihf-readelf -a bin/busybox | grep
"Shared library"
0x00000001 (NEEDED)   Shared library: [libm.so.6]
0x00000001 (NEEDED)   Shared library: [libc.so.6]
```

第一條 readelf 指令會從 busybox 的可執行檔中搜尋出 program interpreter 這一行；第二條 readelf 指令則是會從 busybox 的可執行檔中搜尋出 Shared library 這一行。這樣一來，我們就可以從工具鏈的 sysroot 目錄下找出這些檔案，並複製到暫存目錄中。記住，可以用下面這個方式找到 sysroot 的所在路徑：

```
$ arm-cortex_a8-linux-gnueabihf-gcc -print-sysroot
/home/chris/x-tools/arm-cortex_a8-linux-gnueabihf/arm-cortex_a8-
linux-gnueabihf/sysroot
```

為了減少打字的次數，筆者習慣先把它存在一個環境變數當中：

```
$ export SYSROOT=$(arm-cortex_a8-linux-gnueabihf-gcc -print-sysroot)
```

如果檢視 sysroot 底下的 /lib/ld-linux-armhf.so.3，你就會看到這個檔案事實上是個軟連結（symbolic link，捷徑）：

```
$ cd $SYSROOT
$ ls -l lib/ld-linux-armhf.so.3
lrwxrwxrwx 1 chris chris 10 Mar 3 15:22 lib/ld-linux-armhf.so.3 ->
ld-2.22.so
```

再重複對 libc.so.6 以及 libm.so.6 都做一樣的事情，最後的結果就是找到三個檔案和三個軟連結。用 cp -a 指令複製它們，這能夠保留軟連結的關聯：

```
$ cd ~/rootfs
$ cp -a $SYSROOT/lib/ld-linux-armhf.so.3 lib
$ cp -a $SYSROOT/lib/ld-2.19.so lib
$ cp -a $SYSROOT/lib/libc.so.6 lib
$ cp -a $SYSROOT/lib/libc-2.19.so lib
$ cp -a $SYSROOT/lib/libm.so.6 lib
$ cp -a $SYSROOT/lib/libm-2.19.so lib
```

最後，對每支程式都重複一次這個過程。

Tip

這種做法只適合用在很小型的嵌入式環境上。此外，這樣做也可能會漏失那些以 `dlopen(3)` 呼叫方式載入的函式庫（大部分都是外掛程式）。我們會在本章節後段要設定網路介面時，再來看看 **NSS（name service switch）** 函式庫這個案例。

用移除符號表來瘦身

編譯後的函式庫與程式，通常裡面都會納入符號表（symbol table）的資訊，以協助除錯（debugging）與追蹤（tracing）。你幾乎不會在目標環境上需要這些資訊，所以省下空間的一個簡單方式就是把這些資訊拿掉。底下是 `libc` 在移除符號表前的大小：

```
$ file rootfs/lib/libc-2.22.so
rootfs/lib/libc-2.22.so: ELF 32-bit LSB shared object, ARM, EABI5
version 1 (GNU/Linux), dynamically linked (uses shared libs), for
GNU/Linux 4.3.0, not stripped
$ ls -og rootfs/lib/libc-2.22.so
-rwxr-xr-x 1 1542572 Mar  3 15:22 rootfs/lib/libc-2.22.so
```

現在，看看移除符號表後的大小能省下多少：

```
$ arm-cortex_a8-linux-gnueabihf-strip rootfs/lib/libc-2.22.so
$ file rootfs/lib/libc-2.22.so
rootfs/lib/libc-2.22.so: ELF 32-bit LSB shared object, ARM, EABI5
version 1 (GNU/Linux), dynamically linked (uses shared libs), for
GNU/Linux 4.3.0, stripped
$ ls -og rootfs/lib/libc-2.22.so
-rwxr-xr-x 1 1218200 Mar 22 19:57 rootfs/lib/libc-2.22.so
```

從 1,542,572 到 1,218,200，足足省下了 324,372 個位元組的空間，相當於是縮減了 20% 的大小。

> **Note**
> 要對「內核模組」進行符號表移除時，需要當心，因為某些符號是用於在載入模組時重新定址到「模組程式碼」的，萬一不小心移除了這些符號，就會導致載入失敗。因此，請改用以下指令：`strip --strip-unneeded` <模組名稱>，以避免移除掉必要的符號。

裝置節點

依循 Unix 中「一切皆檔案」（everything is a file）的哲學概念，大部分在 Linux 當中的裝置都會以「裝置節點」的方式呈現（除了網路介面的 socket 之外）。裝置節點可能是「區塊裝置」（block device），也有可能會是「字元裝置」（character device）。所謂的區塊裝置，指的是如 SD 卡或硬碟這種大容量儲存裝置；而所謂的字元裝置，則是指稱其餘類型的裝置，當然網路介面再次除外。習慣上，裝置節點的位置是在 /dev 目錄底下，舉例來說，序列埠可能會以 /dev/ttyS0 的裝置節點形式呈現。

裝置節點是以 mknod（make node 的縮寫）指令工具建立的：

```
mknod <name> <type> <major> <minor>
```

mknod 指令的相關參數說明如下：

* name 指的是要建立的裝置節點名稱。
* type 指的是裝置節點類型，字元裝置用 c，區塊裝置則是用 b。
* 每個節點都有 major 與 minor 的主要編號與次要編號，讓內核能夠把對裝置節點的請求，導引到對應的裝置驅動程式上。在內核原始檔的 Documentation/devices.txt 中寫有主要、次要編號的規範。

你必須對「所有需要在系統上進行存取的裝置」都建立裝置節點。你可以像上面示範的那樣手動以 mknod 指令建立，或者也可以利用稍後將介紹的其中一種裝置管理工具，於執行期自動建立。

在很小型的根目錄檔案系統中，BusyBox 的啟動過程至少需要這兩個裝置節點：console 以及 null。console 裝置節點的擁有者身分需要以 root 使用者存取，所以存取權限設為 600（rw-------）。null 這個裝置節點要能被任何人進行讀寫，所以存取

權限設為 666（rw-rw-rw-）。可以在建立節點時，對 mknod 指令使用 -m 參數來設定
權限。你需要 root 身分才能建立裝置節點：

```
$ cd ~/rootfs
$ sudo mknod -m 666 dev/null c 1 3
$ sudo mknod -m 600 dev/console c 5 1
$ ls -l dev
total 0
crw------- 1 root root 5, 1 Mar 22 20:01 console
crw-rw-rw- 1 root root 1, 3 Mar 22 20:01 null
```

刪除裝置節點時，用一般的 rm 指令就可以了。沒有 rmnod 這種指令，因為節點只要建
立好，就只是被視作一般的檔案。

proc 與 sysfs 檔案系統

proc 與 sysfs 是兩個擬似檔案系統（pseudo filesystem），讓我們得以一窺內核內部
的工作。兩者都以目錄結構的形式，將內核資訊以檔案的型態呈現，意思是當你讀取
其中的檔案時，看到的內容並非來自於磁碟儲存空間，而是透過內核函式即時產生而
成的。某些檔案甚至可以寫入，如果你新寫入的資料格式正確，並且又擁有足夠的權
限，那麼就會以新寫入的資料呼叫內核函式，並修改存於內核記憶體的值。換句話說，
proc 與 sysfs 提供了與驅動程式以及內核程式互動的另一種管道。proc 與 sysfs 應該
要被掛載於 /proc 與 /sys 目錄底下：

```
mount -t proc proc /proc
mount -t sysfs sysfs /sys
```

這兩者雖然在概念上相近，但功用卻不相同。從 Linux 早期開始，proc 便是其中的一
份子。原先的作用是提供用戶空間關於各個程序的資訊，命名也是由此而來，因此每個
程序在 /proc 底下都會有一個命名為 /proc/<PID> 的目錄，裡面存放關於程序狀態的
資訊。用於顯示程序清單的 ps 指令則會讀取這些檔案，以產生輸出結果。此外，也有
檔案負責提供內核的其他資訊，例如：/proc/cpuinfo 是關於處理器的資訊，/proc/
interrupts 則是關於中斷訊號的資訊等。

最後，/proc/sys 中的檔案則是用於顯示及控制「內核子系統」的狀態與行為，尤其
是排程管理、記憶體管理和網路。關於 proc 底下的檔案，更詳盡的說明請參考手冊頁
（manual page，man page）的 proc(5)，指令為 man 5 proc。

另一方面，sysfs 的角色則是向用戶空間呈現內核**驅動程式模型（driver model）**，把裝置本身、裝置驅動程式及它們之間的關聯，以檔案目錄結構的方式呈現出來。後續在「**第 11 章，裝置驅動程式**」中談及裝置驅動程式時，筆者會再進一步說明 Linux 的驅動程式模型。

掛載檔案系統

mount 這個指令可以讓我們把一個檔案系統掛在目錄底下，使檔案系統之間共同組成 一個結構。最上層的檔案系統是在啟動時由內核掛載的，又被稱為**根目錄檔案系統（root filesystem）**。mount 指令的語法如下所示：

```
mount [-t vfstype] [-o options] device directory
```

mount 指令的參數說明如下：

- vfstype 指的是檔案系統的類型。
- options 是一串以逗號方式分隔的 mount 指令選項。
- device 指的是檔案系統所屬的區塊裝置節點。
- directory 指的是要掛載的目錄路徑。

在參數 -o 的後面，還可以加上各種選項，請參閱手冊頁的 mount(8) 來查詢更多資訊。作為示範，假設要把一張在第一分割區內含有 ext4 格式檔案系統的 SD 卡，掛載在 /mnt 這個目錄下，便輸入下列指令：

```
# mount -t ext4 /dev/mmcblk0p1 /mnt
```

如果掛載成功了，那你應該會在 /mnt 目錄底下看到存在於 SD 卡上面的檔案。有時候，你可以在檔案系統類型那欄留空，讓內核自行偵測裝置並查出儲存的類型。但要是掛載失敗了，就需要先卸載該分割區，以避免有些 Linux 版本會在插入 SD 卡時自動偵測並掛載所有分割區。

回頭再看看前面掛載 proc 檔案系統的範例，你可能會覺得奇怪，指令當中沒有指定裝置節點 /dev/proc。這是因為它不是真的檔案系統，只是個擬似檔案系統。但 mount 指令還是需要 device 這個參數，所以我們還是要給原本 device 參數的地方放一個字串，只是字串的值放什麼都沒關係。以下這兩道指令的結果都會是一樣的：

```
# mount -t proc proc /proc
# mount -t proc nodevice /proc
```

無論是輸入 procfs 或是 nodevice，都一律會被 mount 指令忽略，在掛載這類擬似檔案系統時，常會習慣在 device 參數處填入該檔案系統的類型。

內核模組

就像我們在「**第 4 章，設定與組建內核**」中看到的，如果你有使用內核模組，就要使用「內核的 make modules_install 組建目標參數」，把模組安裝到根目錄檔案系統中。這個動作會把模組以及 modprobe 指令所需的設定檔，都複製到 /lib/modules/<內核版本 > 這個目錄底下。

要注意，這個動作會在內核與根目錄檔案系統之間造成依賴關係，所以如果你更新了其中一者，記得也要更新另外一者。

現在我們已經知道如何掛載「SD 卡」作為根目錄檔案系統，接下來，讓我們看看其他掛載根目錄檔案系統的方式。如果讀者是第一次接觸嵌入式 Linux，可能會對其他做法感到訝異（例如 ramdisk 或是 NFS），但 ramdisk 可以有效地保護「原始映像檔」免於遭受損毀。之後在「**第 9 章，建立儲存空間的方式**」中，我們還會再談到快閃記憶體（flash）這個選項。至於利用「網路檔案系統」的好處在於，對檔案的任何變動都可以立即反應給目標環境，有利於加速開發工作。

把根目錄檔案系統部署到目標環境上

在暫存目錄中建立了根目錄檔案系統的骨架之後，下一個目標就是把它放到目標環境上面去。在接下來的內容中，我們會介紹三種方式：

- **初始 RAM 檔案系統（initramfs）**：也被稱為 ramdisk（記憶體模擬磁碟），這是由啟動載入器將「檔案系統的映像檔」載入到記憶體當中。你可以輕鬆建立 ramdisk，而且無須擔心與「大容量儲存裝置驅動程式」之間的依賴問題。當「主要的根目錄檔案系統」需要更新時，可以用這種方式進行回溯維護；在小型的嵌入式系統上，甚至可以用這個當作「主要的根目錄檔案系統」，以及提供主流的 Linux 發行版一個初期的用戶空間。由於上面的內容是揮發性（volatile）的，所以你需要把「設定參數」這類持續性的資料，另外存在別種類型的儲存空間上。
- **磁碟映像檔（disk image）**：特殊格式的根目錄檔案系統複本，隨時可以載入到目標環境上的大容量儲存裝置中。舉例來說，可以把「ext4 檔案系統格式映

像檔」複製到一張 SD 卡上，也可以透過啟動載入器，將「jffs2 格式的檔案系統」載入到快閃記憶體。建立「磁碟映像檔」大概是最常見的做法，我們在「**第9 章，建立儲存空間的方式**」中會再詳細介紹各種類型的大容量儲存裝置。

- **網路檔案系統**（**network filesystem**）：透過 NFS（Network File System，網路檔案系統）伺服器，可以把暫存目錄放到網路上，然後在目標環境啟動時掛載上去。在開發階段常會採用這種做法，以避免要一直重複建立磁碟映像檔，再載入到大容量儲存裝置的這種緩慢過程。

筆者會先從 ramdisk 開始介紹，然後用它來構築根目錄檔案系統所需的細節，像是新增使用者帳號，以及用裝置管理工具自動建立裝置節點等等。接著，我們會介紹如何建立磁碟映像檔，最後再介紹如何透過 NFS 來掛載根目錄檔案系統。

建立 boot initramfs

初始 RAM 檔案系統（initial RAM filesystem），即 initramfs，指的是一種壓縮過的 cpio 封裝檔。cpio 是一種舊式的 Unix 封裝格式，跟 TAR 還有 ZIP 很像，但更容易解開，所以不用在內核中置入太多程式碼就能夠支援這種格式。但你需要把「內核的 CONFIG_BLK_DEV_INITRD 選項」設定成支援 initramfs。

事實上，有三種不同方法都可以建立 boot ramdisk（啟動用的記憶體模擬磁碟），看是單獨使用 cpio 封裝，或是將 cpio 封裝嵌入於內核映像檔中，還是在內核組建系統的組建過程中，作為裝置表（device table）的一部分存在。第一種方式的彈性最高，因為我們可以隨意地讓內核與 ramdisk 混合搭配。不過，這也表示你得同時處理兩個檔案，而且也不是所有的啟動載入器都能夠載入「獨立於內核的 ramdisk」，所以稍後筆者會說明如何將其組建在內核當中。

獨立的 initramfs

下面一連串的指令會建立封裝、壓縮之後，再加到 U-Boot 的標頭檔中，以便載入到目標環境上：

```
$ cd ~/rootfs
$ find . | cpio -H newc -ov --owner root:root > ../initramfs.cpio
$ cd ..
$ gzip initramfs.cpio
$ mkimage -A arm -O linux -T ramdisk -d initramfs.cpio.gz uRamdisk
```

注意我們在執行 cpio 指令時，加上了 --owner root:root 參數。這是一種快捷的解決辦法，用於解決先前提及的檔案擁有者權限問題，這會讓所有在 cpio 檔案裡的 UID 與 GID 都為 0。

最終產出的 uRamdisk 檔案不含內核模組在內，大小約莫為 2.9MB。如果加上 4.4MB 的內核 zImage 檔案、440KB 的 U-Boot，就等於總共要花上 7.7MB 的空間來啟動這張機板。我們和最早的那種 1.44MB 軟碟空間需求還是有點距離，但如果讀者真的很在意空間的問題，可以考慮以下這些選項：

- 移除不需要的驅動程式與函式，來縮減內核的大小。
- 停用不需要的功能，來縮減 BusyBox 的大小。
- 使用 uClibc-ng 或 musl libc 來代替 glibc。
- 以靜態方式編譯 BusyBox。

在建立 initramfs 後，現在讓我們啟動它吧。

啟動 initramfs

啟動時，我們只要在終端畫面上運行指令列環境，然後直接跟裝置互動就好。具體的做法是在內核指令列中設定 rdinit=/bin/sh，然後就可以啟動裝置了。下面會分別說明「在 QEMU 上啟動」以及「在 BeagleBone Black 上啟動」的過程。

在 QEMU 上啟動

QEMU 的 -initrd 參數可以把 initframfs 載入到記憶體中。在「**第 4 章，設定與組建內核**」中，我們已經有一份以 Versatile PB 為目標環境，用 arm-unknown-linux-gnueabi 工具鏈組建好的 zImage 檔案與硬體結構樹檔案。而透過本章節的練習，我們也建立了一份 initramfs，上面含有以同樣工具鏈編譯的 BusyBox。讀者可以執行本書儲存庫的 MELP/Chapter05/run-qemu-initramfs.sh 指令檔，或依照如下指令啟動 QEMU：

```
$ QEMU_AUDIO_DRV=none \
qemu-system-arm -m 256M -nographic -M versatilepb \
-kernel zImage
-append "console=ttyAMA0 rdinit=/bin/sh" \
```

```
-dtb versatile-pb.dtb
-initrd initramfs.cpio.gz
```

執行後，你應該就會看到根目錄的指令提示字元 / #。

在 BeagleBone Black 上啟動

在 BeagleBone Black 上啟動，首先我們需要「**第 4 章，設定與啟動內核**」中的那張 microSD 卡，再加上以 `arm-cortext_a8-linux-gnueabihf` 工具鏈組建的根目錄檔案系統。把本章節中先前建立的 uRamdisk 複製到 microSD 卡中的 boot 分割區上，接著啟動 BeagleBone Black 機板，直到看見 U-Boot 的提示字元，然後輸入如下指令：

```
fatload mmc 0:1 0x80200000 zImage
fatload mmc 0:1 0x80f00000 am335x-boneblack.dtb
fatload mmc 0:1 0x81000000 uRamdisk
setenv bootargs console=ttyO0,115200 rdinit=/bin/sh
bootz 0x80200000 0x81000000 0x80f00000
```

如果一切順利，你就會在終端畫面上看到根目錄的指令提示字元 / # 了。再來就是把 proc 掛載到這些平台上。

掛載 proc

我們會發現，此時 ps 指令工具還無法使用，那是因為還沒把 proc 檔案系統掛載上去。所以先試著掛載上去：

```
# mount -t proc proc /proc
```

然後再執行 ps 指令，你就會看到程序清單了。

更好的做法是，把需要在啟動時做的事情（例如掛載 proc），都寫到一個 shell 指令檔中，然後你可以在啟動時執行這個指令檔，而不是 /bin/sh。指令檔的內容看起來會像是下面這樣：

```
#!/bin/sh
/bin/mount -t proc proc /proc
# Other boot-time commands go here
/bin/sh
```

最後一行的 /bin/sh 會啟動一個新的指令列環境，讓我們可以與之互動。像這樣使用 shell 指令檔作為 init 程式是一種非常便捷的做法，例如：當 init 程式本身有壞損、需要救援這個系統時。不過在大多數時候，還是應該要使用 init 程式，對此我們會在稍後做說明。接下來，我們再多介紹另外兩種載入 initramfs 的方法。

把 initramfs 組建到內核映像檔中

目前為止，initramfs 都是作為一個檔案獨立存在，隨後再由「啟動載入器」載入到記憶體空間中。但有時候「啟動載入器」無法如此載入 initramfs 檔案。為此，Linux 提供了一種做法，能把 initramfs 直接建入內核映像檔中。具體的方式，是在建立 cpio 封裝之後，將其完整路徑指定給內核設定中的 CONFIG_INITRAMFS_SOURCE 參數。如果你是使用 menuconfig，那麼就是在 **General setup | Initramfs source file(s)** 選項中。注意，要指定的是「沒壓縮過的 .cpio 檔案」，而不是「壓縮過的 gzip 壓縮檔」。接著，再組建內核。

然後，如往常一般啟動，只是這次沒有獨立的 ramdisk 檔案了。以 QEMU 來說，指令會如下所示：

```
$ QEMU_AUDIO_DRV=none \
qemu-system-arm -m 256M -nographic -M versatilepb \
-kernel zImage \
-append "console=ttyAMA0 rdinit=/bin/sh" \
-dtb versatile-pb.dtb
```

要是 BeagleBone Black 的話，把以下指令輸入到 U-Boot 中：

```
fatload mmc 0:1 0x80200000 zImage
fatload mmc 0:1 0x80f00000 am335x-boneblack.dtb
setenv bootargs console=ttyO0,115200 rdinit=/bin/sh
bootz 0x80200000 - 0x80f00000
```

當然，請記得每次你修改過根目錄檔案系統（root filesystem）中的內容，並重新產生 .cpio 檔案後，就要重新組建一次內核。

利用裝置表組建 initramfs

所謂的**裝置表（device table）**，是用文字檔的方式，列出要放進封裝檔或檔案系統映像檔中的檔案、目錄、裝置節點、連結等。優點當然就是你可以在沒有 root 權限的情況下，變更由 root 使用者或其他 UID 所擁有的 cpio 檔，甚至可以透過這種方式建立裝置節點。之所以能這樣做，是因為封裝檔（archive）不過就是一種資料檔（data file），直到 Linux 啟動時，才會把它展開，並用「你指定的那些參數」建立出真正的檔案與目錄。

而內核也提供了一個管道，讓我們可以利用裝置表建立 initramfs。只要編寫裝置表，然後設定 CONFIG_INITRAMFS_SOURCE 指向裝置表即可。當你組建內核時，就會根據裝置表中的指令（instructions）建立出 cpio 封裝檔。在這過程中，完全不會用到 root 權限。

底下是針對我們簡易的 rootfs 所設定的裝置表，不過為了方便管理，所以沒有加上連到 BusyBox 的那些軟連結：

```
dir /bin 775 0 0
dir /sys 775 0 0
dir /tmp 775 0 0
dir /dev 775 0 0
nod /dev/null 666 0 0 c 1 3
nod /dev/console 600 0 0 c 5 1
dir /home 775 0 0
dir /proc 775 0 0
dir /lib 775 0 0
slink /lib/libm.so.6 libm-2.22.so 777 0 0
slink /lib/libc.so.6 libc-2.22.so 777 0 0
slink /lib/ld-linux-armhf.so.3 ld-2.22.so 777 0 0
file /lib/libm-2.22.so /home/chris/rootfs/lib/libm-2.22.so 755 0 0
file /lib/libc-2.22.so /home/chris/rootfs/lib/libc-2.22.so 755 0 0
file /lib/ld-2.22.so /home/chris/rootfs/lib/ld-2.22.so 755 0 0
```

裝置表的語法很單純：

- dir < 名稱 > < 權限 > <uid> <gid>
- file < 名稱 > < 路徑 > < 權限 > <uid> <gid>

- nod <名稱> <權限> <uid> <gid> <類型> <major> <minor>
- slink <名稱> <目標> <權限> <uid> <gid>

dir、nod 和 slink 指令會在 initramfs 的 cpio 封裝檔中建立檔案系統物件，使用指定的檔案名稱、存取權限、UID 和 GID。而 file 指令則是會從來源路徑把檔案複製到封裝檔中，並根據參數設定權限、UID 和 GID。

內核裡面，在 scripts/gen_initramfs_list.sh 有一個方便的指令檔，只要指定好目錄並執行指令檔，就可以建立裝置表，省下你不少打字的時間。舉例來說，假設我們要為 rootfs 目錄建立 initramfs 裝置表，並將原本 UID 與 GID 為 0 的檔案，重新設為 UID=1000、GID=1000，可以使用以下指令：

```
$ bash linux-stable/scripts/gen_initramfs_list.sh -u 1000 \
-g 1000
rootfs > initramfs-device-table
```

利用指令參數中的 -o 選項，可以讓你用「指定的檔案格式」（取決於 -o 後的副檔名）建立 initramfs 壓縮檔。

要注意的是，這份指令檔僅適用於 bash 指令列環境，要是讀者開發系統的預設指令列環境與此不同（例如 Ubuntu 作業系統），就可能會遇到錯誤。也是因為如此，筆者在上述示範的指令前端特地加上了 bash 指令字樣，明確宣告要以 bash 指令列環境運行。

舊型的 initrd 格式

有種叫作 initrd 的舊型 Linux ramdisk 格式，雖然在 Linux 2.6 版之後，這就不是唯一可用的格式，但如果讀者需要使用不支援記憶體管理單元（MMU）的 uCLinux，還是會需要用到它。這東西介紹起來有點複雜，因此不在本書的討論範圍內，如果需要更多資訊，請查看內核原始檔中的 Documentation/initrd.txt 檔案。

在 initramfs 被啟動之後，系統就可以開始執行程式了。第一個執行的程式就是 init，也就是我們接下來的重點。

init 程式

單純的情況下，在啟動時去執行指令列環境、甚至執行一個 shell 指令檔，都不會有什麼問題，但實際的情況需要更彈性的做法。一般來說，Unix 系統會執行一個叫作 init 的程式，以啟動並監控其他的程式。隨著時間發展有各式各樣的 init 程式出現，筆者會在「**第 13 章，動起來吧！ init 程式**」當中介紹一部分，至於現在，先簡單介紹一下 BusyBox 當中的 init 程式就好。

init 程式一開始會讀取 /etc/inittab 這個設定檔。底下我們針對需求給出一個簡單的範例：

```
::sysinit:/etc/init.d/rcS
::askfirst:-/bin/ash
```

第一行會在 init 程式啟動時，執行一個叫作 rcS 的 shell 指令檔。接著，第二行會在終端畫面上印出一段 **Please press Enter to activate this console** 的訊息，並等待使用者（你）按下 Enter 鍵。在 /bin/ash 前端的 - 符號代表這是一個登入環境（a login shell），在進到指令列環境之前，會先讀取 /etc/profile 與 $HOME/.profile 兩個檔案，而用這種方式啟動指令列環境的好處，就是啟用了作業控制（job control）功能。最明顯的改變是，使用者可以按下 Ctrl + C 來中斷運行中的程式，或許讀者之前都沒注意到這個差別，但等到執行 ping 程式卻發現無法停下來時，就知道了！

如果根目錄檔案系統中不存在 inittab 檔案，BusyBox 的 init 程式會自己套用預設的設定，這套預設的內容比上面的更複雜一些。

/etc/init.d/rcS 這個位置指向的指令檔，裡面的指令都是需要在啟動時完成的初始化工作，比方說，掛載 proc 與 sysfs 這兩個檔案系統：

```
#!/bin/sh
mount -t proc proc /proc
mount -t sysfs sysfs /sys
```

記得要把 rcS 的檔案權限設定為可執行檔（executable），如下所示：

```
$ cd ~/rootfs
$ chmod +x etc/init.d/rcS
```

你可以在 QEMU 上修改 -append 參數來嘗試這樣啟動 init 程式：

```
-append "console=ttyAMA0 rdinit=/sbin/init"
```

而要在 BeagleBone Black 上這樣做，你需要修改 U-Boot 的 bootargs 變數值：

```
setenv bootargs console=ttyO0,115200 rdinit=/sbin/init
```

接著就讓我們跳進去看看，init 程式所讀取的 inittab 中都在做些什麼。

啟用常駐服務

一般來說，你會想要在啟動時執行一些背景程序（background process）。這邊以紀錄用的常駐服務 syslogd 為例，syslogd 的功用是從其他程式（大多數時候是其他常駐服務）那邊收集紀錄訊息（log message）。當然，BusyBox 也有這類小型應用程式！

只要在 etc/inittab 當中修改，就能輕易啟動 syslogd 常駐服務，如下所示：

```
::respawn:/sbin/syslogd -n
```

respawn 的意思是要在程式被中斷時自動重新啟動；-n 的意思是要以前景程序（foreground process）的方式執行。而紀錄都會被寫到 /var/log/messages 這個檔案中。

> **Note**
> 你可能也會想用同樣的方式執行 klogd：klogd 會把內核的紀錄訊息送給 syslogd，以便紀錄於永久性儲存空間中。

接著，我們來設定使用者帳號。

設定使用者帳號

前面已經提到過，凡事都以 root 使用者權限執行並不是什麼好習慣，因為如果其中一支程式被外部攻擊，那麼整個系統都會暴露在危險中。因此，最好還是建立較低權限的一般使用者帳號，並在不需要 root 權限時都使用這些身分。

使用者帳號設定於 /etc/passwd 當中，每行設定代表一個使用者，設定中總共有七個
資訊欄位，資訊欄位以冒號（:）分隔，如下所示：

- 登入帳號名稱
- 用來驗證登入密碼的雜湊值（hash code），更常見的是以一個 x 代表密碼存於
  /etc/shadow 中
- UID 使用者編號
- GID 使用者群組編號
- 備註欄位，通常留空
- 使用者的家目錄（home）路徑
- （非必要）使用者所要使用的指令列環境

舉例如下，這兩行分別是 UID 為 0 的 root 使用者，以及另一個 UID 為 1 的 daemon
使用者：

```
root:x:0:0:root:/root:/bin/sh
daemon:x:1:1:daemon:/usr/sbin:/bin/false
```

把使用者 daemon 的指令列環境設定成 /bin/falsc 的用意在於，任何嘗試以這個帳號
進行的登入行為都會失敗。

許多程式都會讀取 /etc/passwd，以查詢 UID 跟使用者名稱，所以這個檔案必須要是
明碼的。也就是說，要是把密碼雜湊值存在這個檔案中，就有可能會讓惡意程式利用各
種破解工具，複製雜湊值並找出真正的密碼。因此，為了減少敏感資訊暴露的風險，密
碼會另外存於 /etc/shadow 當中，並以一個 x 取代密碼放在這裡。/etc/shadow 只有
root 使用者可以存取，所以只要保障 root 帳號的安全，你的密碼也就安全。密碼檔
shadow 當中也是一行代表一個使用者，並總共以九個資訊欄位組成。底下是一個與前
段 passwd 檔案範例成對的 shadow 檔案範例：

```
root::10933:0:99999:7:::
daemon:*:10933:0:99999:7:::
```

頭兩個欄位是帳號名稱與密碼雜湊值；剩下的七個，是與密碼複雜度及密碼有效期限
（password aging）有關的欄位，這個在嵌入式裝置上沒有意義。如果讀者對完整的細
節有興趣，請參考手冊頁的 shadow(5) 項目。

在上面的範例中，root 帳號的密碼欄是空的，代表不用輸入密碼，就可以用 root 身分登入；這在開發時很有用，但千萬別在正式產品上這樣設定！你可以在目標環境上，用 passwd 指令產生密碼的雜湊值，然後從目標環境上的 /etc/shadow 檔案中，複製密碼欄位的雜湊值，貼進暫存目錄底下預設的 shadow 檔案裡。

使用者群組名稱會以下述格式存在 /etc/group 檔案中，每一行代表一個群組，每行總共有四個資訊欄位，資訊欄位以冒號（:）分隔，如下所示：

- 使用者群組名稱
- 群組密碼，通常是一個 x 符號，表示使用者群組沒有密碼
- GID 使用者群組編號
- （非必要）以逗號分隔的群組所屬使用者清單

範例內容如下：

```
root:x:0:
daemon:x:1:
```

學會怎麼設定使用者帳號後，接下來，讓我們看看如何把它加入根目錄檔案系統內。

把使用者帳號加入根目錄檔案系統內

首先，如同前一個小節所述，你要在暫存目錄底下加入 etc/passwd、etc/shadow、etc/group 這三個檔案。記得要把 etc/shadow 檔案的存取權限設定為 0600。登入的流程會從呼叫 BusyBox 底下一個名為 getty 的程式開始。從 inittab 中，使用 respawn 關鍵字來啟動它，這樣就會在登入環境被中斷後，繼續重新啟動 getty。因此，inittab 的內容應如下所示：

```
::sysinit:/etc/init.d/rcS
::respawn:/sbin/getty 115200 console
```

接著，如同往常重新組建 ramdisk，在 QEMU 或是 BeagleBone Black 上進行測試。

先前學到如何用 mknod 指令來建立裝置節點。接下來，讓我們看看更簡單一點的裝置節點建立方式。

管理裝置節點的好辦法

用 mknod 指令靜態地建立裝置節點太過苦工，而且也不夠彈性。因此這裡有其他方式，讓我們可以隨需求自動建立裝置節點：

- devtmpfs：這是一個在啟動時掛載在 /dev 底下的擬似檔案系統。內核會替所有它能辨別出來的裝置，建立裝置節點，並在執行期偵測到新裝置時也自動建立節點。節點的擁有者是 root 使用者，權限預設為 0600。一些比較知名的節點如 /dev/null 和 /dev/random，權限會是 0666。更多細節，請參考 Linux 原始檔 drivers/char/mem.c 裡面的 struct memdev。
- mdev：這是一個用來產生含有裝置節點的目錄，以及隨需求建立新節點的 BusyBox 小型應用程式。設定檔在 /etc/mdev.conf，可以設定節點的擁有者以及權限的規則。
- udev：這就是上述 mdev 在主流 Linux 中的版本。這個現在屬於 systemd 的一部分，而且常是桌上型 Linux 和某些嵌入式裝置所採用的方案。對高階嵌入式裝置來說，這是個非常彈性的好選擇。

> **Note**
> 雖然 mdev 與 udev 都會自行產生裝置節點，但更常見的方法是以 devtmpfs 建立節點，然後在其上再用 mdev/udev 來管理節點擁有者與權限的原則。之所以要採用 devtmpfs，主要是為了維護上的方便，讓我們在啟動用戶空間之前就可以管理與建立裝置節點。

讓我們看看如何使用上述這些工具。

以使用 devtmpfs 為例

使用 devtmpfs 之前，需要先啟用內核設定中的 CONFIG_DEVTMPFS 選項。然而，預設的情況下，在 ARM Versatile PB 中這個選項是沒有啟用的，所以如果你需要使用這類平台作為目標環境，首先得回頭修改一下內核設定才行。只要輸入下面的指令就能輕鬆使用 devtmpfs：

```
# mount -t devtmpfs devtmpfs /dev
```

你應該會在 /dev 目錄下看到滿滿的裝置節點。要永久採行此方案，可以把下面的內容加進 /etc/init.d/rcS 當中：

```
#!/bin/sh
mount -t proc proc /proc
mount -t sysfs sysfs /sys
mount -t devtmpfs devtmpfs /dev
```

如果你有啟用內核設定中的 CONFIG_DEVTMPFS_MOUNT 選項，內核就會在掛載根目錄檔案系統之後，自動幫我們掛載 devtmpfs。然而，在啟動 initramfs 時就派不上用場了，正如這裡所示。

以使用 mdev 為例

雖然 mdev 在設定上比較複雜一些，但卻可以讓你修改產生出來的裝置節點權限。首先是在啟動的階段以 -s 參數執行 mdev 指令，此時 mdev 指令就會到 /sys 目錄底下搜尋現有裝置的資訊，然後在 /dev 目錄底下產生對應的節點。如果你想要即時偵測新裝置，然後為這些裝置建立節點，你需要在 /proc/sys/kernel/hotplug 中，把 mdev 設定為隨插即用的用戶端（a hot plug client）。加上這些設定後，/etc/init.d/rcS 應該會如下所示：

```
#!/bin/sh
mount -t proc proc /proc
mount -t sysfs sysfs /sys
mount -t devtmpfs devtmpfs /dev
echo /sbin/mdev > /proc/sys/kernel/hotplug
mdev -s
```

預設的權限與擁有者會是 660 與 root:root。你可以在 /etc/mdev.conf 裡面新增規則來加以變更。舉例來說，要設定 null、random、urandom 這三個裝置節點的權限，你要在 /etc/mdev.conf 裡面這樣設定：

```
null root:root 666
random root:root 444
urandom root:root 444
```

這個格式的說明寫在 BusyBox 原始檔的 docs/mdev.txt 裡面，更多的細節也可以參考 examples 這個目錄底下的範例。

靜態的裝置節點真的不好嗎？

靜態的裝置節點還是有一個好處的：你不需要在啟動時花費時間去建立它們，而其他方式需要花費這段時間。如果很在意啟動時間的長短，那麼以靜態方式建立裝置節點，將可以省下為數不少的時間。

在偵測完裝置並建立好節點之後，啟動流程的下一步是設定網路。

設定網路

接下來，我們要來看看如何處理基本的網路設定，這樣我們才能跟外界進行溝通。我們先假設乙太網路介面卡是 eth0，然後我們只需要一組簡單的 IPv4 設定。

這些範例所使用的網路工具都來自於 BusyBox，其中包括老當益壯的 ifup 和 ifdown 程式，不過也應該足夠處理一般的情況了。你可以參考這兩者的手冊頁來獲取更多細節。主要的網路設定會存於 /etc/network/interfaces 當中，你需要先在暫存目錄底下建立這些資料夾：

```
etc/network
etc/network/if-pre-up.d
etc/network/if-up.d
var/run
```

對固定式 IP 位址（a static IP address）來說，/etc/network/interfaces 的設定會像下面這樣：

```
auto lo
iface lo inet loopback

auto eth0
iface eth0 inet static
    address 192.168.1.101
    netmask 255.255.255.0
    network 192.168.1.0
```

而對使用 DHCP 配發的浮動式 IP 位址（a dynamic IP address）來說，/etc/network/interfaces 的設定會像下面這樣：

```
auto lo
iface lo inet loopback

auto eth0
iface eth0 inet dhcp
```

此外，你還需要設定 DHCP 的用戶端程式。BusyBox 本身提供的用戶端程式叫作 udhcpc，它的設定需要寫一個 shell 指令檔放在 /usr/share/udhcpc/default.script，這在 BusyBox 原始檔目錄底下的 examples/udhcp/simple.script 處，有提供一個預設的範本可供參考。

glibc 的網路元件

glibc 利用一種被稱為**名稱服務選擇（name service switch，NSS）**的機制，選擇如何把使用者與網路的名稱解讀為編號。舉例來說，使用者名稱會透過 /etc/passwd 解讀為 UID；而像 HTTP 這類的網路服務名稱，也可以透過 /etc/services 解讀為該服務的埠號等等。這些轉換都被設定於 /etc/nsswitch.conf 當中，想知道完整細節的話，請參考手冊頁的 nss(5) 項目。底下給出的簡單範例，應能滿足大多數嵌入式 Linux 的實作需求：

```
passwd:      files
group:       files
shadow:      files
hosts:       files dns
networks:    files
protocols:   files
services:    files
```

除了主機名稱沒有被設定在 /etc/hosts 的情況下還要額外查問網域名稱服務（domain name service，DNS）之外，上面所有的項目都會透過在 /etc 目錄底下相對應名稱的檔案進行轉換。

所以要讓這個機制成立，你需要在 /etc 目錄底下建立這些檔案。其中網路、協定和服務等，對所有的 Linux 系統來說都沒有差異，所以你可以直接從開發環境的 /etc 目錄底下複製過來。但 /etc/hosts 至少應該要有一行網址回查（loopback）的設定：

```
127.0.0.1  localhost
```

至於其他的檔案，即 passwd、group 和 shadow，我們已在「**設定使用者帳號**」小節中介紹過。

這個機制的最後一塊拼圖是負責進行名稱解析（name resolution）的函式庫。這些函式庫是根據 nsswitch.conf 中的設定，隨需求載入的一種外掛程式，這也代表你無法用 readelf 或 ldd 等類似的工具查看依賴關係來找出它們。所以我們得直接從工具鏈的 sysroot 目錄下把它們複製過來：

```
$ cd ~/rootfs
$ cp -a $SYSROOT/lib/libnss* lib
$ cp -a $SYSROOT/lib/libresolv* lib
```

暫存目錄下的一切都準備好後，就可以據此建立檔案系統了。

以裝置表建立檔案系統映像檔

我們之前在「**建立 boot initramfs**」小節中介紹過一種利用「裝置表」來建立 initramfs 的方式。這種機制讓非 root 身分的使用者，也能夠建立裝置節點，並替任何檔案或目錄指定 UID 與 GID。其他種類的檔案系統映像檔建立工具，也都有採用相同的概念：

- jffs2：mkfs.jffs2
- ubifs：mkfs:ubifs
- ext2：genext2fs

我們會在「**第 9 章，建立儲存空間的方式**」中介紹「快閃記憶體」的檔案系統時，一併介紹 jffs2 與 ubifs。至於第三點的 ext2，則是一種常用於「管理型（managed）快閃記憶體」儲存裝置（包括 SD 卡在內）的格式。在接下來的範例中，我們會以 ext2 格式為主，以便將「磁碟映像檔」複製到 SD 卡上。

首先，在你的開發環境上安裝 genext2fs 工具。在 Ubuntu 環境上，請執行以下指令進行安裝：

```
$ sudo apt install genext2fs
```

genext2fs 工具會以 <name> <type> <mode> <uid> <gid> <major> <minor> <start> <inc> <count> 的語法來解讀裝置表，這些欄位分別代表著：

- name：檔案名稱
- type：下列其中一種值
  » f：一般檔案
  » d：目錄
  » c：字元裝置節點
  » b：區塊裝置節點
  » p：FIFO（First-In First-Out）的管道檔；值的命名由來是管道（pipe）之意
- uid：檔案的 UID 使用者編號
- gid：檔案的 GID 使用者群組編號
- major 與 minor：裝置編號（只對裝置節點有意義）
- start、inc 與 count：讓你可以從 minor 編號以上的 start 處，直接建立出一整群的裝置節點（只對裝置節點有意義）

與設定 initramfs 時一樣，你不需要對檔案個別進行設定，你只需要指向「暫存目錄」，然後列出最後在檔案系統映像檔中要進行的修改和例外清單就好。

底下這個簡單範例會幫我們建立靜態的裝置節點：

```
/dev d 755 0 0 - - - - -
/dev/null c 666 0 0 1 3 0 0 -
/dev/console c 600 0 0 5 1 0 0 -
/dev/ttyO0 c 600 0 0 252 0 0 0 -
```

然後，使用 genext2fs 建立出一個 4MB 大小的檔案系統映像檔（以預設的大小 1,024 位元組來換算，就是大約 4,096 位元組）：

```
$ genext2fs -b 4096 -d rootfs -D device-table.txt -U rootfs.ext2
```

現在，你就可以把 `rootfs.ext2` 這個最後產生出來的映像檔，複製到 SD 卡之類的儲存空間上了。

在 BeagleBone Black 上啟動

本書儲存庫的 `MELP/format-sdcard.sh` 指令檔會在 microSD 卡上建立兩個分割區：一個是用於啟動、一個是用於根目錄檔案系統。假設讀者已經依循先前的內容，建立了根目錄檔案系統的映像檔，此時就可以用 `dd` 指令工具寫入到卡片上的第二個分割區。再次提醒，執行此類直接複製搬移檔案的操作時，請先務必搞對 microSD 卡的裝置名稱。筆者此處以內建的讀卡機為主，裝置名稱是 `/dev/mmcblk0`。指令如下所示：

```
$ sudo dd if=rootfs.ext2 of=/dev/mmcblk0p2
```

各位讀者開發環境上的裝置名稱可能會有所不同。

接著，把 SD 卡改插到 BeagleBone Black 上，然後在內核指令列中設定 `root=/dev/mmcblk0p2`。完整的 U-Boot 啟動指令如下顯示：

```
fatload mmc 0:1 0x80200000 zImage
fatload mmc 0:1 0x80f00000 am335x-boneblack.dtb
setenv bootargs console=tty00,115200 root=/dev/mmcblk0p2
bootz 0x80200000 - 0x80f00000
```

這個範例是說明如何從 SD 卡這類「一般的區塊儲存裝置」掛載檔案系統。對其他類型的檔案系統來說，也是一樣的道理，我們會在「**第 9 章，建立儲存空間的方式**」中再介紹更多細節。

用 NFS 掛載根目錄檔案系統

如果你的裝置有支援網路介面，在開發的過程中透過「網路」掛載根目錄檔案系統，是最為方便的。由於網路上的儲存空間近乎沒有限制，所以你可以把大體積的符號表以及除錯工具都加進去。此外，還有一個好處，你對開發環境上的根目錄檔案系統所進行的變更，可以立即反應到目標環境上面去。你甚至還能從開發環境查看「由目標環境產生的紀錄訊息」。

首先，在開發環境上安裝與設定一台 NFS 伺服器。在 Ubuntu 環境上，請執行以下指令安裝 `nfs-kernel-server`：

```
$ sudo apt install nfs-kernel-server
```

接著，我們需要設定 `/etc/exports`，來決定要把哪個目錄路徑公開到網路上面去。設定中每一行都代表一條公開的目錄路徑。更多細節請參考手冊頁的 `exports(5)`。假設我們要把開發環境上「建立好的根目錄檔案系統」公開：

```
/home/chris/rootfs *(rw,sync,no_subtree_check,no_root_squash)
```

`*` 符號表示對「本地區域網路上的任何網路位址」公開這個目錄。你也可以選擇以特定的 IP 位址或是一段範圍的 IP 公開就好。後面括號中的是設定選項，要注意 `*` 字元跟（括號字元之間，不能有任何空白。相關設定選項說明如下：

- `rw`：表明此目錄是可供讀寫（read-write）的。
- `sync`：選擇採用同步式的 NFS 協定，雖然比 `async` 非同步式效率較差，但較為穩定。
- `no_subtree_check`：停用子樹式檢查（subtree checking）。此功能對安全稍有影響，但卻能夠在某些情況下改善可靠度。
- `no_root_squash`：在不需要切換為其他使用者 ID 的情況下，允許直接來自 UID 為 0 的操作請求。換句話說，如果目標環境有存取「由 root 擁有的檔案」的需求，就要設定此選項。

在設定好 `/etc/exports` 之後，請重啟 NFS 伺服器服務更新狀態。

接下來就是設定目標環境，把 NFS 上的根目錄檔案系統掛載上去。但首先內核要設定 `CONFIG_ROOT_NFS` 這個選項。然後把下面這一行加進內核指令列中，讓 Linux 設定為在啟動時進行掛載：

root=/dev/nfs rw nfsroot=< 開發環境網路位址 >:< 根目錄檔案系統路徑 > ip=< 目標環境網路位址 >

選項的說明如下所示：

- `rw`：表明掛載的根目錄檔案系統為可供讀寫（read-write）的。

- `nfsroot`：設定開發環境（the host）的網路 IP 位址，以及要作為根目錄檔案系統並公開在網路上的目錄路徑。
- `ip`：目標環境（the target）的網路 IP 位址，但如同「**設定網路**」小節中所述，網路 IP 位址往往是要到「執行期」才知道的事情。然而，由於「用 NFS 掛載」的方式，需要在根目錄檔案系統掛載、`init` 程式執行之前就使用到網路介面，因此，必須直接設定在內核指令列中。

> **Note**
>
> 更多關於「用 NFS 伺服器掛載根目錄檔案系統」的細節，請參考內核原始檔中的 `Documentation/filesystems/nfs/nfsroot.txt`。

接下來，讓我們在 QEMU 與 BeagleBone Black 上啟動一個包含完整根目錄檔案系統的映像檔吧。

以 QEMU 測試

下面這個指令檔，會在開發環境與目標環境上的網路裝置節點 `tap0` 與 `eth0` 之間，用固定式的 IPv4 網路位址，建立一條虛擬網路連線，並且以參數告知 QEMU 用 `tap0` 作為模擬介面（emulated interface）。

你需要把指定到「根目錄檔案系統」的路徑，變更為指定到你「暫存目錄」的完整路徑。此外，如果讀者的網路環境不同，也要記得修改範例中的 IP 網路位址：

```
#!/bin/bash
KERNEL=zImage
DTB=versatile-pb.dtb
ROOTDIR=/home/chris/rootfs
HOST_IP=192.168.1.1
TARGET_IP=192.168.1.101
NET_NUMBER=192.168.1.0
NET_MASK=255.255.255.0

sudo tunctl -u $(whoami) -t tap0
sudo ifconfig tap0 ${HOST_IP}
sudo route add -net ${NET_NUMBER} netmask ${NET_MASK} dev tap0
sudo sh -c "echo 1 > /proc/sys/net/ipv4/ip_forward"

QEMU_AUDIO_DRV=none \
```

```
qemu-system-arm -m 256M -nographic -M versatilepb -kernel ${KERNEL}
-append "console=ttyAMA0,115200 root=/dev/nfs rw nfsroot=${HOST_
IP}:${ROOTDIR},v3 ip=${TARGET_IP}" -dtb ${DTB} -net nic -net
tap,ifname=tap0,script=no
```

在本書儲存庫的 `MELP/Chapter05/run-qemu-nfsroot.sh` 中，可以找到這個指令檔。

接著如往常進行啟動，但這次會透過 NFS 伺服器的管道直接使用公開在網路上的開發
環境暫存目錄。之後，任何你在該目錄底下建立的內容，都可以直接在目標環境上看
到；而任何在裝置上產生的檔案，也都可以在開發環境中查看。

以 BeagleBone Black 測試

類似的方式，你可以在 BeagleBone Black 上透過 U-Boot 的提示字元輸入以下指令：

```
setenv serverip 192.168.1.1
setenv ipaddr 192.168.1.101
setenv npath [ 暫存目錄路徑 ]
setenv bootargs console=ttyO0,115200 root=/dev/nfs rw \
nfsroot=${serverip}:${npath},v3 ip=${ipaddr}
fatload mmc 0:1 0x80200000 zImage
fatload mmc 0:1 0x80f00000 am335x-boneblack.dtb
bootz 0x80200000 - 0x80f00000
```

你可以在本書儲存庫的 `MELP/Chapter05/uEnv.txt` 中找到這些指令。你可以直接把該
檔案複製到 microSD 卡上的 boot 分割區中，剩下的交給 U-Boot 處理即可。（**譯者
註**：請將 `192.168.1.1`、`192.168.1.101` 及 [**暫存目錄路徑**] 分別代換為讀者實際的
開發環境網路 IP、目標環境網路 IP 與環境設定值，並請記得在使用 `Chapter05` 中提供
的 `run-qemu-nfsroot.sh` 與 `uEnv.txt` 檔案時，同樣也要進行如上代換。）

檔案權限的問題

在暫存目錄底下的檔案是由「讀者所登入的使用者帳號」所有，不論該使用者帳號的
UID 為何（通常是 `1000`）。不過，目標環境並不會知道這件事情。同樣地，如果檔案
是由「目標環境」所建立的，那麼也會被設定為由「目標環境的使用者」擁有（通常
是 root）。於是整個就亂成了一鍋粥。不幸的是，這件事情沒有簡單的解決辦法。這
邊能給出的最佳建議，是複製一份暫存目錄的複本，然後用指令 `sudo chown -R 0:0`

* 把 UID 與 GID 都更改為 0，然後再把這個目錄透過 NFS 伺服器掛載上去。這樣一來，開發環境與目標環境之間，就不再是共用同一份根目錄檔案系統，多少有些不便，但至少擁有者的資訊不會產生衝突與矛盾。

然而，對嵌入式 Linux 來說，處理「裝置驅動程式」時，較常見的做法還是在執行期才動態地「以模組的形式」從根目錄檔案系統上載入，而不是直接靜態地與內核連結。那麼我們該怎麼做，才能在修改「內核程式碼」與「硬體結構樹」時，保有 NFS 的便利性與敏捷迭代開發的效率？答案就是 TFTP。

用 TFTP 來載入內核

既然可以利用 NFS 透過「網路」掛載根目錄檔案系統，那麼你可能會想，是不是有類似的方式可以用來載入內核、硬體結構樹及 initramfs 呢？要是真能做到這一點，那麼唯一需要提供給目標環境的元件，只需要「啟動載入器」就好，其他都從開發環境上載入即可。這樣一來，便能省去不斷重啟目標環境的時間，這也表示無須等待快閃儲存空間的驅動程式開發出來，就能完成工作。

TFTP（Trivial File Transfer Protocol，簡易檔案傳輸協定）就是這個問題的解答。這是一種十分單純的檔案傳輸協定，可輕易實作並用於 U-Boot 這類啟動載入器上。

首先，我們需要在開發環境上安裝 TFTP 常駐服務，也就是安裝 tftpd-hpa 這個套件：

```
$ sudo apt install tftpd-hpa
```

預設情況下，tftpd-hpa 對 /var/lib/tftpboot 目錄下的檔案擁有唯讀權限。只要安裝好 tftpd-hpa 並運行起來之後，任何想要複製到目標環境上的檔案，都複製到 /var/lib/tftpboot 底下就好（以 BeagleBone Black 來說的話，就是 zImage 與 am335x-boneblack.dtb 檔案）。然後，在 U-Boot 上輸入以下指令：

```
setenv serverip 192.168.1.1
setenv ipaddr 192.168.1.101
tftpboot 0x80200000 zImage
tftpboot 0x80f00000 am335x-boneblack.dtb
setenv npath [ 暫存目錄路徑 ]
setenv bootargs console=ttyO0,115200 root=/dev/nfs rw \
nfsroot=${serverip}:${npath} ip=${ipaddr}
bootz 0x80200000 - 0x80f00000
```

執行之後，有時候你會發現，在輸出的最後一行出現一個 T 字樣，然後 tftpboot 指令就卡住了，表示 TFTP 的請求逾時，出現了錯誤。造成問題的常見原因如下：

- 不正確的 serverip 位址。
- TFTP 常駐服務未在伺服器上運作。
- 伺服器上的防火牆阻擋了 TFTP 協定所需要的連接埠。大部分防火牆的確在預設上都會阻擋 TFTP 所使用的 69 連接埠。

排除以上的問題原因後，U-Boot 就可以一如往常從開發環境上載入檔案並啟動了。把以上指令放入 uEnv.txt 檔案中，就可以達到流程的自動化。

小結

Linux 的其中一項優勢，就是可以支援各種形式的根目錄檔案系統，以便符合各式各樣的需求。我們已經看到可以用少量的元件，就能手動建立起一個簡易的根目錄檔案系統，而在這方面 BusyBox 幫助不少。隨著這個過程一步步前進，我們也逐漸看到了 Linux 系統的基礎運作方式，包括對網路的設定以及對使用者帳號權限的管理。然而，當裝置逐漸複雜起來時，這些工作會瞬間變得讓人難以招架；而且，我們也經常會需要擔心，這當中是否存在尚未察覺的安全性隱憂。

在下一個章節，我們會介紹如何使用嵌入式組建系統（an embedded build system），來協助解決這些問題，讓建立嵌入式 Linux 系統的過程更加輕鬆與可靠。我們首先會從 Buildroot 開始介紹，之後會再介紹另一個較為複雜但也更強大的 Yocto Project。

延伸閱讀

- 「Filesystem Hierarchy Standard」，在 https://refspecs.linuxfoundation.org/fhs.shtml 可以找到 3.0 版。
- Rob Landley 在 2005 年 10 月 17 日所寫下的「ramfs, rootfs and initramfs」一文，在 Linux 原始檔中的 Documentation/filesystems/ramfs-rootfs-initramfs.txt 可以找到這篇文章。

6

選擇組建系統

在前面的章節中，我們已經一步步向各位介紹了嵌入式 Linux 的四項要件：工具鏈、啟動載入器、內核與根目錄檔案系統，並且最終將這些組合為一個基本的嵌入式 Linux 系統。但這些步驟也未免太多了！所以，現在是時候來看看如何簡化這些步驟，並且盡可能地使其自動化。本章將著重在說明嵌入式組建系統的好處，並將重點放在其中兩者：Buildroot 與 Yocto Project。這兩者都是既複雜、但又富有彈性的工具，認真講起來，需要花上整整一本書，才能詳盡介紹它們，所以在這個章節，筆者只會說明組建系統大致上的概念而已。我們會告訴你如何從一個簡單的裝置映像檔，組建成一整個系統，並且以之前章節中出現過的 Nova 機板和 Raspberry Pi 4 為例，介紹一些有用的自訂變更方式。

在本章節中，我們將帶領各位讀者一起了解：

- 組建系統的好處
- 用於發佈的套件格式
- 介紹 Buildroot
- 介紹 Yocto Project

讓我們開始吧！

環境準備

執行本章節中的範例時，請讀者先準備如下環境：

- 以 Linux 為主系統的開發環境（至少 60 GB 可用磁碟空間）
- Linux 版 USB 開機碟製作工具 Etcher
- 一張可供讀寫的 microSD 卡與讀卡機
- 一條 USB 轉 TTL 的 3.3V 序列傳輸線
- Raspberry Pi 4 機板
- 一條 5V、3A 的 USB Type-C 電源供應線
- 一條乙太網路線，以及開通網路連線所需的防火牆連接埠
- BeagleBone Black 機板
- 一條 5V、1A 的 DC 直流電源供應線

此外，讀者可以在本書 GitHub 儲存庫的 Chapter06 資料夾下找到本章的所有程式碼：https://github.com/PacktPublishing/Mastering-Embedded-Linux-Programming-Third-Edition。

組建系統的好處

我們在「**第 5 章，建立根目錄檔案系統**」中提到過，手動建立系統的這種方式被稱為**自主建立（roll your own，RYO）**。如果你能完全掌握手頭上的軟體，那麼這種方式的好處，就是能隨心所欲地量身打造你想要的系統。如果你想打造的是前無古人的創新系統，或者你想盡可能縮減記憶體的需求，那麼自主建立就是不二選擇。但是，在大多數的情況下，手工打造既浪費時間，又會產生一個難以維護的劣等系統。

組建系統的概念，就是把我們到目前為止介紹過的所有步驟都自動化。一個組建系統應該要能夠從上游的原始碼，組建出下列全部或是一部分的元件：

- 工具鏈
- 啟動載入器
- 內核
- 根目錄檔案系統

在各種意義上，能夠從上游的原始碼開始進行組建這件事情很重要。一方面，這表示你能夠放心地隨時重新組建，不用煩惱外部的依賴問題；另一方面，這也表示你可以下載得到原始碼以便除錯，而且還可以因應授權條款的需求，在必要的時候把原始碼提供給使用者。

為了要完成這項目標，一個組建系統應該要能夠做到以下這些事項：

1. 能夠從上游下載原始碼，或能夠直接連線到原始碼管控系統（source code control system），或下載封裝檔，並存於本地端電腦。
2. 套用修補檔案（patch），以啟用跨平台編譯功能，根據架構修補程式缺失（bug），並套用本地端的設定策略等等。
3. 組建各項元件。
4. 建立一個暫存目錄，並組成根目錄檔案系統。
5. 建立各類能載入到目標環境上的映像檔。

要是擁有以下這些其他有用的功能，那就更好了：

1. 允許加入我們自己的套件，套件中可能內含「自行開發的應用程式」或「對內核的修改」。
2. 允許設定各種不同的根目錄檔案系統：大型或小型、含有或去除圖形化介面等等的功能選項。
3. 允許建立獨立的開發套件（SDK），好讓你可以提供給其他的開發者，以便讓其他人無須安裝完整的組建系統。
4. 能夠查看你所使用的各種套件包內，採用的是哪些開放原始碼授權。
5. 友善的使用者介面。

所有的組建系統都會把系統的元件打包為套件（package）；有些用於開發環境（the host），另一些則用於目標環境（the target）。這些套件都會有一組對應的規則，定義如何下載原始碼、如何組建，以及如何將產製的結果安裝在正確的位置上。由於套件之間可能有依賴關係，所以需要一套組建機制（a build mechanism）來解決依賴問題，幫忙組建需要的套件。

在經歷過去幾年的發展，開源的組建系統（open source build system）可謂已經成熟。在眾多的選擇當中，包括以下這些：

- **Buildroot**：這是一個使用 GNU Make 與 Kconfig 的易上手組建系統（`https://buildroot.org`）。
- **EmbToolkit**：用於產生根目錄檔案系統的簡便組建系統。在本書寫成當下，是唯一有支援 LLVM/Clang 的選擇（`https://www.embtookit.org`）。
- **OpenEmbedded**：被其他專案與 Yocto Project 作為核心元件的強大組建系統（`https://openembedded.org`）。
- **OpenWrt**：專門為無線路由器組建韌體的組建工具，而且還支援執行期的套件管理功能（`https://openwrt.org`）。
- **PTXdist**：由 Pengutronix 贊助的開源組建系統（`https://www.ptxdist.org`）。
- **Yocto Project**：以 OpenEmbedded 作為核心，並額外加上設定檔、各種工具、說明文件等作為擴充；這個大概是目前最廣受歡迎的組建系統（`https://www.yoctoproject.org`）。

我們會集中介紹其中的兩者：Buildroot 與 Yocto Project。這兩者分別以不同的方式和不同的目標來解決問題。

雖然 Buildroot 一樣可以組建出啟動載入器與內核映像檔，但最主要的目標是在於組建根目錄檔案系統的映像檔，並由此得名。Buildroot 易於安裝、設定，而且可以快速地產製出在目標環境上使用的映像檔。

至於 Yocto Project，在自定義目標系統上擁有較多彈性，所以可以針對複雜的嵌入式裝置進行組建。預設情況下，每個元件都會被打包為 RPM 套件格式，再將這些套件組合為檔案系統映像檔。此外，你還可以在這個檔案系統映像檔中，安裝一個套件管理工具，讓你在「執行期」更新套件。換句話說，如果你採用 Yocto Project 進行組建，其實就等於是在創造自訂的 Linux 發行版了。但要注意的是，啟用執行期套件管理功能的意義，相當於是要負起責任，維護一套自訂的套件儲存庫。

用於發佈的套件格式

大多數時候，主流的 Linux 發行版都是由一整群事先編譯為二進位格式的 RPM 或是 DEB 格式套件所組成。**RPM 的意思是 Red Hat 套件管理工具（Red Hat Package Manager）**，並廣泛使用在 Red Hat、SUSE、Fedora 以及其他基於這些系統的發行版上。至於像是 Ubuntu 以及 Mint 這類基於 Debian 系統的發行版，則是採用 Debian 的套件管理格式 DEB。此外，還有一種針對嵌入式裝置，基於 DEB 格式發展而來的輕量級格式套件，稱為 **IPK**，也就是 **Itsy 套件（Itsy PacKage）** 格式。

是否有在裝置上引入這些套件管理工具，是組建系統一個巨大的分水嶺。一旦在目標裝置上有套件管理工具可用，你就能輕易地安裝新套件以及更新舊套件。筆者會在「**第 10 章，上線後的軟體更新**」中解釋這件事情的重要性。

介紹 Buildroot

在本書寫成當下的 Buildroot 版本具備了組建出工具鏈、啟動載入器、內核以及根目錄檔案系統的能力。主要的組建工具則是使用了 GNU make。在 https://buildroot. org/docs.html 有完善的線上說明文件，其中也包括「The Buildroot User Manual」這份使用者指南：https://buildroot.org/downloads/manual/manual.html。

發展背景

Buildroot 是最早發展的組建系統之一。起初只是 uClinux 以及 uClibc 專案的一部分，用於產製測試用的小型根目錄檔案系統。在 2001 年之後切割出來，成為獨立的專案，並一路發展，直到 2006 年又沈寂了下來。不過到了 2009 年開始，由 Peter Korsgaard 接手管理之後，突然飛快成長，支援了基於 glibc 的工具鏈，並且能夠組建出啟動載入器以及內核。

另一個知名的組建系統 OpenWrt（https://openwrt.org/）也是基於 Buildroot 發展而來，這兩者於 2004 年左右分家。OpenWrt 著重於替無線路由器（wireless router）產製軟體，因此裡面包含的套件也都是與網路基礎設施（networking infrastructure）相關居多。OpenWrt 也有一個執行期的套件管理工具，並採用了 IPK 套件格式，所以可以在無須更新整個映像檔的情況下，對裝置進行更新或升級。無論過去如何，如今 Buildroot 與 OpenWrt 之間已經越走越遠，幾乎可說是完全不同的兩套組建系統了。這兩者組建出來的套件也無法彼此相容。

穩定版與維護支援

Buildroot 的開發者每年會發佈四次穩定版本，分別是在每年的二月、五月、八月、十一月的時候。這些版本在 Git 上會以 < 年份 >.02、< 年份 >.05、< 年份 >.08、< 年份 >.11 的標籤命名。有時候，這些穩定版本中會有被列為**長期維護的版本（long-term support，LTS）**，表示在發佈之後，至少會有十二個月的時間，能夠持續收到針對此版本的資安漏洞修補（fix）或其他重大程式缺失的修補。其中 2017.02 是第一個被列為 LTS 的版本。

安裝

如同以往，你可以直接下載封裝檔，或是複製 Git 儲存庫進行安裝。這邊是以 2020.02.9 版本進行的範例，這也是本書寫成時最新的穩定版本：

```
$ git clone git://git.buildroot.net/buildroot -b 2020.02.9
$ cd buildroot
```

與此相對應的 TAR 封裝壓縮檔可以在 https://buildroot.org/downloads 處下載。

接下來，你應該先到 https://buildroot.org/downloads/manual/manual.html 看看在「The Buildroot User Manual」中的「System requirements」小節，確認已經先行安裝好在這個小節中列出的所有套件。

設定

如同我們在「**第 4 章，設定與組建內核**」中「**內核的設定：關於 Kconfig**」一節提及，Buildroot 使用與內核相同的 Kconfig/Kbuild 機制。你可以直接使用 make menuconfig 指令（也可以使用 xconfig 或 gconfig），從頭開始設定，或者也可以從 configs/ 目錄底下，超過 100 個以上針對各式各樣開發機板與 QEMU 模擬器的設定檔中，挑選一個出來用。輸入 make list-defconfigs 指令，可以列出所有內建預設設定檔的目標。

讓我們先套用 ARM 架構 QEMU 模擬器的預設設定檔（default configuration）進行組建：

```
$ cd buildroot
$ make qemu_arm_versatile_defconfig
$ make
```

> **Note**
>
> 注意這邊並不需要以 `-j` 參數告訴 `make` 指令要以多少平行工作（parallel job）執行：因為 Buildroot 自己可以對處理器使用情形做出最適當的判斷。如果你想要限制平行工作的數量，可以執行 `make menuconfig` 指令，然後查看 Build 這個設定選項。

根據開發環境效能以及網路的速度，組建的過程大約要花上半個小時到一個小時左右。過程中大約會下載 220MiB 的檔案以及佔用 3.5GiB 的磁碟空間。完成之後，你可以看到新建出來的兩個目錄：

- `dl/`：這底下存放著 Buildroot 在進行組建時使用的上游專案封裝檔。
- `output/`：這裡存放著編譯過程的中繼與最終產出物。

你可以在 `output/` 目錄底下看到：

- `build/`：這個目錄存放每個元件的個別組建結果。
- `host/`：這個目錄存放的是 Buildroot 在開發環境上運行時，所需要使用的各種工具，當中包括了工具鏈的執行檔（在 `output/host/usr/bin` 底下）
- `images/`：這是最為重要的一個目錄，底下存放的是整個組建過程的產出結果。根據我們在設定時做出的不同選擇，我們可能會在這裡找到啟動載入器、內核以及一到多個的根目錄檔案系統映像檔。
- `staging/`：這是一個連向工具鏈 `sysroot` 目錄的軟連結（symbolic link）。這個連結的名稱很容易和我們在「**第 5 章，建立根目錄檔案系統**」中提到的暫存目錄混淆，因為這個連結並非通往暫存目錄。
- `target/`：這個才是根目錄檔案系統的暫存目錄。注意不要直接將這個作為根目錄檔案系統使用，因為這裡面的檔案擁有者與權限都並未正確設定。如同在前一個章節中提到過的，Buildroot 是在 `image/` 目錄下建立檔案系統映像檔時，才會根據裝置表（device table）來設定擁有者以及權限。

運行

在 `board/` 目錄底下對應的項目中有一些範例設定檔，可以說明如何自訂設定檔，以及如何把組建結果安裝到目標環境上。對於我們方才組建好的系統來說，其對應的檔案是在 `board/qemu/arm-versatile/readme.txt`，這能告訴我們如何以 QEMU 啟動這個

目標環境。假設各位讀者已經照著「**第 1 章，一切由此開始**」中的指示，安裝過 qemu-system-arm 了，那就執行下列指令來啟動系統：

```
$ qemu-system-arm -M versatilepb -m 256 \
-kernel output/images/zImage \
-dtb output/images/versatile-pb.dtb \
-drive file=output/images/rootfs.ext2,if=scsi,format=raw \
-append "root=/dev/sda console=ttyAMA0,115200" \
-serial stdio -net nic,model=rtl8139 -net user
```

你可以在本書儲存庫的 MELP/Chapter06/run-qemu-buildroot.sh 中找到這個指令檔。你應該會在啟動 QEMU 的同一個終端視窗（Terminal window）中，看到內核的啟動訊息，最後顯示出指令列的提示字元：

```
Booting Linux on physical CPU 0x0
Linux version 4.19.91 (frank@franktop) (gcc version 8.4.0 (Buildroot
2020.02.9)) #1 Sat Feb 13 11:54:41 PST 2021
CPU: ARM926EJ-S [41069265] revision 5 (ARMv5TEJ), cr=00093177
CPU: VIVT data cache, VIVT instruction cache
OF: fdt: Machine model: ARM Versatile PB
[...]
VFS: Mounted root (ext2 filesystem) readonly on device 8:0.
devtmpfs: mounted
Freeing unused kernel memory: 140K
This architecture does not have kernel memory protection.
Run /sbin/init as init process
EXT4-fs (sda): warning: mounting unchecked fs, running e2fsck is
recommended
EXT4-fs (sda): re-mounted. Opts: (null)
Starting syslogd: OK
Starting klogd: OK
Running sysctl: OK
Initializing random number generator: OK
Saving random seed: random: dd: uninitialized urandom read (512 bytes
read)
OK
Starting network: 8139cp 0000:00:0c.0 eth0: link up, 100Mbps, full-
duplex, lpa 0x05E1
udhcpc: started, v1.31.1
```

```
random: mktemp: uninitialized urandom read (6 bytes read)
udhcpc: sending discover
udhcpc: sending select for 10.0.2.15
udhcpc: lease of 10.0.2.15 obtained, lease time 86400
deleting routers
random: mktemp: uninitialized urandom read (6 bytes read)
adding dns 10.0.2.3
OK

Welcome to Buildroot
buildroot login:
```

接著用無密碼方式登入 root 帳號。

此時你會看到，除了顯示內核啟動訊息的視窗之外，QEMU 還另外開啟了一個黑畫面視窗，這個視窗是用來顯示目標環境的圖像畫格緩衝（graphics frame buffer，圖像式輸出）內容。不過在這個範例中，目標環境並不會寫入任何畫面到畫格緩衝（framebuffer）中，所以才會是一片黑畫面。直接關掉畫格緩衝視窗，或是按下組合鍵 Ctrl + Alt + 2，回到 QEMU 主控台，然後輸入 quit，就可以關閉 QEMU 模擬器。

以實際的硬體機板為例

針對 Raspberry Pi 4 組建「啟動用映像檔」（bootable image）的設定方式與流程，與先前針對 ARM QEMU 的流程大同小異：

```
$ cd buildroot
$ make clean
$ make raspberrypi4_64_defconfig
$ make
```

等待組建過程結束，映像檔會出現在 output/images/sdcard.img 中。你可以在 board/raspberrypi/ 目錄底下找到產生這份映像檔的 post-image.sh 指令檔，以及 genimage-raspberrypi4-64.cfg 設定檔。接著，請依照以下步驟，將 sdcard.img 寫入 microSD 卡：

1. 將 microSD 卡插入 Linux 開發環境（Linux host machine）。
2. 啟動 Etcher。
3. 點擊 Etcher 中的 **Flash from file** 選項。
4. 找到方才針對 Raspberry Pi 4 所組建的 sdcard.img，然後點擊開啟。
5. 點擊 Etcher 中的 **Select target** 選項。
6. 選擇我們在「第 1 個步驟」中插入的 microSD 卡。
7. 點擊 Etcher 中的 **Flash** 選項，開始寫入映像檔。
8. 在 Etcher 完成寫入後，退出 microSD 卡。
9. 將 microSD 卡插到 Raspberry Pi 4 機板上。
10. 插上 USB Type-C 電源線，開啟 Raspberry Pi 4 機板電源。

最後，接上乙太網路線，查看網路埠上是否有出現閃動燈光訊號（表示有網路連線活動出現），以此確認 Pi 4 機板是否有被正確啟動。如果要透過 ssh 登入 Pi 4 機板環境，你必須要在 Buildroot 的映像檔設定中，加上 dropbear 或是 openssh 之類的 SSH 伺服器才行。

建立自訂的機板支援套件

接下來，讓我們用上一個章節中同樣版本的 U-Boot 以及 Linux，透過 Buildroot 來替 Nova 範例機板建立一個**機板支援套件（Board Support Package，BSP）**。你可以在本書儲存庫的 MELP/Chapter06/buildroot 中，看到我們在這一節中對 Buildroot 所做的更動。

這邊建議你將更動內容存放在以下位置：

- board/< 你的組織名稱 >/< 裝置名稱 >：在這底下存放所有針對該機板的修補、二進位檔案、額外的組建步驟設定，以及針對 Linux、U-Boot 和其他元件的設定檔。
- configs/< 裝置名稱 >_defconfig：存放針對該機板的預設設定內容。
- packages/< 你的組織名稱 >/< 套件名稱 >：在這底下存放針對該機板的所有額外套件。

首先，替 Nova 範例機板設定建立一個目錄：

```
$ mkdir -p board/melp/nova
```

接著，在執行設定變更之前一定要先做清場，把前次組建過程的產出物清除掉：

```
$ make clean
```

然後，選擇「系出同源」的 BeagleBone 預設設定檔，作為 Nova 範例機板的設定：

```
$ make beaglebone_defconfig
```

make beaglebone_defconfig 這道指令會將 Buildroot 設定為「針對 BeagleBone Black 目標環境組建一個映像檔」。利用預設設定是一個方便的起點，但我們還是需要配合 Nova 範例機板做一定程度的自訂。因此，接下來就讓我們看看，如何針對 Nova 範例機板建立自訂的 U-Boot 修補檔案。

U-Boot

我們在「**第 3 章，啟動載入器**」中，以 2021.01 版本的 U-Boot 替 Nova 範例機板建立了一個自訂的啟動載入器，還建立了一份修補檔案。我們可以設定 Buildroot 採用同一個版本的 U-Boot，並且套用我們的修補檔案。（你可以在本書儲存庫的 MELP/Chapter03/0001-BSP-for-Nova.patch 中找到修補檔案。）首先，把修補檔案複製到 board/melp/nova 底下，然後用 make menuconfig 指令把 U-Boot 的版本設定為 2021.01，把修補檔案的路徑指向 board/melp/nova/0001-BSP-for-Nova.patch，然後機板名設為 Nova，如下圖所示：

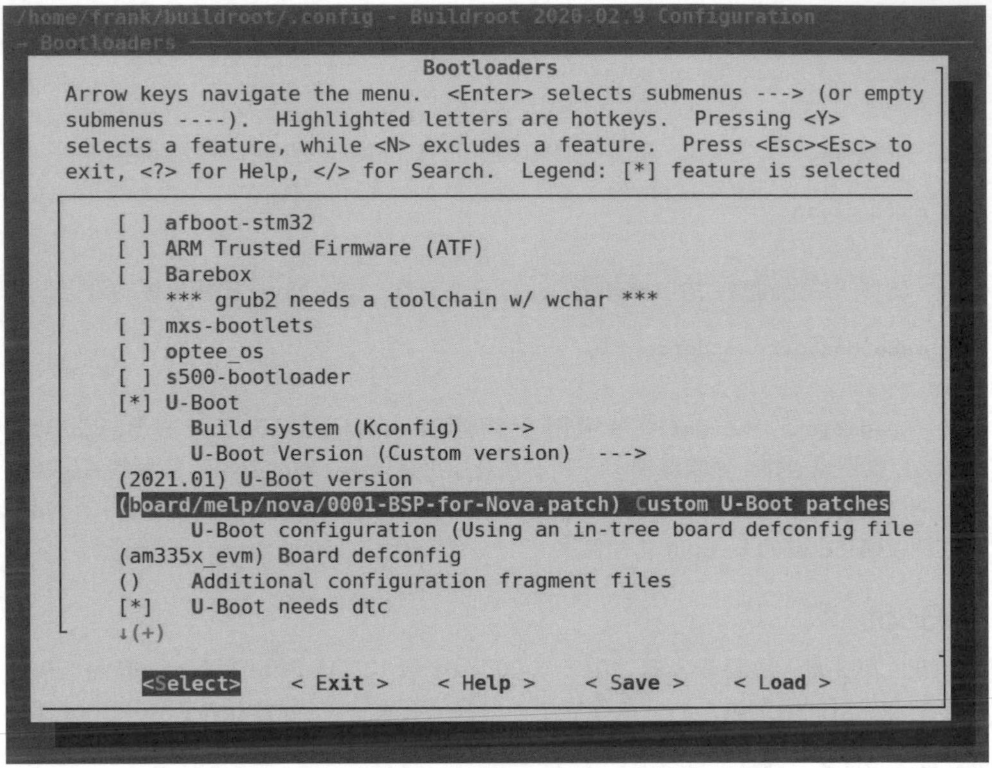

```
/home/frank/buildroot/.config - Buildroot 2020-02.9 Configuration
- Bootloaders
                              Bootloaders
  Arrow keys navigate the menu. <Enter> selects submenus ---> (or empty
  submenus ----). Highlighted letters are hotkeys. Pressing <Y>
  selects a feature, while <N> excludes a feature. Press <Esc><Esc> to
  exit, <?> for Help, </> for Search. Legend: [*] feature is selected

      [ ] afboot-stm32
      [ ] ARM Trusted Firmware (ATF)
      [ ] Barebox
          *** grub2 needs a toolchain w/ wchar ***
      [ ] mxs-bootlets
      [ ] optee_os
      [ ] s500-bootloader
      [*] U-Boot
            Build system (Kconfig)  --->
            U-Boot Version (Custom version)  --->
      (2021.01) U-Boot version
      (board/melp/nova/0001-BSP-for-Nova.patch) Custom U-Boot patches
            U-Boot configuration (Using an in-tree board defconfig file
      (am335x_evm) Board defconfig
      ()      Additional configuration fragment files
      [*]     U-Boot needs dtc
      ↓(+)

      <Select>      < Exit >      < Help >      < Save >      < Load >
```

圖 6.1：套用「自訂的 U-Boot 修補檔案」（custom U-Boot patches）

我們還需要一份 U-Boot 指令檔，以便將針對 Nova 範例機板的「硬體結構樹」以及「內核」，從 SD 卡上載入進來。我們可以把這份檔案放在 board/melp/nova/uEnv.txt 中，內容如下所示：

```
bootpart=0:1
bootdir=
bootargs=console=ttyO0,115200n8 root=/dev/mmcblk0p2 rw
rootfstype=ext4 rootwait
uenvcmd=fatload mmc 0:1 88000000 nova.dtb;fatload mmc 0:1
82000000 zImage;bootz 82000000 - 88000000
```

請留意，由於本書篇幅（排版）的限制，上面的內容可能會有斷行的情況。其中 bootargs 與 uenvcmd 的內容分別只有一行。rootfstype=ext4 rootwait 是歸屬於 bootargs 的設定；而 bootz 82000000 - 88000000 則是歸屬於 uenvcmd 的設定。

在完成針對 Nova 範例機板的 U-Boot 設定與修補後，下一個步驟是對內核的設定與修補。

Linux

在「**第 4 章，設定與組建內核**」中，我們以 5.4.50 版本的 Linux 設定了內核，並且自訂了新的硬體結構樹檔案（你可以在本書儲存庫的 `MELP/Chapter04/nova.dts` 找到這個檔案）。將硬體結構樹檔案複製到 `board/melp/nova` 底下，然後把 Buildroot 的內核設定為 Linux 5.4 版本，並設定這個硬體結構樹指向 `board/melp/nova/nova.dts` 檔案，如下圖所示：

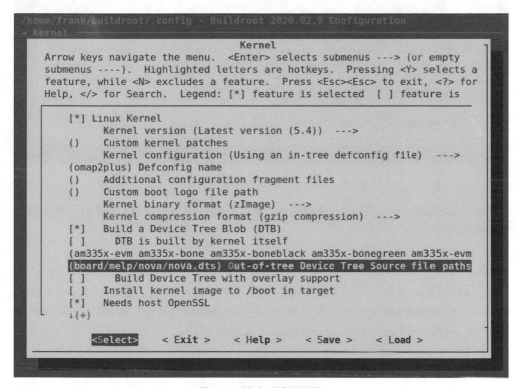

圖 6.2：設定硬體結構樹

我們還要記得設定內核標頭檔，使其採用的版本與組建的內核版本一致：

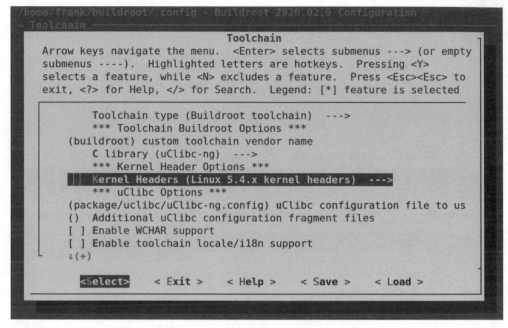

圖 6.3：設定內核標頭檔

在完成上述設定後，我們就可以開始組建含有「內核」與「根目錄檔案系統」的完整系統映像檔了。

組建

Buildroot 組建的最後一個階段會利用「一個名為 genimage 的工具」來建立可供我們複製到 SD 卡上的映像檔。但首先要透過設定，正確地設定映像檔格式才行。把該檔案放在 board/melp/nova/genimage.cfg 中，內容如下所示：

```
image boot.vfat {
    vfat {
        files = {
            "MLO",
            "u-boot.img",
            "zImage",
            "uEnv.txt",
            "nova.dtb",
        }
    }
```

```
    size = 16M
}

image sdcard.img {
    hdimage {
    }

    partition u-boot {
        partition-type = 0xC
        bootable = "true"
        image = "boot.vfat"
    }

    partition rootfs {
        partition-type = 0x83
        image = "rootfs.ext4"
        size = 512M
    }
}
```

組建後會產生一個 `sdcard.img` 檔案，其中包括兩個分割區：`u-boot` 和 `rootfs`。前者包含了 `boot.vfat` 中所列出的啟動用檔案；後者包含了名為 `rootfs.ext4` 的根目錄檔案系統，這同樣也是由 Buildroot 產生的。

最後，利用 `post-image.sh` 指令檔呼叫 `genimage`，藉此產生我們需要的 SD 卡映像檔。把該指令檔放在 `board/melp/nova/post-image.sh` 中，內容如下所示：

```
#!/bin/sh
BOARD_DIR="$(dirname $0)"

cp ${BOARD_DIR}/uEnv.txt $BINARIES_DIR/uEnv.txt

GENIMAGE_CFG="${BOARD_DIR}/genimage.cfg"
GENIMAGE_TMP="${BUILD_DIR}/genimage.tmp"

rm -rf "${GENIMAGE_TMP}"

genimage \
    --rootpath "${TARGET_DIR}" \
```

```
--tmppath "${GENIMAGE_TMP}" \
--inputpath "${BINARIES_DIR}" \
--outputpath "${BINARIES_DIR}" \
--config "${GENIMAGE_CFG}"
```

這個指令檔會進一步把 uEnv.txt 指令檔複製到 output/images 目錄底下，然後根據設定檔執行 genimage 工具。

記得將 post-image.sh 的權限設為可執行檔（executable），否則組建過程會出現失敗：

```
$ chmod +x board/melp/nova/post-image.sh
```

再次執行 make menuconfig，然後往下拉，找到 **Custom scripts to run after creating filesystem images** 選項，指向方才 post-image.sh 指令檔的路徑，如下圖所示：

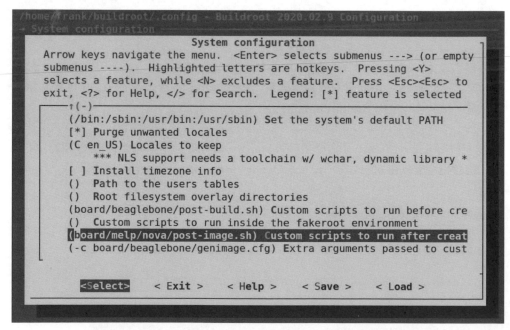

圖 6.4：指定「在建立檔案系統映像檔之後」要執行的自訂指令檔

現在，只要執行 make 指令，你就可以組建出給 Nova 範例機板使用的 Linux 系統了。
在組建完成後，output/images/ 目錄底下會產生這些檔案：

```
nova.dtb      sdcard.img      rootfs.ext2     u-boot.img
boot.vfat     rootfs.ext4     uEnv.txt        MLO
rootfs.tar    bzImage
```

把 microSD 卡插入讀卡機，接著如同 Raspberry Pi 4 時的方式，用 Etcher 將 output/
images/sdcard.img 寫到 SD 卡上。這邊不需要如同先前章節，事先格式化 microSD
卡，因為 genimage 已經負責處理好這塊作業了。

在 Etcher 寫入完成後，重新將 microSD 卡插入 BeagleBone Black 上，並且按住
「Switch Boot 按鈕」開啟電源，強制從 SD 卡上載入。接著，你應該就能看到，啟動
時是採用我們自訂版本的 U-Boot、Linux 和 Nova 機板硬體結構樹。

測試並確認過後，記得把相關設定檔案另外複製一份保存起來，以便日後重複使用：

```
$ make savedefconfig BR2_DEFCONFIG=configs/nova_defconfig
```

現在，我們就有一份針對 Nova 範例機板的 Buildroot 設定檔了。之後要選擇使用這份
設定時，輸入如下指令即可：

```
$ make nova_defconfig
```

針對 Buildroot 的設定順利完成了。但要是我們想加入「自己開發的程式」怎麼辦？接
著就來看看吧。

加入自己的程式

假設我們今天開發了一支程式，然後想加到組建結果裡面去，這時可以有兩種做法：一
種是使用不同的組建系統分開來組建，然後再以覆蓋的方式把二進位檔案加到最終的
組建結果去；另外一種方式是從 Buildroot 的選單中建立一個套件，然後照原樣進行組
建。

覆蓋檔

所謂的覆蓋檔（overlay），就是只在 Buildroot 組建過程的最後一個階段時，複製一
個目錄結構覆蓋到根目錄檔案系統上面去。裡面可以是執行檔、函式庫檔案，或是任何

我們想要包進去的東西。但記住，所有程式在編譯時使用的函式庫，都必須相容於執行期所部署的函式庫，這也代表我們必須使用和 Buildroot 一樣的工具鏈進行編譯。要使用 Buildroot 的工具鏈並不是難事，把它加進 PATH 這個環境變數中就好了：

```
$ PATH=<Buildroot 的路徑 >/output/host/usr/bin:$PATH
```

使用的工具鏈前綴（prefix）字樣是 < 架構名稱 >-linux- 。因此，要編譯我們自己開發的程式時，如下所示：

```
$ PATH=/home/frank/buildroot/output/host/usr/bin:$PATH
$ arm-linux-gcc helloworld.c -o helloworld
```

透過工具鏈把程式編譯好之後，接著就只要把「編譯出的可執行檔」與「其他相關檔案」置入暫存目錄中，並設定其為覆蓋檔。以上述的 helloworld 範例來說，把檔案放在 board/melp/nova 目錄底下：

```
$ mkdir -p board/melp/nova/overlay/usr/bin
$ cp helloworld board/melp/nova/overlay/usr/bin
```

最後，設定 BR2_ROOTFS_OVERLAY 選項指向覆蓋檔的路徑，你可以在 menuconfig 的 **System configuration | Root filesystem overlay directories** 找到這個選項。

新增套件

Buildroot 擁有超過 2,000 個以上的套件檔，它們都存放在 package 這個目錄底下，每個都有各自的子資料夾。每個套件都至少由兩個檔案組成：一個是含有 Kconfig 程式片段的 Config.in 檔案，用來在設定選單中顯示套件資訊；另一個是命名為 < 套件名稱 >.mk 的 makefile（建置檔）。

> **Note**
> 請注意，Buildroot 的套件檔中其實不含程式碼，而是一些指令，告訴 Buildroot 要怎麼下載程式碼，像是下載打包檔（tarball）、執行 git pull 從上游的儲存庫下載等等。

makefile 要以 Buildroot 規定的格式編寫，並且告訴 Buildroot 怎麼下載、設定、編譯與安裝程式。根據「The Buildroot User Manual」（https://buildroot.org/downloads/manual/manual.html）裡頭描述的細節來看，重新寫一個套件的 makefile

是十分複雜的工作。底下的範例會告訴各位讀者如何替 helloworld 這種本地端的單純程式建立一個套件。

首先從建立一個 package/helloworld 子目錄並且在底下產生一個 Config.in 的設定檔開始，檔案內容如下所示：

```
config BR2_PACKAGE_HELLOWORLD
    bool "helloworld"
    help
      A friendly program that prints Hello World! Every 10s
```

第一行的格式必須是 BR2_PACKAGE_<字母大寫的套件名稱>。接著，下一行的開頭會是一個 bool 宣告，緊接著是用來顯示在設定選單中的套件名稱，如此才能讓使用者正確選擇套件。至於下方的 help 資料區塊則是可有可無（但我們會希望當中的資訊有所幫助）。

然後，修改 package/Config.in，把這份新套件的設定檔加進去 **Target Packges** 的設定選單中：

```
menu "My programs"
        source "package/helloworld/Config.in"
endmenu
```

雖然我們也可以選擇把這個新開發的 helloworld 套件，加到一個既有的子選單中就好，但以「獨立的子選單」來存放套件會更加明確清楚。將這個新的選單項目插入在 menu "Audio and video applications" 之前。

修改 package/Config.in 並新增 menu "My programs" 子選單後，在 package/helloworld/helloworld.mk 建立一個 makefile，提供 Buildroot 所需要的資訊：

```
HELLOWORLD_VERSION = 1.0.0
HELLOWORLD_SITE = /home/frank/MELP/Chapter06/helloworld
HELLOWORLD_SITE_METHOD = local

define HELLOWORLD_BUILD_CMDS
    $(MAKE) CC="$(TARGET_CC)" LD-"$(TARGET_LD)" -C $(@D) all
endef
```

```
define HELLOWORLD_INSTALL_TARGET_CMDS
    $(INSTALL) -D -m 0755 $(@D)/helloworld $(TARGET_DIR)/usr/bin/
helloworld
endef

$(eval $(generic-package))
```

你可以在本書儲存庫的 `MELP/Chapter06/buildroot/package/helloworld` 找到這份 `helloworld` 範例套件，原始碼則是在 `MELP/Chapter06/helloworld` 底下。我們這邊選擇直接將「本地端路徑」作為指向程式碼的位置寫死在裡頭，但在實務情況下，通常會是從原始碼管控系統或是某種集中控管的伺服器來下載程式碼：在「The Buildroot User Manual」中有詳盡的說明，以及來自其他套件的大量範例。

授權合規性（License Compliance）

Buildroot 和它所編譯的套件，都是以開源軟體組成。在專案進行到某個階段之後，你應該對授權（license）進行確認。執行下列指令即可查看：

```
$ make legal-info
```

授權資訊會被集中存放在 `output/legal-info/` 底下。用於編譯開發環境工具的授權資訊概要會存於 `host-manifest.csv` 中，而目標環境的授權資訊概要則是在 `manifest.csv` 中。更多細節請參考「The Buildroot User Manual」的 `README` 檔案。

我們在「**第 14 章，使用 BusyBox runit 快速啟動**」時會再與 Buildroot 相遇。讓我們先來談談另一個組建系統：Yocto Project。

介紹 Yocto Project

Yocto Project 是個遠比 Buildroot 更為複雜的巨獸。它不只可以如同 Buildroot 一樣組建工具鏈、啟動載入器、內核與根目錄檔案系統，更能夠直接幫我們產製出一整個 Linux 發行版，以及能在執行期時安裝的套件。Yocto Project 的原型是由類似於「Buildroot 套件」的「方案檔」（recipes）構成，這些方案檔則是由 Python 語法與指令檔所組成的。Yocto Project 內建一個名為 **BitBake** 的任務管理器（task scheduler），從這些方案再根據你的設定產製出結果。更多的細節請參考線上說明文件：`https://www.yoctoproject.org`。

發展背景

如果你有先了解 Yocto Project 的發展背景，就不會對這種構造感到奇怪。Yocto Project 最早是來自於 **OpenEmbedded** 專案（`https://openembedded.org`），許多嵌入式 Linux 相關的專案都由此開始發展，並把 Linux 移植到各種手持電腦上，其中也包括了 Sharp 的 Zaurus 以及 Compaq 的 iPaq。起初在 2003 年時，OpenEmbedded 只是作為手持電腦的組建系統使用，但後來便快速擴展到其他嵌入式 Linux 裝置上，並由一個熱心的程式工程師社群來持續進行開發。

OpenEmbedded 專案使用「壓縮過的 IPK 檔」作為產製出來的二進位套件格式，再將這些套件以各種方式組合起來，建立出目標系統，也可以在執行期進行安裝。其背後的原理是針對所有的套件，都建立一個「方案檔」，再透過 BitBake 進行任務管理，因此從一開始就非常具有彈性。只要提供正確的資訊，我們就能創造出自訂的 Linux 發行版，其中一個知名的例子就是 **Ångström Distribution**，當然還有其他更多的案例。

然而就在 2005 年左右，Richard Purdie 這名來自 OpenedHand 的開發者，以 OpenEmbedded 為基礎建立了一條開發分支，但他對套件的選擇更為謹慎，因此產製的結果能夠有較長的穩定期。他將這個分支命名為 **Poky**（名稱的由來是一種日本零食，發音近似於 hockey，如果你很在意的話）。雖然 Poky 已經從 OpenEmbedded 分支出來，但這兩者身上還是有彼此的影子，共用更新，並且在架構上也都相去不遠。只是後來 Intel 在 2008 年時賣掉了 OpenedHand，並在 2010 年 Linux Foundation 要開發 Yocto Project 時，將 Poky Linux 轉讓給了他們。

於是自從 2010 年後，OpenEmbedded 與 Poky 之間共通的部分被切割出來，成為了一般所知的 **OpenEmbedded Core** 專案，又稱為 **OE-Core**。

所以，整個 Yocto Project 其實是由好幾個元件組成的，當中最重要的是下列這幾個：

- **OE-Core**：作為核心的部分，這是 OpenEmbedded 也會使用的元件。
- **BitBake**：任務管理器，不僅僅是針對 OpenEmbedded，也是其他專案會使用到的工具。
- **Poky**：Yocto Project 的前身。
- **Documentation**：所有元件的使用手冊與開發指南。
- **Toaster**：OpenEmbedded 與 BitBake 的網頁式介面。

Yocto Project 提供了一個穩定的基礎，你可以直接使用這個基礎，也可以透過**描述層（meta layer，又譯資料層）**來進一步擴展，這個部分在本章節稍後會再說明。許多系統單晶片（SoC）的供應商都會以這種方式來提供機板的支援套件。利用描述層可以產生出一個擴充的、甚至完全不同的組建系統；當中一些如 Ångström Distribution 是開源專案，其他一些像是 MontaVista Carrier Grade Edition、Mentor Embedded Linux、Wind River Linux 之類的則是商業專案。Yocto Project 本身有設計一套相容性測試（compatibility testing）的機制，以此確保元件之間的互通性（interoperability），所以你會在許多專案的網頁上都看到 Yocto Project Compatible 這樣的一條宣告。

因此， Yocto Project 不僅僅是一個單純的組建系統，甚至可說是嵌入式 Linux 的重要基礎之一。

> **Note**
>
> 你可能會好奇 yocto 這個字是什麼意思：yocto 指的是 10 的負 24 次方的科學記號名稱，就像 10 的負 6 次方我們稱為 micro 一樣。那麼為什麼要以 yocto 作為專案名稱？雖然這指的應該是它可以組建出非常小的 Linux 系統（但持平而言，其他組建系統也可以辦到），不過更可能的原因，是要跟同樣以 OpenEmbedded 為基礎的 Ångström 一較高下。因為 Ångström 指的是 10 的負 10 次方，跟 yocto 相比起來，大了不知道多少倍呢！

穩定版與維護支援

一般而言，Yocto Project 每六個月就會發佈一次版本，分別在每年的四月以及十月。這些版本在外都被人以代號稱呼，但最好還是能知道一下 Yocto Project 和 Poky 的版本號。下表所列是本書寫成時最新的六個版本：

代號	發佈日期	Yocto 版本號	Poky 版本號
Gatesgarth	2020 年 10 月	3.2	24
Dunfell	2020 年 4 月	3.1	23
Zeus	2019 年 10 月	3.0	22
Warrior	2019 年 4 月	2.7	21
Thud	2018 年 11 月	2.6	20
Sumo	2018 年 4 月	2.5	19

每個穩定發行版都會針對安全性以及嚴重程式缺失，持續進行維護直到下一次的開發週期結束為止，也就是大約在發佈之後十二個月之內。而在這當中，Dunfell 成為了 Yocto Project 有史以來的第一個長期維護版本（LTS），代表相較於其他版本，Dunfell 會有整整兩年的時間，都能持續獲得各類缺失的修補。換句話說，之後在採用 Yocto Project 的方針上，就是每兩年更換一次 LTS 版本。

如同 Buildroot 的情況，如果你想要持續獲得這份維護，你可以升級到下一個穩定發行版，也可以將這些維護的更新內容，想辦法移植回舊版本中。此外，我們也可以考慮從一些作業系統供應商處，例如 Mentor Graphics、Wind River 等，獲得針對 Yocto Project 長達數年的商業維護。現在，讓我們看看如何安裝 Yocto Project 吧。

安裝 Yocto Project

你可以透過複製 Git 資源庫的方式下載 Yocto Project，這邊我們選擇了代號為 dunfell 的開發分支：

```
$ git clone -b dunfell git://git.yoctoproject.org/poky.git
```

之後就要養成習慣，時不時地對遠端分支 git pull 一下，把最新的程式缺失或資安修補下載過來。

此外，建議各位讀者先閱讀過「Yocto Project Quick Build」指引文件當中的「Compatible Linux Distribution」小節與「Build Host Packages」小節（https://docs.yoctoproject.org/brief-yoctoprojectqs/index.html），並請確認當中所列出的套件，都已經安裝在你的開發環境中。安裝好之後就可以開始設定了。

設定

如同我們在 Buildroot 給出的範例，這邊也以 ARM 架構 QEMU 模擬器作為目標環境。我們先從環境設定的指令檔開始引用：

```
$ source poky/oe-init-build-env
```

這會幫我們新增並跳轉到一個名為 build/ 的工作目錄。所有的設定檔、中繼產物以及用來部署的檔案，都會放在這個目錄底下。每次要開始專案工作之前，都應該先引用這個指令檔。

你也可以在 oe-init-build-env 後面加上其他目錄名稱作為參數，以此變更工作目錄，例如：

```
$ source pocky/oe-init-build-env build-qemuarm
```

這會讓你進到 build-qemuarm/ 這個目錄底下。這樣我們就能同時進行多個專案了，只要提供給 oe-init-build-env 的參數不同，就能選擇進行不同的工作。

在 build 目錄下，剛開始只有一個叫作 conf/ 的子目錄而已，這裡面會存放專案的設定檔：

- local.conf：關於你要組建的裝置以及組建環境的細節資訊。
- bblayers.conf：要使用的描述層清單。稍後提到描述層時，會再說明這部分。

現階段，我們只需要把 conf/local.conf 裡面 MACHINE 變數開頭的註解符號（#）移除，接著，把這個變數的值設定為 qemuarm 就好了：

```
MACHINE ?= "qemuarm"
```

接下來，馬上就可以用 Yocto Project 組建映像檔了。

組建

要實際進行組建的話，就需要執行 BitBake，告訴它你要建立什麼樣的根目錄檔案系統映像檔。一些常見的映像檔種類有：

- core-image-minimal：這是一種終端環境的小型系統，適合用於測試以及作為自訂映像檔的基礎。
- core-image-minimal-initramfs：與 core-image-minimal 類似，但會組建在 ramdisk（記憶體模擬磁碟）中。

- core-image-x11：透過 X11 伺服器提供圖形化介面支援，並附帶 xterminal 終端機應用軟體。
- core-image-full-cmdline：提供標準的 CLI 指令列環境，並且提供目標環境的完整硬體支援。

只要你給 BitBake 指定一個組建目標，它就會幫你從工具鏈開始搞定一切，包括所有的依賴關係問題。現在，我們先建立一個 minimal 映像檔來測試看看功能：

```
$ bitbake core-image-minimal
```

即使讀者的開發環境是多核心 CPU 以及擁有足夠大量的記憶體空間，這個組建的過程仍然需要花上一點時間，可能要一個小時以上。它會下載 10GiB 大小的原始碼，並且會佔用約 40GiB 的磁碟空間。等它完工後，你會在組建的工作目錄底下，看到好幾個新建出來的資料夾。其中，downloads/ 底下會存放所有組建過程中下載的原始碼，而 tmp/ 底下會存放大部分的組建產物。你可以在 tmp/ 底下看到這些東西：

- work/：這裡存放了組建工作目錄，以及根目錄檔案系統的暫存目錄。
- deploy/：這裡存放了最終要部署到目標環境上的二進位檔案：
  » deploy/images/[機型名稱]/：存放著用於目標環境上運行的啟動載入器、內核與根目錄檔案系統。
  » deploy/rpm/：存放著用來構成映像檔的所有 RPM 套件。
  » deploy/licenses/：存放著從所有套件中抽取出來的授權檔案。

組建完成後，就可以在 QEMU 上把這份映像檔啟動起來了。

運行

當你以 QEMU 為目標環境進行組建時，會產生一個內部版本的 QEMU，這能讓你免除要特地為了發行版而安裝 QEMU 套件的需求，因此避免了版本依賴的問題。可以用 runqemu 這個封裝的指令檔（wrapper script）運行內部版本 QEMU。

啟動 QEMU 模擬器的時候，記得要先引用 oe-init-build-env 參數，然後再輸入如下指令：

```
$ runqemu qemuarm
```

由於這個 QEMU 是設定為支援圖形化終端畫面,所以啟動過程的訊息以及登入指示字元,都會顯示在一個黑色的畫格緩衝(framebuffer)畫面中,如下圖所示:

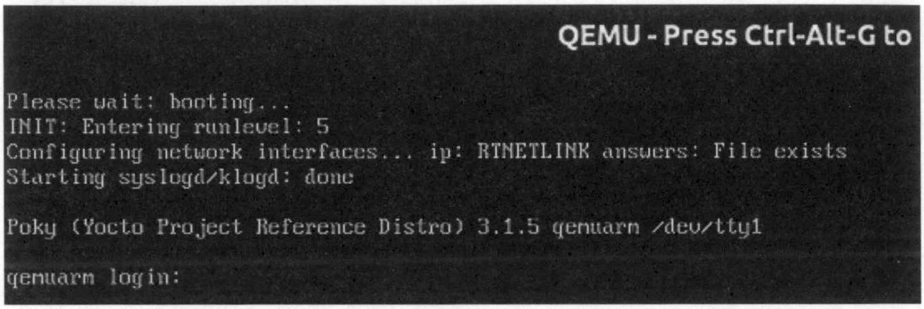

圖 6.5:QEMU 所提供的圖形化主控台(graphic console)

可以用預設無密碼的 root 帳號登入,之後關閉視窗就能關掉 QEMU。

你也可以在指令列中加上 nographic 這個參數,以無圖形化視窗的方式啟動:

```
$ runqemu qemuarm nographic
```

如果你是選擇以這種方式啟動,要關閉 QEMU 請使用組合鍵 Ctrl + A,然後再按 x 鍵。

runqemu 指令檔還有許多其他的選項可以使用,輸入 runqemu help 就可以查看更多資訊。

資料層

Yocto Project 的中繼資料(metadata,又稱描述性資料)以層級(layer)的結構組成,每一層的名稱一般都是以 meta 字樣開頭。而作為 Yocto Project 核心的是以下這幾層:

- meta:這是 OpenEmbedded 核心,包含 Poky 的一些更動。
- meta-poky:與 Poky 發行版有關的中繼資料。
- meta-yocto-bsp:與 Yocto Project 支援機型相關的機板支援套件。

至於 BitBake 搜尋方案檔時要查找的資料層，則是設定在 < 組建工作目錄路徑 >/conf/
bblayers.conf 當中，預設情況下，上面提到的這三個資料層都在搜尋路徑當中。

由於是以這種方式來組織方案與設定資料，因此只要增加新的資料層，就可以輕鬆地擴
充 Yocto Project。你可以從系統單晶片（SoC）的生產商、Yocto Project 本身，以及
世界各地對 Yocto Project 與 OpenEmbedded 提供貢獻的人們那邊，獲取額外的資料
層。在 http://layers.openembedded.org/layerindex/ 上就可以方便地找到這些資
料層，其中一些舉例如下：

- meta-qt5：Qt5 的函式庫與工具程式。
- meta-intel：Intel 處理器與系統單晶片的機板支援套件。
- meta-raspberry：Raspberry Pi 機板的機板支援套件。
- meta-ti：TI 的 ARM 系列系統單晶片的機板支援套件。

要增加一個資料層，就只須將 meta 目錄複製 一份到適合的路徑下，然後再將這個新增
的資料層資訊加進 bblayers.conf 中。記得先查看每層都會有的 README 檔案，確認
對其他資料層的依賴關係，以及是否跟你使用的 Yocto Project 版本相容。

為了說明資料層背後的原理，先讓我們針對 Nova 範例機板建立一個資料層，後續增加
新功能時就可以利用。讀者可以在本書儲存庫的 MELP/Chapter06/meta-nova 找到該
資料層的完整原始檔。

每個資料層底下都要有一個 conf/layer.conf 的設定檔、README 檔案和授權資訊。

依如下指令建立 meta-nova 資料層：

```
$ source poky/oe-init-build-env build-nova
$ bitbake-layers create-layer nova
$ mv nova ../meta-nova
```

這樣就會切換到一個 build-nova 的工作目錄底下，並建立一個名為 meta-nova 的資
料層，裡面有一個 conf/layer.conf 檔案、一個 README 檔案範本，以及採用 MIT 授
權的 COPYING.MIT 檔案。layer.conf 這個檔案的內容看起來就像下面這樣：

```
# We have a conf and classes directory, add to BBPATH
BBPATH .= ":${LAYERDIR}"

# We have recipes-* directories, add to BBFILES
BBFILES += "${LAYERDIR}/recipes-*/*/*.bb \
            ${LAYERDIR}/recipes-*/*/*.bbappend"

BBFILE_COLLECTIONS += "nova"
BBFILE_PATTERN_nova = "^${LAYERDIR}/"
BBFILE_PRIORITY_nova = "6"

LAYERDEPENDS_nova = "core"
LAYERSERIES_COMPAT_nova = "dunfell"
```

這個檔案會把自己的目錄路徑加進 BBPATH 這個變數中,然後把方案檔路徑加進 BBFILES 這個變數。仔細看程式碼,就可以發現目錄底下的方案檔名稱開頭都是 recipes- 字樣,而結尾的副檔名都是 .bb(代表一般的 BitBake 方案檔)或是 .bbappend(代表用於增加、變更指令的擴充方案檔)。這個名為 nova 的資料層被加入了 BBFILE_COLLECTIONS 變數中,並被賦予了等級 6 的優先權。在多個資料層中,出現同名方案檔時,會以資料層的優先權作為決定關鍵,也就是由優先權最高的勝出。

接著,把這個資料層加入組建設定檔中,使用以下指令:

```
$ bitbake-layers add-layer ../meta-nova
```

記得要先套用環境變數設定,然後在 build-nova 工作目錄路徑底下再去執行這道指令。

執行後,你可以用另外一個指令工具,確認是否已經正確設定資料層:

```
$ bitbake-layers show-layers
Note: Starting bitbake server...
layer                 path                              priority
================================================================
meta                  /home/frank/poky/meta                  5
meta-yocto            /home/frank/poky/meta-yocto            5
meta-yocto-bsp        /home/frank/poky/meta-yocto-bsp        5
meta-nova             /home/frank/poky/meta-nova             6
```

這邊就可以看到我們新設定進去的資料層，優先權（priority）的部分顯示為 6，表示可以把其他優先權較低的資料層方案檔覆蓋過去。

這時你可以試試用這個空的資料層組建一次。雖然最終的組建目標環境是 Nova 範例機板，不過測試時先以 BeagleBone Black 為目標組建，所以把 conf/local.conf 當中 MACHINE ?= "beaglebone-yocto" 前面的註解符號移除。接著，一樣用 bitbake core-image-minimal 指令組建小型映像檔。

資料層中除了方案檔，還可能會有 BitBake 的類別檔，以及目標環境、發行版等設定檔。接下來，我先介紹方案檔，然後告訴各位讀者如何建立自訂的映像檔以及建立套件包。

BitBake 與方案檔

BitBake 會處理的資料類型各式各樣，其中包括下面這幾項：

- **方案檔（Recipes）**：以副檔名 .bb 做結尾的檔案。這些檔案含有組建軟體元件所需的資訊，例如要怎麼下載原始碼、與其他元件之間的依賴關係，還有如何進行組建和安裝。
- **擴充檔（Append）**：以副檔名 .bbappend 做結尾的檔案。這些檔案可以讓你擴充或是覆寫方案檔中的內容。.bbappend 檔案的意思就是直接把指令附加（append）在同名方案檔（.bb 檔）的尾端。
- **引用檔（Include）**：以副檔名 .inc 做結尾的檔案。這些檔案含有多個方案檔之間可以共用的資訊。可以用 **include** 或是 **require** 關鍵字來引用這些檔案，這兩個關鍵字的差別在於，如果檔案不存在時，require 會拋出錯誤訊息，include 則不會。
- **類別檔（Classes）**：以副檔名 .bbclass 做結尾的檔案。這些檔案含有共用的組建資訊，舉例來說，如何組建內核，或是如何組建某個 Autotools 專案。方案檔會用 inherit 關鍵字來繼承以及擴充這些類別檔，而 classes/base.bbclass 這個類別檔則是會被所有的方案檔所繼承。
- **設定檔（Configuration）**：以副檔名 .conf 做結尾的檔案。定義了各種控制專案組建過程的設定變數。

方案檔是由一群 Python 與 shell 指令檔所組合而成的任務集合（a collection of tasks），這些任務會以 do_fetch、do_unpack、do_patch、do_configure、do_compile、do_install 等名稱來命名。然後，我們再以 BitBake 來執行這些任務。

預設進行的任務是 do_build，所以會進行方案檔中的組建任務。你可以用下面這種 bitbake -c listtasks [方案檔名稱] 指令來查看方案檔中可以執行的任務清單：

```
$ bitbake -c listtasks core-image-minimal
```

> **Note**
> 上面 -c 這個參數後面可以加上去掉 do_ 開頭後的任務名稱，讓我們指定要進行的任務。

do_listtasks 只是一個特殊任務，它可以列出某個方案檔中定義的所有任務。另一個常見的是 fetch 任務，它會下載某個方案檔所需的原始碼：

```
$ bitbake -c fetch busybox
```

比方說，當你想要下載所有原始碼以及依賴對象的原始碼時，就可以利用這道指令，把所有程式碼通通下載下來，以便組建映像檔：

```
$ bitbake core-image-minimal --runall=fetch
```

方案檔的名稱通常以 < 套件名稱 >_< 版本號 >.bb 的格式命名。方案檔之間可能會有依賴關係存在，所以 BitBake 會先把所有作為基礎的子任務（subtask）完成，以便完成最終的工作目標。

作為範例，我們先在 meta-nova 目錄下新增一個屬於 helloworld 程式的方案檔，請先建立如下的資料夾結構：

```
meta-nova/recipes-local/helloworld
├── files
│   └── helloworld.c
└── helloworld_1.0.bb
```

helloworld_1.0.bb 就是我們的方案檔，而原始碼檔案是存放在本機端方案目錄下的 files/ 子資料夾中。方案檔中的內容如下所示：

```
DESCRIPTION = "A friendly program that prints Hello World!"
PRIORITY = "optional"
```

```
SECTION = "examples"

LICENSE = "GPLv2"
LIC_FILES_CHKSUM = "file://${COMMON_LICENSE_DIR}/GPL-2.0;md5=801f8098
0d171dd6425610833a22dbe6"

SRC_URI = "file://helloworld.c"

S = "${WORKDIR}"

do_compile() {
  ${CC} ${CFLAGS} -o helloworld helloworld.c
}

do_install() {
  install -d ${D}${bindir}
  install -m 0755 helloworld ${D}${bindir}
}
```

原始碼檔案的位置設定在 SRC_URI 這個變數中。在這個範例中，以 file:// 開頭的
URI 路徑表示，會在 recipe 目錄下搜尋目標。BitBake 會在方案檔的相對路徑下搜
尋 files/、helloworld/ 以及 helloworld-1.0/ 等目錄。需要定義的任務是 do_
compile 與 do_install，這兩者分別會編譯原始檔，以及安裝到根目錄檔案系統中。
${D} 代表的是要放到該方案檔的暫存目錄路徑，而 ${bindir} 則會指向預設的二進位
檔案存放目錄 /usr/bin。

每個方案都會以 LICENSE 定義授權資訊，這邊是採用 GPLv2 授權。至於真正存有授權
內容的檔案與檔案的檢查碼（checksum），則定義在 LIC_FILES_CHKSUM 變數中。
如果檢查碼無法對上，表示授權內容可能被更動了，BitBake 就會中止組建工作。
注意 MD5 檢查碼與 COMMON_LICENSE_DIR 是在同一行的內容，中間僅以分號（;）
做分隔而已。授權檔案可以包含在套件中，或者也可以指向在 meta/files/common-
licenses/ 底下的其中一種標準授權檔，本範例就是採用後者的做法。

商業授權預設是不允許的，但這項限制其實很容易就能夠解除。你只需要在方案檔中如
下指定授權類型：

```
LICENSE_FLAGS = "commercial"
```

然後在 conf/local.conf 檔中，特別允許這種授權類型：

```
LICENSE_FLAGS_WHITELIST = "commercial"
```

最後，要確認是否能正確編譯 helloworld 方案檔，就呼叫 BitBake 來進行組建：

```
$ bitbake helloworld
```

如果一切順利，你應該會看到這個工作目錄 tmp/work/cortexa8hf-neon-poky-linux-
gnueabi/helloworld/ 產生出來。你應該還會看到 tmp/deploy/rpm/cortexa8hf_
neon/helloworld-1.0-r0.cortexa8hf_neon.rpm 這個 RPM 套件。

不過，這個套件還沒成為映像檔的一部分。要安裝進去的套件清單是設定在一個名為
IMAGE_INSTALL 的變數當中，所以你可以在 conf/local.conf 中加上下面這一行，把
套件加入清單的尾端：

```
IMAGE_INSTALL_append = " helloworld"
```

注意一下，在「套件名稱」與「第一個雙引號」之間，隔了一個空白符號。現在，當你
執行 bitbake 時，就會把套件加入至任一映像檔中：

```
$ bitbake core-image-minimal
```

如果你把 tmp/deploy/images/beaglebone-yocto/core-image-minimal-beaglebone-
yocto.tar.bz2 打開來看，就會看到 /usr/bin/helloworld 已經被安裝進去了。

用 local.conf 自訂映像檔

在開發或優化的過程裡，我們可能會常常要把套件加入映像檔中。就像前面提到的，你
可以像下面這樣，把套件附加（append）在套件清單的尾端，以便安裝進去：

```
IMAGE_INSTALL_append = " strace helloworld"
```

你還可以利用 EXTRA_IMAGE_FEATURES 來進行更多樣化的變更設定。這邊僅列出一些
項目，好讓你對可以啟用的功能先有個概念：

- `dbg-pkgs`：替所有會安裝到映像檔的套件，都安裝除錯符號套件（debug symbol package）。
- `debug-tweaks`：允許在沒有密碼的情況下登入 root 帳號，並啟用一些有利於開發過程的功能。
- `package-management`：安裝套件管理工具，並且建立套件管理資料庫。
- `read-only-rootfs`：將根目錄檔案系統設為唯讀狀態。我們在「**第 9 章，建立儲存空間的方式**」會再對此有更多說明。
- `x11`：安裝 X 伺服器（X server）。
- `x11-base`：以最小環境安裝 X 伺服器。
- `x11-sato`：安裝 OpenedHand 的 Sato 環境。

我們可以設定的項目多不勝數。這邊建議各位讀者自行查看「Yocto Project Reference Manual」當中的「11.3 Image Features」小節（`https://docs.yoctoproject.org/ref-manual/index.html`），或是查看在 `meta/classes/core-image.bbclass` 當中的程式碼。

自己動手寫映像檔的方案檔

修改 `local.conf` 時，會遇到的問題就是這個檔案只存在本地端（local）。如果你想把產生的映像檔分享給其他開發者，或是載入到產品的系統上，那麼應該把變更寫進**映像檔的方案檔（image recipe）**中才對。

映像檔的方案檔中的指令，包括了如何針對目標環境建立映像檔，如啟動載入器、內核與根目錄檔系統的映像檔。一般來說，映像檔的方案檔都會放在 `images` 目錄下，所以只要用下面這個指令，就能列出映像檔的清單：

```
$ ls meta*/recipes*/images/*.bb
```

像 `core-image-minimal` 的方案檔就是 `meta/recipes-core/images/core-image-minimal.bb`。

一種簡單的做法是，將在 `local.conf` 中的內容，以類似語法寫進已有的映像檔的方案檔中。

舉例來說，假設你要在 `core-image-minimal` 這個映像檔裡面，包進 `helloworld` 程式以及開啟 `strace` 功能。你只要在方案檔中增加兩行指令，就可以引用（使用 `require` 關鍵字）作為基礎映像檔，再增加你要放進去的套件。通常會把映像檔放在一個名為 `images` 的目錄底下，所以讓我們在 `meta-nova/recipes-local/images` 底下的 `nova-image.bb` 中增加下面的內容：

```
require recipes-core/images/core-image-minimal.bb
IMAGE_INSTALL += "helloworld strace"
```

這樣你就可以從 `local.conf` 中移除 `IMAGE_INSTALL_append` 那行了，然後用以下指令組建：

```
$ bitbake nova-image
```

這次組建的速度明顯比前次快上許多，因為前次執行 `core-image-minimal` 組建時的中間產物並未被清場，所以 BitBake 可以重複利用它們。

然而 BitBake 能夠組建的不僅僅是針對目標裝置（target device）的映像檔，它甚至也可以建立供開發環境（host machine）使用的 SDK 開發套件。

建立開發套件

為了讓團隊中的其他開發人員不必像我們一樣完整安裝 Yocto Project，建立一個獨立的工具鏈提供他們安裝使用，是非常有用的。一套理想的工具鏈應該要包括開發函式庫以及所有要安裝在目標環境上的函式庫標頭檔，你可以透過 `populate_sdk` 這項任務參數來為任一映像檔打包這些檔案，如下所示：

```
$ bitbake -c populate_sdk nova-image
```

產出的結果會是一個在 `tmp/deploy/sdk` 目錄底下的 shell 指令檔，檔名格式如下：

```
poky-<C語言函式庫>-<開發機型>-<目標映像檔>-<目標機型>-toolchain-<版本號>.sh
```

以範例的 `nova-image` 而言，建立出來的 SDK 會是：

```
poky-glibc-x86_64-nova-image-cortexa8hf-neon-beaglebone-yocto-
toolchain-3.1.5.sh
```

如果你的工具鏈只想要有 C 語言、C++ 語言跨平台編譯器、C 語言函式庫和標頭檔這樣的基本內容，你可以改為執行：

```
$ bitbake meta-toolchain
```

要安裝開發套件，就直接執行產製出來的那個 shell 指令檔即可。預設的安裝位置會是在 /opt/poky 底下，不過安裝檔也允許你變更路徑：

```
$ tmp/deploy/sdk/poky-glibc-x86_64-nova-image-cortexa8hf-
neon-beaglebone-yocto-toolchain-3.1.5.sh
Poky (Yocto Project Reference Distro) SDK installer version 3.1.5
============================================================
Enter target directory for SDK (default: /opt/poky/3.1.5):
You are about to install the SDK to "/opt/poky/3.1.5". Proceed [Y/n]? Y
[sudo] password for frank:
Extracting SDK...........................................done
Setting it up...done
SDK has been successfully set up and is ready to be used.
Each time you wish to use the SDK in a new shell session, you need to
source the environment setup script e.g.
$ . /opt/poky/3.1.5/environment-setup-cortexa8hf-neon-poky-linux-
gnueabi
```

要使用這個工具鏈，請記得先引用環境設定的指令檔：

```
$ source /opt/poky/3.1.5/environment-setup-cortexa8hf-neon-poky-
linux-gnueabi
```

> **Tip**
> 上例於使用 SDK 時「所執行的 environment-setup-* 指令檔」，與我們先前在使用 Yocto Project 時「所引用的 oe-init-build-env 環境設定的指令檔」，這兩者並不相容，因此，最好的做法是以個別不同的終端機環境，分別引用這些環境設定。

但是以這種方式產生的工具鏈，沒有設定 sysroot。所以當我們對工具鏈編譯器下 -print-sysroot 參數選項時，會出現如下錯誤：

```
$ arm-poky-linux-gnueabi-gcc -print-sysroot
/not/exist
```

如果我們要像前面章節中寫的那樣進行跨平台編譯，也會收到下面這種錯誤訊息：

```
$ arm-poky-linux-gnueabi-gcc helloworld.c -o helloworld
helloworld.c:1:10: fatal error: stdio.h: No such file or directory
    1 | #include <stdio.h>
      |          ^~~~~~~~~
compilation terminated.
```

這是因為編譯器被設定為通用於各種 ARM 處理器架構，因此，你還需要加上正確的指令參數，才能順應架構細部的差異。所以在引用了 environment-setup 環境設定的情況下，最好還是利用環境設定中的這些變數，來執行跨平台編譯，例如：

- CC：C 語言編譯器
- CXX：C++ 語言編譯器
- CPP：C 語言前置編譯器
- AS：組合語言編譯器
- LD：連結器

查看 CC 環境變數就會發現如下設定：

```
$ echo $CC
arm-poky-linux-gnueabi-gcc -mfpu=neon -mfloat-abi=hard
-mcpu=cortex-a8 -fstack-protector-strong -D_FORTIFY_SOURCE=2 -Wformat
-Wformat-security -Werror=format-security --sysroot=/opt/poky/3.1.5/
sysroots/cortexa8hf-neon-poky-linux-gnueabi
```

因此，只要藉由 $CC 來進行編譯，就能一切順利：

```
$ $CC -O helloworld.c -o helloworld
```

接下來，讓我們看看如何處理授權的問題。

確認授權

Yocto Project 強制要求所有的套件都要有授權資訊。我們可以在 `tmp/deploy/licenses/[套件名稱]` 下找到所有套件在組建時產生的授權資訊複本。此外，在 <映像檔名稱>-<機型名稱>-<日期標記>/ 的目錄路徑底下，也可以找到映像檔中的套件與授權資訊概要。以範例中組建的 `nova-image` 為例，我們可能會看到這樣的目錄路徑：

```
tmp/deploy/licenses/nova-image-beaglebone-yocto-20210214072839/
```

利用組建系統，我們就可以省去建立嵌入式 Linux 系統時所要面對的那些苦工，而且結果總是比自己手動打造出來的系統好。最近這幾年有各式各樣開源的組建系統如雨後春筍般出現，其中 Buildroot 與 Yocto Project 分別為兩種不同做法的代表者。Buildroot 簡單迅速，對功能單純、目標明確的裝置是個好選項，如果你像筆者一樣喜歡傳統的嵌入式 Linux 就選它吧。相對的，Yocto Project 較為複雜與具有彈性。雖然能夠獲得來自社群及業界的良好支援，但缺點就是學習的門檻非常高，你可能得花上好幾個月才能真正上手，而在此之後，你還是有可能會遇到一些無法預期的狀況。

小結

在本章節中，我們分別以 Buildroot 與 Yocto Project 為例，說明如何利用這兩者來設定、自訂和組建嵌入式 Linux 系統的映像檔。我們也示範如何利用 Buildroot，針對範例中基於 BeagleBone Black 的衍生機板，建立一個含有「自訂的 U-Boot 修補檔案」與「硬體結構樹資訊」的機板支援套件（BSP）。我們也簡單說明 Yocto Project，在接下來的兩個章節中，我們會進一步深入探討它。但在本章節中，至少我們已經學會了 BitBake 的基礎、如何建立映像檔的方案檔，以及如何建立 SDK 開發套件。

別忘了，所有你用來建立裝置的工具都必須要在上線後的一定期間、甚至是數年內持續維護。Yocto Project 與 Buildroot 在每次發佈後的大約一年期間內，都會持續發佈小型更新，而 Yocto Project 還提供了至少兩年時間的長期維護版本。無論如何，到最後我們還是要想辦法維護自己的發行版，否則就直接求助商業支援吧。至於第三條路，則是無視這些問題，不過永遠別考慮這個選項！

在後續的章節中，我們會介紹檔案儲存與檔案系統，根據你的選擇，將會影響嵌入式 Linux 本身的穩定性與可維護性。

延伸閱讀

如果讀者想要了解更多，可以參考以下資源：

- 「The Buildroot User Manual」：`http://buildroot.org/downloads/manual/manual.html`
- 「Yocto Project Documentation」：`https://docs.yoctoproject.org/`
- Alex González 的著作《*Embedded Linux Development Using Yocto Project Cookbook*》

7

運用Yocto Project開發

在尚未被支援的硬體環境上組建 Linux 系統，這會是一段痛苦且漫長的過程。但幸好 Yocto Project 提供了**機板支援套件（Board Support Packages，BSP）**。此一手段，方便我們使用 BeagleBone Black 或是 Raspberry Pi 4 等知名的機板作為基礎，加速嵌入式 Linux 的開發過程。而利用「既有的 BSP」的開發方式，也可以避免處理如藍牙或 Wi-Fi 這類複雜週邊硬體的問題。在本章節中，我們會以範例的應用程式層（application layer）來展示這一點。

隨後我們還會說明，如何將 Yocto Project 的擴充 SDK 運用到開發流程當中。過往當我們要修改運行在目標環境上的軟體時，往往意味著需要抽換 SD 卡中的內容，但重新組建與部署相當費時。所以在本章節中，筆者要來示範如何運用 devtool，快速地把這段過程自動化，省下時間，好讓我們能專注於開發上。

雖然 Yocto Project 能夠組建的不僅僅是 Linux 映像檔，它還能夠組建出整個 Linux 發行版（distribution），但別急著動手，在組建自訂的 Linux 發行版之前，先讓我們討論一下這樣做的必要性。在組建的過程中，也有許多可討論的決策點，例如，是否有必要在目標環境上啟用執行階段的套件管理功能，以便加速開發？但如果啟用的話，又會需要自行維護「套件資料庫」與「遠端的套件更新伺服器」，這個議題我們會在本章節最後討論到。

在本章節中，我們將帶領各位讀者一起了解：

- 利用既有的 BSP 進行組建
- 運用 `devtool` 加速變更
- 組建自訂發行版
- 建立遠端套件伺服器

讓我們開始吧！

環境準備

執行本章節中的範例時，請讀者先準備如下環境：

- 以 Linux 為主系統的開發環境（至少 60 GB 可用磁碟空間）
- Yocto 3.1（Dunfell）長期維護版本
- Linux 版 USB 開機碟製作工具 Etcher
- 一張可供讀寫的 microSD 卡與讀卡機
- Raspberry Pi 4 機板
- 一條 5V、3A 的 USB Type-C 電源供應線
- 一條乙太網路線，以及開通網路連線所需的防火牆連接埠
- 一台 Wi-Fi 路由器
- 一支有藍牙功能的智慧型手機

如果讀者已經完成**「第 6 章，選擇組建系統」**的閱讀與練習，應該已經下載並安裝好 Yocto 的 3.1 版（Dunfell）了。如果讀者尚未下載安裝，請先參考「Yocto Project Quick Build」中的「Compatible Linux Distribution」小節與「Build Host Packages」 小 節（`https://docs.yoctoproject.org/brief-yoctoprojectqs/index.html`），以及根據**「第 6 章」**當中的指引，在開發環境上安裝 Yocto。

此外，讀者可以在本書 GitHub 儲存庫的 `Chapter07` 資料夾下找到本章的所有程式 碼：`https://github.com/PacktPublishing/Mastering-Embedded-Linux-Programming-Third-Edition`。

利用既有的 BSP 進行組建

透過**機板支援套件（Board Support Package，BSP）**層，我們可以增添 Yocto 對某種或某類硬體裝置的支援能力。所謂的支援能力，通常指的是在該硬體上，要具備「啟動 Linux 系統」所需的啟動載入器、硬體結構樹，以及額外的內核驅動程式等等。為了完整地啟動或運用該硬體上的功能，機板支援套件中也可能會含有額外的用戶空間軟體和週邊韌體。BSP 層的名稱一般是以 meta- 字樣作為前綴，後面接著機器型號。因此，在使用 Yocto 組建出「啟動用映像檔」（bootable image）時，第一步就是要找出最適合目標環境的 BSP。

要找到好的 BSP，建議可以從 OpenEmbedded 上的資料層索引（layer index）開始找起：https://layers.openembedded.org/layerindex。機板的製造商或是晶片供應商也可能會提供 BSP 層。在 Yocto Project 中，有針對 Raspberry Pi 系列機板的 BSP 支援，你可以直接到 Yocto Project 位於 GitHub 的原始碼儲存庫（Source Repositories）中下載 BSP 層與其他資料層：https://git.yoctoproject.org。

組建既有的 BSP

假設各位讀者已經將 Dunfell 版本的 Yocto 下載或安裝到開發環境上一個名為 poky 的目錄底下。在執行以下指令之前，請先回到 poky 目錄的上一層，把這些「依賴關係資料層」下載並複製到與「poky 目錄」同一層（即相鄰）：

```
$ git clone -b dunfell git://git.openembedded.org/meta-openembedded
$ git clone -b dunfell git://git.yoctoproject.org/meta-raspberrypi
```

請注意，為了相容性的問題，在下載「依賴關係資料層」時，請使用與 Yocto 發行版同樣的分支名稱，並經常執行 git pull 指令來下載同步更新。其中，meta-raspberrypi 層是針對所有 Raspberry Pi 系列機板的 BSP。準備好這些依賴關係之後，我們就可以組建出針對 Raspberry Pi 4 的自訂映像檔了。不過，在這樣做之前，筆者想先說明一下 Yocto 泛用映像檔（generic image）的方案檔內容：

1. 首先，切換到你下載並安裝 Yocto 的目錄底下：

   ```
   $ cd poky
   ```

2. 接著，進入標準映像檔（standard image）的方案檔的目錄中：

```
$ cd meta/recipes-core/images
```

3. 在這底下，我們可以看到作為核心（core）的映像檔的方案檔：

```
$ ls -1 core*
core-image-base.bb
core-image-minimal.bb
core-image-minimal-dev.bb
core-image-minimal-initramfs.bb
core-image-minimal-mtdutils.bb
core-image-tiny-initramfs.bb
```

4. 簡單看一下 core-image-base 方案檔的內容為何：

```
$ cat core-image-base.bb
SUMMARY = "A console-only image that fully supports the target
device \
hardware."

IMAGE_FEATURES += "splash"

LICENSE = "MIT"

inherit core-image
```

    最後一行顯示，這個方案檔繼承了（inherit）core-image 的內容，也就是 core-image.bbclass 這個類別檔，但這個檔案我們稍後再說。

5. 接下來，看一下 core-image-minimal 方案檔的內容：

```
$ cat core-image-minimal.bb
SUMMARY = "A small image just capable of allowing a device to
boot."

IMAGE_INSTALL = "packagegroup-core-boot ${CORE_IMAGE_EXTRA_
INSTALL}"

IMAGE_LINGUAS = " "
```

```
LICENSE = "MIT"

inherit core-image

IMAGE_ROOTFS_SIZE ?= "8192"
IMAGE_ROOTFS_EXTRA_SPACE_append = "${@bb.utils.contains("DISTRO_
FEATURES", "systemd", " + 4096", "", d)}"
```

與 core-image-base 相同,這個方案檔也繼承了 core-image 類別檔。

6. 再來,看一下 core-image-minimal-dev 方案檔:

```
$ cat core-image-minimal-dev.bb
require core-image-minimal.bb

DESCRIPTION = "A small image just capable of allowing a device to
boot and \
is suitable for development work."

IMAGE_FEATURES += "dev-pkgs"
```

請注意,這個方案檔需要上一個步驟的 core-image-minimal 方案檔。在這裡
複習一下 require 關鍵字的作用,它類似於我們熟悉的 include。最後則是在
IMAGE_FEATURES 的清單中,額外加上了 dev-pkgs。

7. 我們再切換到 poky/meta 目錄下的 classes 目錄中:

```
$ cd ../../classes
```

8. 最後,讓我們看看之前被繼承的 core-image 類別檔:

```
$ cat core-image.bbclass
```

請注意,在這個類別檔的開頭,是一長串可用的 IMAGE_FEATURES 清單,其中也包含了
前面提及的、額外被加進去的 dev-pkgs 功能。

像 core-image-minimal 與 core-image-minimal-dev 這樣的標準映像檔,是不限定機器種類的(machine-agnostic)。在「**第 6 章,選擇組建系統**」當中,我們也有將 core-image-minimal 同時用在 QEMU ARM 模擬器與 BeagleBone Black 機板上。我們當然也可以將 core-image-minimal 用在 Raspberry Pi 4 機板上。但這邊要介紹的 BSP 層,它包括的是針對特定系列機板(或特定類型機板)的映像檔的方案檔。

接下來,讓我們看看在 meta-raspberrypi 這個 BSP 層當中的 rpi-test-image 方案檔,了解如何針對 Raspberry Pi 4 機板,在 core-image-base 的基礎上,增加對 Wi-Fi 還有藍牙元件的支援:

1. 首先,讓我們回到你安裝 Yocto 的目錄的上一層:

   ```
   $ cd ../../..
   ```

2. 然後,進入 meta-raspberrypi 這個 BSP 層的目錄底下,Raspberry Pi 系列機板的「映像檔的方案檔」就在這裡:

   ```
   $ cd meta-raspberrypi/recipes-core/images
   ```

3. 與 Raspberry Pi 相關的「映像檔的方案檔」,如下所示:

   ```
   $ ls -1
   rpi-basic-image.bb
   rpi-hwup-image.bb
   rpi-test-image.bb
   ```

4. 先看一下 rpi-test-image 方案檔的內容:

   ```
   $ cat rpi-test-image.bb
   # Base this image on core-image-base
   include recipes-core/images/core-image-base.bb

   COMPATIBLE_MACHINE = "^rpi$"

   IMAGE_INSTALL_append = " packagegroup-rpi-test"
   ```

   這邊可以看到方案檔中修改了 IMAGE_INSTALL 變數,附加了 packagegroup-rpi-test,並且將該映像檔中的套件安裝進來。

5. 接著我們來到 `meta-raspberrypi/recipes-core` 下的 `packagegroups` 目錄中：

   ```
   $ cd ../packagegroups
   ```

6. 看一下那個被加進去的 `packagegroup-rpi-test` 方案檔內容究竟為何：

   ```
   $ cat packagegroup-rpi-test.bb
   DESCRIPTION = "RaspberryPi Test Packagegroup"
   LICENSE = "MIT"
   LIC_FILES_CHKSUM = "file://${COMMON_LICENSE_DIR}/MIT;md5=0835ade69
   8e0bcf8506ecda2f7b4f302"

   PACKAGE_ARCH = "${MACHINE_ARCH}"

   inherit packagegroup

   COMPATIBLE_MACHINE = "^rpi$"

   OMXPLAYER = "${@bb.utils.contains('MACHINE_FEATURES',
   'vc4graphics', '', 'omxplayer', d)}"

   RDEPENDS_${PN} = "\
       ${OMXPLAYER} \
       bcm2835-tests \
       rpio \
       rpi-gpio \
       pi-blaster \
       python3-rtimu \
       python3-sense-hat \
       connman \
       connman-client \
       wireless-regdb-static \
       bluez5 \
   "
   RRECOMMENDS_${PN} = "\
       ${@bb.utils.contains("BBFILE_COLLECTIONS", "meta-multimedia",
   "bigbuckbunny-1080p bigbuckbunny-480p bigbuckbunny-720p", "", d)} \
       ${MACHINE_EXTRA_RRECOMMENDS} \
   "
   ```

   注意 `connman`、`connman-client`、`bluez5` 這幾個套件，是以執行期依賴關係設定在清單中，好讓 Wi-Fi 與藍牙元件能夠運作起來。

看完以上說明後，接下來，就讓我們以 Raspberry Pi 4 為目標環境組建 rpi-test-image 映像檔吧：

1. 首先，讓我們回到你安裝 Yocto 的目錄的上一層：

    ```
    $ cd ../../..
    ```

2. 接著，設定 BitBake 的工作環境：

    ```
    $ source poky/oe-init-build-env build-rpi
    ```

    這個指令會設定一連串的環境變數，並新建一個 build-rpi 目錄，然後讓你跳進去。

3. 然後，把下面這些資料層加到你的映像檔中：

    ```
    $ bitbake-layers add-layer ../meta-openembedded/meta-oe
    $ bitbake-layers add-layer ../meta-openembedded/meta-python
    $ bitbake-layers add-layer ../meta-openembedded/meta-networking
    $ bitbake-layers add-layer ../meta-openembedded/meta-multimedia
    $ bitbake-layers add-layer ../meta-raspberrypi
    ```

    這些資料層加入的順序是有意義的，比方說，meta-networking 與 meta-multimedia 皆依賴於 meta-python 層。要是讀者在 bitbake-layers add-layer 以及 bitbake-layers show-layers 時出現錯誤，請直接刪除整個 build-rpi 目錄，然後從「第 1 個步驟」重新開始。

4. 驗證所有必須的資料層都已經加到映像檔中：

    ```
    $ bitbake-layers show-layers
    ```

    最後的結果總共應該有八個資料層：meta、meta-poky、meta-yocto-bsp、meta-oe、meta-python、meta-networking、meta-multimedia 以及 meta-raspberrypi。

5. 直接看一下 `bblayers.conf` 的內容，了解先前一連串 `bitbake-layers add-layer` 指令執行後造成的改變：

```
$ cat conf/bblayers.conf
```

你應該會看到上面所述的八個資料層，已經被設定到 `BBLAYERS` 變數中了。

6. 如果你想了解 `meta-raspberrypi` 這個 BSP 層有支援哪些機型的話，可以這樣查詢：

```
$ ls ../meta-raspberrypi/conf/machine
```

這邊可以看到，它同時支援 `raspberrypi4` 與 `raspberrypi4-64`。

7. 把下面這一行加到 `conf/local.conf` 檔案中：

```
MACHINE = "raspberrypi4-64"
```

如此一來，這一行就會覆蓋（override）原本在 `conf/local.conf` 檔案中預設的下面這一行設定：

```
MACHINE ??= "qemux86-64"
```

之所以要特地設定 `MACHINE` 變數，就是為了確保「產製出來的映像檔」可用於 Raspberry Pi 4 機板上。

8. 接著修改 `conf/local.conf` 檔案中的 `EXTRA_IMAGE_FEATURES` 清單，把 `ssh-server-openssh` 加進去：

```
EXTRA_IMAGE_FEATURES ?= "debug-tweaks ssh-server-openssh"
```

這樣映像檔就具備了在區域網路內以 SSH 連線的功能。

9. 最後，開始組建映像檔：

```
$ bitbake rpi-test-image
```

如果你是第一次進行組建，整個過程可能會從數分鐘到數小時不等，取決於你的開發環境上有多少 CPU 核心資源可供使用。在本範例中，MACHINE 變數值是 raspberrypi4-64，而 TARGET_SYS 變數值是 aarch64-poky-linux，代表這個映像檔是針對「搭載 ARM Cortex-A72 64 位元核心的 Raspberry Pi 4 機板」所設計的。

完成組建映像檔後，你應該會在 tmp/deploy/images/raspberrypi4-64 目錄路徑底下，看到一個名為 rpi-test-image-raspberrypi4-64.rootfs.wic.bz2 的檔案：

```
$ ls -l tmp/deploy/images/raspberrypi4-64/rpi-test*wic.bz2
```

但這個 rpi-test-image-raspberrypi4-64.rootfs.wic.bz2 其實只是一個軟連結，指向同一個目錄底下真正的映像檔檔案；這個真正的映像檔檔案，在檔案名稱與 wic.bz2 之間，會加上一串標示了組建日期和時間的整數。

接下來，我們使用 Etcher，把映像檔寫入一張 microSD 卡中，並在 Raspberry Pi 4 機板上啟動：

1. 將 microSD 卡插入你的開發環境（host machine）。
2. 啟動 Etcher。
3. 點擊 Etcher 中的 **Flash from file** 選項。
4. 找到剛剛針對 Raspberry Pi 4 所組建的 wic.bz2 映像檔。
5. 點擊 Etcher 中的 **Select target** 選項。
6. 選擇我們在「第 1 個步驟」中插入的 microSD 卡。
7. 點擊 Etcher 中的 **Flash** 選項，開始寫入映像檔。
8. 在 Etcher 完成寫入後，退出 microSD 卡。
9. 將 microSD 卡插到 Raspberry Pi 4 機板上。
10. 插上 USB Type-C 電源線，開啟 Raspberry Pi 4 機板電源。

啟動 Raspberry Pi 4 後，接上乙太網路線，並觀察燈號，確認是否有網路流量進出。

控制 Wi-Fi

經過前面的作業後，我們手頭上已經有一份包括乙太網路、Wi-Fi 和藍牙功能的 Raspberry Pi 4「啟動用映像檔」。在啟動裝置並連到區域網路後，我們就可以再次利

用 meta-raspberrypi 層中附帶的 connman，連到附近的 Wi-Fi 網路。至於一些其他的 BSP 層，則是透過不同的網路介面（例如 system-networkd 與 NetworkManager）來設定：

1. 組建出的映像檔會使用 raspberrypi4-64 作為 hostname 主機名稱，因此我們可以利用 ssh 指令工具，以 root 使用者帳號登入裝置：

```
$ ssh root@raspberrypi4-64.local
```

當出現「確認是否繼續連線」時請輸入 yes，不需要輸入密碼。如果出現的訊息是 raspberrypi4-64.local 不存在，請先用 arp-scan 之類的工具，找出 Raspberry Pi 4 機板的網路 IP 位址，然後改用 IP 位址進行 ssh 連線。

2. 登入後，先驗證一下 Wi-Fi 驅動程式是否存在：

```
root@raspberrypi4-64:~# lsmod | grep 80211
cfg80211               753664   1 brcmfmac
rfkill                  32768   6 nfc,bluetooth,cfg80211
```

3. 然後啟動 connman 用戶端：

```
root@raspberrypi4-64:~# connmanctl
connmanctl>
```

4. 啟用 Wi-Fi 功能：

```
connmanctl> enable wifi
Enabled wifi
```

如果此時 Wi-Fi 功能已經啟用，會出現一段 Error wifi: Already enabled 的訊息，無視就好。

5. 將 connmanctl 註冊為連線功能代理程式（connection agent）：

```
connmanctl> agent on
Agent registered
```

6. 開始掃描 Wi-Fi 網路：

```
connmanctl> scan wifi
Scan completed for wifi
```

7. 列出所有掃描到的 Wi-Fi 網路：

```
connmanctl> services
*AO Wired                ethernet_dca6320a8ead_cable
    RT-AC66U_B1_38_2G    wifi_dca6320a8eae_52542d41433636555f42315
f33385f3247_managed_psk
    RT-AC66U_B1_38_5G    wifi_dca6320a8eae_52542d41433636555f42315
f33385f3547_managed_psk
```

這邊顯示的 RT-AC66U_B1_38_2G 與 RT-AC66U_B1_38_5G，指的是筆者在執行本範例時，連接到 ASUS 路由器的 Wi-Fi 網路 SSID 識別編號。因此，讀者們在執行本範例時，應該會看到不同的結果。在 Wired 字樣前顯示的 *AO 代表目前透過「乙太網路」連線中的裝置。

8. 嘗試連線到 Wi-Fi 網路：

```
connmanctl> connect wifi_dca6320a8eae_52542d41433636555f42315f3338
5f3547_managed_psk
Agent RequestInput wifi_dca6320a8eae_52542d41433636555f42315f3338
5f3547_managed_psk
  Passphrase = [ Type=psk, Requirement=mandatory ]
Passphrase? somepassword
Connected wifi_dca6320a8eae_52542d41433636555f42315f33385f3547_
managed_psk
```

連線時，請使用你在前一個步驟中得到的實際編號，取代 connect 指令後方一連串連線目標的編號。將 somepassword 替換為你的 Wi-Fi 連線密碼。

9. 此時，再次列出連線服務看看：

```
connmanctl> services
*AO Wired                ethernet_dca6320a8ead_cable
*AR RT-AC66U_B1_38_5G    wifi_dca6320a8eae_52542d41433636555f42315
f33385f3547_managed_psk
```

```
    RT-AC66U_B1_38_2G    wifi_dca6320a8eae_52542d41433636555f42315
f33385f3247_managed_psk
```

你可以看到，在連線目標的前方，出現了 *AR 的字樣，代表連線已經可用（ready）。但因為「有線網路」先於「無線網路」，因此裝置還是維持在透過「乙太網路」連線的狀態。

10. 退出 connman 用戶端：

```
connmanctl> quit
```

11. 拔掉原本 Raspberry Pi 4 機板上的實體網路線，這會讓 ssh 連線中斷：

```
root@raspberrypi4-64:~# client_loop: send disconnect:
Broken pipe
```

12. 接著，再次嘗試連線到 Raspberry Pi 4 機板：

```
$ ssh root@raspberrypi4-64.local
```

13. 然後，再次啟動 connman 用戶端：

```
root@raspberrypi4-64:~# connmanctl
connmanctl>
```

14. 列出服務清單：

```
connmanctl> services
*AO RT-AC66U_B1_38_5G    wifi_dca6320a8eae_52542d41433636555f42315
f33385f3547_managed_psk
```

這次有線網路（Wired）就不在清單中了，取而代之的是方才作為連線目標的 Wi-Fi 網路 SSID，並且從原先的「可用」連線狀態轉變為「連線中」。

connman 常駐服務會將 Wi-Fi 的連線認證資訊（credentials），保存在 /var/lib/ connman 底下，也就是寫入 microSD 卡中。換句話說，之後每當 Raspberry Pi 4 啟動完成，就會自動連線到同樣的無線網路，不需要再次重複以上的步驟。你可以跟乙太網路線說掰掰了。

控制藍牙

除了用於無線網路的 connman 與 connman-client 套件之外，在 meta-raspberrypi 層中，還有用於藍牙連線的 bluez5 套件。這些套件，以及套件所依賴的驅動程式，都已經包含在我們針對 Raspberry Pi 4 組建的映像檔 rpi-test-image 中。讓我們嘗試啟動藍牙，並與其他裝置配對：

1. 首先，啟動 Raspberry Pi 4 機板並以 ssh 登入：

   ```
   $ ssh root@raspberrypi4-64.local
   ```

2. 驗證藍牙驅動程式是否就位：

   ```
   root@raspberrypi4-64:~# lsmod | grep bluetooth
   bluetooth              438272  9 bnep
   ecdh_generic            24576  1 bluetooth
   rfkill                  32768  6 nfc,bluetooth,cfg80211
   ```

3. 啟動 HCI UART 驅動程式以便進行藍牙連線：

   ```
   root@raspberrypi4-64:~# btuart
   bcm43xx_init
   Flash firmware /lib/firmware/brcm/BCM4345C0.hcd
   Set Controller UART speed to 3000000 bit/s
   Device setup complete
   ```

4. 啟動 connman 用戶端：

   ```
   root@raspberrypi4-64:~# connmanctl
   connmanctl>
   ```

5. 啟用藍牙功能：

   ```
   connmanctl> enable bluetooth
   Enabled Bluetooth
   ```

   如果此時藍牙功能已經啟用，會出現一段 Error bluetooth: Already enabled 的訊息，無視就好。

6. 退出 connman 用戶端：

```
connmanctl> quit
```

7. 啟動藍牙指令列介面：

```
root@raspberrypi4-64:~# bluetoothctl
Agent registered
[CHG] Controller DC:A6:32:0A:8E:AF Pairable: yes
```

8. 啟動預設代理程式：

```
[bluetooth]# default-agent
Default agent request successful
```

9. 啟動藍牙控制器：

```
[bluetooth]# power on
Changing power on succeeded
```

10. 顯示控制器狀態：

```
[bluetooth]# show
Controller DC:A6:32:0A:8E:AF (public)
Name: BlueZ 5.55
Alias: BlueZ 5.55
Class: 0x00200000
Powered: yes
Discoverable: no
DiscoverableTimeout: 0x000000b4
Pairable: yes
```

11. 開始掃描附近的藍牙裝置：

```
[bluetooth]# scan on
Discovery started
[CHG] Controller DC:A6:32:0A:8E:AF Discovering: yes
...
[NEW] Device DC:08:0F:03:52:CD Frank's iPhone
...
```

假設讀者已啟用了藍牙功能的智慧型手機就放在裝置附近，此時，你應該會在清單中看到標示為 [NEW] 字樣的裝置。以本範例來說，這個裝置就是藍牙 MAC 位址為 DC:08:0F:03:52:CD 的 Frank's iPhone。

12. 停止對藍牙裝置的掃描：

```
[bluetooth]# scan off
...
[CHG] Controller DC:A6:32:0A:8E:AF Discovering: no
Discovery stopped
```

13. 如果你使用的是 iPhone 裝置，此時可以前往 **Settings**（設定）底下的 **Bluetooth**（藍牙），然後與 Raspberry Pi 4 機板進行配對連線。

14. 與手機完成配對：

```
[bluetooth]# pair DC:08:0F:03:52:CD
Attempting to pair with DC:08:0F:03:52:CD
[CHG] Device DC:08:0F:03:52:CD Connected: yes
Request confirmation
[agent] Confirm passkey 936359 (yes/no):
```

請將範例中的 DC:08:0F:03:52:CD 替換為你手機實際的藍牙 MAC 位址。

15. 在最後一行輸入 yes 之前，請記得先回到手機上，點擊接受藍牙配對請求：

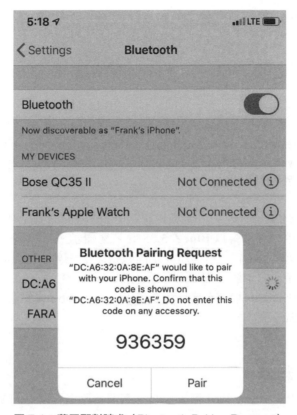

圖 7.1：藍牙配對請求（Bluetooth Pairing Request）

16. 接著輸入 yes，完成配對認證：

```
[agent] Confirm passkey 936359 (yes/no): yes
[CHG] Device DC:08:0F:03:52:CD ServicesResolved: yes
[CHG] Device DC:08:0F:03:52:CD Paired: yes
Pairing successful
[CHG] Device DC:08:0F:03:52:CD ServicesResolved: no
[CHG] Device DC:08:0F:03:52:CD Connected: no
```

17. 嘗試連線到你的手機：

```
[bluetooth]# connect DC:08:0F:03:52:CD
Attempting to connect to DC:08:0F:03:52:CD
[CHG] Device DC:08:0F:03:52:CD Connected: yes
Connection successful
```

```
[CHG] Device DC:08:0F:03:52:CD ServicesResolved: yes
Authorize service
```

這邊同樣請記得將 `DC:08:0F:03:52:CD` 替換為你手機的藍牙 MAC 位址。

18. 出現連線裝置認證時，請輸入 `yes`：

```
[agent] Authorize service 0000110e-0000-1000-8000-00805f9b34fb
(yes/no): yes
[Frank's iPhone]#
```

這樣一來，就完成 Raspberry Pi 4 機板與智慧型手機之間的藍牙連線了。在你手機上的藍牙裝置清單中，應該會以 **BlueZ 5.55** 的名稱顯示。實際上，`bluetoothctl` 程式還有許多功能與附加項目，這邊所介紹的只是冰山一角，需要的話，你可以輸入 `help` 來查看說明手冊，了解一下相關功能。與 `connman` 類似，這個 **BlueZ** 藍牙堆疊（stack）也是一種 D-Bus 服務，所以我們可以使用 Python 或其他程式語言，以程式化的方式透過 D-Bus 介面進行溝通。

加入自訂資料層

如果讀者打算以 Raspberry Pi 4 機板作為專案開發原型，那麼只要在 `conf/local.conf` 檔案中設定 `IMAGE_INSTALL_append` 變數，把套件加到清單中，快速地建立出自訂映像檔即可。雖然這項技巧很方便，但總會有些時候，我們需要把「自行開發的嵌入式應用程式」也整合進去。此時，究竟該如何把這類額外的軟體也加到自訂映像檔中呢？答案是，我們必須建立一個自訂資料層（a custom layer），新增一份用於組建該軟體的方案檔。底下詳述：

1. 首先，讓我們回到你安裝 Yocto 的目錄的上一層。

2. 接著，設定 BitBake 的工作環境：

```
$ source poky/oe-init-build-env build-rpi
```

這個指令會設定一連串的環境變數，並新建一個 `build-rpi` 資料夾，然後讓你跳進去。

3. 新建一個你的應用程式的資料層：

```
$ bitbake-layers create-layer ../meta-gattd
Note: Starting bitbake server...
Add your new layer with 'bitbake-layers add-layer ../meta-gattd'
```

由於是 GATT 常駐服務，因此這邊以 meta-gattd 命名。讀者可依自己的需求命名，但命名時請遵循 meta- 前綴字樣的規則。

4. 進入「新增的資料層」的目錄：

```
$ cd ../meta-gattd
```

5. 查看一下資料層中的目錄結構：

```
$ tree
.
├── conf
│       └── layer.conf
├── COPYING.MIT
├── README
└── recipes-example
        └── example
                └── example_0.1.bb
```

6. 重新命名 recipes-examples 目錄的名稱：

```
$ mv recipes-example recipes-gattd
```

7. 重新命名 example 目錄的名稱：

```
$ cd recipes-gattd
$ mv example gattd
```

8. 重新命名 example 範本方案檔：

```
$ cd gattd
$ mv example_0.1.bb gattd_0.1.bb
```

9. 查看一下範本方案檔中的預設內容：

```
$ cat gattd_0.1.bb
```

之後，讀者需要在這份方案檔中加入軟體開發所需的中繼資料（metadata），包括 SRC_URI 與 MD5 檢查碼等等。

10. 在本範例中，請使用本書儲存庫的 MELP/Chapter07/meta-gattd/recipes-gattd/gattd_0.1.bb，取代（覆蓋）預設的 gattd_0.1.bb 方案檔。

11. 新建一個 Git 儲存庫，用於存放我們建立好的資料層，然後推送到 GitHub 上面。

這樣一來，我們就完成應用程式「自訂資料層」的準備了，接下來，就加到映像檔中：

1. 首先，讓我們回到你安裝 Yocto 的目錄的上一層：

```
$ cd ../../..
```

2. 然後從 GitHub 上，把 meta-gattd 資料層複製下來：

```
$ git clone https://github.com/fvasquez/meta-gattd.git
```

請把上面所示的 fvasquez 字樣，替換為你自己的 GitHub 使用者帳號名稱；請把上面所示的 meta-gattd 字樣，替換為你自行定義的儲存庫名稱。

3. 接著，設定 BitBake 的工作環境：

```
$ source poky/oe-init-build-env build-rpi
```

這個指令會設定一連串的環境變數，並新建一個 build-rpi 資料夾，然後讓你跳進去。

4. 把複製下來的資料層加進映像檔內：

```
$ bitbake-layers add-layer ../meta-gattd
```

如果資料層名稱不同，請記得將 meta-gattd 字樣替換掉。

5. 檢查一下，是否所有需要的資料層都已加到映像檔中：

```
$ bitbake-layers show-layers
```

正確無誤的話，包括「新加入的資料層」在內，總共應該有九個資料層在清單中。

6. 現在，修改 conf/local.conf 檔案，將這個套件加入：

```
CORE_IMAGE_EXTRA_INSTALL += "gattd"
```

對於直接繼承 core-image 類別的映像檔來說，CORE_IMAGE_EXTRA_INSTALL 是一個很實用的變數，方便我們加入額外的套件（extra packages），就像 rpi-test-image 那樣。至於另一個變數 IMAGE_INSTALL，則是負責用來控制要加入「任何映像檔」之中的套件。因此，千萬不要在 conf/local.conf 檔案中使用 IMAGE_INSTALL += "gattd" 這樣的語法，否則會將 core-imafe.bbclass 中的設定給覆蓋過去。當你有增加額外套件的需求時，請記得使用這樣的語法加入：IMAGE_INSTALL_append = " gattd" 或是 CORE_IMAGE_EXTRA_INSTALL += " gattd"。

7. 最後，重新組建映像檔：

```
$ bitbake rpi-test-image
```

如果上述都有正確設定、組建並完成安裝的話，組建結果的 rpi-test-image-raspberrypi4-64.rootfs.wic.bz2 映像檔中，應該已經將套件納入了。接著，把映像檔寫入 microSD 卡中，插入 Raspberry Pi 4 機板並啟動它。

這個動作最好是在開發階段一開始，就在 conf/local.conf 中安排好。這樣一來，當我們辛辛苦苦地完成開發工作時，就能馬上在「映像檔的方案檔」中加進這份套件，與團隊共同分享成果。在上一章中，我們從頭開始編寫了一份 nova-image 方案檔，然後才把 helloworld 套件加到 core-image-minimal 中；相較之下，這一章的做法有效率多了。

到目前為止，我們都是討論如何把組建好的映像檔放到「實際的硬體」上測試，接下來的重點會先回到「軟體」上。我們會介紹一套軟體，它會幫助我們建立起流水線，在開發嵌入式軟體時，更順暢地推動編譯、測試、除錯的流程。

運用 devtool 加速變更

之前我們已經學會如何從頭開始編寫一份簡單的 helloworld 方案檔。這種參考既有方案檔的做法在開發初期是很好用的，但隨著時間過去，專案越趨複雜，需要維護的方案檔數量也會呈爆炸性增長，這種做法也會逐漸不敷使用。於是筆者要提出另一種更好的做法，不論是自訂套件或第三方套件都適用，那就是利用 Yocto 提供的擴充 SDK（extensible SDK，可延伸的 SDK），其中的 devtool 工具。

開發流程

在開始使用 devtool 工具之前，請先確定你修改的不是既有的方案檔，而是以一個新建的資料層進行，否則一個不小心，就有可能會把辛苦數小時的工作內容給覆蓋掉了。

1. 首先，進入你安裝 Yocto 的目錄的上一層。

2. 接著，設定 BitBake 的工作環境：

   ```
   $ source poky/oe-init-build-env build-mine
   ```

   這個指令會設定一連串的環境變數，並新建一個 build-mine 資料夾，然後讓你跳進去。

3. 將 conf/local.conf 檔案中的 MACHINE 變數設為 64 位元 ARM 處理器：

   ```
   MACHINE ?= "qemuarm64"
   ```

4. 新建一份資料層：

   ```
   $ bitbake-layers create-layer ../meta-mine
   ```

5. 把這份資料層加進去：

   ```
   $ bitbake-layers add-layer ../meta-mine
   ```

6. 確認一下新建的資料層是否設定正確：

   ```
   $ bitbake-layers show-layers
   ```

   清單中總共應該有四個資料層，分別是 meta、meta-poky、meta-yocto-bsp 以及 meta-mine。

為了向各位讀者展示開發流程，首先，我們需要一個部署目標，也就是組建一個映像檔：

```
$ devtool build-image core-image-full-cmdline
```

第一次執行完整的映像檔組建流程，可能會花上數小時不等。在完成後，你可以試著部署並啟動：

```
$ runqemu qemuarm64 nographic
[...]
Poky (Yocto Project Reference Distro) 3.1.6 qemuarm64 ttyAMA0

qemuarm64 login: root
root@qemuarm64:~#
```

只要在執行時設定為 nographic 參數，就可以直接在指令列模式下運行 QEMU 模擬器了。與圖形化介面相比，還是指令列模式更適合輸入。預設是直接以 root 使用者帳號登入，沒有密碼。若要跳出以 nographic 模式運行的 QEMU 模擬器，請在目標環境直接按下 Ctrl + A 組合鍵，然後再按下 x。現在先不要跳出，因為後續範例要在這個底下執行。或者，你也可以用 ssh root@192.168.7.2 的方式透過 SSH 登入。

devtool 適用於三種常見的開發流程：

* 新建「方案檔」
* 將「修補」更新到「既有的方案檔」中
* 將「上游的版本更新」修補到「方案檔」中

執行這類工作流程時，我們可以利用 devtool 建立一個臨時的工作環境（temporary workspace），提供一個用於修改的沙盒空間（sandbox），以及存放方案檔與其他原始碼檔案。等到開發工作完成之後，再將這些修改整合回資料層中，然後刪除這個臨時的工作環境。

新建方案檔

假設我們有一個想要加入的開源軟體：以 bubblewrap 為例，這是一個輕量級的 container runtime（容器執行階段）。我們雖然想要加入它，卻苦尋不著既有的 BitBake 方案檔來直接引用。這時候，我們可以從 bubblewrap 的 GitHub 程式庫下載打包檔（tarball），然後利用 devtool add 的功能來自建一個方案檔。

devtool add 會用本地端的 Git 儲存庫建立一個臨時的工作環境。它會在這個工作環境中建立一個 recipes/bubblewrap 目錄，將原始碼檔案的打包檔內容，解壓縮到 sources/bubblewrap 這個目錄底下。devtool 支援一些常見的組建系統，例如 Autotools 與 CMake，並且會自動偵測該套件是屬於哪一種專案。（以 bubblewrap 為例，它是屬於 Autotools 專案。）接著，devtool 會使用前一次 BitBake 組建中「已解析過的中繼資料和套件」，去找出 DEPENDS 與 RDEPENDS 的變數值，以及「相關的依賴關係檔案」有哪些。流程細節如下所示：

1. 首先，開啟另一個指令列環境，然後進入你安裝 Yocto 的目錄的上一層。

2. 接著，設定 BitBake 的工作環境：

   ```
   $ source poky/oe-init-build-env build-mine
   ```

   這個指令會設定一連串的環境變數，進入到先前建立的 build-mine 資料夾。

3. 接著，使用該軟體打包檔的下載來源 URL，執行 devtool add 指令：

   ```
   $ devtool add https://github.com/containers/bubblewrap/releases/
   download/v0.4.1/bubblewrap-0.4.1.tar.xz
   ```

   如果設定上都沒有問題，devtool add 會自動幫我們產生一份可用於組建的方案檔。

4. 但在進行組建之前，先看一下方案檔的內容為何：

```
$ devtool edit-recipe bubblewrap
```

devtool 會使用編輯器介面打開 recipes/bubblewrap/bubblewrap_0.4.1.bb 這份檔案，我們可以看到，devtool 已經幫我們填好 MD5 檢查碼了。

5. 在 bubblewrap_0.4.1.bb 的檔案尾端加入下面這一行：

```
FILES_${PN} += "/usr/share/*"
```

檢查一下有沒有錯誤，儲存變更後，離開編輯器介面。

6. 輸入以下指令，開始組建：

```
$ devtool build bubblewrap
```

7. 接下來，把編譯過的 bwrap 可執行檔（executable），部署到目標環境模擬器（target emulator）上：

```
$ devtool deploy-target bubblewrap root@192.168.7.2
```

這道指令會將「必要的組建產出物」安裝到「目標環境模擬器」中。

8. 然後，直接從 QEMU 環境中執行「我們組建出且部署好的 bwrap 可執行檔」：

```
root@qemuarm64:~# bwrap --help
```

成功的話，你會看到一連串與 bubblewrap 有關的說明訊息，代表「組建」與「部署」都順利完成。反之，請從頭以 devtool 工具再跑一次編輯、組建、部署的步驟，直到確認 bubblewrap 被安裝上去為止。

9. 完成後，就可以解除目標環境模擬器的安裝了：

```
$ devtool undeploy-target bubblewrap root@192.168.7.2
```

10. 把「這次的改動」合併到資料層中：

```
$ devtool finish -f bubblewrap ../meta-mine
```

11. 清除工作環境：

```
$ rm -rf workspace/sources/bubblewrap
```

如果讀者想把你的改動分享給其他人，也可以更進一步，提交自己的成果到 Yocto 上。

修改既有的方案檔

假設我們今天在 **jq** 這個 JSON 語言的前置處理器指令工具中，發現了程式缺失（bug），並且在 https://github.com/stedolan/jq 這個 Git 儲存庫中，也找不到相關的問題回報。這時候，我們可能會探頭進去張望一下，發現原來只需要在原始碼中做幾個簡單的更動，就可以修正這個錯誤。於是我們決意自己動手修補 jq 指令工具，而這也是 devtool 可以派上用場的其中一種情境。

只不過，這次 devtool 在查看 Yocto 中的快取中繼資料（cached metadata）時，發現已經有 jq 相關的方案檔存在了。如同 devtool add 指令，devtool modify 也會用本地端的 Git 儲存庫建立一個臨時的工作環境，然後把「方案檔」複製到這個環境中、把「上游的原始碼檔案」擷取進來。至於 jq 指令工具，其本身是以 C 語言寫成，並且歸屬在 meta-oe 這個 OpenEmbedded 資料層中。因此，在動手之前，我們首先要將該資料層與 jq 相關的依賴關係，都加到映像檔內，再開始修改：

1. 首先，刪除之前範例中的 build-mine 等工作環境：

```
$ bitbake-layers remove-layer workspace
$ bitbake-layers remove-layer meta-mine
```

2. 從 GitHub 上複製 meta-openembedded 儲存庫：

```
$ git clone -b dunfell https://github.com/openembedded/meta-
openembedded.git ../meta-openembedded
```

3. 將 `meta-oe` 與 `meta-mine` 等資料層,加入映像檔中:

```
$ bitbake-layers add-layer ../meta-openembedded/meta-oe
$ bitbake-layers add-layer ../meta-mine
```

4. 確認必要的資料層都已經加到映像檔中:

```
$ bitbake-layers show-layers
```

   清單中總共應該有五個資料層,分別是:`meta`、`meta-poky`、`meta-yocto-bsp`、`meta-oe` 以及 `meta-mine`。

5. 由於 `jq` 在執行期階段需要用到一個名為 `onig` 的套件,因此,請把底下這一行加到 `conf/local.conf` 檔案中:

```
IMAGE_INSTALL_append = " onig"
```

6. 然後重新組建映像檔:

```
$ devtool build-image core-image-full-cmdline
```

7. 先到另一個指令列環境中按下 Ctrl + A 組合鍵,再按下 x,跳離 QEMU 模擬器,接著重啟:

```
$ runqemu qemuarm64 nographic
```

`devtool` 與其他產製修補檔案的工具一樣,會以提交時的訊息,作為修補檔案的檔名,因此,請記得在提交時保持訊息的簡潔易懂。產製時,它會自動根據「Git 提交紀錄」產生修補檔案,並根據上述的檔名規則,產生以 `.bbappend` 作為後綴的修補檔案。所以請記得事前挑揀並壓縮你的 Git 提交紀錄,這樣 `devtool` 才能產製容易辨認的修補檔案:

1. 執行 `devtool modify` 指令,加上要修改的套件名稱:

```
$ devtool modify jq
```

2. 使用讀者們偏好的編輯器，修改程式碼內容，然後用 Git 的 add 與 commit 確認
   變更。

3. 使用下列指令，把修改過後的內容加到組建中：

   ```
   $ devtool build jq
   ```

4. 把編譯過的 jq 可執行檔，部署到目標環境模擬器上：

   ```
   $ devtool deploy-target jq root@192.168.7.2
   ```

   這道指令會把「必要的組建產出物」都安裝到「目標環境模擬器」上。

   萬一出現連線失敗的訊息，你可以先把「失效的模擬器安全公鑰」刪除掉，如下
   所示：

   ```
   $ ssh-keygen -f "/home/frank/.ssh/known_hosts" \
   -R "192.168.7.2"
   ```

   請記得把上面指令的 frank 字樣，替換為各位讀者在開發環境中的使用者帳號名
   稱。

5. 在 QEMU 指令列環境中，實際執行方才組建並部署的「jq 可執行檔」看看。如
   果沒有出現異常訊息，就代表修補成功了；反之，請重新進行編輯、組建、部署
   的步驟，直到成功為止。

6. 完成後，就可以解除目標環境模擬器的安裝了：

   ```
   $ devtool undeploy-target jq root@192.168.7.2
   ```

7. 把「修補後的成果」合併到資料層中：

   ```
   $ devtool finish jq ../meta-mine
   ```

   倘若因為 Git 提交紀錄異常的關係導致合併失敗，請先把「其他的 jq 組建產
   出物」都刪除掉，或是從 Git 的合併提交中移除，然後再重試一次 devtool
   finish 指令。

8. 清除工作環境：

```
$ rm -rf workspace/sources/jq
```

如果讀者想把你的改動分享給其他人，也可以更進一步，提交自己的成果給更上游的軟體專案維護者。

更新方案檔

假設我們今天在目標裝置上要運行一個 Flask 網頁伺服器，但是最近有新版本的 Flask 釋出了，而這個新版本，有著讓人迫不及待想要更新上去的功能。除了等待 Flask 方案檔的上游維護者釋出新版本之外，我們也可以選擇自行更新、升級（upgrade）方案檔。可能有讀者以為，「更新方案檔」只是「修改一下版本號」這麼簡單的事情，但除了版本號之外，其實還有 MD5 檢查碼這個議題存在。如果這也可以自動化，那不就更輕鬆了嗎？當然，就算是這樣的事情，也可以透過 devtool upgrade 辦到。

由於 Flask 是 Python 3 的函式庫，因此在更新時，我們需要先把 Python 3、Flask 和 Flask 的依賴對象安裝進去，如下所示：

1. 首先，刪除先前範例中的 build-mine 等工作環境與資料層：

```
$ bitbake-layers remove-layer workspace
$ bitbake-layers remove-layer meta-mine
```

2. 然後把 meta-python 與 meta-mine 資料層加到映像檔中：

```
$ bitbake-layers add-layer ../meta-openembedded/meta-python
$ bitbake-layers add-layer ../meta-mine
```

3. 驗證一下所有必要的資料層都已經被加入：

```
$ bitbake-layers show-layers
```

清單中總共應該有六個資料層：meta、meta-poky、meta-yocto-bsp、meta-oe、meta-python 以及 meta-mine。

4. 加入後，你也可以看到，有許多可用的 Python 模組：

```
$ bitbake -s | grep ^python3
```

python3-flask 就是其中一個模組。

5. 在 conf/local.conf 檔案中搜尋 python3 與 python3-flask，確認它們會被組建並安裝到映像檔中。如果沒有看到它們，請把這一行加到 conf/local.conf 內：

```
IMAGE_INSTALL_append = " python3 python3-flask"
```

6. 重新組建映像檔：

```
$ devtool build-image core-image-full-cmdline
```

7. 在原本的 QEMU 模擬器指令列環境中，按下 Ctrl + A 組合鍵，再按下 x，跳離環境後，重啟模擬器：

```
$ runqemu qemuarm64 nographic
```

> **Note**
>
> 在本書寫成當下，meta-python 中的 Flask 為 1.1.1 版本，而 PyPI 上可獲得的最新 Flask 為 1.1.2 版本。

一切就緒後，可以開始更新了：

1. 首先，執行 devtool upgrade 指令加上套件名稱，並且指定要在目標環境上更新到的版本號：

```
$ devtool upgrade python3-flask --version 1.1.2
```

2. 但在組建之前，先看一眼更新後的方案檔：

```
$ devtool edit-recipe python3-flask
```

這個指令會用編輯器開啟 recipes/python3/python3-flask_1.1.2.bb 檔案：

```
inherit pypi setuptools3
require python-flask.inc
```

我們可以看到，在這份方案檔中，並沒有任何與版本號相關的設定，直接存檔離開就好。

3. 輸入以下指令，開始組建：

```
$ devtool build python3-flask
```

4. 把新組建出來的 Flask 模組部署到目標環境模擬器上：

```
$ devtool deploy-target python3-flask root@192.168.7.2
```

這道指令會把「必要的組建產出物」都安裝到「目標環境模擬器」上。

萬一出現連線失敗的訊息，請記得先把「失效的模擬器安全公鑰」刪除掉，如下所示：

```
$ ssh-keygen -f "/home/frank/.ssh/known_hosts" \
-R "192.168.7.2"
```

請記得把上面指令的 frank 字樣，替換為各位讀者在開發環境中的使用者名稱。

5. 接著回到 QEMU 指令列環境下，啟動 python3 REPL，查看 Flask 目前的版本號：

```
root@qemuarm64:~# python3
>>> import flask
>>> flask.__version__
'1.1.2'
>>>
```

如果在輸入 flask.__version__ 指令後，看到 1.1.2 的結果，就表示更新成功了。要是並非如此，請從頭以 devtool 工具再跑一次編輯、組建、部署的步驟，直到成功為止。

6. 完成後，就可以解除目標環境模擬器的安裝了：

```
$ devtool undeploy-target python3-flask root@192.168.7.2
```

7. 把「更新後的成果」合併到資料層中：

```
$ devtool finish python3-flask ../meta-mine
```

倘若因為 Git 提交紀錄異常的關係導致合併失敗，請先把「其他的 python3-flask 組建產出物」都刪除掉，或是從 Git 的合併提交中移除，然後再重試一次 devtool finish 指令。

8. 清除工作環境：

```
$ rm -rf workspace/sources/python3-flask
```

如果你認為其他人也會需要將他們的發行版升級到套件的最新版本，那麼就提交一份修補檔案給 Yocto 上游吧。

最後我們要來談談「如何組建自訂的發行版」（how to build our own distro），這是在 Buildroot 當中沒有、在 Yocto 當中才有的功能。**發行版本層（distro layer）**是一種非常強大的抽象化（abstraction），它可以用於不同硬體環境、在多個專案上共享，這是一個相當實用的概念。

組建自訂發行版

在前一章中，筆者曾經提及，我們可以用 Yocto 來組建自訂的 Linux 發行版，而這項功能是透過發行版本層（如 meta-poky）達成的。如我們所見，要組建自訂的映像檔，其實並不需要從無到有、自己從頭編寫一個發行版本層，也不需要修改 Poky 的發行版中繼資料（distribution metadata）。然而，假設你今天想要修改發行版設定（distro policy，例如「設定功能的有無」、「選擇 C 語言函式庫的實作」、「變更套件管理器」等等），那麼你可以透過「自訂的發行版本層」來控制。

組建「自訂的發行版」總共包括三個步驟：

1. 新建一個發行版本層
2. 編寫一份發行版設定檔
3. 把方案檔加入自訂的發行版中

不過，在實際操作範例之前，先讓我們好好談談，什麼情況下才是適合自訂版本的時機。

適合的時機

發行版設定中，包括了對「套件格式」的設定（rpm、deb 或 ipk）、對「套件庫」（package feed）的設定、對「init 系統」的設定（systemd 或 sysvinit），以及對「套件版本」的設定。我們可以透過「先繼承 Poky 再進行覆寫」的方式，來修改並建立「自訂的發行版本層」。不過，需要這樣做的時機點，在於當你發現，除了那些簡易的設定之外（例如設定相對路徑），有越來越多的變數和設定被寫入到組建的 local. conf 檔案中，那麼這個時候，就應該考慮是否需要「自訂的發行版本層」了。

新建發行版本層

新建發行版本層，跟先前學過的新建資料層沒什麼兩樣，如下所示：

1. 首先，進入你安裝 Yocto 的目錄的上一層。

2. 接著，設定 BitBake 的工作環境：

   ```
   $ source poky/oe-init-build-env build-rpi
   ```

   這個指令會設定一連串的環境變數，進入到先前建立的 build-rpi 目錄。

3. 先把 build-rpi 底下的 meta-gattd 資料層刪除掉：

   ```
   $ bitbake-layers remove-layer meta-gattd
   ```

4. 在 `conf/local.conf` 檔案中，把 `CORE_IMAGE_EXTRA_INSTALL` 這一行註解掉或刪除掉：

```
#CORE_IMAGE_EXTRA_INSTALL += "gattd"
```

5. 新建一個自訂的發行版本層：

```
$ bitbake-layers create-layer ../meta-mackerel
```

6. 把這個新的資料層加到 `build-rpi` 設定中：

```
$ bitbake-layers add-layer ../meta-mackerel
```

這個發行版本層的名稱是 `mackerel`，而在建立自訂的發行版本層後，我們就可以在套件方案檔（也就是實作的部分）之外，自行控制發行版設定（distro policy）了。

自訂發行版設定檔

請在 `meta-mackerel` 發行版本層下的 `conf/distro` 目錄中，建立一個發行版設定檔（distro configuration file），檔案名稱與發行版本層名稱一致（比方說，`mackerel.conf`）。

然後，在 `conf/distro/mackerel.conf` 檔案中，設定 `DISTRO_NAME` 與 `DISTRO_VERSION` 這兩個變數：

```
DISTRO_NAME = "Mackerel (Mackerel Embedded Linux Distro)"
DISTRO_VERSION = "0.1"
```

此外，還有底下這些變數可以設定在 `mackerel.conf` 中：

`DISTRO_FEATURES`：為這些功能新增軟體支援
`DISTRO_EXTRA_RDEPENDS`：把這些套件新增到所有映像檔中
`DISTRO_EXTRA_RRECOMMENDS`：套件存在時才新增它們
`TCLIBC`：選擇這個版本的 C 語言函式庫

設定好之後，你就可以在發行版的 `conf/local.conf` 中，自訂各式各樣的不同變數了。你也可以參考看看其他發行版（如 Poky）的 `conf/distro` 目錄，了解一下目錄底下的檔案結構規劃，並借用既有的 `conf/distro/defaultsetup.conf` 作為參考模板（template）。如果你想把發行版設定檔，拆解成多個可被引用的檔案，請記得這些檔案要放在 `conf/distro/include` 目錄底下。

把方案檔加入自訂的發行版本層

接著，就是把「與該發行版相關的中繼資料」都加進你發行版的資料層中。我們想要為額外的設定檔新增方案檔，這些是尚未被「既有的方案檔」安裝的設定檔。不過更重要的是，你可以利用 append 檔案來自訂「既有的方案檔」，並將「這些方案檔的設定檔」也納入你的發行版中。

執行期的套件管理器

為了實現資安議題的快速更新與加速應用程式的開發，將套件管理器加到自訂發行版映像檔中是一個非常重要的關鍵。開發團隊可能需要在一天之內多次更新軟體版本，因此需要頻繁進行套件更新，好讓所有人都保持同步並跟上開發進度。然而，針對映像檔的完整更新既沒必要（因為只更新了一個套件），也很麻煩（因為需要重啟目標環境）。所以這時候就需要一套執行期的套件管理器（runtime package management），它可以運行在目標環境上，以便從遠端的套件伺服器獲取更新。

Yocto 支援各種的套件格式（rpm 與 ipk）以及不同的套件管理器（dnf 與 opkg），因此，當我們將發行版設定為採用何種套件格式時，其實也就決定了可以使用的套件管理器為何者。

在發行版的 `conf` 檔案可以設定 `PACKAGE_CLASSES` 變數，以決定要採用的套件格式。例如，將下面這 行加到 `meta-mackerel/conf/distro/mackerel.conf` 中：

```
PACKAGE_CLASSES ?= "package_ipk"
```

然後再回到 `build-rpi` 目錄下：

```
$ source poky/oe-init-build-env build-rpi
```

由於目標環境是 Raspberry Pi 4，因此，請記得在 conf/local.conf 檔案中將 MACHINE 變數設定為以下內容：

```
MACHINE = "raspberrypi4-64"
```

此外，因為我們已經在發行版中設定了 package_ipk 的選項，所以請記得把組建目錄下 conf/local.conf 檔案內的 PACKAGE_CLASSES 給註解掉：

```
#PACKAGE_CLASSES ?= "package_rpm"
```

為了啟用執行期的套件管理器，你還要在組建目錄的 conf/local.conf 檔案中，將 package-management 加到 EXTRA_IMAGE_FEATURES 的清單內：

```
EXTRA_IMAGE_FEATURES ?= "debug-tweaks ssh-server-openssh package-
management"
```

這會在發行版映像檔內安裝一個套件資料庫，包括所有的套件。但這其實是非必要的，因為我們也可以在部署發行版映像檔之後，才在目標環境上啟用套件資料庫。

最後，將組建目錄中 conf/local.conf 檔案內的 DISTRO 變數指向發行版的名稱：

```
DISTRO = "mackerel"
```

這樣一來，就會將組建目錄以及發行版中的兩個設定檔關聯在一起。

接著就能開始組建了：

```
$ bitbake -c clean rpi-test-image
$ bitbake rpi-test-image
```

不過，這次針對 rpi-test-image 的組建是採用不同於之前的套件格式，因此執行時間可能會比之前長。完成後的映像檔，也會被置放在不同的目錄底下：

```
$ ls tmp-glibc/deploy/images/raspberrypi4-64/rpi-test-image*wic.bz2
```

使用 Etcher，把映像檔寫入一張 microSD 卡中，接著插入 Raspberry Pi 4 並啟動。接上乙太網路線，並以 SSH 登入：

```
$ ssh root@raspberrypi4-64.local
```

如果連線異常，請先刪除原有的 Raspberry Pi 4 裝置公鑰，如下所示：

```
$ ssh-keygen -f "/home/frank/.ssh/known_hosts" \
-R "raspberrypi4-64.local"
```

請記得把 frank 替換為各位讀者在開發環境中的使用者名稱。

登入後，驗證一下是否已經安裝好 opkg 套件管理器：

```
root@raspberrypi4-64:~# which opkg
/usr/bin/opkg
```

但光有套件管理器，而沒有遠端套件伺服器（可讓其從遠端下載套件），也無濟於事，因此接下來還有事情要做。

建立遠端套件伺服器

建立一台 HTTP 協定的遠端套件伺服器（remote package server），並將你目標環境上的用戶端指向這台伺服器，其實比想像中簡單。不過，用戶端上對伺服器的設定會隨著不同的套件管理器而有所變化，在這裡，我們以 Raspberry Pi 4 上的 opkg 為例。

首先從套件伺服器著手：

1. 首先，進入你安裝 Yocto 的目錄的上一層。

2. 接著，設定 BitBake 的工作環境：

   ```
   $ source poky/oe-init-build-env build-rpi
   ```

   這個指令會設定一連串的環境變數，進入到先前建立的 build rpi 目錄。

3. 組建 curl 這個套件：

```
$ bitbake curl
```

4. 更新套件索引：

```
$ bitbake package-index
```

5. 找出套件安裝檔（installer file）的位置：

```
$ ls tmp-glibc/deploy/ipk
```

在 ipk 底下，你應該會找到三個目錄，分別是 aarch64、all、raspberrypi4_64；其中 aarch64 是架構目錄（architecture directory），raspberrypi4_64 是機型目錄（machine directory）。這兩個目錄的名稱會根據映像檔的組建設定而有所改變。

6. 進入到套件安裝檔所在的 ipk 目錄底下：

```
$ cd tmp-glibc/deploy/ipk
```

7. 取得 Linux 開發環境的 IP 位址。

8. 啟動 HTTP 協定的套件伺服器：

```
$ sudo python3 -m http.server --bind 192.168.1.69 80
[sudo] password for frank:
Serving HTTP on 192.168.1.69 port 80
(http://192.168.1.69:80/) ...
```

請將上面範例中的 192.168.1.69 替換為各位讀者實際的開發環境網路 IP 位址。

接著，讓我們設定目標環境上的用戶端：

1. 以 SSH 登入 Raspberry Pi 4 機板：

```
$ ssh root@raspberrypi4-64.local
```

2. 編輯 /etc/opkg/opkg.conf 中的內容，如下所示：

```
src/gz all http://192.168.1.69/all
src/gz aarch64 http://192.168.1.69/aarch64
src/gz raspberrypi4_64 http://192.168.1.69/raspberrypi4_64

dest root /
option lists_dir /var/lib/opkg/lists
```

請將上面範例中的 192.168.1.69 替換為各位讀者實際的開發環境網路 IP 位址。

3. 執行 opkg update 指令：

```
root@raspberrypi4-64:~# opkg update
Downloading http://192.168.1.69/all/Packages.gz.
Updated source 'all'.
Downloading http://192.168.1.69/aarch64/Packages.gz.
Updated source 'aarch64'.
Downloading http://192.168.1.69/raspberrypi4_64/Packages.gz.
Updated source 'raspberrypi4_64'.
```

4. 試著執行 curl 看看：

```
root@raspberrypi4-64:~# curl
```

當然會執行失敗，因為我們根本還沒安裝 curl。

5. 所以我們先安裝 curl：

```
root@raspberrypi4-64:~# opkg install curl
Installing libcurl4 (7.69.1) on root
Downloading http://192.168.1.69/aarch64/libcurl4_7.69.1-r0_
aarch64.ipk.
Installing curl (7.69.1) on root
Downloading http://192.168.1.69/aarch64/curl_7.69.1-r0_aarch64.
ipk.
Configuring libcurl4.
Configuring curl.
```

6. 確認一下 curl 已經被安裝：

```
root@raspberrypi4-64:~# curl
curl: try 'curl --help' for more information
root@raspberrypi4-64:~# which curl
/usr/bin/curl
```

從你的 Raspberry Pi 4 機板，確認你在 Linux 開發環境上的 build-rpi 目錄下的更新：

```
root@raspberrypi4-64:~# opkg list-upgradable
```

然後，執行更新：

```
root@raspberrypi4-64:~# opkg upgrade
```

這樣做的好處，就是遠比「更新整份映像檔、寫入 microSD 卡、再重新啟動機板」要來得便捷。

小結

筆者知道，讀者們需要花點時間才能消化吸收這堆東西，但請相信：這還只是剛開始！因為 Yocto 就像一個深不見底的無底洞，掉進去，就爬不出來了。這些方案檔和工具會不斷地更新，儘管有各式說明文件，但很多都已經過時了。幸好我們還有 devtool，這是一個可以自動化繁瑣流程的工具，它可以幫助我們，減少部署過程中各種因為複製貼上而產生錯誤的風險。只要讀者持續利用這項工具，把開發成果合併到資料層中，那麼 Yocto 用起來就不會那麼痛苦。在不知不覺中，我們將會建立自己的一套發行版本層和一台遠端套件伺服器。

不過，遠端套件伺服器只是部署「套件」與「應用程式」的其中一種管道而已。後續在「**第 16 章，打包 Python 應用程式**」中，我們將學習其他幾種方法。雖然「**第 16 章**」的標題是「打包 Python 應用程式」（Packaging Python），但該章節中所說明的技巧（像是 conda、Docker 等等），也適用於其他程式語言。儘管「套件管理器」看起來很適合開發情境，但「執行期的套件管理器」並不常見於上線後的嵌入式系統中。之後在「**第 10 章，上線後的軟體更新**」中，我們會再進一步說明完整的映像檔與線上更新機制。

延伸閱讀

如果讀者想要了解更多，可以參考以下資源：

- Yocto Project 的「Transitioning to a custom environment for systems development」：`https://docs.yoctoproject.org/transitioning-to-a-custom-environment.html`
- Scott Rifenbark 的「Yocto Project Development Manual」：`https://docs.yoctoproject.org/dev-manual/index.html`
- Tim Orling 的「Using Devtool to Streamline Your Yocto Project Workflow」：`https://www.youtube.com/watch?v=CiD7rB35CRE`
- Jumpnow Technologies 的「Using a Yocto build workstation as a remote opkg repository」：`https://jumpnowtek.com/yocto/Using-your-build-workstation-as-a-remote-package-repository.html`

8

深入Yocto Project

在本章節中，我們將繼續深入介紹 **Yocto** 這項最適合用於嵌入式 Linux 情境的組建系統。本章會從 Yocto 的組成開始介紹，帶領各位讀者逐步了解組建的工作流程。接著，我們會介紹 Yocto 的多層架構，並說明為何要將中繼資料拆解（separate，劃分）為不同的資料層。隨著時間過去，專案中 **BitBake** 資料層的數量越來越多，我們勢必會遇到一些問題。因此，我們也要介紹幾種可用於對 Yocto 除錯的方法，包括查看紀錄、運用 devshell 工具、利用依賴關係路徑圖等等。

在剖析過 Yocto 組建系統之後，我們會再接續前一章所提及的 BitBake 議題。這次，我們會把重點放在語法及語意上面，好讓各位讀者能夠從頭編寫出自己的方案檔。我們會以實際的方案檔作為範例，讓你對 BitBake 語法、Python 程式語言、設定檔有所了解，不會迷失在 Yocto 的汪洋之中。

在本章節中，我們將帶領各位讀者一起了解：

- Yocto 的組成與工作流程
- 將中繼資料拆解為不同的資料層
- 找出組建失敗的原因
- BitBake 的語法和語意

讓我們開始吧！

環境準備

執行本章節中的範例時，請讀者先準備如下環境：

- 以 Linux 為主系統的開發環境（至少 60 GB 可用磁碟空間）
- Yocto 3.1（Dunfell）長期維護版本

如果讀者已經完成「**第 6 章，選擇組建系統**」的閱讀與練習，應該已經下載並安裝好 Yocto 的 3.1 版（Dunfell）了。如果讀者尚未下載安裝，請先參考「Yocto Project Quick Build」中的「Compatible Linux Distribution」小節與「Build Host Packages」 小 節（https://docs.yoctoproject.org/brief-yoctoprojectqs/index.html），以及根據「**第 6 章**」當中的指引，在開發環境上安裝 Yocto。

Yocto 的組成與工作流程

由於 **Yocto** 已經發展為一頭複雜巨獸，為了理解它，第一步就是先拆解開來。一個組建系統的組成，可以說就是以工作流程（workflow）構成。至於 Yocto 的工作流程則是參考 **OpenEmbedded** 專案，也就是它的起源。輸入到組建系統的原料，是以「BitBake 方案檔」為形式的中繼資料。組建系統會再根據這些資料來獲取原始碼、設定並編譯為套件。每個套件都會有一份描述「授權」的資訊清單檔（manifest），而在組成最終的 Linux 映像檔或 SDK 開發套件之前，這些套件會存在於「暫存目錄」底下：

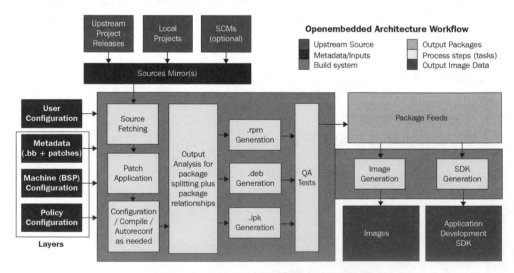

圖 8.1：OpenEmbedded 架構中的工作流程

Yocto 組建系統的工作流程中一共有七個步驟，如圖 8.1 所示：

1. 為「設定」（policy）、「機板」（machine）和「軟體中繼資料」（software metadata）等定義「資料層」。
2. 根據各軟體專案的「來源 URI」取得原始碼。
3. 安裝原始碼、套用修補，並開始編譯。
4. 把「組建的產出結果」安裝到暫存目錄底下，等待打包（packaging）。
5. 把「組建的產出結果」打包為套件庫（package feed），提供給「根目錄檔案系統」使用。
6. 在最後的作業開始之前，先對「打包出來的套件庫」做 QA 驗證。
7. 同時進行 Linux 映像檔與 SDK 工具包的組建。

除了最開始與最後的步驟之外，其餘步驟都可透過「方案檔」進行控制。在編譯作業的之前或之後，可以安插程式碼品質檢測，或是弱點掃描。至於單元測試與整合測試，可以是直接在「開發環境」上面執行，也可以是在一個模擬「目標 SoC」的虛擬環境實體（QEMU instance）當中執行，也能直接到「目標環境」上面跑。組建完成後，產出的映像檔就進一步被部署到適用的裝置上測試。而作為嵌入式 Linux 組建系統的標竿，Yocto 也常見於各式產品的軟體 CI/CD 自動化流水線中。

Yocto 所產製的套件檔格式，可以是 rpm、deb 或 ipk 等。除了主要的組建結果套件之外，預設情況下，組建系統還會產製出以下這幾類套件：

- dbg：含有除錯符號表的二進位編譯結果檔
- static-dev：標頭檔與靜態連結函式庫
- dev：標頭檔與共用函式庫的軟連結
- doc：包括手冊頁（man page）在內的各類說明文件
- locale：多國語言翻譯資訊

值得注意的是，在沒有事先設定 ALLOW_EMPTY 變數的情況下，如果套件產製結果中沒有任何檔案的話，就不會打包出套件來。而要產製哪些套件，預設情況下則是由 PACKAGES 變數決定的。這兩個變數都可以在 meta/classes/packagegroup.bbclass 當中定義，但也可以透過 BitBake 類別的套件群組方案檔（package group recipe）定義或覆寫。

至於組建出 SDK 工具包的好處是啟用了一整套完全不同的開發流程，可用於控制個別的套件方案檔。在前一章的「**運用 devtool 加速變更**」小節中，我們也學會如何利用 devtool 來新增或修改 SDK 的軟體套件，再整合到映像檔內。

中繼資料

所謂的**中繼資料（metadata，或稱描述性資料、元資料）**，指的是提供給組建系統的輸入資料，這些資料控制了組建的內容與方式。中繼資料不僅僅是方案檔而已，它也包括了 BSP、組建設定、修補程式和其他各種形式的設定檔案。舉例來說，指定要組建哪個版本的套件，還有要從哪裡獲取原始碼檔案，這些都是屬於中繼資料的一環。開發人員選擇設定的方式，則是透過檔案命名、變數指定和指令來進行。至於執行的結果、產生的參數值及產出物等等，其實也可以說是中繼資料的一部分。最終，Yocto 會將這些各式各樣的輸入，轉化為完整的 Linux 映像檔。

在使用 Yocto 的過程中，開發人員做出的第一個選擇，就是設定「目標環境」為何種架構的機板，也就是在專案的 conf/local.conf 檔案內，設定 MACHINE 這個變數值。比方說，以 QEMU 為例，我們就可以設定 MACHINE ?= "qemuarm64"，將 aarch64 指定為「目標環境」的機板架構。在後續的組建過程中，凡是有需要這份資訊的情況，Yocto 都會確保這項設定被正確地傳遞下去。

而與特定架構相關的設定，則是在「被稱為 tune（調整）的檔案」內定義的，這些檔案位於 Yocto 的 meta/conf/machine/include 目錄下，以及個別的 BSP 資料層中。不論是 Yocto 的哪一個發行版，都有內建一定數量的 BSP 資料層。在前一章的範例中，我們就大量運用了 meta-raspberrypi 這個 BSP 層。而這些 BSP 層的內容，則各有 Git 儲存庫管理著。

舉例來說，若要下載由 Xilinx 所提供的、可支援 Zynq 系列 SoC 的 BSP 資料層，只要利用下列指令複製即可：

```
$ git clone git://git.yoctoproject.org/meta-xilinx
```

這只是 Yocto 中可下載的眾多 BSP 層之一，我們不會在後續的討論中使用這個資料層，所以讀者們練習完下載後就可以刪除了。

但光有設定也沒用，還是需要實際的程式碼才行。BitBake 的 do_fetch 任務（task）可以透過各種管道來獲取「方案檔」所需的原始碼檔案。這些檔案的主要來源有兩種：

- 第一種是：當其他人開發出我們需要的軟體時，最簡單的方式就是指示 BitBake 直接下載該軟體專案所釋出的打包檔（tarball）。
- 另一種是：如果要對其他人的開源軟體進行擴展（extend）或修改，我們可以在 GitHub 上對該軟體的儲存庫進行分支（fork），並以 SRC_URI 參數指示 BitBake 的 do_fetch 任務，從 Git 上複製下來。

如果你的開發團隊會修改或負責該軟體的維護，那麼你甚至可以選擇將其作為本地端專案，以子目錄的形式，或另外以 externalsrc 類別定義的方式，整合到工作環境內。不過，請注意，整合並嵌入進去，就意味著這些來源檔案與資料層耦合在一起，無法隨意地搬移到其他地方使用。比方說，使用 externalsrc 來定義外部專案，會要求所有組建元件的路徑，都必須和原先定義的一致，因而破壞了可重現性（reproducibility）。換句話說，這些都只是用來加速開發的手段而已，不應該在正式版本的專案中使用。

至於設定（policy）指的是作為發行版本層（distribution layer）的一整組設定屬性（property）。設定的內容包括某個 Linux 發行版中要具備哪些功能（如 systemd）、C 語言函式庫要使用哪一種實作（如 glibc 或 musl），以及要使用哪一種套件管理器。發行版本層會有一個自己的 conf/distro 子目錄，裡面的 .conf 檔案定義了發行版或映像檔最上層的設定（top-level policies）。關於發行版本層的細節，可以參考 meta-poky 下的子目錄作為參考。在 Poky 範例中，發行版本層的內容包括在目標環境上要使用 Poky 時可選的 default、tiny、bleeding edge、alternative 等各種不同的設定組合。讀者可以參考上一章的**「組建自訂發行版」小節**。

組建的任務

我們已經學會如何運用 BitBake 的 do_fetch 任務（task）來下載並擷取「方案檔」所需的原始碼檔案。組建流程的下一步，就是修補（do_patch）、設定（do_configure）和編譯（do_compile）這些下載好的檔案。

do_patch 任務會根據 FILESPATH 變數值和方案檔的 SRC_URI 變數值，來找出本地端修補檔案（patch，又譯補釘檔），並將這些修補檔案套用到原始碼檔案上。這個在 meta/classes/base.bbclass 中的 FILESPATH 變數，定義了「組建系統」預設用來

搜尋「修補檔案」的目錄路徑。（細節請參考「Yocto Project Reference Manual」：https://docs.yoctoproject.org/ref-manual/tasks.html#do-patch。）按照慣例，修補檔案的名稱會以 .diff 和 .patch 結尾，並位於相對應的方案檔所在的子目錄底下。不過，這個預設行為可以進一步透過 FILESEXTRAPATHS 變數來修改或擴充，並將檔案路徑名稱附加到方案檔的 SRC_URI 變數內。完成修補後，接下來就是輪到 do_configure 任務和 do_compile 任務來設定、編譯、連結了：

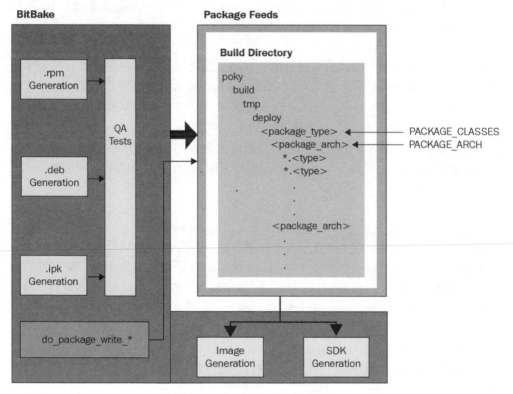

圖 8.2：套件庫（package feed）

完成 do_compile 後，do_install 就會把產製結果複製到暫存空間中，等待打包。接下來，do_package 任務與 do_package_data 任務會共同將「暫存空間中的這些組建產出物」打包為套件。不過，在這些套件真正送交到套件庫之前，首先要經過一系列 QA 驗證；這些驗證項目被定義在 meta/classes/insane.bbclass 當中。最終，do_package_write_* 任務會產製出個別的套件檔案，並且將套件提交到套件庫。在完成套件庫後，BitBake 便能進行映像檔和 SDK 工具包的產製了。

產製映像檔

映像檔的產製過程也是一個多階段流程，由一連串任務和許多變數設定組合而成。其中 do_rootfs 任務會建立映像檔的根目錄檔案系統。而底下這些變數設定則決定了哪些套件要被安裝到映像檔上：

- IMAGE_INSTALL：要安裝到映像檔上的套件
- PACKAGE_EXCLUDE：不需要安裝在映像檔上的套件
- IMAGE_FEATURES：要安裝到映像檔上的額外套件
- PACKAGE_CLASSES：要採用的套件格式（rpm、deb 或 ipk）
- IMAGE_LINGUAS：需要支援套件語系

在「**第 6 章，選擇組建系統**」的「**自己動手寫映像檔的方案檔**」小節中，我們也曾利用 IMAGE_INSTALL 變數來增添套件。設定在 IMAGE_INSTALL 變數中的套件清單，會被傳遞給套件管理器（如 dnf、apt、opkg 等），以便被安裝到映像檔內。至於會是哪個套件管理器？則是取決於採用的套件庫格式：do_package_write_rpm、do_package_write_deb，或是 do_package_write_ipk。但無論目標環境上是否具備「執行期的套件管理器」，套件都會透過「套件管理器」安裝。假如最終選擇不安裝「執行期的套件管理器」，在完成套件安裝之後，就會把「非必要的檔案」都從映像檔中移除掉，以節省空間。

在完成套件安裝之後，會執行套件的「安裝後指令檔」。這些「安裝後指令檔」（post-installation scripts）是被包含在套件中的，如果所有的「安裝後指令檔」都順利執行成功，就會被記錄到資訊清單檔（manifest）中，並且開始針對「根目錄檔案系統映像檔」進行最佳化。這個 .manifest 檔案裡面記載了所有被安裝在映像檔內的套件，而「預設的函式庫大小」和「可執行檔啟動時間」的最佳化，則是由 ROOTFS_POSTPROCESS_COMMAND 變數定義的。

根目錄檔案系統的準備完成了，接著，do_image 任務就可以開始產製映像檔。首先會根據 IMAGE_PREPROCESS_COMMAND 變數中所定義的指令，先行執行這些指令。然後才會開始映像檔的最終產出，並依據 IMAGE_FSTYPES 變數中所定義的映像檔格式（如 cpio.lz4、ext4 或 squashfs-lzo 等），個別執行 do_image_* 任務。此時，組建系統會把 IMAGE_ROOTFS 目錄底下的內容，轉換為一到多個的映像檔檔案，並根據檔案系統格式進行壓縮。最後會執行 do_image_complete 任務，執行 IMAGE_POSTPROCESS_COMMAND 變數中定義的指令，完成映像檔的整個產製流程。

以上就是 Yocto 的詳細組建流程。接下來，讓我們介紹一些在建構大型專案時的最佳實務策略吧。

將中繼資料拆解為不同的資料層

Yocto Project 中用於設定的中繼資料（metadata，或稱描述性資料），主要是透過以下幾種概念劃分：

- **distro**：發行版本層，用於設定作業系統功能、C 語言函式庫的實作、init 系統、視窗管理器等。
- **machine**：機板層，用於設定 CPU 架構、內核、驅動程式、啟動載入器等。
- **recipe**：方案檔層，用於設定應用程式、指令檔等。
- **image**：映像檔層，用於「開發」、「生產」、「正式」等概念。

這些概念直接對應到組建系統的產出物，方便我們在規劃專案時使用。當然，我們也可以胡亂地把所有東西都塞在同一個資料層內，但這樣一來，方案檔就會失去靈活性、沒有彈性，且難以維護。畢竟「硬體」難以避免地會出現變更，要是產品足夠成功，很快地就會發展成一整個系列。基於這個理由，我們應該儘早採取多層做法，以便我們能夠輕鬆地修改、替換、重複利用這些軟體元件。

至少，我們應該為每一個採用 Yocto 的主要專案，建立個別的「發行版」、「BSP」和「應用程式」的資料層。「發行版本層」負責組建目標環境作業系統（即 Linux 發行版），我們的應用程式將在這個作業系統上運行，而例如「畫格緩衝」與「視窗管理器」等的設定檔，也都是歸屬在這一層中。「BSP 層」負責設定硬體運作所需的啟動載入器、內核、硬體結構樹等。「應用程式層」則包含組建「套件」所需的方案檔，這些套件將構成我們自訂的應用程式。

我們第一次看到 MACHINE 變數，是在「**第 6 章，選擇組建系統**」中，當時我們使用 Yocto 完成了第一次組建。在上一章的尾聲，我們遇見了 DISTRO 變數，當時我們建立了自訂的發行版本層。本書中所有其他與 Yocto 相關的範例，都將依賴 meta-poky 所提供的發行版本層。至於那些需要加到組建中的額外資料層，都是透過 conf/bblayers.conf 設定檔中的 BBLAYERS 變數，加到主要的組建目錄底下。Poky 的預設 BBLAYERS 宣告，如下所示：

```
BBLAYERS ?= " \
  /home/frank/poky/meta \
  /home/frank/poky/meta-poky \
  /home/frank/poky/meta-yocto-bsp \
  "
```

然而，與其直接修改 bblayers.conf 檔案，不如利用 bitbake-layers 指令列工具，來管理這些要加到專案中的資料層。請抵抗自己那股想直接修改 Poky 原始碼檔案的衝動，先自建一個基於 Poky 的自訂資料層（例如之前範例的 meta-mine），然後再開始修改。在開發期間，你的主要組建目錄（例如之前範例的 build-mine）中的 conf/bblayers.conf 檔案內的 BBLAYERS 變數，可能看起來像下面這樣：

```
BBLAYERS ?= " \
  /home/frank/poky/meta \
  /home/frank/poky/meta-poky \
  /home/frank/poky/meta-yocto-bsp \
  /home/frank/meta-mine \
  /home/frank/build-mine/workspace \
  "
```

最後一行的 workspace，是我們之前在試用 devtool 時產生出的一個特殊暫存資料層。基本上，無論資料層的角色為何，所有 BitBake 資料層都有同樣的目錄結構，而傳統上，這些資料層目錄的名稱都是以 meta- 作為前綴開頭，就以下面為例：

```
$ tree meta-example
meta-example
├── classes
│   ├── class-a.bbclass
│   ├── ...
│   └── class-z.bbclass
├── conf
│   └── layer.conf
├── COPYING.MIT
├── README
├── recipes-a
│   ├── package-a
│   │   └── package-a_0.1.bb
│   ├── ...
│   └── package-z
│       └── package-z_0.1.bb
```

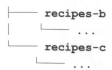

```
├──── recipes-b
│     └──  ...
└──── recipes-c
      └──  ...
```

所有資料層都必須擁有一個內含 `layer.conf` 檔案的 conf 目錄，這樣 BitBake 才能夠設定查找「中繼資料檔案」時的路徑與搜尋模式。在「**第 6 章，選擇組建系統**」中，我們仔細研究過 `layer.conf` 的內容，我們也針對 Nova 範例機板建立了一份 `meta-nova` 資料層。此外，「BSP 層」和「發行版本層」也可能在 conf 目錄下面擁有一到多個 `machine` 或 `distro` 的子資料夾，裡面還有更多的 `.conf` 檔案。在前一章中，當我們在 `meta-raspberrypi` 上組建並建立我們自己的 `meta-mackerel` 發行版本層時，我們也說明了 `machine` 與 `distro` 資料層的結構。

至於 `classes` 子目錄，則是只有在資料層要自訂 BitBake 類別時才會用到。方案檔會以諸如 `connectivity` 之類的形式分類好，因此，上述所看到的 `recipes-a` 等等，這些其實只是代表 `recipes-connectivity` 等等而已。分類底下可以有一個或多個套件，每個套件都有對應的 BitBake 方案檔（`.bb` 檔案）。然後，這些方案檔會以套件版本號作為版本的編號。同樣地，上述所看到的 `package-a` 或 `package-z` 等等，這些只是作為真正套件的替代（placeholder）而已。

這些不同的資料層容易令人感到困惑。即便在精通 Yocto 之後，很多時候我們還是會自問，「某個檔案究竟是如何出現在映像檔中的？」或者應該說，當我們需要修改或擴充時，「到底是要修改哪一份方案檔才對？」幸好 Yocto 提供了這類指令列工具，可以幫助我們找出答案。我們建議讀者探索 `recipetool`、`oe-pkgdata-util` 和 `oe-pkgdata-browser`，並從它們著手，可以省下不少時間。

找出組建失敗的原因

在前面的兩個章節中，我們學會如何為 QEMU、Nova 範例機板和 Raspberry Pi 4 機板組建「啟動用映像檔」（bootable image）。但如果組建失敗的話，會發生什麼事？所以我們接下來會說明幾項有用的除錯技巧（debugging techniques），幫助各位讀者在面對 Yocto 組建失敗時，不再那麼手忙腳亂。

在執行以下範例中的指令前,我們需要先引用 BitBake 的執行環境:

1. 首先,回到你安裝 Yocto 的目錄的上一層。
2. 接著,引用並設定 BitBake 的工作環境:

```
$ source poky/oe-init-build-env build-rpi
```

這個指令會設定一連串的環境變數,進入到前一章建立的 build-rpi 目錄。

辨識錯誤訊息

假設你的組建失敗了,你該如何找出是哪邊出問題呢?就算收到了錯誤訊息,又該如何解讀它,以及找出是從哪邊發出這則訊息的?先別慌,除錯的第一步應該是要能夠重現錯誤。一旦確認錯誤可以被重現(reproduce),你就可以照著底下的步驟,逐步縮小範圍並鎖定,然後便能一路追溯到發生錯誤的癥結點:

1. 第一步,查看 BitBake 組建過程中拋出的錯誤訊息,看看是否能找出任何的套件或任務名稱。如果讀者不清楚工作環境中有哪些套件,可以用下面的指令列出清單:

```
$ bitbake-layers show-recipes
```

2. 接著,找出是哪個套件在組建時失敗之後,就可以開始搜尋跟這個套件相關的所有方案檔或是任何附加檔案:

```
$ find ../poky -name "*connman*.bb*"
```

在本範例中,用於搜尋示範的是 connman 這個套件,而接在 find 指令後面的 ../poky 參數(argument),指的則是各位讀者的組建目錄(假設與 poky 相鄰),就像前一章的 build-rpi。

3. 然後,把 connman 方案檔中的所有任務都列出來:

```
$ bitbake -c listtasks connman
```

4. 為了重現錯誤，我們可以單獨針對 connman 進行重新組建就好，如下所示：

```
$ bitbake -c clean connman && bitbake connman
```

現在，我們已經知道錯誤出現在哪個方案和任務上，可以準備進入「除錯」的下一個階段了。

傾印環境資訊

當你正在除錯一個組建失敗的情況時，你需要先確認 BitBake 工作環境當前的環境變數值，步驟依序如下：

1. 首先，將全域環境變數傾印（dump）出來，然後從中找出 DISTRO_FEATURES 的變數值：

```
$ bitbake -e | less
```

輸入 /DISTRO_FEATURES=（請留意最開頭的反斜線）；less 指令的輸出結果應該會類似這樣，如下所示：

```
DISTRO_FEATURES="acl alsa argp bluetooth ext2 ipv4 ipv6 largefile
pcmcia usbgadget usbhost wifi xattr nfs zeroconf pci 3g nfc x11
vfat largefile opengl ptest multiarch wayland vulkan pulseaudio
sysvinit gobject-introspection-data ldconfig"
```

2. 將 busybox 的套件環境資訊傾印出來，然後找出「原始碼目錄」的路徑：

```
$ bitbake -e busybox | grep ^S=
```

3. 將 connman 的套件環境資訊傾印出來，然後找出「工作目錄」的路徑：

```
$ bitbake -e connman | grep ^WORKDIR=
```

一個套件的工作目錄，就是 BitBake 在進行組建時，會儲存「方案檔任務紀錄」（recipe task logs）的地方。

在「步驟 1」中，我們也可以把 bitbake -e 指令的執行結果，直接轉傳到 grep 指令去，但是使用 less 指令，讓我們可以更輕鬆地查看這些變數值。只要在 less 指令介面下輸入「不含尾端＝等號的 /DISTRO_FEATURES 關鍵字」，就能精準地搜尋到我們想找的變數；而只要再輸入 n，就可以跳到下一筆搜尋結果；輸入 N，則是可以往前搜尋。

同樣地，在搜尋套件方案檔或映像檔時，也可以利用這種手法：

```
$ bitbake -e core-image-minimal | grep ^S=
```

在上面這個範例中，我們是以 core-image-minimal 作為目標環境。

現在，我們知道如何找出原始碼檔案和任務紀錄檔的位置了，接下來，就讓我們看看任務紀錄（task logs）的內容。

翻閱任務紀錄

每個 BitBake 的 shell 任務都會有一個對應的紀錄檔（log file），並存放在套件工作目錄中的一個暫存資料夾（temp folder）底下。以 connman 套件為例，這個暫存資料夾的路徑看起來會像這樣，如下所示：

```
$ ./tmp/work/aarch64-poky-linux/connman/1.37-r0/temp
```

紀錄檔的檔名格式是 log.do_< 任務名稱 >.<pid>。同時也會有尾端無 <pid> 後綴的軟連結檔案（symlinks），這個檔案永遠會指向該任務最新的一份紀錄檔。這些紀錄檔的內容，自然就是任務執行的輸出訊息，大多數時候也就是我們除錯所需的資訊。但如果這裡面還找不到答案，該怎麼辦？

獲得更詳細的紀錄

透過 BitBake 的指令列環境獲取紀錄，跟利用 Python 獲取紀錄的方式不同。要透過 Python 的話，我們可以使用 BitBake 的 bb 模組，這個模組後面會再去呼叫 Python 標準的 logger 模組，如下所示：

```
bb.plain -> none; Output: logs console
bb.note -> logger.info; Output: logs
```

```
bb.warn -> logger.warning; Output: logs console
bb.error -> logger.error; Output: logs console
bb.fatal -> logger.critical; Output: logs console
bb.debug -> logger.debug; Output: logs console
```

要透過 BitBake 指令列環境的話，則是利用 BitBake 在 meta/classes/logging. bbclass 的 logging 類別。凡是有繼承 base.bbclass 的方案檔，也都會繼承到 logging.bbclass。因此，大多數方案檔其實都可以使用底下這些紀錄函式（logging functions）：

```
bbplain -> Prints exactly what is passed in. Use sparingly.
bbnote -> Prints Noteworthy conditions with the Note prefix.
bbwarn -> Prints a non-fatal warning with the WARNING prefix.
bberror -> Prints a non-fatal error with the ERROR prefix.
bbfatal -> Prints a fatal error and halts the build.
bbdebug -> Prints debug messages depending on log level.
```

而根據 logging.bbclass 原始碼的內容，其中 bbdebug 這個函式的第一個參數，是一個可以指定除錯紀錄層級（debug log level）的正整數值：

```
# Usage: bbdebug 1 "first level debug message"
#        bbdebug 2 "second level debug message
bbdebug () {
    USAGE = 'Usage: bbdebug [123] "message"'
    ...
}
```

根據除錯紀錄層級的不同，我們就可以控制是否要輸出 bbdebug 所獲取的紀錄訊息。

透過 devshell 執行指令

BitBake 為開發者提供一種更具互動性的指令執行環境。舉例來說，假設我們想要利用 devshell 來組建 connman 套件，就可以使用底下的指令來進行：

```
$ bitbake -c devshell connman
```

這道指令首先會將 connman 套件的原始碼檔案提取出來，並套用修補，然後隨即在 connman 套件的原始檔目錄底下新建一個可用於組建的終端環境。進入 devshell 環境後，我們可以直接用 $CC 跨平台編譯器來執行 ./configure、make 之類的指令。在進行除錯時，devshell 非常適合用來測試 CFLAGS 或 LDFLAGS 之類的設定是否有誤（因為 CFLAGS 或 LDFLAGS 的值會被當作是「指令列參數」或「環境變數」，傳遞給像是 CMake 與 Autotools 這樣的工具）。退一步來說，至少在錯誤訊息沒有提供足夠資訊，或是讓人摸不著頭緒時，這種方式可以手動提高「組建指令的輸出訊息」的詳細程度（verbosity level），來解決這個問題。

把依賴關係圖形化

有時候，組建錯誤的原因其實是發生在套件的某個依賴關係上，所以在方案檔中是找不到問題點的。舉例來說，可以用底下這道指令來清查 connman 套件的依賴關係：

```
$ bitbake -v connman
```

我們還可以使用 BitBake 內建的任務瀏覽器，來顯示與查找依賴關係：

```
$ bitbake -g connman -u taskexp
```

這道指令會在分析過 connman 套件之後，啟動任務瀏覽器的圖形化介面：

> **Note**
>
> 值得注意的是，某些大型映像檔（如 core-image-x11）會擁有複雜的套件依賴關係，而這類大量的依賴關係資訊，可能會導致任務瀏覽器出現錯誤。

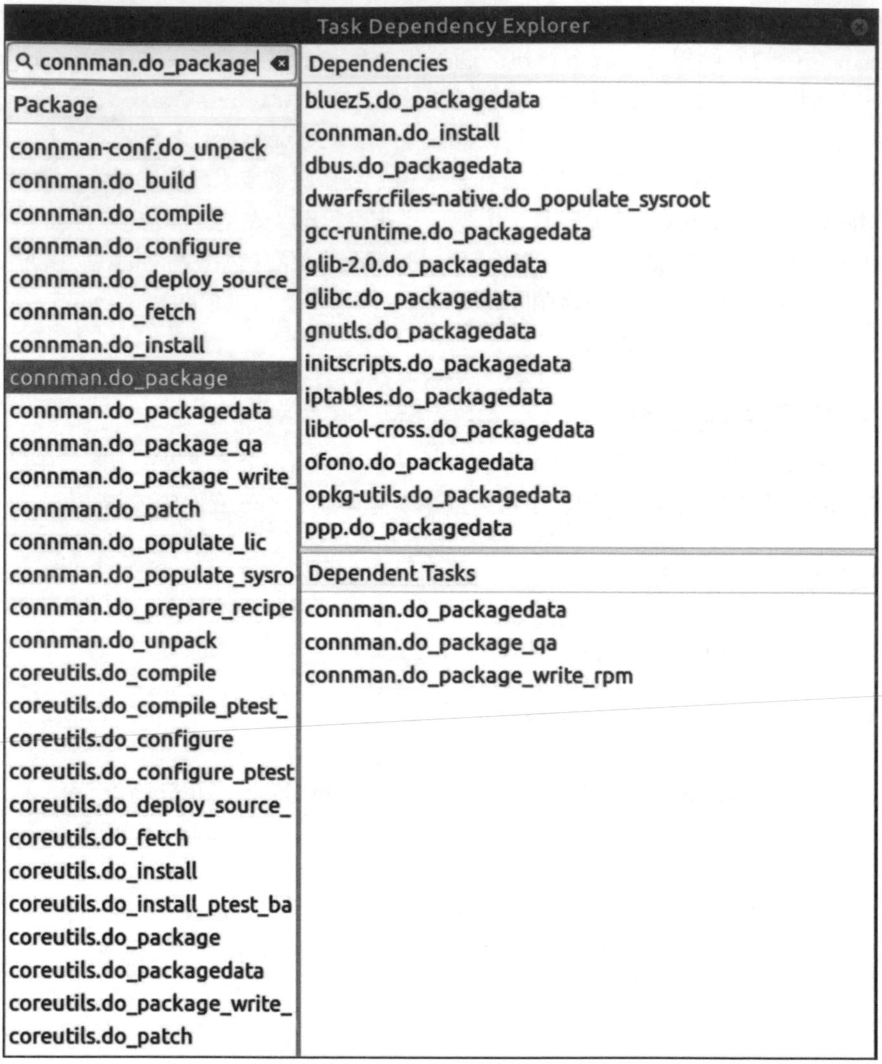

Task Dependency Explorer

Q connman.do_package ⌫

Package
connman-conf.do_unpack
connman.do_build
connman.do_compile
connman.do_configure
connman.do_deploy_source_
connman.do_fetch
connman.do_install
connman.do_package
connman.do_packagedata
connman.do_package_qa
connman.do_package_write_
connman.do_patch
connman.do_populate_lic
connman.do_populate_sysro
connman.do_prepare_recipe
connman.do_unpack
coreutils.do_compile
coreutils.do_compile_ptest_
coreutils.do_configure
coreutils.do_configure_ptest
coreutils.do_deploy_source_
coreutils.do_fetch
coreutils.do_install
coreutils.do_install_ptest_ba
coreutils.do_package
coreutils.do_packagedata
coreutils.do_package_write_
coreutils.do_patch

Dependencies

bluez5.do_packagedata
connman.do_install
dbus.do_packagedata
dwarfsrcfiles-native.do_populate_sysroot
gcc-runtime.do_packagedata
glib-2.0.do_packagedata
glibc.do_packagedata
gnutls.do_packagedata
initscripts.do_packagedata
iptables.do_packagedata
libtool-cross.do_packagedata
ofono.do_packagedata
opkg-utils.do_packagedata
ppp.do_packagedata

Dependent Tasks

connman.do_packagedata
connman.do_package_qa
connman.do_package_write_rpm

圖 8.3：任務瀏覽器（task explorer）

組建（build）與組建失敗（build failure）的話題，在此先告一段落，接下來，讓我們回到 Yocto Project 的本質當中：BitBake 的中繼資料。

BitBake 的語法和語意

BitBake 是一種任務執行器（task runner），它和 GNU make 很類似，不同的是，前者是基於「方案檔」執行的，後者則是基於「makefile」執行的。這些方案檔當中的中繼資料，定義了在指令列環境與 Python 中要執行的任務。（畢竟 BitBake 本身就是以 Python 寫成的。）而作為 Yocto 基礎的 OpenEmbedded 專案，就是由 BitBake 和大量不同的方案檔組成，用於組建出嵌入式 Linux。BitBake 的強大之處在於，它可以處理好任務之間的依賴關係，同時還能平行執行這些任務。中繼資料之間的分層架構與繼承引用機制，賦予了 Yocto 足夠的擴展彈性，而這是基於 Buildroot 的組建系統所缺乏的。

在「第 6 章，選擇組建系統」中，我們提及 BitBake 的中繼資料有 .bb、.bbappend、.inc、.bbclass、.conf 這五種類型的檔案。我們還編寫了 BitBake 方案檔，用來組建基本的 helloworld 範例和 nova-image 映像檔。接下來，我們將更深入地探討 BitBake 中繼資料檔案的內容。到目前為止，我們知道「任務」是由指令列環境和 Python 指令構成的，但為什麼要這樣設計呢？這些指令是在哪裡被執行的？有哪些程式語言工具可供我們使用？我們如何將這些資料組合起來，用於組建應用程式？為了完全發揮 Yocto 的潛力，我們首先需要學會閱讀和編寫 BitBake。

任務

所謂的任務（task），指的是 BitBake 在執行方案檔時，必須按照定義的順序執行的函式。任務的名稱都是以 do_ 字樣作為前綴開頭。以 recipes-core/systemd 為例：

```
do_deploy () {
    install ${B}/src/boot/efi/systemd-boot*.efi ${DEPLOYDIR}
}
addtask deploy before do_build after do_compile
```

上面的範例定義了一個名為 do_deploy 的函式，並隨後以 addtask 指令定義為任務。而根據定義的內容，do_deploy 任務會依賴於 do_compile 任務，並在 do_compile 任務完成之後執行；而 do_build 任務會依賴於 do_deploy 任務，並在 do_deploy 任務完成之後執行。以 addtask 表述的「任務之間的依賴關係」（inter-task dependency），只能定義在方案檔之中。

反之，若要刪除任務，我們可以使用 deltask 指令，也就是不讓 BitBake 去執行方案檔中的某項任務。例如，若要刪除前面定義的 do_deploy 任務：

```
deltask do_deploy
```

已經定義的 do_deploy 函式還是存在，我們還是可以呼叫它，這個指令只是從方案檔中移除了任務而已。

依賴關係

為了確保一定程度的平行化處理能力，BitBake 在任務的層級上定義並管理著依賴關係。在前面的討論中，我們使用 addtask 在單一的方案檔中表述「任務之間的依賴關係」。同樣地，「任務之間的依賴關係」也可能存在於不同的方案檔中。事實上，當我們討論套件之間在「組建時」（build-time）或是「執行期」（runtime）的依賴關係時，通常指的就是這些「任務之間的依賴關係」。

任務之間的依賴關係

varflag（variable flag，變數旗標） 是一種做法，在變數上再額外附加性質（attribute）或附加屬性（property）。原理基本上就如同雜湊的鍵值映射，可以設定鍵值與資料值，並以鍵值取得事先設定的資料值。BitBake 也定義了許多這類可用於「方案檔」和「類別」中的 varflag。這些 varflag 被用於標示出任務所屬的元件類型和依賴關係，如下例所示：

```
do_patch[postfuncs] += "copy_sources"
do_package_index[depends] += "signing-keys:do_deploy"
do_rootfs[recrdeptask] += "do_package_write_deb do_package_qa"
```

一個 varflag 鍵值所對應到的資料值中，通常會含有一到多個其他任務的名稱。換句話說，BitBake 的 varflag 是另外一種表述「任務之間的依賴關係」的方式（不同於 addtask）。大多數嵌入式 Linux 的開發者可能永遠不會在開發工作中修改這些 varflag 設定，筆者之所以在本書中介紹它們，是因為這樣有利於說明接下來的 DEPENDS 與 RDEPENDS 範例。

組建時依賴關係

BitBake 使用 DEPENDS 這個變數來管理「組建時依賴關係」。其中 deptask 這個 varflag 的作用是告訴 BitBake，必須先完成在 DEPENDS 變數值中指定的其他任務項

目,然後才能開始執行該任務。(也就是說,必須等待「這些依賴的任務項目」完成,才能執行該任務。)細節可以參考「BitBake User Manual」:`https://docs.yoctoproject.org/bitbake/bitbake-user-manual/bitbake-user-manual-metadata.html#build-dependencies`:

```
do_package[deptask] += "do_packagedata"
```

在上面的範例中,這表示凡是在 DEPENDS 變數中的 do_packagedata 任務,都必須在 do_package 之前完成,然後才能執行 do_package。

我們也可以直接使用 depends 這個 varflag,以自定義的方式覆寫原本的 DEPENDS 變數值,自訂「組建時依賴關係」:

```
do_patch[depends] += "quilt-native:do_populate_sysroot"
```

在上面的範例中,我們將 quilt-native 命名空間底下的 do_populate_sysroot 任務宣告為「必須在 do_patch 任務之前完成」。方案檔中的任務通常會以命名空間(namespace)分群,因此可以直接指定要依賴的任務。

執行期依賴關係

BitBake 使用 PACKAGES 與 RDEPENDS 這兩個變數來管理「執行期依賴關係」。PACKAGES 變數會列出所有由方案檔建立的「執行期套件」(runtime package),而 RDEPENDS 變數則指定這些套件的「執行期依賴關係」。這些依賴關係意味著,為了讓某個套件順利執行,該套件所依賴的其他套件必須被安裝。我們也可以在任務中使用 rdeptask 這個 varflag,根據「執行期依賴關係」來設定任務執行的先後順序。細節可以參考「BitBake User Manual」:`https://docs.yoctoproject.org/bitbake/bitbake-user-manual/bitbake-user-manual-metadata.html#runtime-dependencies`:

```
do_package_qa[rdeptask] = "do_packagedata"
```

在上面的範例中,這表示凡是在 RDEPENDS 中的 do_packagedata 任務,都必須在 do_package_qa 之前完成,然後才能執行 do_package_qa。

與 depends 這個 varflag 類似，我們也可以利用自定義 rdepends varflag 的做法，來覆寫 RDEPENDS 變數。這兩者唯一的不同點在於，rdepends 規範的是「執行期依賴關係」，而非「組建時依賴關係」。

變數

BitBake 的變數語法與 make 類似。變數的作用域（scope）則取決於變數宣告時隸屬的中繼資料檔案類型。比方說，在方案檔（.bb）中宣告的變數就僅能作用於局部（local），而在設定檔（.conf）中宣告的變數就可以作用於全域（global）。由於映像檔的組建是以「方案檔」為基礎，因此，一個映像檔的方案檔內容，是無法影響其他方案檔的。

變數指定和變數擴充

變數指定（variable assignment）和變數擴充（variable expansion，又譯變數擴展）的工作方式，和它們在指令列環境中的工作方式類似。預設情況下，「變數指定」會在語句被解析（parsed）時立即執行，並且是無條件的。使用 $ 字元可以觸發「變數擴充」。至於中括號（{}）則是可選的（可用、可不用），它的主要目的是保護「要被擴充的變數」，區分使用變數時的「變數名稱」和「可能緊接在變數名稱後面的其他字元」。此外，使用「被擴充的變數」（expanded variable）時，通常會另外用雙引號（"）包起來，以避免造成意外的結果，例如文字切割（word splitting）和 globbing：

```
OLDPKGNAME = "dbus-x11"
PROVIDES_${PN} = "${OLDPKGNAME}"
```

這些變數都是可變、可被修改的，就像在 make 中一樣，是在使用時才會發生變化，而非在指定變數值時就決定的。換句話說，就算在指定變數值時，右側是以另一個變數作為「指定」，但在左側的變數被使用到之前（即在左側的變數被擴充之前），都不會真正發生指定的結果。因此，如果語句右側的變數在這之後發生了變化，那麼屆時在左側變數被使用到時，指定的結果也會相應地發生變化。

至於「條件式變數指定」（conditional assignment）則是用於避免變數被重複指定變數值，也就是在變數完全沒有被宣告過時，才會宣告該變數：

```
PREFERRED_PROVIDER_virtual/kernel ?= "linux-yocto"
```

我們通常會在 makefile 的開頭運用「條件式變數指定」的技巧，避免覆寫任何可能已經被組建系統設定的變數（如 CC、CFLAGS、LDFLAGS）。使用這個技巧，我們也能確保在方案檔後續的變數指定中，不會將變數值前接或後接到一個尚未被宣告過的變數上。

與 ?= 條件式指定功能類似的，是 ??= 延遲指定（lazy assignment），差別只在於延遲指定的指定結果，是直到最後才被決定的。細節可以參考「BitBake User Manual」：https://docs.yoctoproject.org/bitbake/bitbake-user-manual/bitbake-user-manual-metadata.html#setting-a-weak-default-value。這是一個例子：

```
TOOLCHAIN_TEST_HOST ??= "localhost"
```

這樣寫的效果，就是當左側都是同樣的變數名稱時，其延遲指定的結果，會以「最後一筆出現的延遲指定」為主。

還有一種變數指定的形式，是強制讓右側指定的結果馬上被反應在變數上：

```
target_datadir := "${datadir}"
```

這種 := 的指定方式是源自於 make，而非一般的指令列環境。

變數的後接與前接

在 BitBake 中，我們能夠輕易地將變數值「後接」（append，又譯後置）或是「前接」（prepend，又譯前置）到一個變數上。使用這兩種運算子（operator）時，分別會在「左側變數的變數值」和「右側指定的變數值」之間，插入一個空白符號，如下所示：

```
CXXFLAGS += "-std=c++11"
PACKAGES =+ "gdbserver"
```

但要注意的是，+= 這種運算子在「字串型態資料值」中以及在「數值型態資料值」中，所代表的意義不同，當它被用在數值上時，代表的是「以相加的結果指定」的意思（即「將右側值加到左側值上，再指定給左側變數」）。

若是不想要在後接與前接時自動加上空白字元，我們也可以運用底下這種形式的運算子來代替：

```
BBPATH .= ":${LAYERDIR}"
FILESEXTRAPATHS =. "${FILE_DIRNAME}/systemd:"
```

不過，值得留意的是，BitBake 的中繼資料檔案大量使用了會自動加上空白字元的後接指派運算子（appending assignment operator，後置指派運算子）和前接指派運算子（prepending assignment operator，前置指派運算子）。

覆寫變數

在「前接與後接變數值」這件事情上，BitBake 還提供了另外一種做法，也就是下面這種覆寫語法（override syntax）：

```
CFLAGS_append = " -DSQLITE_ENABLE_COLUMN_METADATA"
PROVIDES_prepend = "${PN} "
```

乍看之下，你可能會以為這是在宣告新變數，但其實不是。只要在既有變數名稱的後面加上 _append 或 _prepend 後綴字樣，就可以達到修改（或稱覆寫，override）變數值的效果。由於同樣不會在相接字串時自動加入空白字元，因此相較於 += 和 =+ 來說，更像是 BitBake 中 .= 和 =. 這兩種運算子的功能。但和這幾種運算子都不同的是，覆寫具備「延遲指定」的效果，所以指定的結果會直到最後才被決定。

最後再介紹一種與 meta/conf/bitbake.conf 中所宣告的 OVERRIDES 變數有關的、更進階的「條件式變數指定」語法。這個 OVERRIDES 變數的內容是一個以冒號：分隔的清單，清單中的項目是一連串的條件，用以決定同一個變數要採用哪一種版本的變數值，而這些版本會後綴在變數名稱上，當後綴版本與條件相符時，就決定了該變數要採用的變數值。舉例來說，假設 OVERRIDES 清單內的其中一個判斷條件是 ${TRANSLATED_TARGET_ARCH}，那麼我們就能夠以目標環境的 CPU 架構名稱（如 aarch64、x86-64 等）來定義同一個變數（如 VALGRINDARCH）不同版本（VALGRINDARCH_aarch64）的變數值：

```
VALGRINDARCH ?= "${TARGET_ARCH}"
VALGRINDARCH_aarch64 = "arm64"
VALGRINDARCH_x86-64 = "amd64"
```

這樣一來，當 `TRANSLATED_TARGET_ARCH` 變數值為 `aarch64` 時，`VALGRINDARCH` 變數的變數值，就會是以 `VALGRINDARCH_aarch64` 這個版本的變數值為主。相較於其他的條件式指定做法（如 C 語言中的 `#ifdef`），這種利用 `OVERRIDES` 條件清單來決定變數值版本的做法更加簡潔，且不容易出錯。

這類根據 `OVERRIDES` 條件清單的版本變數值，在 BitBake 中也可以結合前接與後接的技巧來進行修改操作。細節可以參考「BitBake User Manual」：https://docs.yoctoproject.org/bitbake/bitbake-user-manual/bitbake-user-manual-metadata.html#conditional-metadata。底下是這類操作的一些實際範例：

```
EXTRA_OEMAKE_prepend_task-compile = "${PARALLEL_MAKE} "
EXTRA_OEMAKE_prepend_task-install = "${PARALLEL_MAKEINST} "
DEPENDS = "attr libaio libcap acl openssl zip-native"
DEPENDS_append_libc-musl = " fts "
EXTRA_OECONF_append_libc-musl = " LIBS=-lfts "
EXTRA_OEMAKE_append_libc-musl = " LIBC=musl "
```

在上面這個案例中，我們可以看到，在對 `DEPENDS`、`EXTRA_OECONF` 和 `EXTRA_OEMAKE` 這些字串變數值進行後接操作時，加上了 `libc-musl` 這個版本條件。這邊與先前介紹 `_append`、`_prepend` 語法時一樣，同樣具備「延遲指定」的效果，也就是說，變數的指定操作是在方案檔和設定檔被解析（parsed）之後才發生的。

但是這種基於 `OVERRIDES` 來進行變數值前接後接的操作非常複雜，且可能導致無法預期的結果，因此筆者會建議，在決定是否採用這類進階的 BitBake 技巧之前，請先多多熟悉 `OVERRIDES` 的指定功能。

內嵌式 Python 語法

在 BitBake 中，我們可以利用 @ 符號，在變數當中注入並執行一段 Python 程式碼。如果是以 = 運算子指定的話，每次左側的變數被擴充時，都會執行內嵌式 Python 語句；如果是以 := 運算子指定的話，右側的內嵌式 Python 語句，只會在解析當下執行一次。底下是運用此語法的一些範例：

```
PV = "${@bb.parse.vars_from_file(d.getVar('FILE', False),d)[1] or
'1.0'}"
BOOST_MAJ = "${@"_".join(d.getVar("PV").split(".")[0:2])}"
GO_PARALLEL_BUILD ?= "${@oe.utils.parallel_make_argument(d, '-p %d')}"
```

上面的 bb 與 oe 分別是 Python 中 BitBake 與 OpenEmbedded 模組的簡稱（別名）。
d.getVar("PV") 會取得該任務在執行期環境中的 PV 變數的值。d 代表的是一個資料儲存物件（datastore object），BitBake 使用它來儲存原始執行環境的複本。以上範例應該足夠展示 BitBake 如何與 Python 互動了。

函式

函式（function）是構成 BitBake 任務（task）的重要元件，它們被定義在 .bbclass、.bb 和 .inc 檔案中，並以指令列環境語法或是 Python 語法寫成。

指令列函式

以指令列環境語法寫成的函式，可以被以「函式」呼叫，或是作為「任務」來執行。作為「任務」執行的函式，通常會在函式名稱的開頭加上 do_ 的前綴字樣，如下例所示：

```
meson_do_install() {
    DESTDIR='${D}' ninja -v ${PARALLEL_MAKEINST} install
}
```

使用指令列環境語法編寫函式時，請注意避開特定環境的限定語法。因為 BitBake 是以 /bin/sh 來執行這些語法的，根據環境的不同，不一定會是 Bash shell 或是某個版本的指令列環境。你可以執行 scripts/verify-bashisms 來檢測是否含有任何可能特定於限定環境的語法。

Python 函式

在 BitBake 中，我們可以使用的 Python 函式語法分成三種類型：單純 Python 函式、BitBake 式 Python 函式、匿名 Python 函式。

1：單純 Python 函式

單純 Python 函式（**pure Python function**）以標準 Python 語法寫成，並由其他的 Python 程式碼呼叫。之所以用「單純」一詞，是想要表達這邊所使用的函式語法沒有超出 Python 直譯器（interpreter）執行環境的範圍，而非程式設計上的函式概念。底下以 meta/recipes-connectivity/bluez5/bluez5.inc 的內容為例：

```
def get_noinst_tools_paths (d, bb, tools):
    s = list()
```

```
bindir = d.getVar("bindir")
for bdp in tools.split():
    f = os.path.basename(bdp)
    s.append("%s/%s" % (bindir, f))
return "\n".join(s)
```

從上面可以看到，就和真正的 Python 函式一樣，連參數傳遞也是同樣的語法。不過，筆者還想點出幾個值得注意的地方：首先，在函式中無法直接使用資料儲存物件（datastore object），因此，你必須先以函式參數（function parameter）的形式傳遞進去之後，才能使用（也就是上例中看到的 d 這個變數）。其次，在 BitBake 環境底下預設可以使用 os 模組，所以不需要再手動 import 或是特地傳入。

單純 Python 函式也可以透過前面提到的 @ 符號，以嵌入式 Python 語法的形式指定給一個 shell 變數。事實上，這就是上面 bluez5.inc 這個引用檔（include file）中次一行程式碼所發生的事情：

```
FILES_${PN}-noinst-tools = \
"${@get_noinst_tools_paths(d, bb, d.getVar('NOINST_TOOLS'))}"
```

你會發現，使用 @ 符號所寫成的嵌入式 Python 語法，就能夠直接使用 d 這個資料儲存物件，以及像 bb 這類的模組。

2：BitBake 式 Python 函式

BitBake 式 Python 函式（BitBake style Python function）是經由 python 關鍵字宣告而來，而非直接由 Python 原生的 def 關鍵字宣告。這類函式會透過其他的 Python 函式，或是 BitBake 自己的函式，經由 bb.build.exec_func() 來執行。與單純 Python 函式不同，BitBake 式 Python 函式沒有參數傳遞的行為。即使沒有參數傳遞也不構成問題，反正有全域都可使用的資料儲存物件變數（也就是前面看到的 d）。即便不是 Pythonic 的，這些 BitBake 式函式語法在 Yocto 中仍佔了絕大部分。就以 meta/classes/sign_rpm.bbclass 當中的內容為例：

```
python sign_rpm () {
    import glob
    from oe.gpg_sign import get_signer

    signer = get_signer(d, d.getVar('RPM_GPG_BACKEND'))
    rpms = glob.glob(d.getVar('RPM_PKGWRITEDIR') + '/*')
```

```
signer.sign_rpms(rpms,
                 d.getVar('RPM_GPG_NAME'),
                 d.getVar('RPM_GPG_PASSPHRASE'),
                 d.getVar('RPM_FILE_CHECKSUM_DIGEST'),
                 int(d.getVar('RPM_GPG_SIGN_CHUNK')),
                 d.getVar('RPM_FSK_PATH'),
                 d.getVar('RPM_FSK_PASSWORD'))
}
```

3：匿名 Python 函式

匿名 **Python 函式**（**anonymous Python function**，或稱不具名 **Python 函式**）表面上看起來和 BitBake 式 Python 函式很像，但這類函式會在程式碼解析當下就執行。也由於這個「會優先被執行到」的特性，因此匿名函式非常適合「需要在解析期間就執行的工作」，如初始化變數和各種形式的設定等等。匿名函式是以 __anonymous 函式名稱宣告的（也可以直接省略此名稱）：

```
python __anonymous () {
    systemd_packages = "${PN} ${PN}-wait-online"
    pkgconfig = d.getVar('PACKAGECONFIG')
    if ('openvpn' or 'vpnc' or 'l2tp' or 'pptp') in pkgconfig.split():
        systemd_packages += " ${PN}-vpn"
    d.setVar('SYSTEMD_PACKAGES', systemd_packages)
}

python () {
    packages = d.getVar('PACKAGES').split()
    if d.getVar('PACKAGEGROUP_DISABLE_COMPLEMENTARY') != '1':
        types = ['', '-dbg', '-dev']
        if bb.utils.contains('DISTRO_FEATURES', 'ptest', True, False, d):
            types.append('-ptest')
        packages = [pkg + suffix for pkg in packages for suffix in types]
        d.setVar('PACKAGES', ' '.join(packages))
    for pkg in packages:
        d.setVar('ALLOW_EMPTY_%s' % pkg, '1')
}
```

匿名 Python 函式中的 d 變數，是作用於整份方案檔的資料儲存物件。細節請參考「BitBake User Manual」：https://docs.yoctoproject.org/bitbake/bitbake-user-manual/bitbake-user-manual-metadata.html#anonymous-python-functions。也就是說,如果你在匿名函式的作用範圍內設定了一個變數,那麼其他函式都可以在執行時,透過這個全域的資料儲存物件獲取到變數值。

再談 RDEPENDS

讓我們回到「執行期依賴關係」的議題上。所謂的「執行期依賴關係」,指的是為了讓某個套件執行,而必要(必須)安裝上去的其他套件。這些依賴關係的清單,定義在套件的 RDEPENDS 變數中。底下以 populate_sdk_base.bbclass 的內容為例:

```
do_sdk_depends[rdepends] = "${@get_sdk_ext_rdepends(d)}"
```

而嵌入式 Python 語法所指向的函式內容則如下所示:

```
def get_sdk_ext_rdepends(d):
    localdata = d.createCopy()
    localdata.appendVar('OVERRIDES', ':task-populate-sdk-ext')
    return localdata.getVarFlag('do_populate_sdk', 'rdepends')
```

讓我們說明一下這段程式碼。首先,這個函式複製了一份資料儲存物件,這樣就可以避免動到任務的執行環境。接著是之前介紹過的 OVERRIDES 變數,也就是用來決定變數版本的條件清單。這一行的作用就是將 task-populate-sdk-ext 加到資料儲存物件複本的 OVERRIDES 條件清單中。最後,函式回傳了 do_populate_sdk 任務中 rdepends 這個 varflag 的變數值。現在的差別在於,透過 rdepends 取得的變數值,會是以 _task-populate-sdk-ext 這個版本為主,如下所示:

```
SDK_EXT_task-populate-sdk-ext = "-ext"
SDK_DIR_task-populate-sdk-ext = "${WORKDIR}/sdk-ext"
```

這種暫時借用 OVERRIDES 機制的做法,真是聰明到令人生畏。

BitBake 中的這些語法,乍看之下令人卻步,但結合了指令列環境與 Python 之後,可以組合出許多有趣的程式功能。我們現在不僅學會了如何宣告變數與函式,我們也知道如何在程式中繼承既有的類別檔案、覆寫變數,以及依不同條件做出不同反應。這些進階的概念會一而再地出現在 .bb、.bbappend、.inc、.bbclass 和 .conf 檔案中,隨著時間過去,讀者們會越來越熟悉這些。只是在熟悉 BitBake 並試圖運用這些新技巧的過程中,難免也會遇到錯誤的發生。

小結

雖然 Yocto 可以幫助我們輕易地組建出各式各樣的東西，但要了解這個組建系統的原理，卻沒那麼簡單。不過，我們不必灰心。因為有許多指令列工具可以幫忙我們找出想要的目標，並且了解如何修改。我們也可以輸出任務紀錄並讀取結果。而利用 `devshell` 工具，我們還可以在指令列環境中個別地設定與編譯套件。此外，如果我們妥善地將專案劃分為多個不同的資料層，我們就能更輕鬆地推展開發工作。

BitBake 結合了指令列環境與 Python 語法，提供我們有力的程式語言功能，例如繼承、覆寫、會依據條件變化的變數等等。這種做法有好有壞：好處在於，我們可以自由地自訂與組合資料層和方案檔；壞處在於，不同資料層或不同方案檔內的這些中繼資料，有可能會產生我們意料之外的互動行為。然而，透過資料儲存物件的功能，在指令列環境與 Python 執行環境之間搭起橋樑，我們就會發現，結合這些程式語言的強大功能，可以讓方案檔產生無限可能。

以上就是本書的 Section 1 對於「嵌入式 Linux 的要件」以及 Yocto Project 的詳細說明。在下一個 Section 中，我們將從**「第 9 章，建立儲存空間的方式」**開始探討「系統架構與設計決策」的議題。在**「第 10 章，上線後的軟體更新」**中使用到 Mender 時，我們將再次與 Yocto 相會。

延伸閱讀

如果讀者想要了解更多，可以參考以下資源：

- 「Yocto Projects Overview and Concepts Manual」：`https://docs.yoctoproject.org/overview-manual/index.html`
- Yocto Project 的「What I Wish I'd Known」：`https://docs.yoctoproject.org/what-i-wish-id-known.html`
- 「BitBake User Manual」：`https://docs.yoctoproject.org/bitbake/index.html`
- Alex González 的著作《*Embedded Linux Development Using Yocto Project Cookbook*》

Section 2

系統架構與設計決策

讀完 Section 2 之後，我們將擁有一套儲存程式與資料的解決方案，並且了解如何規劃（分配）內核驅動程式和應用程式之間的工作，以及如何初始化（initialize ，啟動）系統。

Section 2 包含了以下章節：

- 第 9 章：建立儲存空間的方式
- 第 10 章：上線後的軟體更新
- 第 11 章：裝置驅動程式
- 第 12 章：使用針腳擴充板打造原型
- 第 13 章：動起來吧！ init 程式
- 第 14 章：使用 BusyBox runit 快速啟動
- 第 15 章：電源管理

9

建立儲存空間的方式

在嵌入式裝置上選擇使用不同類型的大容量儲存裝置（mass storage），將會大幅影響系統的其他部分，這一點會體現在系統的強健度、速度與上線後的更新方式等。大部分的裝置都會選擇使用某種類型的快閃記憶體，隨著過去數年間快閃記憶體的儲存容量從數十 MiB 增長到數十 GiB，其入手成本也大幅下滑。

在本章內容中，我們會先介紹快閃記憶體（flash memory）背後的技術細節，並且說明不同的快閃記憶體種類是如何影響用來管理記憶體的低階驅動程式（low-level driver），例如 Linux 的 **MTD（memory technology device，記憶體技術裝置）**。

不同類型的快閃記憶體技術，都有適合的不同檔案系統。本章節會介紹那些嵌入式裝置上最常見的類型，並且簡短總結一下每種快閃記憶體上適合的選擇。最後，我們會進一步探討如何妥善運用快閃記憶體的技術，並串連本章節所有內容，融會貫通作為選擇儲存空間（storage）時的對策。

在本章節中，我們將帶領各位讀者一起了解：

- 儲存空間的選擇
- 從啟動載入器存取快閃記憶體
- 從 Linux 存取快閃記憶體
- 用於快閃記憶體的檔案系統
- 適用 NOR 與 NAND 的檔案系統
- 適用管理型快閃記憶體的檔案系統

- 唯讀的壓縮檔案系統
- 暫存檔案系統
- 將根目錄檔案系統設為唯讀
- 選擇檔案系統

讓我們開始吧！

環境準備

執行本章節中的範例時，請讀者先準備如下環境：

- 一個 Linux 系統，安裝了以下這些工具或函式庫，或同等於這些工具或函式庫的其他替代選項：e2fsprogs、genext2fs、mtd-utils、squashfs-tools、util-linux
- 我們在「**第 3 章，啟動載入器**」當中所下載的 U-Boot 原始碼檔案
- 一張可供讀寫的 microSD 卡與讀卡機
- 一條 USB 轉 TTL 的 3.3V 序列傳輸線
- 我們在「**第 4 章，設定與組建內核**」當中所下載的 Linux 內核原始碼檔案
- BeagleBone Black 機板
- 一條 5V、1A 的 DC 直流電源供應線

如果讀者已經完成「**第 3 章，啟動載入器**」的閱讀與練習，應該已經下載並建立以 BeagleBone Black 為目標環境的 U-Boot 工具了。此外，「**第 4 章，設定與組建內核**」也提供了下載 Linux 內核原始碼檔案的方式。

建立各種類型檔案系統所需要的工具套件，大部分都能透過 Ubuntu 取得。就以 Ubuntu 20.04 LTS 版本的作業系統來說，我們可以用以下指令來安裝這些工具：

```
$ sudo apt install e2fsprogs genext2fs mtd-utils squashfs-tools util-linux
```

mtd-utils 套件中已同時包含 mtdinfo、mkfs.jffs2、sumtool、nandwrite 和 UBI 指令列工具。

儲存空間的選擇

嵌入式裝置對儲存空間的要求，是要能省電、體積小、夠強健，而且即使過了數十年的壽命依舊可靠。幾乎大多數時候，固態儲存裝置（solid-state storage）都符合這些特質。許多年前最早是由**唯讀記憶體（read-only memory，ROM）**一枝獨秀，直到最近 20 年開始則百家爭鳴。從那時起，快閃記憶體經過好幾個世代的發展，已經從 NOR 發展到 NAND，再發展出如 eMMC 這類管理型的快閃記憶體。

NOR 快閃記憶體雖然成本昂貴，但可靠度佳，而且可以映射（map，對應）到處理器位址空間（CPU address space），這能讓我們直接從快閃記憶體上執行程式。不過 NOR 快閃記憶體晶片的容量不足，僅有數 MiB 到 1 GiB 左右。

比起 NOR 來說，NAND 快閃記憶體的價格便宜多了，而且擁有更大容量，從數十 MiB 到數十 GiB 都有。然而，這背後需要許多硬體與軟體的支援，才能使其作為可行的儲存空間媒介。

管理型快閃記憶體（managed flash memory）則是由一個控制器以及一到多個 NAND 快閃記憶體晶片組成。控制器會負責處理與快閃記憶體的複雜問題，並且對外提供一個類似於傳統硬碟的硬體介面。管理型快閃記憶體的美妙之處，在於幫驅動程式簡化了介面，同時也幫系統設計者免於被日新月異的快閃記憶體技術所困擾。從 SD 卡、eMMC 晶片、再到 USB 快閃磁碟都是屬於這類快閃記憶體。幾乎所有最新一代的智慧型手機與平板都採用 eMMC 儲存空間方案，而這個趨勢似乎也正在向其他種類的嵌入式裝置延伸。

我們很難在嵌入式系統上看到傳統硬碟的身影。唯一的例外是擁有數位錄影功能的機上盒以及智慧型電視機，因為這裝置需要能快速寫入、大容量的儲存空間。

但不論是什麼情形，強健度（robustness）都該是重中之重，即使遇到斷電或是無預警重啟的情況，裝置都應該要能啟動業運作，所以你應該選用那些在 定條件下，就能夠穩定運作的檔案系統。

本節會介紹 NOR 與 NAND 快閃記憶體之間的差異，然後說明如何選擇適合的管理型快閃記憶體。

編碼型快閃記憶體（NOR Flash）

在編碼型（NOR）快閃記憶體當中的記憶單元（memory cell），會組成抹除區塊（erase block），比方說，128 KiB 大小的區塊。當進行抹除時，會將這個區塊中的所有位元（bit）都設為 1，這個動作也可以改為一次以一個字節（word）進行（一個字節的大小可能會是 8、16 或是 32 位元，這要根據匯流排的寬度而定）。每次進行抹除，都會對記憶單元稍微造成損傷，而在進行到一定的次數之後，區塊就會變得不穩定而無法再使用。最大可進行抹除的次數通常載明在晶片本身的數據資訊當中，而這個次數會在 100,000 到 1,000,000 次之間。

可依字節長度讀取資料。晶片通常都會映射到處理器的位址空間，這也表示你可以直接從 NOR 快閃記憶體上執行程式。這個特性很適合用來存放啟動載入器的程式，因為不需啟動就可以進行位址映射（address mapping，位址對應）。而有支援 NOR 快閃記憶體這類功能的 SoC（系統單晶片），通常也都會給定預設的記憶體映射位址，然後將處理器的重置向量（reset vector）放在該位址上。

甚至連內核與根目錄檔案系統，也都可以放在快閃記憶體當中，這能省去再搬移到主記憶體中的功夫，因此能讓裝置對記憶體的讀寫最小化，這種技術又被稱為**就地執行**（**eXecute In Place，XIP**）。由於這項技術非常專業，因此不會在本書中進一步探討，有興趣的讀者可以參閱本章最後的「**延伸閱讀**」小節。

在 NOR 快閃記憶體晶片上，有一種被稱為**通用快閃記憶體介面（common flash interface，CFI**）的標準暫存器層級介面（standard register-level interface），所有新式的晶片現在都有支援。更多關於 CFI 的細節，可以參考 JESD68 標準中的描述：https://www.jedec.org/。

在了解 NOR 快閃記憶體後，接下來，讓我們看看何謂 NAND 快閃記憶體。

儲存型快閃記憶體（NAND Flash）

儲存型（NAND）快閃記憶體比起 NOR 快閃記憶體來說，有著較高的容量、但較低的成本。第一代的 NAND 晶片被設計成一個記憶單元只有 1 位元，又被稱為**單層單元**（**single level cell，SLC**）架構。在後續的世代當中，逐漸發展出 2 個位元的記憶單元，被稱為**多層單元（multi-level cell，MLC**）的晶片技術，而現在則發展到了 3 個位元的記憶單元，被稱為**三層單元（tri-level cell，TLC**）的晶片技術。隨著單一記

憶單元內的位元數增長，儲存空間的可靠度（reliability）卻在下降，這需要更複雜的硬體與軟體控制器來彌補。因此，當讀者有可靠度需求時，建議應該採用 SLC 類型的 NAND 快閃記憶體晶片。

如同 NOR 快閃記憶體，NAND 快閃記憶體也會組成 16 KiB 到 512 KiB 大小不等的區塊作為抹除動作的單位，同樣地，抹除區塊時會將所有的位元設成 1。然而，在區塊變成無法使用之前的可抹除次數卻大幅下降了，一般來說，TLC 晶片只有 1,000 次，而 SLC 晶片則可達 100,000 次。此外，NAND 快閃記憶體上的資料只能依「頁」（page）為單位進行讀寫，這個大小通常是 2 或 4 KiB。而既然無法以位元組為單位進行存取，也就表示無法映射到位址空間，因此無論程式或資料都必須搬移到主記憶體上才能進行存取。

在對 NAND 進行資料傳輸時，很容易發生位元反轉（bit flips）的現象，這部分能透過**錯誤校正碼（Error Correction Codes，ECCs）**來做偵測與更正。SLC 晶片會使用一個透過軟體就能簡單實作的**漢明碼（hamming code）**，來更正在讀取分頁（page）時 1 個位元的錯誤。而 MLC 與 TLC 晶片則需要如 **BCH 碼（Bose-Chaudhuri-Hocquenghem）**這樣更為複雜的編碼技術，才能更正每一分頁上 8 個位元的錯誤，而這就需要硬體上的支援才能實作了。

由於需要有一個地方來存放這些錯誤校正碼，因此在記憶體的每一分頁中，都有一個被稱為**帶外區（out of band，OOB）**或稱**備用區（spare area）**的額外區域。在 SLC 架構的晶片中，通常每 32 個位元組的主儲存（main storage）就會安排有 1 個位元組的帶外區，所以在以每 2 KiB 為一分頁的裝置中，每分頁就有 64 個位元組的帶外區；而以每 4 KiB 為一分頁的話，就會有 128 個位元組的帶外區。為了應對更加複雜技術的錯誤校正碼，MLC 與 TLC 相對來說會有更大的帶外區空間。下圖顯示了一個以 128 KiB 為區塊單位，並且以每 2 KiB 為一分頁的晶片架構：

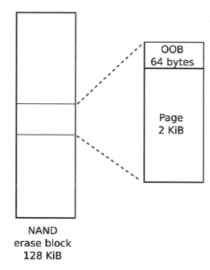

圖 9.1：帶外區（又譯頻外區）

在生產的過程中，製造商會測試所有的區塊單位，並且把那些有缺陷的區塊裡每一分頁的帶外區上寫進一個標記（flag，旗標）。通常全新的晶片裡面不會有超過 2% 的區塊被標上缺陷。此外，在規格數據中也可以看到在到達抹除次數的極限之前，會發生錯誤的區塊也很少超過這個比例上限。NAND 快閃記憶體的驅動程式也會偵測出這類錯誤，並標記為缺陷。

帶外區的空間除了被用作「錯誤校正碼」與「缺陷區塊標記」（bad block flag）的存放之外，還有一部分的多餘位元組空間。而某些快閃記憶體的檔案系統，會把這些多餘位元組拿來存放檔案系統的資料，因此各方都會覬覦這塊帶外區，如系統單晶片的唯讀記憶體啟動程式碼（ROM boot code）、啟動載入器、內核的 MTD（記憶體技術裝置）驅動程式、檔案系統程式，以及用來建立檔案系統映像檔的工具等。可是這件事情並無一定的標準，因此常會發生「啟動載入器」利用帶外區寫入資料，但「內核的 MTD 驅動程式」卻無法讀取的窘境。所以最終還是得靠自己來讓各方達成共識。

要存取 NAND 快閃記憶體，就要靠 NAND 快閃記憶體的控制器，這通常會是系統單晶片的一部分規格，而你需要在「啟動載入器」與「內核」中擁有相對應的驅動程式。NAND 快閃記憶體控制器會負責處理晶片的硬體介面、在分頁中讀寫資料，並且可能還會有產生錯誤校正碼的硬體。

NAND 快閃記憶體晶片的標準暫存器層級介面被稱為**開放式 NAND 快閃記憶體介面**（**open NAND flash interface，ONFi**），現今大多數的晶片都有此項規格。更多細節可以參考 `http://www.onfi.org/`。

不過近幾年來，NAND 快閃記憶體的技術越趨複雜，僅靠控制器已經不足以應付需求，也因此我們需要一份抽象化的硬體介面，以便應對如「錯誤校正碼」這類複雜的技術細節。

管理型快閃記憶體

支援快閃記憶體的重擔都落在了作業系統的身上，這一點在 NAND 快閃記憶體更是如此，但要是能夠有個設計良好的硬體介面，以及標準化的快閃記憶體控制器，就可以避免這些複雜問題並減輕負擔。這也是為何管理型快閃記憶體（managed flash memory）越來越普遍的緣由。究其根本，它的原理是以一個微控制器（microcontroller）來搭配一到多個的快閃記憶體晶片，這個微控制器能夠配合傳統的檔案系統，模擬出一個小型磁區（sector）儲存裝置。其中對嵌入式系統最為重要的管理型快閃記憶體，就是 **SD 卡**（**Secure Digital card，安全數位卡**）以及嵌入式類型的 **eMMC**。

多媒體記憶卡與安全數位卡

在 1997 年的時候，SanDisk 與 Siemens（西門子）將快閃記憶體封裝成儲存裝置，推出了**多媒體記憶卡**（**MultiMediaCard，MMC**）。不久之後，在 1999 年時，SanDisk、Matsushita（松下電器）與 Toshiba（東芝）以 MMC 為基礎開發出 **SD 卡**（**安全數位卡**），加上了加密與數位版權管理（Digital Rights Management，DRM）的機制（「安全」之意由此而來）。這兩者當初開發時的客群對象，都是針對如數位相機、音樂播放器這類裝置的使用者；到了現在，雖然加密功能很少在使用了，但 SD 卡已經成為管理型快閃記憶體的代表，並且在嵌入式電子產品中佔有一席之地。在更新版本的 SD 卡規格中，使用了更小型的封裝技術（像是被稱為 uSD 的 microSD 或 mini SD），但提供了更大的容量，如 SDHC 可以高達 32 GB，而更進階的 SDXC 更可有高達 2 TB 的容量。

MMC 與 SD 卡的硬體介面十分相似，而且完整尺寸的 MMC 也可以使用在完整尺寸的 SD 卡插槽上（但反過來就不行了）。早期規格使用的是 1 位元的**序列週邊介面**（**Serial Peripheral Interface，SPI**）；而到了近期使用的則是 4 位元的介面。

另外還有指令集（command set）可以對 512 位元組大小的磁區進行讀寫。在整個封裝（package）裡面則是一個微控制器，以及一到多顆的 NAND 快閃記憶體晶片，如下圖所示：

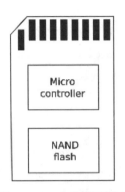

圖 9.2：SD 卡的封裝情形

微控制器實作了指令集，管理著快閃記憶體，並提供作為快閃轉譯層（Flash Translation Layer）的功能，這部分本章後續會提到。這些儲存空間都已經事先被格式化為 FAT 檔案系統：SDSC 卡採用了 FAT16 格式、SDHC 採用了 FAT32 格式，而 SDXC 上用的是 exFAT 格式。這些 SD 卡類型的不同之處，不只在於 NAND 快閃記憶體晶片品質不同，使用在微控制器內的軟體也有所不同。很難說在這當中有真正適合用於嵌入式系統的類型，但至少容易造成檔案污損的 FAT 檔案系統，是絕對不適合的。要知道 MMC 與 SD 卡原本最主要的用途，是用在相機、平板與手機上的可移除式儲存裝置。

eMMC

所謂的 **eMMC（Embedded MMC）** 就是將 MMC 記憶體封裝起來，便於焊接在主機板上的類型，並且使用 4 或 8 位元的資料傳輸介面。不過這類型記憶體本來就是被設計為用於作業系統上的儲存裝置，因此其元件功能足以應付此類需求。此外，這類晶片通常不會事先格式化為任何檔案系統。

其他種類的管理型快閃記憶體

在管理型快閃記憶體技術當中，最早推出的一種是 **CF 卡（CompactFlash）**，這種技術使用了 **PCMCIA 標準規範（Personal Computer Memmory Card International Association，個人電腦儲存卡國際聯盟）** 旗下的一類介面。CF 卡透過一個平行 ATA 介面，將記憶體空間模擬成傳統硬碟提供給作業系統，常見於以 x86 架構為主的單板電腦、專業影音設備以及相機設備。

還有一種類型就是我們日常都會用到的 **USB 快閃隨身碟（USB flash drive）**。在這類型當中，是以 USB 作為存取記憶體的介面，控制器則會負責實作出 USB 大容量儲存裝置的功能規格，以及擔任快閃轉譯層的角色，以此提供對晶片存取的介面。USB 大容量儲存裝置的協定，是以 SCSI 磁碟指令集為基礎。如同 MMC 與 SD 卡一樣，USB 快閃隨身碟通常會事先格式化為 FAT 檔案系統，在嵌入式系統上主要的用途則是用於和個人電腦之間的資料交換。

對於管理型快閃記憶體儲存裝置來說，近期還新增了一種**通用快閃儲存裝置**（Universal Flash Storage，UFS）的類型。這種類型和 eMMC 一樣封裝在晶片中，以便接在主機板上。它使用高速的序列傳輸介面，擁有比 eMMC 更高的資料傳輸率，並且支援 SCSI 磁碟指令集。

現在我們已經知道有哪些種類的快閃記憶體可用，接下來，讓我們說明 U-Boot 如何從每一種快閃記憶體載入內核映像檔。

從啟動載入器存取快閃記憶體

我們在「**第 3 章，啟動載入器**」中曾經提及，我們需要啟動載入器來載入內核，以及從各式快閃儲存裝置載入其他映像檔，並且要能執行像是抹除、重新編寫快閃記憶體等系統維護作業。而這也就表示，啟動載入器一定要有驅動程式與相關的功能，才能對你所使用的快閃記憶體進行讀、寫、抹除等動作，不論你採用的類型是 NOR、NAND 還是管理型記憶體。接下來的範例中，我們將使用 U-Boot 做展示，其他類型的啟動載入器也都大同小異。

U-Boot 與 NOR

U-Boot 在 drivers/mtd 目錄下有支援 NOR CFI 晶片的驅動程式，並且使用 erase 指令就可以抹除記憶體內容，使用 cp.b 就能以位元組為單位複製資料，並編寫快閃記憶體。先假設你的 NOR 快閃記憶體位址是從 0x40000000 到 0x480000000 為止，而其中從 0x40040000 開始 4 MiB 的大小是內核映像檔，那麼你就可以使用如下的 U-Boot 指令，來載入一個新的內核到快閃記憶體中：

```
=> tftpboot 100000 uImage
=> erase 40040000 403fffff
=> cp.b 100000 40040000 $(filesize)
```

在上面的例子中，`filesize` 這個變數的值會在 `tftpboot` 這個指令下載檔案之後，自動被設定為檔案的大小。

U-Boot 與 NAND

如果是 NAND 快閃記憶體，還需要驅動程式來支援在系統單晶片上的 NAND 快閃記憶體控制器，這部分可以在 `drivers/mtd/nand` 當中找到。使用 `nand` 指令，搭配指令參數 `erase`、`write`、`read` 來管理記憶體。底下這個範例，示範如何將一個已經載入到主記憶體內 `0x82000000` 位址的內核映像檔，再放入到快閃記憶體中 `0x280000` 開頭的位址裡：

```
=> tftpboot 82000000 uImage
=> nand erase 280000 400000
=> nand write 82000000 280000 $(filesize)
```

U-Boot 也可以從 JFFS2、YAFFS2 和 UBIFS 這些類型的檔案系統中讀取檔案。`nand write` 指令會自動略過那些被標記為「缺陷」的區塊，所以後續如果你需要透過檔案系統讀取這些寫入的資料的話，請務必確認檔案系統同樣具備略過缺陷區塊標記的功能。

U-Boot 與 MMC、SD、eMMC

U-Boot 在 `drivers/mmc` 目錄下有許多不同種類的 MMC 控制器驅動程式。你可以在使用者介面下，用 `mmc read` 與 `mmc write` 存取原始型態的資料（raw data），這能讓我們直接處理內核與檔案系統的映像檔。

U-Boot 也可以從 MMC 儲存裝置上的 FAT32 和 ext4 這些檔案系統類型讀取檔案。

如果是 NOR、NAND 或是管理型快閃記憶體的話，就要根據系統單晶片（SoC）上的快閃控制器種類或是 NOR 晶片類型，來選擇相對應的驅動程式。在 Linux 系統上，若要直接存取 NOR 或 NAND 快閃記憶體，需要額外的軟體輔助。

從 Linux 存取快閃記憶體

單純的 NOR 或是 NAND 快閃記憶體，會由 **MTD（記憶體技術裝置）** 這個子系統負責處理，提供對快閃記憶體區塊基本的讀、寫、抹除功能。以 NAND 快閃記憶體為例，就有可以「管理帶外區」以及「辨識缺陷區塊」的功能。

若以管理型快閃記憶體而言，還需要搭配驅動程式才能處理特定的硬體介面。像是 MMC、SD 卡與 eMMC 都會使用 mmcblk 的驅動程式；而 CF 卡（CompactFlash）與傳統硬碟則使用 sd 這個 SCSI 磁碟的驅動程式；USB 快閃隨身碟則會同時使用到 sd 與 usb_storage 這兩種驅動程式。

MTD（記憶體技術裝置）

MTD（memory technology device，記憶體技術裝置）是一個由 David Woodhouse 在 1999 年時開發的子系統，此後逐漸被發展開來。在這個小節中，筆者想聚焦在兩項主要的記憶體技術，也就是 NOR 與 NAND 記憶體，來說明它是如何進行處理的。

MTD 一共由三層組成：核心（core）的功能集、因應各種不同晶片類型的驅動程式集，以及將快閃記憶體模擬為字元裝置（character device）或是區塊裝置（block device）的用戶層級驅動程式（user-level driver）。如下圖所示：

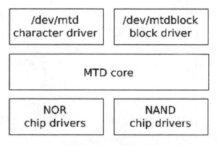

圖 9.3：MTD 架構層

晶片驅動程式（chip driver）是最底端的一層，擔任與快閃記憶體晶片之間的介面。對 NOR 快閃記憶體晶片來說需要的驅動程式種類不多，只要能處理標準與變種的 CFI 介面，再加上支援一些現在幾乎已經絕跡的不相容晶片就好。但對 NAND 快閃記憶體來說，還需要驅動程式來支援所使用的 NAND 快閃記憶體控制器；這部分通常會由機板支援套件（BSP）提供。在最新主線內核（mainline kernel）的 drivers/mtd/nand 目錄底下，就有將近 40 種不同的驅動程式。

分割區

在多數情況下，我們需要將快閃記憶體的空間分隔為好幾個區塊，比方說，有的是用來放啟動載入器的，有的是放內核映像檔，有的是根目錄檔案系統。而對 MTD 來說，就有好幾種方式，可以讓我們設定分割區的大小與起始位址，主要的幾種方式包括：

- 利用了內核指令列的 CONFIG_MTD_CMDLINE_PARTS 設定選項
- 利用了硬體結構樹的 CONFIG_MTD_OF_PARTS 設定選項
- 利用與平台相對應的驅動程式

先看第一種方式，我們要使用內核指令列中的 mtdparts 這個參數，在 Linux 原始碼中的 drivers/mtd/cmdlinepart.c 有定義這個參數的使用格式：

```
mtdparts=<mtddef>[;<mtddef]
<mtddef>  := <mtd-id>:<partdef>[,<partdef>]
<mtd-id>  := unique name for the chip
<partdef> := <size>[@<offset>][<name>][ro][lk]
<size>    := size of partition OR "-" to deNote all remaining space
<offset>  := offset to the start of the partition; leave blank to
follow the previous partition without any gap
<name>    := '(' NAME ')'
```

或許還是直接看範例比較容易懂。先假設你有一顆 128 MiB 大小的快閃記憶體晶片，並且要分割為五個分割區，那麼指令內容如下：

```
mtdparts=:512k(SPL)ro,780k(U-Boot)ro,128k(U-BootEnv),4m(Kernel),-
(Filesystem)
```

通常在「冒號」（:）前面的第一個參數值指的是 mtd-id，這是用編號或是機板支援套件上的名稱，來指定快閃記憶體晶片。如果像範例一樣只有一顆晶片，那就可以直接將這個值留空；但如果你有多顆晶片，那就要用「分號」（;），把指定給不同晶片的資訊分隔開來。而指定給每顆晶片的資訊內容本身，是一份以「逗號」（,）分隔而成的分割區清單，清單中的每一個項目，都是以「位元組」描述的大小再加上 KiB（k）或 MiB（m）的單位，以及用「括號」包住的分割區名稱。ro 這個後綴字樣會把 MTD 的分割區設為唯讀，通常用於避免意外將啟動載入器覆寫過去。晶片上最後一個分割區的大小可以用一個「破折號」（-）代替，表示把剩下的空間都分到這個分割區上。

你可以在執行期查看 /proc/mtd 的內容，就會看到設定的結果：

```
# cat /proc/mtd
 dev:  size      erasesize name
mtd0: 00080000 00020000  "SPL"
mtd1: 000C3000 00020000  "U-Boot"
mtd2: 00020000 00020000  "U-BootEnv"
```

```
mtd3: 00400000 00020000   "Kernel"
mtd4: 07A9D000 00020000   "Filesystem"
```

在 /sys/class/mtd 裡面還有每個分割區的詳細資訊，當中包括了「抹除區塊」的大小以及「分頁」的大小等等，還可以用 mtdinfo 這個指令顯示出概要：

```
# mtdinfo /dev/mtd0
mtd0
Name:                          SPL
Type:                          nand
Eraseblock size:               131072 bytes, 128.0 KiB
Amount of eraseblocks:         4 (524288 bytes, 512.0 KiB)
Minimum input/output unit size: 2048 bytes
Sub-page size:                 512 bytes
OOB size:                      64 bytes
Character device major/minor:  90:0
Bad blocks are allowed:        true
Device is writable:            false
```

此外，你也可以把分割區資訊編寫在硬體結構樹當中達到同等的效果：

```
nand@0,0 {
  #address-cells = <1>;
  #size-cells = <1>;
  partition@0 {
    label = "SPL";
    reg = <0 0x80000>;
  };
  partition@80000 {
    label = "U-Boot";
    reg = <0x80000 0xc3000>;
  };
  partition@143000 {
    label = "U-BootEnv";
    reg = <0x143000 0x20000>;
  };
  partition@163000 {
    label = "Kernel";
    reg = <0x163000 0x400000>;
  };
  partition@563000 {
```

```
    label = "Filesystem";
    reg = <0x563000 0x7a9d000>;
  };
};
```

第三種方式則是將分割區資訊依照 mtd_partition 的資料結構寫為平台資料
（platform data），下面是從 arch/arm/mach-omap2/board-omap3beagle.c 當中提
取出來的範例（NAND_BLOCK_SIZE 這個變數的值有先在其他地方設定為 128 KiB）：

```
static struct mtd_partition omap3beagle_nand_partitions[] = {
  {
    .name          = "X-Loader",
    .offset        = 0,
    .size          = 4 * NAND_BLOCK_SIZE,
    .mask_flags    = MTD_WRITEABLE, /* force read-only */
  },
  {
    .name          = "U-Boot",
    .offset        = 0x80000;
    .size          = 15 * NAND_BLOCK_SIZE,
    .mask_flags    = MTD_WRITEABLE, /* force read-only */
  },
  {
    .name          = "U-Boot Env",
    .offset        = 0x260000;
    .size          = 1 * NAND_BLOCK_SIZE,
  },
  {
    .name          = "Kernel",
    .offset        = 0x280000;
    .size          = 32 * NAND_BLOCK_SIZE,
  },
  {
    .name          = "File System",
    .offset        = 0x680000;
    .size          = MTDPART_SIZ_FULL,
  },
};
```

然而，最後這種「寫為平台資料」的方式已經過時且被禁用，現在只有在舊型系統單晶片的 BSP 機板支援套件中，才會看到這種做法，而且也都沒在更新了。

MTD 裝置驅動程式

MTD 子系統的上層是一組裝置驅動程式：

- 一個是「字元裝置」的驅動程式，主要編號為 90。每個 MTD 分割區編號 N，會配有兩個裝置節點（device node），也就是會有 /dev/mtdN（偶數編號，次要編號為 N*2）與 /dev/mtdNro（奇數編號，次要編號為 (N*2 + 1)）。後者和前者的差異，只在於後者為唯讀狀態。
- 另一個是「區塊裝置」的驅動程式，主要編號（major number）為 31，次要編號（minor number）為 N。裝置節點的名稱格式是 /dev/mtdblockN。

我們先來看看「字元裝置」，因為它是這兩個當中最常被使用的。

MTD 字元裝置：mtd

在這之中，字元裝置（character device）最為重要，因為它能讓我們以位元組陣列（an array of bytes）的形式，存取底層快閃記憶體的內容，如此你才能對快閃記憶體進行讀寫。此外，它實作的 ioctl 介面可以讓你對區塊進行抹除，並且管理在 NAND 晶片上的帶外區。底下是從 include/uapi/mtd/mtd-abi.h 中列出的功能：

IOCTL	說明
MEMGETINFO	獲取基本的 MTD 規格資訊
MEMERASE	抹除 MTD 分割區中的區塊
MEMWRITEOOB	把資料寫進分頁中的帶外區
MEMREADOOB	從分頁中的帶外區讀取資料
MEMLOCK	鎖住晶片（需要有支援此功能）
MEMUNLOCK	解鎖晶片（需要有支援此功能）
MEMGETREGIONCOUNT	獲取抹除區域（erase region）的數量。如果在分割區當中有不同大小的抹除區塊，回傳非零整數；這情況在 NOR 中較常見，較少見於 NAND。
MEMGETREGIONINFO	如果 MEMGETREGIONCOUNT 回傳非零整數，這個功能就可以用來獲取每個抹除區域的起始位址、大小以及裡面的區塊數量。
MEMGETOOBSEL	已棄用
MEMGETBADBLOCK	獲取缺陷區塊標記狀態

IOCTL	說明
MEMSETBADBLOCK	設定缺陷區塊標記狀態
OTPSELECT	設定為 OTP 模式（需要有支援此功能）（OTP 是 one-time programmable 的縮寫，又譯一次性可寫入程式、單次編程或單次可程式化）
OTPGETREGIONCOUNT	獲取設定為 OTP 模式區域的數量
OTPGETREGIONINFO	獲取單一 OTP 模式區域的資訊
ECCGETLAYOUT	已棄用

此外，還有一組利用 ioctl 介面對快閃記憶體進行操作的工具程式，被統稱為 mtd-utils。你可以在 git://git.infradead.org/mtd-utils.git 下載到原始檔，也可以在 Yocto Project 與 Buildroot 中找到它的套件。下面列出當中的幾項重要工具。這個套件中，也有針對「JFFS2 與 UBI/UBIFS 格式的檔案系統」提供工具，這個部分稍後會再提到。這些工具都是以 MTD 字元裝置作為操作的對象：

- **flash_erase**：抹除某個範圍內的區塊。
- **flash_lock**：鎖住某個範圍內的區塊。
- **flash_unlock**：解鎖某個範圍內的區塊。
- **nanddump**：傾印 NAND 快閃記憶體的內容，也可以包括帶外區的資訊。但會忽略缺陷區塊。
- **nandtest**：對 NAND 快閃記憶體進行測試與診斷。
- **nandwrite**：從含有（程式）資料的檔案寫入到 NAND 快閃記憶體中。會忽略缺陷區塊。

> **Tip**
> 在寫入新資料之前，一定都要先對快閃記憶體進行抹除：可以執行 flash_erase 這個指令。

如果要將程式寫入 NOR 快閃記憶體，就只要用 cp 這類指令，直接將位元組複製到 MTD 裝置節點中就好了。

但不幸的是，對 NAND 快閃記憶體來說這種方式無效，因為複製作業會在遇到第一個缺陷區塊時就宣告失敗，所以要改用 nandwrite，這會跳過那些缺陷區塊。而要反過來從 NAND 快閃記憶體中讀取時，就要用 nanddump 指令，才能同樣跳過那些缺陷區塊。

MTD 區塊裝置：mtdblock

`mtdblock` 的驅動程式比較少會用到。這個驅動程式的目的在於，把快閃記憶體模擬成區塊裝置，如此你就可以對它進行格式化，並且掛載為一個檔案系統。不過這種裝置有嚴重的侷限性，像是無法處理 NAND 快閃記憶體中的缺陷區塊問題、沒有實作耗損均化（wear leveling，又稱為磨損均衡或平均抹寫），而且還沒辦法處理「檔案系統中的區塊」與「快閃記憶體中的區塊」大小不同的問題。也就是說，這東西沒有實作快閃轉譯層，但這件事情對一個可靠的檔案儲存裝置來說至關重要。唯一可能會考慮使用 `mtdblock` 裝置的情形是，採用 NOR 這類可靠的快閃記憶體，搭配 SquashFS 這類唯讀的檔案系統。

Tip

如果有讀者想在 NAND 快閃記憶體上使用唯讀的檔案系統，應該要改用 UBI 驅動程式，本章後續會介紹這部分。

記錄內核崩壞訊息

內核錯誤（kernel error），又稱為 oops，通常會透過 klogd 與 syslogd 等常駐服務（daemon）記錄，到一個循環記憶體緩衝區（circular memory buffer）內，或是一個檔案內。但隨著機器重啟時，循環緩衝區（ring buffer）內的紀錄就會消失，就算是寫到檔案，也有可能遺失紀錄，因為在系統崩壞（crash）時可能能就已經沒辦法正確寫入了。所以，更可靠的辦法是把一個 MTD 分割區當作循環紀錄緩衝區（circular log buffer），用來記錄 oops 與內核崩壞（kernel panic）的訊息。你可以用 `CONFIG_MTD_OOPS` 設定選項啟用這個功能，然後再在內核指令列中加入 `console=ttyMTDN` 的設定，其中 N 指的是你要用來記錄訊息的 MTD 裝置編號。

模擬 NAND

NAND 模擬器（simulator）是利用系統的 RAM（主記憶體）模擬成 NAND 晶片。主要的用途是，為了在不需存取實體 NAND 快閃記憶體的情況下，測試那些與 NAND 相關的程式。尤其是它還可以模擬缺陷區塊、位元反轉，以及其他比較難用真實快閃記憶體遇到的錯誤情形，讓你用來測試程式。此外，模擬器本身的程式也非常值得研究，這個程式在 `drivers/mtd/nand/nandsim.c` 裡面有詳盡的說明，告訴我們如何對驅動程式進行設定。透過內核設定的 `CONFIG_MTD_NAND_NANDSIM` 選項，來啟用這個功能。

多媒體記憶卡區塊裝置驅動程式

MMC/SD 卡與 eMMC 晶片要透過 `mmcblk` 的區塊裝置驅動程式（block device driver）進行存取。配合你所使用的 MMC 轉接卡（adapter），還需要安裝一個控制器，這通常可以在機板支援套件中找到。在 Linux 原始碼的 `drivers/mmc/host` 底下可以找到驅動程式。

和傳統硬碟的做法一樣，你可以用 `fdisk` 或其他類似的工具軟體，來對 MMC 儲存裝置進行分割。

現在，我們知道如何在 Linux 上存取各種不同的快閃記憶體了。接下來，讓我們看看 Linux 如何利用檔案系統或是區塊裝置驅動程式，來應對快閃記憶體在使用上的一些常見問題。

用於快閃記憶體的檔案系統

想要妥善利用快閃記憶體作為大容量的儲存空間時，我們會遇到以下幾個問題：記憶體的區塊大小與磁碟磁區的大小不符、每個區塊可被抹寫的次數有限，以及需要方法來處理 NAND 晶片的缺陷區塊。以上這些種種問題都可以用**快閃轉譯層（Flash Translation Layer，FTL，或稱快閃記憶體轉換層）**解決，一勞永逸。

快閃轉譯層

快閃轉譯層主要負責以下幾種功能：

- **分割配置**：配置（allocation）時的單位越小，檔案系統的效率就越高，通常這個大小會是 512 位元組為一個磁區。但快閃記憶體的區塊單位大小高達 128 KiB，比這個大得多了。因此需要進一步將區塊分割為更小的單位，避免造成大量空間的浪費。
- **垃圾回收**：分割配置的一個副作用是，在檔案系統運行一段時間之後，就會使得同一個區塊當中，同時存在著有效的資料和已經無用的資料。但我們又只能對一整個區塊單位進行抹除的動作，因此唯一能夠釋放多餘空間的方式，就是先將「有效的資料」集中到一起，再把「抹除後的區塊」釋放出來。這個動作通常會以背景執行緒（background thread）進行，也就是所謂的垃圾回收（garbage collection）了。

- **耗損均化**：所有區塊都有一定的抹除次數上限。為了要最大化地延長晶片的使用壽命，每個區塊都要輪流存放資料，這樣才能讓抹除的次數盡量維持在同樣的程度。
- **缺陷處理**：在使用 NAND 快閃記憶體晶片時，需要跳過那些被標記為缺陷的區塊，並且當有區塊無法再被抹除時，也要能夠將這些原本正常的區塊標記為缺陷。
- **異常處理**：由於嵌入式裝置常會面臨突如其來的斷電或重啟，因此必須要能夠將檔案系統回復到沒有資料污損的狀態，這點通常會透過一個日誌（journal）或紀錄檔來記錄交易。

有幾種方式可以實作快閃轉譯層：

- **實作在檔案系統中**：如 JFFS2、YAFFS2 和 UBIFS 便屬於此類。
- **實作在區塊裝置驅動程式內**：如 UBIFS 所使用的 UBI 驅動程式便屬於此類，它實作了快閃轉譯層的部分功能。
- **實作在裝置的控制器內**：如採用了管理型快閃記憶體的裝置就屬於此類。

如果快閃轉譯層是實作在「檔案系統」或是「區塊裝置驅動程式」內的話，程式碼就會附在內核當中跟著一起被開放出來，也就表示我們有機會了解其背後的原理，並期待能夠在未來持續獲得改善。相反的，如果是被實作在「管理型快閃記憶體的裝置」中，那也就表示我們無法對其一探究竟，也無法得知是否能夠如預期運作。不只如此，把轉譯層做在磁碟控制器（disk controller）中，也代表著它無法接觸到一些在檔案系統層級才有的資訊。比方說，既然無法知道「磁區」和「檔案」之間的關聯，也就無從得知哪些磁區中存放的資料在檔案系統裡面其實已經被刪除了。後面這個問題可以在檔案系統與裝置之間，加上一個傳遞資訊用的指令獲得解決，後續在介紹到 TRIM 指令時會再對此說明。但即使如此，前者的問題還是存在。所以，要是你決定選用管理型快閃記憶體，記得選擇能夠信賴的製造商。

在了解檔案系統在這之中需要扮演的角色之後，接著就來了解，各種檔案系統與不同類型快閃記憶體的搭配。

適用 NOR 與 NAND 的檔案系統

如果要直接將「快閃記憶體晶片」作為大容量儲存裝置，你需要選用對晶片規格與技術有所了解的檔案系統。其中有三者符合這個條件：

- **JFFS2，Journaling Flash File System 2**：這是第一個在 Linux 上提供的快閃記憶體檔案系統，而且直到今日仍然健在。它能適用於 NOR 與 NAND 快閃記憶體，但眾所周知的缺點就是緩慢的掛載速度。
- **YAFFS2，Yet Another Flash File System 2**：這個檔案系統和 JFFS2 很像，但主要是針對 NAND 快閃記憶體。被 Google 採用作為在 Android 裝置上使用的快閃記憶體晶片檔案系統。
- **UBIFS，Unsorted Block Image File System**：這是 NOR 與 NAND 快閃記憶體都能適用的最新型檔案系統，其背後的原理是與 UBI 區塊裝置驅動程式做搭配，建立起可靠的快閃記憶體檔案系統。它的效能比起 JFFS2 與 YAFFS2 都要來得好，因此新近的開發專案應該優先考慮採用這個選項。

以上這些檔案系統都使用 MTD 裝置，作為快閃記憶體的存取介面。

JFFS2

在 1999 年時，這個 **Journaling Flash File System** 最早是作為 Axis 2100 網路攝影機的軟體而開發的。經過許多年後，曾經是 Linux 上唯一的快閃記憶體檔案系統，並使用在數以千計、各種不同類型的裝置上。如今雖然不是最好的選項，但筆者仍然選擇從它開始介紹，因為它代表了這一路發展歷程的起點。

JFFS2 是一個日誌型檔案系統，並使用 MTD 作為存取快閃記憶體的介面。在日誌型檔案系統中，對檔案系統的變更會循序以節點的形式，寫入快閃記憶體內。節點的內容可能是對目錄的變更，像是被新增或是被刪除的檔案名稱，也可能是對檔案資料的變更。一段時間之後，這個節點可能就會被後續進來的節點資訊所取代掉，成為被廢棄的節點（obsolete node）。無論採用的是 NOR 或 NAND，都是以「抹除區塊」作為管理的單位。當抹除一個區塊時，會將所有位元都設為 1。

JFFS2 將「抹除區塊」分成三種類型：

- **可用區塊（Free）**區塊內沒有任何節點。
- **乾淨區塊（Clean）**區塊內只存在還有效的節點。
- **混雜區塊（Dirty）**區塊內至少存在一個已經被廢棄的節點。

無論何時，都會有一個區塊作為負責被寫入的區塊存在，這個區塊叫作開放區塊（open block）。如果此時斷電或是系統被重啟，那麼唯一可能會遺失的資料就是最後一筆要寫入開放區塊的資料。此外，當節點被寫入時會經過壓縮，這樣就能提高在快閃記憶體上的儲存空間使用效率，這一點在成本高昂的 NOR 快閃記憶體上尤其重要。

當「可用區塊」的數量降到一定程度以下，內核的垃圾回收執行緒就會啟動，掃描「混雜區塊」之後，將有效的節點複製到「開放區塊」中，然後再將那些「混雜區塊」釋放出來。

同時，垃圾回收也會發揮某種簡單的耗損均化作用，因為它會把有效節點從一個區塊搬到另外一個去。這樣子只要隨著時間選擇不同的開放區塊來存放變更資料，就能讓每個區塊之間的抹除次數接近一致。而有時候，為了避免那些用來存放靜態資料的區塊過少被寫入，也會把「乾淨區塊」作為垃圾回收的對象，以達到耗損均化的目標。

JFFS2 檔案系統採用的是「通寫式快取模式」（write-through cache，又稱寫通模式或寫入模式），意思是對檔案系統寫入的動作會直接同步寫入到快閃記憶體中，就和以 -o sync 參數掛載時的行為模式相同。如果要提高可靠度，在這種模式下寫入資料的時間就會被拉長。此外，小量資料寫入的動作也會造成問題，因為光是節點標頭（node header）的大小（40 個位元組）的資料，可能就會造成寫入成本過高，其中一個較為人知的極端案例就是紀錄檔（log file）的產製，像是 syslogd 的紀錄行為。

概要節點

JFFS2 系統有一個明顯的缺陷：由於沒有內建索引（on-chip index），因此會在掛載的時候，把整個紀錄檔從頭掃一遍，以便追溯出目錄結構。要直到掃完所有紀錄，才能得知在有效節點中的所有目錄結構，而這件事情所花費的時間會與分割區的大小成正比。通常每 MiB 的掛載時間不應該超過一秒，否則那會讓整個掛載所需的時間達到幾十、甚至是幾百秒。

為了降低在掛載時所花費的掃描時間，Linux 2.6.15 版本時推出了「概要節點」（summary node）這個選項。在開放區塊要關閉之前，會把一個概要節點寫到它的尾端，這個概要節點當中包含著在掛載進行掃描時所需要的一切資訊。由此，概要節點可以把掛載時間降至二分之一到五分之一不等，而這個機制的成本不過就是佔用了 5% 的儲存空間而已。你可以在內核設定的 CONFIG_JFFS2_SUMMARY 啟用這個選項。

清除標記

雖然一個被抹除、所有位元都被設為 1 的區塊，感覺上好像和「全部位元都被寫入 1 的區塊」難以分辨，但後者的記憶單元其實尚未被更新，而且直到被抹除之前都無法再次被寫入。JFFS2 系統於是利用一個被稱為**清除標記（clean marker）**的機制，分辨前述這兩者之間的情形。在一個區塊被成功抹除之後，會在「區塊的開頭」或者是「區塊開頭第一個分頁的帶外區」中，打上一個清除標記。如果這個清除標記存在的話，就表示這個區塊一定是被抹除過的乾淨區塊。

建立 JFFS2 檔案系統

要在執行期建立一個空白的 JFFS2 檔案系統，就只需抹除一個 MTD 分割區、打上清除標記，然後掛載上去即可。由於一個空白的 JFFS2 檔案系統是純粹由可用區塊組成，所以也不需要執行格式化的步驟。舉例來說，你可以在裝置上輸入以下指令，來抹除 MTD 的第 6 分割區：

```
# flash_erase -j /dev/mtd6 0 0
# mount -t jffs2 mtd6 /mnt
```

在 flash_erase 指令後的 -j 參數，表示要加上清除標記，然後接著在掛載時指定 jffs2 類型，表示將這個分割區作為空白的檔案系統。這邊注意到掛載時指定的裝置代號是 mtd6，而不是 /dev/mtd6；或者是你也可以用 /dev/mtdblock6 這個區塊裝置節點的代號指定，這只是 JFFS2 系統的一個怪癖而已。只要掛載上去之後，就可以像一般檔案系統一樣進行操作，當你下次重新啟動並掛載上去，所有檔案也都還會存在。

你可以用 mkfs.jffs2 工具，從開發環境上的暫存目錄將檔案寫為 JFFS2 系統的格式，用這種方式直接建立檔案系統的映像檔，然後再用 sumtool 添加概要節點。這些工具都包括在 mtd-utils 這個套件中。

作為範例，這邊先以一個 NAND 快閃記憶體裝置上，0x20000 位址開始的 128 KiB 大小區塊為目標，用 rootfs 底下的檔案建立映像檔，並加上概要節點。下面這兩道指令便可以完成工作：

```
$ mkfs.jffs2 -n -e 0x20000 -p -d ~/rootfs -o ~/rootfs.jffs2
$ sumtool -n -e 0x20000 -p -i ~/rootfs.jffs2 -o ~/rootfs-sum.jffs2
```

參數 -p 表示要在映像檔的尾端加上填充（padding），使體積佔滿整個區塊。參數 -n 會防止在映像檔中建立清除標記，因為一般 NAND 裝置的清除標記是寫在帶外區裡面的，所以如果換做是 NOR 裝置，就要把 -n 參數拿掉。你可以在使用 mkfs.jffs2 指令時，加上 -D ［裝置表路徑］，搭配裝置表（device table）來設定檔案的權限與擁有者。當然，以上這些都可以用 Buildroot 跟 Yocto Project 來幫我們處理好。

你還可以從啟動載入器把「映像檔」寫入到快閃記憶體中。比方說，如果你已經把「檔案系統的映像檔」載入到 RAM（主記憶體）中 0x82000000 這個位址，然後想要再把它載入到快閃記憶體晶片中 0x163000 這個位址開始的分割區上，佔用 0x7a9d000 位元組的大小。那麼 U-Boot 的指令如下：

```
nand erase clean 163000 7a9d000
nand write 82000000 163000 7a9d000
```

你也可以從 Linux 上透過 mtd 驅動程式達到一樣的效果：

```
# flash_erase -j /dev/mtd6 0 0
# nandwrite /dev/mtd6 rootfs-sum.jffs2
```

要在啟動時用 JFFS2 作為根目錄檔案系統，就要在內核指令列中指定 mtdblock 裝置的分割區，並且設定 rootfstype 參數，因為 JFFS2 系統無法被正確偵測出來：

```
root=/dev/mtdblock6 rootfstype=jffs2
```

介紹過 JFFS2 檔案系統後，讓我們接著說明另一個日誌型檔案系統。

YAFFS2

YAFFS 檔案系統是由 Charles Manning 在 2001 年所開發的,主要是為了當年 JFFS2 系統還不適用於 NAND 快閃晶片的問題。後續的更新中,改為可以處理更大(2 KiB)分頁之後,又由此誕生了 YAFFS2。YAFFS 的官網在 https://www.yaffs.net。

YAFFS 的設計概念與 JFFS2 相同,同樣是屬於日誌型檔案系統。不同的是,YAFFS 有著更快的掛載掃描時間、更簡單迅速的垃圾回收機制、不使用壓縮來加速讀寫的速度,不過也因此稍微浪費了一些儲存空間。

YAFFS 不僅可以使用在 Linux,也可以移植到各種各樣的作業系統上。它的授權有兩種版本:相容於 Linux 的 GPLv2 授權,以及給其他作業系統使用的商業授權。不幸的是,YAFFS 的程式從來沒有合併到 Linux 的主線版本過,所以我們得自行將其更新到內核中。

要下載 YAFFS2 並更新到內核中,輸入以下指令:

```
$ git clone git://www.aleph1.co.uk/yaffs2
$ cd yaffs2
$ ./patch-ker.sh c m < 內核原始檔路徑 >
```

然後修改內核設定中的 CONFIG_YAFFS_YAFFS2 選項。

建立 YAFFS2 檔案系統

如同 JFFS2 系統,要在執行期建立 YAFFS2 檔案系統,就只要抹除一塊分割區,然後掛載上去就好。但是,注意這裡不能啟用清除標記功能:

```
# flash_erase /dev/mtd/mtd6 0 0
# mount -t yaffs2 /dev/mtdblock6 /mnt
```

至於要建立檔案系統的映像檔,最簡單的方式就是從 https://code.google.com/p/yaffs2utils 下載 mkyaffs2 指令工具,輸入如下指令:

```
$ mkyaffs2 -c 2048 -s 64 rootfs rootfs.yaffs2
```

這邊用 -c 參數指定分頁的大小,然後用 -s 參數指定帶外區的大小。另外,在 YAFFS 的原始檔中,有一個名為 mkyaffs2image 的指令工具,但是這東西有幾個缺點。首

先，由於分頁與帶外區的大小是寫死在原始碼中的，所以要是讀者的記憶體不是預設的 2,048 位元組分頁與 64 位元組帶外區，就要修改程式碼並重新編譯這個工具。此外，它的帶外區格式跟 MTD 不相容，MTD 是使用開頭的兩個位元組作為缺陷區塊的標記，但 `mkyaffs2image` 卻把這幾個位元組拿來儲存 YAFFS 的中繼資料。

要把映像檔複製到 MTD 分割區中，就在 Linux 指令提示字元輸入以下指令：

```
# flash_erase /dev/mtd6 0 0
# nandwrite -a /dev/mtd6 rootfs.yaffs2
```

要使用 YAFFS2 作為根目錄檔案系統，則在內核指令列中加入底下這一行：

```
root=/dev/mtdblock6 rootfstype=yaffs2
```

既然提到了搭配 NOR 與 NAND 快閃記憶體的檔案系統，就不得不來看一下新近的另一種選項，也就是與 UBI 驅動程式結合的檔案系統。

UBI 與 UBIFS

UBI（unsorted block image，無序區塊映像檔） 驅動程式就是專為快閃記憶體設計的磁碟區管理器（volume manager），可以實現耗損均化與處理缺陷區塊。第一次是在 Linux 2.6.22 版本時，由 Artem Bityutskiy 開發出來。與此同時，Nokia 的工程師們也正在開發基於 UBI 優點的檔案系統，他們則稱之為 UBIFS，後來在 Linux 2.6.27 版本時加入。由於和快閃轉譯層分開的緣故，因此程式碼能夠更模組化，讓其他檔案系統也能享用 UBI 驅動程式的優點，接下來便一一介紹。

UBI

UBI 透過將**實體抹除區塊（physical erase block，PEB）**映射到**邏輯抹除區塊（logical erase block，LEB）**的方式，提供了一個理想、可靠的快閃晶片存取方式。被視為缺陷的區塊不會被映射到 LEB，因此就不會再次被使用到。如果一個區塊無法再被抹除，就會被視為缺陷，然後從映射中移除掉。UBI 會在 LEB 的標頭（header）中持續紀錄每個 PEB 已經被抹除過的次數，並且依此來改變映射（mapping），確保每個 PEB 都會被抹除到相同的次數。

UBI 透過 MTD 層來存取快閃記憶體。此外它還有一項額外功能，可以將 MTD 分割區（MTD partition）進一步劃分為數個 UBI 磁碟區（UBI volume），以此來強化耗損

均化。假設你有兩個檔案系統,其中一者存放的幾乎都是靜態資料,例如「根目錄檔案系統」這類的;而另外一者存放的資料則會不斷變動。

如果這兩者存放在不同的 MTD 分割區中,那麼耗損均化的機制只會對「後者」有用;反過來說,要是把它們存放在同一 MTD 分割區中的兩個 UBI 磁碟區裡面,耗損均化機制就能「同時」對這兩塊區域作用,於是便能延長快閃記憶體的使用壽命。下圖說明了此機制的作用:

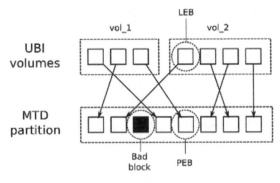

圖 9.4:UBI 磁碟區

透過這種機制,UBI 便能達成快閃轉譯層的其中兩項目標:耗損均化與缺陷處理。

要產生 UBI 所用的 MTD 分割區,就不能和 JFFS2 還有 YAFFS2 一樣使用 flash_erase 這個指令,要改用 ubiformat 指令,才能保留 PEB 標頭當中所記錄的抹除次數。ubiformat 需要知道 I/O 裝置的最小單位,對大多數的 NAND 快閃記憶體晶片來說,這個單位就是分頁的大小;不過某些晶片甚至可以對一半或是四分之一的分頁大小進行讀寫。所以,請先查看晶片的規格細節,如果不確定的話,就使用單一分頁大小吧。以下是以 2048 位元組分頁單位,使用在 mtd6 上的範例:

```
# ubiformat /dev/mtd6 -s 2048
ubiformat: mtd0 (nand), size 134217728 bytes (128.0 MiB),
1024 eraseblocks of 131072 bytes (128.0 KiB),
min. I/O size 2048 bytes
```

接著用 ubiattach 指令把 UBI 驅動程式掛載到已經產生好的 MTD 分割區上:

```
# ubiattach -p /dev/mtd6 -O 2048
UBI device number 0, total 1024 LEBs (130023424 bytes, 124.0
```

```
MiB),
available 998 LEBs (126722048 bytes, 120.9 MiB),
LEB size 126976 bytes (124.0 KiB)
```

這會建立出一個名為 /dev/ubi0 的裝置節點，透過這個節點就可以存取 UBI 磁碟區。你可以對其他 MTD 分割區也執行多次 ubiattach 指令，然後就會依序產生出 /dev/ubi1、/dev/ubi2 等可供存取的節點。這邊可以注意到，由於 LEB 當中還要分出一個標頭用來存放 UBI 的資訊，所以 LEB 會比 PEB 還要小，差距為 2 個分頁的大小。舉例而言，假設一塊晶片的 PEB 大小是 128 KiB，而分頁單位的大小是 2 KiB，那麼 LEB 的大小就會是 124 KiB。這個資訊在建立 UBIFS 映像檔的時候十分重要。

就是在這個指派的階段，也會把 PEB 與 LEB 之間的映射關係存入記憶體中，這個過程所需的時間會隨著 PEB 的數量成正比，通常在數秒內。在 Linux 3.7 版本時，增加了一個新功能叫作 UBI fastmap，會將快閃記憶體中「映射」的情形集中起來，這樣就能減少掛載的時間。這個選項在內核設定中叫作 CONFIG_MTD_UBI_FASTMAP。

在執行 ubiformat 之後，第一次指派到 MTD 分割區時還沒有任何磁碟區，所以此時可以用 ubimkvol 來建立磁碟區。比方說，假設你想要把 128 MiB 大小的 MTD 分割區，再劃分為兩個磁碟區，即一塊為 32 MiB 的磁碟區，以及另一塊為剩餘空間的磁碟區：

```
# ubimkvol /dev/ubi0 -N vol_1 -s 32MiB
Volume ID 0, size 265 LEBs (33648640 bytes, 32.1 MiB),
LEB size 126976 bytes (124.0 KiB), dynamic, name "vol_1",
alignment 1
# ubimkvol /dev/ubi0 -N vol_2 -m
Volume ID 1, size 733 LEBs (93073408 bytes, 88.8 MiB),
LEB size 126976 bytes (124.0 KiB), dynamic, name "vol_2",
alignment 1
```

現在，你就有 /dev/ubi0_0 跟 /dev/ubi0_1 兩個裝置節點了。接著，可以用 ubinfo 指令來確認情形：

```
# ubinfo -a /dev/ubi0
ubi0
Volumes count: 2
Logical eraseblock size: 126976 bytes, 124.0 KiB
Total amount of logical eraseblocks: 1024 (130023424 bytes, 124.0
```

```
MiB)
Amount of available logical eraseblocks: 0 (0 bytes)
Maximum count of volumes 128
Count of bad physical eraseblocks: 0
Count of reserved physical eraseblocks: 20
Current maximum erase counter value: 1
Minimum input/output unit size: 2048 bytes
Character device major/minor: 250:0
Present volumes: 0, 1

Volume ID: 0 (on ubi0)
Type: dynamic
Alignment: 1
Size: 265 LEBs (33648640 bytes, 32.1 MiB)
State: OK
Name: vol_1
Character device major/minor: 250:1
-----------------------------------
Volume ID: 1 (on ubi0)
Type: dynamic
Alignment: 1
Size: 733 LEBs (93073408 bytes, 88.8 MiB)
State: OK
Name: vol_2
Character device major/minor: 250:2
```

於是現在我們擁有一個 128 MiB 大小的 MTD 分割區，它包含兩個 UBI 磁碟區，分別是 32 MiB 與 88.8 MiB。總儲存空間是 32 MiB 加上 88.8 MiB，即 120.8 MiB。至於剩下的 7.2 MiB，則是被每個 PEB 開頭的 UBI 標頭所佔用，以及還有一部分預留的空間，用來標記晶片在使用過程中被發現缺陷的區塊。

UBIFS

UBIFS 利用 UBI 磁碟區就可以建立出夠強健的檔案系統，再加上分割配置和垃圾回收之後，就形成了一個完整的快閃轉譯層。與 JFFS2、YAFFS2 不同，索引資訊是直接內建在晶片中，所以掛載速度較快，不過我們也不要忘記，先前在指派 UBI 磁碟區時，就可能會先耗上可觀的時間。它也有提供如傳統磁碟檔案系統的「回寫式快取模式」（write-back cache，又稱寫回模式），這能讓寫入時的速度加快，但在發生斷電時就可能因為快取中的資料還沒沖寫（flush）回快閃記憶體中，導致發生常見

的資料遺失問題。要解決這個問題，可以謹慎地在某些重大時點，利用 fsync(2) 與 fdatasync(2) 這兩個函式強制把資料沖寫回去。

在斷電發生時，UBIFS 可以利用日誌進行快速復原。這個日誌會佔據一部分空間，一般大約是 4 MiB 以上，所以 UBIFS 並不適用於極小型的快閃裝置上。

一旦你建立好 UBI 磁碟區，就可以利用裝置節點把這些磁碟區掛載上去，例如：/dev/ubi0_0；或者也可以用裝置節點代表整個分割區，再加上磁碟區名稱，如下所示：

```
# mount -t ubifs ubi0:vol_1 /mnt
```

要產生 UBIFS 的檔案系統映像檔有兩個步驟：首先，用 mkfs.ubifs 產生一個 UBIFS 的映像檔，然後再用 ubinize 把它嵌入到 UBI 的一個磁碟區中。

在第一個步驟中，需要用 -m 參數告訴 mkfs.ubifs 分頁的大小，用 -e 參數告訴它 UBI 中 LEB 的大小，最後用 -c 參數告訴它磁碟區中抹除區塊的最大數量。如果把第一個磁碟區設定為 32 MiB，而區塊大小為 128 KiB、區塊數量為 256 的話，那麼用下列的指令就可以把 rootfs 目錄底下的資料加進去，並且產生一個名為 rootfs.ubi 的 UBIFS 映像檔：

```
$ mkfs.ubifs -r rootfs -m 2048 -e 124KiB -c 256 -o rootfs.ubi
```

在第二個步驟中，需要先建立一個設定檔，把映像檔中每個磁碟區的資訊提供給 ubinize 指令。在指令的幫助資訊（ubinize -h）當中，可以查看格式的細節。底下的範例中設定了兩個磁碟區，分別是 vol_1 與 vol_2：

```
[ubifsi_vol_1]
mode=ubi
image=rootfs.ubi
vol_id=0
vol_name=vol_1
vol_size=32MiB
vol_type=dynamic

[ubifsi_vol_2]
mode=ubi
image=data.ubi
vol_id=1
```

```
vol_name=vol_2
vol_type=dynamic
vol_flags=autoresize
```

第二個磁碟區設定了 autoresize（自動延伸）這個參數，會自動將 MTD 分割區剩下的空間佔滿。只有一個磁碟區可以設定這個參數。ubinize 根據這些資訊就可以產生映像檔；以 -o 參數指定檔案名稱、以 -p 參數指定 PEB 大小、以 -m 參數指定分頁單位大小、以 -s 參數指定更細的分頁單位大小：

```
$ ubinize -o ~/ubi.img -p 128KiB -m 2048 -s 512 ubinize.cfg
```

接著你就可以在目標環境上輸入如下指令，把映像檔安裝上去：

```
# ubiformat /dev/mtd6 -s 2048
# nandwrite /dev/mtd6 /ubi.img
# ubiattach -p /dev/mtd6 -O 2048
```

如果你要以 UBIFS 作為啟動時的根目錄檔案系統，請在內核指令列中加入這些參數：

```
ubi.mtd=6 root=ubi0:vol_1 rootfstype=ubifs
```

關於單純 NOR 或 NAND 快閃記憶體的檔案系統，我們差不多就介紹到這邊。接下來，讓我們看看管理型快閃記憶體有什麼檔案系統可用。

適用管理型快閃記憶體的檔案系統

隨著管理型快閃記憶體技術的潮流（尤其是 eMMC）持續推進，我們需要開始思考如何更有效地利用它。雖然它看起來有著傳統硬碟的特性，但 NAND 快閃記憶體晶片還是有著區塊單位過大、有限的抹除次數以及需要缺陷處理等等問題。更不用說，我們還需要能夠處理意外斷電的可靠方案。

雖然也可以隨便抓一般的磁碟檔案系統來用就好，但我們還是應該盡量減少對磁碟的寫入次數，並且能夠在無預警的關機後快速重啟。

Flashbench

為了能夠將「底層的快閃記憶體」達到最佳運用，你需要知道區塊單位的大小以及分頁單位的大小。原則上，製造商通常不會公開這些數據，不過你還是可以透過觀察這些晶片或是卡片的行為推敲出來。

Flashbench 這個工具就可以做到這件事情。根據 LWN 網站上的文章 https://lwn.net/Articles/428584 可以看到，這項工具起初是由 Arnd Bergmann 所開發的。可以從 https://github.com/bradfa/flashbench 下載程式。

下面是在一張 SanDisk 4 GB SDHC 卡上執行該程式所獲得的數據：

```
$ sudo ./flashbench -a /dev/mmcblk0 --blocksize=1024
align 536870912 pre 4.38ms on 4.48ms post 3.92ms diff 332µs
align 268435456 pre 4.86ms on 4.9ms  post 4.48ms diff 227µs
align 134217728 pre 4.57ms on 5.99ms post 5.12ms diff 1.15ms
align 67108864 pre 4.95ms on 5.03ms post 4.54ms diff 292µs
align 33554432 pre 5.46ms on 5.48ms post 4.58ms diff 462µs
align 16777216 pre 3.16ms on 3.28ms post 2.52ms diff 446µs
align 8388608 pre 3.89ms on 4.1ms  post 3.07ms diff 622µs
align 4194304 pre 4.01ms on 4.89ms post 3.9ms  diff 940µs
align 2097152 pre 3.55ms on 4.42ms post 3.46ms diff 917µs
align 1048576 pre 4.19ms on 5.02ms post 4.09ms diff 876µs
align 524288  pre 3.83ms on 4.55ms post 3.65ms diff 805µs
align 262144  pre 3.95ms on 4.25ms post 3.57ms diff 485µs
align 131072  pre 4.2ms  on 4.25ms post 3.58ms diff 362µs
align 65536   pre 3.89ms on 4.24ms post 3.57ms diff 511µs
align 32768   pre 3.94ms on 4.28ms post 3.6ms  diff 502µs
align 16384   pre 4.82ms on 4.86ms post 4.17ms diff 372µs
align 8192    pre 4.81ms on 4.83ms post 4.16ms diff 349µs
align 4096    pre 4.16ms on 4.21ms post 4.16ms diff 52.4µs
align 2048    pre 4.16ms on 4.16ms post 4.17ms diff 9ns
```

從上面的例子中可以看到，flashbench 會以 1,024 位元組的大小為單位，然後再乘上 2 的次方進行區塊的讀取。當跨過了分頁或是區塊大小的邊界時，跨過邊界後的讀取都會變得比較慢。數據最右側的欄位顯示的就是這個前後的時間差異，也是我們最關心的部分。從最下面看上來，這個數字在到達 4 KiB 的時候，出現了一次大幅增加，因此 4 KiB 可能就是分頁的大小。到了 8 KiB 時，又從 52.4µs 跳到了 349µs，通常這代表著這張卡片可能具備「多重存取」（multi-plane access，又稱多面模式）功能，可以一

次對兩個不同的 4 KiB 分頁進行讀取。在這之後，時間差異的增加幅度就比較小，但在 512 KiB 時，又從 485μs 增加到 805μs，出現了一次明顯的變化，而這很可能就是區塊單位的大小。附帶說明一下，這張用來測試的卡片已經很舊了，所以這邊的資料只是用來告訴讀者要注意哪些數據而已。

discard 機制與 TRIM 指令

當你刪除一個檔案時，通常來說只有被影響到的目錄節點（directory node）會被寫回儲存空間，而存放著該檔案內容的磁區（sector），實際上不會有任何改變。而當像是管理型快閃記憶體這類，使用快閃轉譯層作為磁碟控制器（disk controller）時，就會因為不知道在這組磁區中的資料已經沒用了，導致在複製時出現多餘的資料。

不過最近這幾年，開始會在交易（transaction）中加入額外的資訊，把資料被刪除的磁區告知給磁碟控制器，以改善這個問題。像是 SCSI 與 SATA 的規格中都定義了 TRIM 這個指令，而 MMC 中也有名為 ERASE 的類似指令。在 Linux 中，這個功能則被稱為 **discard（丟棄）機制**。

要利用 discard 機制，還需要有支援此功能的儲存裝置（大部分的 eMMC 晶片都有支援）以及相對應的 Linux 裝置驅動程式。你可以查看 /sys/block/< 區塊裝置名稱 >/queue/ 底下的區塊裝置系統佇列參數（queue parameter）。

其中一些重要的參數如下所示：

- discard_granularity：裝置內部的配置單位（allocation unit）大小。
- discard_max_bytes：每次進行 discard 時，最大可以處理的位元組數量。
- discard_zeroes_data：如果這個參數值設定為 1，那麼在 discard 時，被回收的資料（即丟棄的資料）會被設為 0。

如果裝置或是裝置驅動程式不支援 discard 機制，那麼以上這些參數值都會被設為 0。底下這些是你在 BeagleBone Black 的 2 GiB eMMC 晶片上會看到的參數值情形：

```
# grep -s "" /sys/block/mmcblk0/queue/discard_*
/sys/block/mmcblk0/queue/discard_granularity:2097152
/sys/block/mmcblk0/queue/discard_max_bytes:2199023255040
/sys/block/mmcblk0/queue/discard_zeroes_data:1
```

在內核說明文件中的 `Documentation/block/queue-sysfs.txt`，可以找到進一步的資訊。

你可以在掛載檔案系統時，在 `mount` 指令後面加上 `-o discard` 參數，來啟用 discard 機制。ext4 與 F2FS 都有支援此功能。

> **Tip**
>
> 在使用 `mount` 指令的 `-o discard` 參數之前，請先確認好儲存裝置確實有支援 discard 機制，否則可能會發生資料遺失的問題。

此外，不論你掛載分割區的方式如何，只要用 `util-linux` 套件中的 `fstrim` 指令，就可以從指令列強制啟用 discard 機制。一般來說，可以定期執行一下這個指令來釋放沒有在使用的空間。`fstrim` 針對的是已掛載的檔案系統，如果你要對根目錄（/）檔案系統下手，可以輸入以下的指令：

```
# fstrim -v /
/: 2061000704 bytes were trimmed
```

上面的這個範例使用了 `-v` 參數來列出繁瑣訊息（verbose），所以會把過程中釋出的位元組數量顯示出來。在這個範例中，被釋出了 2,061,000,704 位元組，這個數字大約剛好就是「檔案系統剩下的空間」，換句話說，這已經是我們能夠盡可能釋出的最大空間了。

ext4

自 1992 年以來，**擴充檔案系統（ext，extended filesystem）**一直都是 Linux 桌上型版本主要的檔案系統。目前的版本 **ext4** 非常穩定、經過嚴格測試，而且支援日誌功能，可以在無預警停機的事故發生時，迅速、無痛地進行復原。你可以看到使用 eMMC 儲存空間的 Android 裝置都採用這個檔案系統，因此對於管理型快閃記憶體來說，應該是個不錯的選擇。如果裝置本身有支援 discard 機制，也應該使用 `-o discard` 參數進行掛載。

要在執行期建立並格式化為 ext4 檔案系統，請輸入以下指令：

```
# mkfs.ext4 /dev/mmcblk0p2
# mount -t ext4 -o discard /dev/mmcblk0p1 /mnt
```

用 genext2fs 工具可以產生檔案系統映像檔，你可以從 http://genext2fs.sourceforge.net 下載該工具。在本範例中，我們以 -B 參數指定區塊單位的大小，以 -b 參數指定在映像檔中的區塊數量：

```
$ genext2fs -B 1024 -b 10000 -d rootfs rootfs.ext4
```

使用 -D〔裝置表檔案路徑〕參數，就可以像「第 5 章，建立根目錄檔案系統」中提到過的那樣，讓 genext2fs 透過「裝置表」設定檔案權限與擁有者。

但就像這個工具本身的名稱所指的那樣，產生出來的映像檔其實是 ext2 的格式，所以如下所示，要再使用 tune2fs 指令轉換（關於這個指令的參數細節，請詳見 tune2fs(8) 的手冊頁）：

```
$ tune2fs -j -J size=1 -O filetype,extents,uninit_bg,dir_index \
rootfs.ext4
$ e2fsck -pDf rootfs.ext4
```

在 Yocto Project 與 Buildroot 中，也是使用一樣的方式產生 ext4 格式的映像檔。

雖然在面對無預警發生的斷電事故時，日誌（journal）可說是裝置的保命符，但同時它也對「每次寫入的交易行為」造成額外的寫入成本，耗損了快閃記憶體。要是你的裝置是依靠電池供應電源，特別是當電池是內嵌式無法替換的那種時，那麼發生無預警斷電的機率就不高，這時就可以考慮將日誌功能停用。

但即使啟用了日誌機制，還是有可能會在無預警斷電的事故中，產生檔案系統污損的問題。對許多裝置而言，只要按到電源開關、不小心踢掉電源線，或是電池鬆脫，就有可能瞬間停機。由於 I/O 的緩衝機制，萬一斷電發生在資料從緩衝區寫入快閃記憶體之前，那麼資料就有可能遺失。因此，在掛載裝置之前，建議可以執行一次非互動式的 fsck 指令，檢查使用者分割區並且嘗試修復任何的檔案系統污損。否則，小小的污損隨著時間累積，可能引發嚴重的問題。

F2FS

F2FS（Flash-Friendly File System，快閃記憶體專用檔案系統）是指專為如 eMMC、SD 卡這種管理型快閃裝置所開發的日誌檔案系統。最早由 Samsung 所開

發，並在 Linux 3.8 版本時加入主線中。由於尚未大量推廣出去，因此被打上實驗性質的標記，但某些 Android 裝置已經開始在使用它了。

F2FS 檔案系統將分頁與區塊的單位大小納入考量，試圖將資料對齊這些單位的邊界。而日誌結構除了能在斷電時提供復原能力，也改善了寫入的效率，在某些測試中發現比起 ext4 有兩倍以上的表現。在內核說明文件的 `Documentation/filesystems/f2fs.txt` 中，有關於 F2FS 設計的詳盡資訊，此外也可以參考本章最後的「**延伸閱讀**」小**節**。

使用 `mfs2.fs2` 加上 `-l` 參數，就可以建立一個空白的 F2FS 檔案系統：

```
# mkfs.f2fs -l rootfs /dev/mmcblock0p1
# mount -t f2fs /dev/mmcblock0p1 /mnt
```

不過，目前還沒有工具可以離線（offline）產生 F2FS 檔案系統的映像檔。

FAT16/32

由於對大多數作業系統來說，FAT16 與 FAT32 這兩個舊式的 Microsoft 檔案系統還是最熟悉的格式，因此這兩者依舊佔有一席之地。當你買到一張 SD 卡或是一支 USB 隨身碟時，裡面幾乎都已經被格式化為 FAT32，而某些時候內建的微控制器也都會特別為 FAT32 的存取進行最佳化。此外，啟動唯讀記憶體（boot ROM）需要 FAT 格式的分割區來運行第二階段的啟動載入器（second-stage bootloader），例如：TI OMAP 架構的晶片。然而，FAT 格式絕對不是用來存放重要檔案的好方法，因為資料可能會被污損、而且對於儲存空間的運用效率也很差。

Linux 上的 `msdos` 檔案系統可以支援 FAT16 格式，而 `vfat` 檔案系統可以同時支援 FAT16 與 FAT32 的格式。假設你想要掛載一張位於第二個 MMC 硬體介面上的 SD 卡，請輸入如下指令：

```
# mount -t vfat /dev/mmcblock1p1 /mnt
```

> **Note**
> 在過去，使用 `vfat` 驅動程式可能會（其實不確定）觸犯到 Microsoft 所擁有的專利，因此造成授權上的問題。

FAT32 有個限制是只能支援到最大 32 GiB 的裝置大小。要使用更大儲存容量的裝置如 SDXC 卡，就可能會改用 Microsoft 的 exFAT 進行格式化。雖然 exFAT 在內核中並沒有驅動程式可支援，卻仍可以透過用戶空間的 FUSE 驅動程式加以支援。由於 exFAT 是屬於 Microsoft 的專利，因此要是在你的裝置上支援這類格式的話，就會觸及授權問題。

可與「管理型快閃記憶體」搭配的讀寫檔案系統大致如此。那麼如果我們需要可節省空間的「唯讀檔案系統」呢？很簡單：選用 SquashFS。

唯讀的壓縮檔案系統

如果你沒有足夠的儲存空間可以存放，把資料進行壓縮是個不錯的方式。雖然 JFFS2 與 UBIFS 預設上都可以即時壓縮資料（on-the-fly data compression），不過，要是像「根目錄檔案系統」這樣幾乎不會進行寫入動作的資料，改用「唯讀的壓縮檔案系統」就可以獲得更好的壓縮率。Linux 上支援了數個這類選擇，如 romfs、cramfs 和 squashfs。由於前兩者已經被淘汰了，所以我們這邊只會介紹 SquashFS。

SquashFS

在 2002 年時，Phillip Lougher 開發出 SquashFS 檔案系統，用以取代 cramfs。此後，它有很長一段時間都停留在內核的修補程式（kernel patch）階段，後來終於在 2009 年的 Linux 2.6.29 版本中併入開發主線。使用上也非常簡單，你可以用 mksquashfs 指令產生檔案系統的映像檔，並安裝到快閃記憶體中：

```
$ mksquashfs rootfs rootfs.squashfs
```

這樣產生出來的是一個唯讀檔案系統，所以在執行期沒有辦法對檔案進行變更。唯一的變更方式就是直接拿一個新的映像檔更新 SquashFS 檔案系統，把整個分割區抹除掉並重新安裝。

由於 SquashFS 並未實作缺陷處理，因此必須搭配像 NOR 這種可靠的快閃記憶體。硬要使用 NAND 快閃記憶體的話，除非就是在 UBI 上面，再加上一層由 UBI 模擬出來的 MTD 磁碟區；這個功能需要啟用在內核設定中的 CONFIG_MTD_UBI_BLOCK 選項，這樣就會替每個 UBI 磁碟區都建立一個唯讀的 MTD 區塊裝置。下圖中展示了兩塊 MTD 分割區，每個分割區都映射了一個 mtdblock 裝置。第二個分割區被用來建立 UBI 磁

碟區，而這個磁碟區被映射為第三個、同時也是相對可靠的 `mtdblock` 裝置，這時你就可以將這個磁碟區應用在那些不支援缺陷處理的唯讀檔案系統上了：

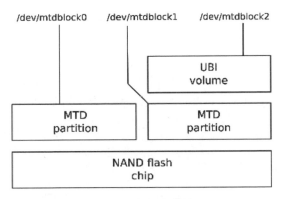

圖 9.5：UBI 磁碟區

對於不會變動（或者不能變動）的資料內容來說，唯讀檔案系統是一個很好的選擇，但如果你有那種不需要留存、隨著每次重啟都可以被捨棄的資料呢？那就直接使用 ramdisk（記憶體模擬磁碟）就好。

暫存檔案系統

總是會有一些檔案你不需要它存在太久，或是重啟之後就用不到了。一般來說，這類檔案都會存放在 /tmp 目錄底下，我們不需要讓這些檔案佔用寶貴的持續性儲存空間（permanent storage，又譯永久儲存區）。

這種時候，使用暫存的檔案系統 `tmpfs` 會是一個好方法。你可以把 `tmpfs` 直接掛載上去，就能輕易以 RAM（主記憶體）建立一個暫存的檔案系統，：

```
# mount -t tmpfs tmp_files /tmp
```

如同 `procfs` 與 `sysfs`，`tmpfs` 也沒有對應的裝置節點，所以你要在指令中塞一個充數用的節點名稱進去，以上面的範例來說就是 `tmp_files` 這個名稱。

當這目錄底下有檔案建立及刪除時，記憶體的使用量就會增加或減少。預設會佔用的最大量為實體 RAM 一半的大小。而大部分情況下，如果你讓 `tmpfs` 膨脹得太大就會很

慘，因此最好是能加上 -o size 參數來限制這個上限。參數的值單位可以是位元組、KiB（k）、MiB（m）或是 GiB（g），如下所示：

```
# mount -t tmpfs -o size=1m tmp_files /tmp
```

除了 /tmp 目錄之外，在 /var 底下的一些子目錄也存放著易變的資料，因此也很適合將這些都移到 tmpfs 中。你可以為每個目錄都建立一個檔案系統，但更精打細算的方式是，利用軟連結（symbolic link）指向同一個地方，如 Buildroot 就是這樣做的：

```
/var/cache -> /tmp
/var/lock -> /tmp
/var/log -> /tmp
/var/run -> /tmp
/var/spool -> /tmp
/var/tmp -> /tmp
```

在 Yocto Project 這邊，則分別在 /run 與 /var/volatile 底下掛載了 tmpfs，再用軟連結指向這兩個地方，如下所示：

```
/tmp -> /var/tmp
/var/lock -> /run/lock
/var/log -> /var/volatile/log
/var/run -> /run
/var/tmp -> /var/volatile/tmp
```

對嵌入式 Linux 系統而言，「把根目錄檔案系統載入 RAM 中」其實很常見，因為這樣一來，任何於「執行期」對資料內容造成的損害，都不會是持續性的。不過，要達到這個目標，其實也不用真的把根目錄檔案系統做在 SquashFS 或 tmpfs 中，只要將根目錄檔案系統設為唯讀就好。

將根目錄檔案系統設為唯讀

我們需要讓裝置上的目標環境有能力面對各種無預警的事故，像是檔案污損這類的事故，而且之後還能再次啟動，並維持最低限度的功能。如果要達成這樣的目標，那麼把根目錄檔案系統設為「唯讀」就是很重要的關鍵，因為這能防止意外的覆寫發生。設成唯讀很簡單：只要在內核指令列中把 rw 改為 ro，或者是選用像 SquashFS 這種

本來就只能唯讀的檔案系統。不過，你要知道某些檔案或目錄基本上還是需要可寫入權限的：

- `/etc/resolv.conf`：這個檔案是由網路設定指令檔（network configuration scripts）所產生，用來記錄 DNS 伺服器的位址。這個資訊是會變動的，所以你可以用一個軟連結把它指向暫存檔案系統的目錄，例如：`/etc/resolv.conf -> /var/run/resolv.conf`。
- `/etc/passwd`：這個檔案和 `/etc/group`、`/etc/shadow`、`/etc/gshadow` 都是用來存放使用者、群組的名稱與密碼之用。這些檔案一樣也要用軟連結的方式，指向一處持續性的儲存空間。
- `/var/lib`：許多程式都會需要對這個目錄作寫入，並在這裡存放一些資料。一種解決方案是在啟動時把基本的檔案複製一份到 `tmpfs` 檔案系統中，然後把 `/var/lib` 重新掛載到一個新的位置，而這需要你把下列的指令寫到其中一個啟動指令檔（boot script）中：

```
$ mkdir -p /var/volatile/lib
$ cp -a /var/lib/* /var/volatile/lib
$ mount --bind /var/volatile/lib /var/lib
```

- `/var/log`：這裡是給 `syslog` 還有其他常駐服務用來存放紀錄檔之用。一般來說，並不建議把紀錄寫到快閃記憶體中，因為這會造成許多寫入的動作。一個簡單的解決辦法是把 `/var/log` 掛載到 `tmpfs` 上，讓所有的紀錄資訊都自然消失掉。像是以 `syslogd` 來說，BusyBox 的某個版本就能把紀錄寫到一個循環緩衝區（circular ring buffer）中。

如果使用的是 Yocto Project，可以把 `IMAGE_FEATURES = "read-only-rootfs"` 加進 `conf/local.conf` 或是寫入方案檔中，以此建立唯讀的根目錄檔案系統。

選擇檔案系統

目前為止，我們已經看到了這些在固態記憶體（solid-state memory）背後的技術成份，也看過了各式各樣的檔案系統。現在是時候來替最終選擇做個簡單的總結了。大多數情況下，你對儲存空間的需求大致上可以分為底下這三類：

- **可讀、可寫,且需要存續的資料**:像是執行期的設定檔、網路參數、密碼、資料紀錄(data log)與使用者資訊。
- **唯讀,但需要存續的資料**:程式、函式庫與不會更動的設定檔,如根目錄檔案系統。
- **不需存續的變動資料**:如 /tmp 這類的暫存空間。

對可讀寫的儲存空間來說,你有下面這幾種選擇:

- **NOR**:UBIFS、JFFS2
- **NAND**:UBIFS、JFFS2、YAFFS2
- **eMMC**:ext4、F2FS

對於有唯讀需求的儲存空間而言,你可以用上述這些檔案系統加上 ro 參數掛載。此外,如果想要節省空間的話,也可以改用 SquashFS。最後,對於不需存續的暫存儲存空間來說,就只能選用 tmpfs 這種的了。

小結

從嵌入式 Linux 的歷史開始,快閃記憶體這種儲存裝置技術一直都是首選,而且如今 Linux 也對此提供了非常好的支援;從低階的驅動程式,到專為快閃記憶體設計的檔案系統,目前最新的是 UBIFS。

然而,隨著快閃記憶體技術推陳出新的速度越來越快,將會越來越難跟上最前端的變化。系統設計者因此也開始傾向使用像 eMMC 這類管理型快閃記憶體,以便提供穩定的硬體與軟體介面,而無須在意底層的記憶體晶片變化問題;由此,嵌入式 Linux 開發者也終於能夠晉身為這些新型技術晶片的使用者。ext4 與 F2FS 建立了對 TRIM 指令的良好支援,並且逐漸開始推廣出去,在晶片中佔有一席之地。此外,新的檔案系統如 F2FS,也開始針對管理型快閃記憶體進行最佳化,這是讓人喜聞樂見的進展。

不過,快閃記憶體終究還是與傳統硬碟不同。你需要盡量減少對檔案系統的寫入次數,尤其是高密度的 TLC 晶片可能只有僅僅 1,000 來次的抹除次數而已。

在下一章中,我們會延續儲存空間這個議題;我們還會介紹不同的方法,說明當我們對遠端裝置進行部署時,如何確保遠端裝置上的軟體更新。

延伸閱讀

如果讀者想要了解更多，可以參考以下資源：

- Vitaly Wool 的「XIP: The past, the present... the future?」：
  `https://archive.fosdem.org/2007/slides/devrooms/embedded/Vitaly_Wool_XIP.pdf`
- 「General MTD documentation」：
  `http://www.linux-mtd.infradead.org/doc/general.html`
- Arnd Bergmann 的「Optimizing Linux with cheap flash drives」：
  `http://lwn.net/Articles/428584`
- Cognet Embedded Inc. 的「eMMC/SSD File System Tuning Methodology」：
  `https://elinux.org/images/b/b6/EMMC-SSD_File_System_Tuning_Methodology_v1.0.pdf`
- Joo-Young Hwang 的「Flash-Friendly File System (F2FS)」：
  `https://elinux.org/images/1/12/Elc2013_Hwang.pdf`
- Neil Brown 的「An f2fs teardown」：`https://lwn.net/Articles/518988/`

10

上線後的軟體更新

在前面的章節中，我們討論了各種針對 Linux 裝置來組建軟體的方法，以及如何搭配各種類型的大容量儲存裝置，來建立系統映像檔。當一切都準備好，要讓產品上線時，就要把系統映像檔複製到快閃記憶體中，並部署上去。只是等等，在真正送出產品之前，我們有考慮好裝置的生命週期了嗎？

由於現在是物聯網（Internet of Things，IoT）的時代，這些裝置很有可能都具備連上網際網路的能力，甚至互相連線在一起。但同時，這上面的軟體也越來越複雜，意味著出現程式缺失的機會也越來越高。連上網際網路也代表這些漏洞可能會被遠方攻擊。因此，我們需要一套機制，在上線後來更新這些軟體（updating software in the field）。比起單純的漏洞修補，軟體更新擁有更多好處，因為這些更新中可能包含對既有硬體的支援，可以提升系統的效能，甚至提供新的功能。

在本章節中，我們將帶領各位讀者一起了解：

- 該從何處取得更新？
- 哪些需要更新？
- 更新的基本原則
- 各類更新機制
- 遠端推送更新
- 使用 Mender 進行落地更新
- 使用 Mender 進行遠端推送更新
- 使用 balena 本地端模式進行更新

環境準備

執行本章節中的範例時，請讀者先準備如下環境：

- 以 Linux 為主系統的開發環境（至少 60 GB 可用磁碟空間）
- Yocto 3.1（Dunfell）長期維護版本
- Linux 版 USB 開機碟製作工具 Etcher
- 一張可供讀寫的 microSD 卡與讀卡機
- Raspberry Pi 4 機板
- 一條 5V、3A 的 USB Type-C 電源供應線
- 一台 Wi-Fi 路由器

在「**使用 Mender 進行落地更新**」小節和「**使用 Mender 進行推送更新**」小節中，我們會用到 Yocto。

如果讀者已經完成「**第 6 章，選擇組建系統**」的閱讀與練習，應該已經下載並安裝好 Yocto 3.1（Dunfell）長期維護版本了。如果讀者尚未下載安裝，請先參考「Yocto Project Quick Build」中的「Compatible Linux Distribution」小節與「Build Host Packages」 小 節（https://docs.yoctoproject.org/brief-yoctoprojectqs/index.html），以及根據「**第 6 章**」當中的指引，在開發環境上安裝 Yocto。

此外，讀者可以在本書 GitHub 儲存庫的 Chapter10 資料夾下找到本章的所有程式 碼：https://github.com/PacktPublishing/Mastering-Embedded-Linux-Programming-Third-Edition。

該從何處取得更新？

軟體更新的取得方式有很多種。筆者將這些方式大致分類為以下幾種：

- **落地更新（local updates）**：通常由工程人員負責，他們會使用可攜帶式媒體（如 USB 隨身碟或 SD 卡）逐一存取每個系統，並進行更新。
- **遠端更新（remote updates）**：由本地端的使用者或是工程人員發出請求，然後從位於遠端的伺服器下載，並且更新。

- **遠端推送更新（OTA updates）**：這類更新的管理、發動和傳送（推送）都是由遠端負責的，完全不需要本地端的介入。

接下來，筆者會先介紹軟體更新的幾種方式，然後我們會以 Mender（`https://mender.io`）為例，來說明軟體更新機制。

哪些需要更新？

雖然嵌入式 Linux 裝置會因設計與實作而有很大的分別，但大多數時候都具備以下這些基本元件：

- 啟動載入器（Bootloader）
- 內核（Kernel）
- 根目錄檔案系統（Root file system）
- 系統應用程式（System applications）
- 與硬體裝置有關的資料或驅動程式

依元件的不同，更新的難度也會有所差異，大致分類如下：

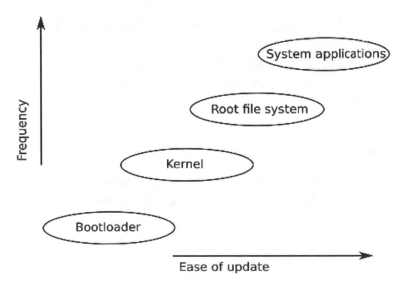

圖 10.1：會包含在更新範圍中的元件

接著就一個一個來看吧。

啟動載入器

在電源接通、處理器啟動之後，啟動載入器是首先被執行到的元件。處理器定位到啟動載入器的方式，各家裝置皆有不同，但多數時候只會有一組定位（location）；換句話說，就是只能有一組啟動載入器。因此，在沒有備份的情況下就更新啟動載入器是一件很冒險的事情：萬一更新到一半斷電怎麼辦？所以許多更新機制都選擇不理會啟動載入器。由於啟動載入器只會在裝置啟動時執行一下下而已，也不是執行期主要的異常原因，放著不管確實不會造成大問題。

內核

Linux 內核是關鍵元件，因此保持在更新狀態是很重要的事情。

內核又可分為以下幾個部分：

- 由啟動載入器載入的二進位映像檔（binary image），一般來說會存放在根目錄檔案系統中。
- 許多裝置是以**硬體結構樹（Device Tree Binary，DTB）**來向內核描述硬體情形的，因此也需要一併更新才行。這份 DTB 檔案通常是與內核檔案存放在一起的。
- 根目錄檔案系統中可能還會存有內核模組（kernel module）檔案。

只要「啟動載入器」具備讀取檔案系統格式的能力，就可以將「內核」與「硬體結構樹」檔案存放於「根目錄檔案系統」中；不然的話，就要再另外切出一塊專用的分割區。無論是哪一種情形，在更新時最好能夠先建立複本，會比較安全。

根目錄檔案系統

根目錄檔案系統中，存放了為使系統能夠運作所需的重要系統函式庫、工具程式、指令檔等，因此最好是能夠盡量做到這些檔案的更新或升級。但更新的方式就可能依檔案系統而異了。

嵌入式系統的根目錄檔案系統，常見格式有：

- ramdisk（記憶體模擬磁碟）：啟動時直接從快閃記憶體中載入，或是從磁碟映像檔中載入。更新時，只要直接將「原本的映像檔」覆蓋過去再重啟裝置就好。

- 唯讀的壓縮檔案系統（read-only compressed filesystem）：例如存放在快閃分割區中的 squashfs。這類檔案系統不提供寫入功能，因此更新的唯一方式就是將「完整的檔案系統映像檔」重新寫到分割區中。
- 一般的檔案系統：對於一般快閃記憶體，常見的格式有 JFFS2、UBIFS；對於管理型快閃記憶體（如 eMMC 或 SD 卡），格式可能是 ext4 或 F2FS。因為這些檔案系統都具備在執行期寫入的功能，所以不需要完整替換，而是可以一個檔案接著一個檔案逐一更新（update them file by file）。

系統應用程式

系統應用程式是一個裝置的主要運作目標、實作核心功能之所在，因此需要頻繁地更新，修正程式缺失與增添功能。這些應用程式有可能是隨著「根目錄檔案系統」提供的，但是為了方便更新，以及為了將「通常是專利的應用程式」與「通常是開源的系統檔案」區分開來，也常見以「不同的檔案系統」存放。

與硬體裝置有關的資料

這邊指的是「會在執行期被修改的檔案」的總稱，像是設定檔、紀錄檔、與使用者有關的資料等。這些檔案往往不太需要更新，但是在更新「裝置上的其他元件」時，這些檔案需要被妥善留存，因此往往會以「單獨的分割區」存放。

需要被更新的元件

總的來說，更新範圍可能會包括「內核」、「根目錄檔案系統」和「系統應用程式」這幾個部分的新版本檔案。不過，裝置上也存在著不應被「更新」干涉到的部分，像是「裝置在執行期所產生的資料」。

萬一軟體更新失敗的話，代價可能會是一場災難。因此無論是在企業等級，還是家用等級的連網環境下，「安全性」都應該是軟體更新機制的優先考量。而且，在硬體裝置上市之前，就應該要先確保軟體更新機制的穩定。

更新的基本原則

更新（updating）這件事情乍看之下很簡單：只需用新版本的檔案覆蓋原本的檔案就可以了。然而事實上，只有當我們開始意識到這件事情是有風險的，才是真正踏入此議題

的門檻。要是更新到一半斷電了，該怎麼辦？要是更新中有程式缺陷，導致更新後部分裝置無法啟動，該怎麼辦？要是第三方將我們的裝置變成殭屍網路（botnet）的一部分，或是推送了假冒更新（fake update），該怎麼辦？因此，所有的軟體更新機制都應該具備以下幾點：

- 強健（Robust）：更新不應導致裝置無法使用。
- 容錯（Fail-safe）：如果更新失敗了，應該要提供還原機制。
- 安全（Secure）：避免裝置被不信任來源的更新（未經授權的更新）劫持。

換言之，我們需要一個不會被莫非定律（Murphy's law）影響的系統（莫非定律指的是「如果有可能出錯，那就肯定會出錯」）。但某些問題點並不是那麼簡單的。比方說，「落地更新」與「遠端更新」在軟體更新機制上存在不同之處，且嵌入式 Linux 系統需要在沒有人工介入的情況下，能夠對內核崩壞（kernel panic）、無限重啟（boot loop）這類異常做出反應。

強健的更新

可能有讀者認為，Linux 系統的更新機制不是一個早就解決的問題嗎？畢竟，你我手上的桌面版 Linux 系統，都有在定期、穩定地更新中。此外，那些資料中心裡運行著的大量 Linux 伺服器，也都在如此更新著。然而，一台伺服器與一台裝置是不能等而視之的。前者，是在受保護的環境中運行，不太可能發生突然斷電或突然斷網的情況。萬一更新失敗了，通常還是有辦法連上伺服器，並且能夠以外部手段重試安裝。

另一方面，裝置通常會被部署在遠端，並且無論是電源或是網路連線，都處在不穩定或斷續的情況下，使得更新有可能隨時中斷。此外，要是裝置是那種部署在山頂的環境監測器，或是部署在海底的油井閥門控制器，那麼一旦發生更新失敗，要採取補救措施的成本可能非常高。因此，對於嵌入式裝置來說，一個不會導致系統無法使用的強健更新機制（a robust update mechanism）更為重要。

而強健的關鍵就是**不可分割性（atomicity）**，也就是整個更新的進行必須是不可分割的：沒有分階段、沒有「這部分先更新，接著才換其他部分更新」這種事情。「切換到新版本軟體、對系統進行變更」的這整個過程，必須是單一、沒有間斷的機制。

因此，這就排除了最容易被納入考慮的更新機制，即「逐一更新檔案」的那種方式，例如，在檔案系統中解壓縮某個壓縮檔，並覆蓋過去。這是因為我們無法確定，倘若

在更新過程中系統重啟的話，檔案狀態是否還能維持一致。即使採用像是 apt、yum、zypper 這類的套件管理器，也無助於此。如果你深入了解這些套件管理器的內部機制，你會發現，它們實際上都是在檔案系統中先解壓縮一份更新檔案，然後在更新前後執行一份指令檔來設定套件。這類的套件管理器適用於受保護的資料中心（data center）或是你我的桌面電腦，但不適合用在裝置的情境上。

所以，為了實現不可分割性，「更新的機制」與「運行的系統」必須是成套的，然後再以切換（switch）的方式，整體地切換到新版本系統去。在接下來的討論中，我們會說明兩種不同的方式，來實現所謂的不可分割性。第一種做法是針對「根目錄檔案系統」與「其他的主要元件」建立額外的複本，這樣一來，當其中一者在線上運作時，另一者就可以負責擔任「被更新的對象」。等到更新完成後，就可以整體地切換過去，重新啟動，並指示「啟動載入器」改為載入「更新好的那份複本」。這種做法被稱為**對稱式映像檔更新（symmetric image update）**，又稱 **A/B 映像檔更新（A/B image update）**。這個機制的另外一種變體，則是利用一個「特殊**復原模式（recovery mode）**下的作業系統」，去更新「主要的作業系統」，藉由在「一般模式下的啟動載入器」與「特殊復原模式」之間的切換，保證了不可分割性。而這種做法被稱為**非對稱式映像檔更新（asymmetric image update）**，這也是 Android 作業系統在 Nougat 7.x 版本之前所採用的更新機制。

至於第二種做法，則是在系統分割區的不同子目錄中，存有兩個或更多個根目錄檔案系統的複本，然後在啟動時用 chroot(8) 指令來選擇要採用哪一個複本。這樣一來，當 Linux 系統運作時，「負責更新的用戶端」可以先將更新安裝到「其他根目錄檔案系統的複本」上，然後在更新完成、確認一切無誤之後，再進行切換並重啟。這被稱為**不可分割性的檔案更新（atomic file update）**，而典型的案例就是 **OSTree**。

容錯的更新

下一個要考慮的議題，是如何從「雖然已經順利安裝更新，但卻無法正常啟動系統」的狀態中復原。理想的情況下，我們會希望系統自己偵測到這種情況，並且自動恢復到前一個可運作的映像檔。

有幾種可能的情況會導致系統無法運作：第一種是內核崩壞（kernel panic）；比方說，由於內核裝置驅動程式中的 bug，或是 init 啟動程式無法正常運作等等，就有可能導致內核崩壞。遇到這種情況時，通常的做法是設定內核在遇到崩潰幾秒後重啟。在

組建內核時，我們可以設定 CONFIG_PANIC_TIMEOUT 選項，或是在內核指令列中使用 panic 參數。舉例來說，如果要設定「在發生崩潰 5 秒後重啟」，可以在內核指令列中設定 panic=5。

此外，我們還可以進一步將內核設定成「在發生 oops 時主動崩潰」。所謂的 oops 是指內核遇到了重大錯誤。某些 oops 錯誤就算遇到了，也能夠從錯誤狀態中復原；但某些則無法。但無論如何，只要遇到 oops 錯誤，就代表肯定有出錯，而系統的運作並不如我們原本的預期。因此，如果要在遇到 oops 時主動崩潰，請設定內核為 CONFIG_PANIC_ON_OOPS=y，或是在內核指令中加上 oops=panic 的參數。

第二種可能導致系統無法運作的情形，是即使內核成功 init 啟動了，但主要的應用程式卻無法正常運作。為此，我們需要一個**看門狗（watchdog）**機制（即監視程式），這個看門狗機制可以是硬體或軟體的一個計時器（timer），每當計時器到期卻未被重置時，就會將系統重啟。我們在「**第 13 章，動起來吧！init 程式**」中會談到，如果系統上有 systemd 的話，就可以利用內建的看門狗功能；如果沒有 systemd 的話，就要參考 Documentation/watchdog 中的說明，借助 Linux 內建的看門狗功能了。

無論是「內核崩壞」也好，還是「看門狗逾時」（watchdog timeout）也好，不管遇到哪一種情況，總歸來說，都會導致系統重啟（reboot）。要是真正的問題並未獲得解決，就會陷入**無限重啟（重啟迴圈，boot loop）**中。為了打破這個迴圈，我們需要啟動載入器來幫助監測，然後還原到前一版，即已知可正常運作的系統版本。最常見的方式，是利用一個在每次啟動載入器啟動時都會增加（increment）的計數器（counter），來計算**重啟次數（啟動計數，boot count）**，而只要系統能夠進入用戶空間並正常啟動、運作，就把這個計數器歸零。也就是說，如果系統真的陷入重啟迴圈，那麼計數器就不會歸零，而是持續累計。這樣一來，就能夠設定一個門檻（threshold），當計數器超過這個門檻時，就讓啟動載入器採取一些補救措施。

在 U-Boot 中，這個門檻與機制是由以下三個變數控制：

- bootcount：每當啟動時就會增加的計數變數。
- bootlimit：要是 bootcount 超過了 bootlimit 的門檻，U-Boot 就不會執行原本 bootcmd 的指令，而是轉為執行 altbootcmd 中的指令。
- altbootcmd：取而代之要在啟動時執行的指令，例如將軟體還原到前一個版本，或是啟動復原模式（recovery mode）的作業系統。

為了讓這個機制能夠完整運作，我們還需要一個用戶空間中的程式，負責重置 bootcount 計數。這部分可以藉由 U-Boot 中的工具達成，在系統運作的執行期間存取 U-Boot 環境：

- `fw_printenv`：顯示 U-Boot 變數值
- `fw_setenv`：設定 U-Boot 變數值

這兩個指令需要知道「U-Boot 環境區塊裝置」存放的位置，而這個位置是設定在 `/etc/fw_env.config` 中。舉例來說，如果 U-Boot 環境被存放在距離 eMMC 記憶體開頭 `0x800000` 位移處，並且有一份複本在 `0x1000000` 處，那麼這個設定檔的內容就會如下所示：

```
# cat /etc/fw_env.config
/dev/mmcblk0 0x800000 0x40000
/dev/mmcblk0 0x1000000 0x40000
```

在結束本小節的討論之前，還有一件事情要說明。這種「在每次啟動時增加計數，然後在應用程式開始正常運行時重置計數」的機制，會對「系統環境的區塊裝置」造成不必要的額外寫入，進而耗損快閃記憶體，並拖慢系統的啟動效率。因此，為了防止每一次重啟都執行這個機制，U-Boot 還有一個名為 `upgrade_available` 的變數。當 `upgrade_available` 為 0 時，這個機制就不會啟動；而在安裝更新後，可以將這個 `upgrade_available` 變數設為 1，這樣一來，就只有在必要時，才會採用這個啟動計數的保護機制。

安全的更新

最後一項議題是有關「更新機制」本身可能會被濫用的問題。更新機制的本意，主要是提供一個可靠的方式，自動或半自動地安裝「新版功能」或「資安修補」。然而，有人可能會利用這個機制，在裝置上安裝未經授權的軟體，達到劫持（hijack）的目的。因此我們需要思考，如何確保這件事情不會發生。

在這之中最大的漏洞（vulnerability），就是假冒的遠端更新（fake remote update）。為此就需要在下載更新之前，先對「更新伺服器」進行驗證，並利用一個足夠安全的管道（如 HTTPS）進行傳輸（transfer），防止傳輸過程遭到竄改。後面在講到遠端推送更新（OTA）的機制時，我們會再詳細探討這一點。

此外，就算不是遠端更新，落地更新的驗證也是一個問題。為了防止「假冒更新」，一種做法是在啟動載入器中採用安全啟動協定（secure boot protocol）。如果內核映像檔在產製時已使用數位金鑰（digital key）進行簽署，啟動載入器就可以在載入內核之前，先檢查這份金鑰是否相符；要是不符，就拒絕載入。只要產製內核的製造商保管好成對的密鑰，就能確保不會載入未經授權的內核。U-Boot 實作了這樣的機制，詳細說明可參考 U-Boot 原始程式碼中的 `doc/uImage.FIT/verified-boot.txt`。

Note

安全啟動（secure boot）機制究竟是好是壞？

如果我們今天購買了一台裝置，且它具備軟體更新機制，那麼照理來說，我們應該可以信任銷售這台裝置的製造商，相信他們會提供可用的更新，而非讓惡意的第三方在我們毫不知情的情況下安裝軟體。可是反過來說，難道我們就沒有自行安裝軟體的自由了？我們是這台裝置的正當擁有者，卻沒有修改、安裝新軟體的權利嗎？然而，就以 TiVo 機上盒為例，這件事最終催生了 GPLv3 授權。另外還有 Linksys WRT54G 的 Wi-Fi 路由器：當存取和修改硬體這件事情變得越來越容易時，新興的產業亦隨之形成，OpenWrt 專案正是其中一個代表（詳情請參考 `https://www.wi-fiplanet.com/tutorials/article.php/3562391`）。這是一個複雜的議題，夾在「自由」與「控制」之間，而筆者認為，某些製造商確實會以資安為藉口，實際上則是為了保護他們那些劣質的軟體。

在了解以上這些議題後，接下來讓我們探討，如何在嵌入式 Linux 系統上實作軟體更新機制。

各類更新機制

在這個小節中，筆者會介紹三種軟體更新機制：對稱式映像檔更新（又稱 A/B 映像檔更新）、非對稱式映像檔更新（又稱復原模式更新），以及不可分割性的檔案更新。

對稱式映像檔更新

這個機制中會存在兩份作業系統，每份作業系統複本都具備 Linux 內核、根目錄檔案系統和系統應用程式。在下圖中，我們用 A 與 B 來標示這兩份複本：

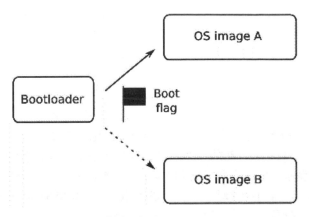

圖 10.2：對稱式映像檔更新（symmetric image update）

對稱式映像檔更新的運作方式，如下所示：

1. 在啟動載入器中會有一個旗標（flag），用來指示要載入哪一份映像檔。起初這個旗標是指向 A，因此啟動載入器會使用「OS 映像檔 A」載入作業系統。
2. 在安裝更新時，作業系統中的更新應用程式會將「更新」覆寫到「OS 映像檔 B」的作業系統複本中。
3. 更新完成後，更新用戶端會把啟動旗標（boot flag）改為指向 B，然後重啟。
4. 重啟後，啟動載入器就會根據旗標載入新版本的作業系統。
5. 要是之後又有「更新」到來，更新用戶端這次則會把「更新」覆寫到「OS 映像檔 A」上，並把啟動旗標改為指向 A，形成在這兩份複本之間反覆切換（ping-pong）的狀態。
6. 萬一更新失敗了，只要啟動旗標還沒被修改，那麼啟動載入器還是會繼續載入正常可運作的那份作業系統。

有好幾個開源專案實作了「對稱式映像檔更新」的機制。其中一個例子是獨立模式下的 **Mender** 用戶端，我們會在**「使用 Mender 進行落地更新」小節**中介紹它。另一個例子是 **SWUpdate**：https://github.com/sbabic/swupdate。SWUpdate 可以接收多個以 CPIO 套件格式為主的映像檔更新，然後把這些更新套用到系統的不同部分。它還允許你使用 Lua 語言編寫外掛元件，以便自訂這個過程。SWUpdate 支援檔案系統，包括可作為「MTD 快閃記憶體分割區」進行存取的「單純快閃記憶體」（raw flash memory）、以「UBI 磁碟區」組織的儲存空間，以及「SD/eMMC 儲存媒體」上的磁碟分割表（disk partition table，又譯磁碟分割資料表）。第三個例子是 **RAUC**（**Robust Auto-Update Controller**），請參考 https://github.com/rauc/rauc。

它同樣支援「單純快閃記憶體」、「UBI 磁碟區」和「SD/eMMC 裝置」。它的映像檔可以透過 OpenSSL 金鑰來進行簽署與驗證。第四個例子則是由長期參與 Buildroot 專案的貢獻者 Frank Hunleth 所開發的 **fwup**：`https://github.com/fwup-home/fwup`。

然而這種機制有幾個缺點：第一個缺點是，為了更新整個檔案系統映像檔，更新套件的大小會非常大，這可能會對連接裝置的「網路基礎設施」造成負擔。這個問題可以這樣解決：使用 `diff` 工具，對「新的檔案系統」和「前一個版本的檔案系統」進行二進位的比較，然後僅發送「變更的檔案系統區塊」，以節省大小。Mender 的商業版支援這種差異更新（delta update）機制，而在本書寫成當下，RAUC 和 fwup 的差異更新機制還是測試版功能而已。

第二個缺點是，根目錄檔案系統與其他元件的複本會佔用儲存空間。如果根目錄檔案系統是這之中最大型的元件，那麼就會導致對快閃記憶體空間的需求倍增。這也是我們轉為使用「非對稱式更新機制」的主要原因，接下來我會詳細介紹它。

非對稱式映像檔更新

為了減少對儲存空間的需求，我們可以只保留一個最低限度的「復原用（recovery）作業系統」，專門用來更新「主要（main）作業系統」，如下所示：

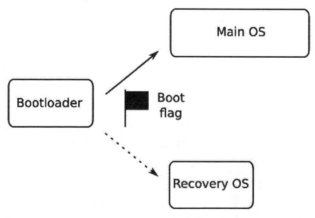

圖 10.3：非對稱式映像檔更新（asymmetric image update）

非對稱式映像檔更新的運作方式，如下所示：

1. 先將啟動旗標指向復原模式作業系統（recovery OS），然後重啟。
2. 復原模式作業系統啟動後，便可以開始將更新套用到主要作業系統映像檔上。
3. 萬一更新過程中斷，啟動載入器將再次重啟進入復原模式作業系統，然後繼續更新。
4. 一旦更新完成並確認無誤後，復原模式作業系統就可以清除啟動旗標，然後再次重啟，這一次，啟動載入器就會改為載入已經更新好的主要作業系統。
5. 要是更新完成，但更新的結果卻存在程式缺陷或問題，我們還可以回到復原模式下，並嘗試一些補救措施，例如還原到前一版的更新。

這類復原模式作業系統通常比主要作業系統小得多，甚至可能只有幾 MB，因此不會對儲存空間造成太大負擔。值得一提的是，這也是 Android 系統在 Nougat 之前所採用的方案。至於支援「非對稱式映像檔更新」的開源實作，你可以考慮使用我們之前提到的 SWUpdate 或 RAUC。

這類方案的缺點是，在復原模式作業系統執行期間，代表裝置處於下線狀態（即無法使用的）。此外，復原作業系統本身也沒有更新機制。到最後可能又會回到「A/B 映像檔更新」機制，如此一來，此方案的原先用意就失去意義了。

不可分割性的檔案更新

還有一種方式，那就是在單一檔案系統的不同目錄中，存放多份根目錄檔案系統的冗餘複本，然後在啟動時使用 chroot(8) 指令進行選擇與切換。這樣一來，我們便可以在使用「其中一份複本」作為根目錄檔案系統的同時，更新另外一份。此外，針對那些在不同版本之間「沒有被更改到的檔案」，我們也可以選擇不儲存複本，而是改用連結（link）的形式，以此節省大量磁碟空間，並減少更新套件需要下載的資料量。這就是「不可分割性的檔案更新」（atomic file update）的基本原理。

> **Note**
> chroot 這個指令會在一個既有目錄（existing directory）中執行程式。而程式會把這個目錄當作「根目錄」來使用。換句話說，在 chroot 之後，該程式將無法存取任何更上一層的目錄與檔案。這個機制經常被用來將程式限制在一個受限環境（constrained environment）中執行，這個環境通常被稱為 **chroot 監獄（chroot jail）**。

在「不可分割性的檔案更新」的實作當中，OSTree 專案（`https://ostreedev.github.io/ostree/`，現已改名為 **libOSTree**）是最知名的實作之一。該專案於 2011 年左右開始，起初是作為 GNOME 桌面環境開發者的更新部署機制之一，並用於改善他們的「持續整合（continuous integration）測試」流程：`https://wiki.gnome.org/Attic/GnomeContinuous`。現在，它已被廣泛採用於嵌入式裝置的更新解決方案。它也是**車用等級 Linux 系統（Automotive Grade Linux，AGL）**中的更新機制之一。在 Yocto Project 中，它可以透過 `meta-update` 資料層來使用，而這個資料層是由 **ATS（Advanced Telematic Systems）**提供支援的。

在使用 OSTree 時，相關檔案會被存放在目標環境的 `/ostree/repo/objects` 底下。為了在儲存庫中區分相同檔案的不同版本，檔案會以不同的名稱劃分，然後每一組檔案會被關聯到一個部署目錄（deployment directory）中，部署目錄的名稱通常是 `/ostree/deploy/os/29ff9.../`。由於這種做法和 Git 儲存庫管理機制中的分支簽出類似，因此也被稱為一組簽出（checking out）。在部署目錄底下，就是一組共同構成了根目錄檔案系統的檔案。部署目錄可以有很多組，不過預設只會有兩組。就以底下這兩組部署目錄為例，每個目錄底下的檔案都是連結到 `repo` 中的：

```
/ostree/repo/objects/...
/ostree/deploy/os/a3c83.../
     /usr/bin/bash
     /usr/bin/echo
/ostree/deploy/os/29ff9.../
     /usr/bin/bash
     /usr/bin/echo
```

以 OSTree 目錄啟動的流程如下：

1. 在以 `initramfs` 啟動內核的情況下，在內核指令列中，將「要部署的目錄路徑」作為參數傳入：

   ```
   bootargs=ostree=/ostree/deploy/os/deploy/29ff9...
   ```

2. 在 `initramfs` 中放入 `ostree-init` 這個啟動程式，它會根據指令列中的參數來讀取目錄路徑並執行 `chroot` 指令。

3. 每當有系統更新時，OStree 的安裝代理程式（install agent）就會把「有發生變動的檔案」下載下來，放入 `repo` 目錄底下。

4. 完成更新後，會建立一個新的部署目錄，共同構成一個新的根目錄檔案系統。在這個目錄底下會包含更新後的檔案，以及未被更新到的原本檔案。

5. 最後，OSTree 的安裝代理程式會修改啟動載入器的啟動旗標，將之指向「這個新的部署目錄」，以便下一次系統重啟時 chroot 到該目錄。

6. 萬一在啟動過程中發生「重啟迴圈」的情況，啟動載入器也可以根據啟動「計數器」的次數，切換回去前一個版本的根目錄檔案系統就好。

以上這些機制雖然都可以直接在目標環境上，由開發人員手動操作更新或安裝，我們的最終目標仍是自動地遠端推送軟體更新。

遠端推送更新

所謂的**遠端推送更新（over-the-air updating，OTA）**，一般指的是無須終端使用者（end user）與裝置互動的情況下，透過網路將軟體更新推送給一台或一整組的裝置。在這個機制中，我們需要一台中央伺服器（central server）來控制更新流程，我們也需要在「更新用戶端」（update client）與「伺服器」之間建立協定，以便下載軟體更新。一種常見的做法是由「用戶端」不時地向「更新伺服器」探詢是否有更新可供下載，而每次探詢之間的間隔（polling interval）必須夠長，才不會造成網路頻寬（network bandwidth）的負擔；但也不能過長，這樣才能及時取得更新。每幾十分鐘到幾小時一次探詢，算是不錯的折衷間隔。裝置所發出的探詢通常會有一組可供辨識的識別碼（identifier），如序號或 MAC 位址等，以及裝置當前的軟體版本號，方便伺服器判斷是否需要更新。除此之外，探詢訊息（poll message）可能還會包含一些其他的狀態資訊，如裝置運行時間、環境參數等，或是任何有助於集中管理這些裝置的資訊。

這類更新伺服器的背後通常會再連結到一個管理系統（management system），由這個系統來控制各類裝置的軟體更新。如果「某一類需要更新的裝置」數量眾多，還可以分次逐批更新，避免太多流量造成網路負擔。而結合上述的狀態資訊後，還可以在管理系統上顯示裝置的當前狀態，以及出現異常狀態時的警示。

為了避免終端裝置（end device）收到假冒更新，更新機制必須落實安全性，也就是說，用戶端與伺服器之間需要透過某種憑證交換（an exchange of certificates）來互相驗證身分。而用戶端也可以對「下載的更新套件」進行驗證，確保它們已經由「合法的金鑰」簽署。

底下是有實作「遠端推送更新（OTA）機制」的其中三個開源專案：

- 管理模式下的 Mender
- balena
- 使用 Eclipse hawkBit（`https://github.com/eclipse/hawkbit`）搭配更新用戶端（如 SWUpdate 或 RAUC）

我們會詳細介紹前兩個專案，讓我們先從 **Mender** 開始。

使用 Mender 進行落地更新

在談了這麼多理論面之後，在接下來的兩個小節中，筆者會改以實作面為主，向各位讀者示範「如何落實目前為止所談到的東西」。在本範例中，筆者會以 Mender 為主，實作一個具備失敗還原功能的「對稱式 A/B 映像檔更新」機制。這個機制可以在獨立模式（standalone mode）下用於落地更新，也可以在管理模式（managed mode）下用於遠端更新。這邊首先從獨立模式開始介紹。

Mender 是由 mender.io（`https://mender.io`）開發與維護的一項專案，有興趣的讀者可以參考官方網站上的說明文件，了解更多關於此軟體的資訊。在本書中，筆者主要著重於「軟體更新」方面的實作與應用，因此不會在本軟體的「設定」方面解釋太多。底下首先從 Mender 用戶端開始說明。

組建 Mender 用戶端

我們可以透過 Yocto 描述層（meta layer，又譯資料層）來取得 Mender 用戶端。本範例使用的是 Yocto Project 的 Dunfell 版本，與「**第 6 章，選擇組建系統**」相同。

首先，取得 `meta-mender` 資料層，如下所示：

```
$ git clone -b dunfell git://github.com/mendersoftware/meta-mender
```

在下載 `meta-mender` 資料層之前，請記得先切換到 `poky` 目錄的上一層，這樣下載之後的兩個目錄才能處於同一個階層。

為了讓 Mender 用戶端能夠修改「啟動旗標」（boot flag）和「重啟次數的變數」（boot count variable），我們還需要對 U-Boot 做一些設定才行。既有的 Mender 用戶端資料層中提供了一些範例子資料層，如 `meta-mender-qemu` 和 `meta-mender-raspberrypi`，可以用來實作這種 U-Boot 整合（integration），我們可以直接套用。在這個例子中，我們會使用 QEMU。

下一步就是建立組建目錄，然後把「和這份組建有關的資料層」加進去：

```
$ source poky/oe-init-build-env build-mender-qemu
$ bitbake-layers add-layer ../meta-openembedded/meta-oe
$ bitbake-layers add-layer ../meta-mender/meta-mender-core
$ bitbake-layers add-layer ../meta-mender/meta-mender-demo
$ bitbake-layers add-layer ../meta-mender/meta-mender-qemu
```

接下來，在 `conf/local.conf` 中加入以下環境設定：

```
1 MENDER_ARTIFACT_NAME = "release-1"
2 INHERIT += "mender-full"
3 MACHINE = "vexpress-qemu"
4 INIT_MANAGER = "systemd"
5 IMAGE_FSTYPES = "ext4"
```

第 2 行有一個名為 `mender-full` 的 BitBake 類別，它負責處理「A/B 映像檔更新」所需的特殊映像檔格式。第 3 行選擇一個名為 `vexpress-qemu` 的機器，它會使用 QEMU 模擬 ARM Versatile Express 機板，取代原先 Yocto Project 中預設的 Versatile PB 機板。第 4 行選擇 `systemd` 作為啟動常駐服務，取代預設的 System V init。我們會在**「第 13 章，動起來吧！init 程式」**中更詳細地說明啟動常駐服務（init daemon）。第 5 行則是指定「根目錄檔案系統」要以 `ext4` 作為映像檔格式。

接著就是組建映像檔了：

```
$ bitbake core-image-full-cmdline
```

與之前相同，組建結果會出現在 `tmp/deploy/images/vexpress-qemu` 目錄底下。但這次你會發現，與之前範例中的 Yocto Project 組建結果不同，這裡多出了一些新的東西。其中會有一個名為 `core-image-full-cmdline-vexpress-qemu-grub-<` 時間戳記 `>.mender` 的檔案，以及一個名稱相同、但副檔名為 `.uefiimg` 的檔案。在接下來

的「**安裝更新**」小節中，我們會用到 .mender 檔案。而 .uefiimg 這個檔案則是利用 Yocto Project 中「一個名為 wic 的工具」所產製的，它是一份包括了分割表在內的映像檔，可以直接複製到 SD 卡或 eMMC 晶片上。

透過 Mender 資料層提供的指令檔，可以直接將 QEMU 目標環境執行起來，過程中會先啟動 U-Boot，然後再載入 Linux 內核：

```
$ ../meta-mender/meta-mender-qemu/scripts/mender-qemu
[…]
[ OK ] Started Mender OTA update service.
[ OK ] Started Mender Connect service.
[ OK ] Started NFS status monitor for NFSv2/3 locking..
[ OK ] Started Respond to IPv6 Node Information Queries.
[ OK ] Started Network Router Discovery Daemon.
[ OK ] Reached target Multi-User System.
Starting Update UTMP about System Runlevel Changes...

Poky (Yocto Project Reference Distro) 3.1.6 vexpress-qemu
ttyAMA0

vexpress-qemu login:
```

如果沒有看到登入提示，而是看到如下錯誤訊息的話：

```
mender-qemu: 117: qemu-system-arm: not found
```

請記得先在環境上安裝 qemu-system-arm，然後再重新執行指令檔：

```
$ sudo apt install qemu-system-arm
```

我們使用無密碼的方式登入 root 使用者帳號，然後查看一下目標環境上的分割區，就會看到如下情形：

```
# fdisk -l /dev/mmcblk0
Disk /dev/mmcblk0: 608 MiB, 637534208 bytes, 1245184 sectors
Units: sectors of 1 * 512 = 512 bytes
Sector size (logical/physical): 512 bytes / 512 bytes
I/O size (minimum/optimal): 512 bytes / 512 bytes
Disklabel type: gpt
```

```
Disk identifier: 15F2C2E6-D574-4A14-A5F4-4D571185EE9D

Device          Start     End Sectors Size Type
/dev/mmcblk0p1  16384   49151   32768  16M EFI System
/dev/mmcblk0p2  49152  507903  458752 224M Linux filesystem
/dev/mmcblk0p3 507904  966655  458752 224M Linux filesystem
/dev/mmcblk0p4 966656 1245150  278495 136M Linux filesystem
```

總共會出現四個分割區：

- **分割區 1**：這裡存放著 U-Boot 的啟動檔案。
- **分割區 2 與 3**：這裡存放著在 A/B 更新機制中會用到的兩份根目錄檔案系統，目前這兩者的狀態還是一模一樣。
- **分割區 4**：這裡存放著其他資料的額外分割區。

執行 mount 指令後可以看到，目前「分割區 2」被用來當作「根目錄檔案系統」，而在更新時「更新的檔案」則會被套用到「分割區 3」上：

```
# mount
/dev/mmcblk0p2 on / type ext4 (rw,relatime)
[...]
```

在準備好 Mender 用戶端後，就可以來安裝更新了。

安裝更新

接下來，我們要對根目錄檔案系統做一些更動，然後做成「更新」安裝上去：

1. 另外再開一個指令列環境，跳回到組建工作目錄下：

   ```
   $ source poky/oe-init-build-env build-mender-qemu
   ```

2. 先將方才組建好的映像檔複製一份過來，作為「接下來要更新的對象」：

   ```
   $ cd tmp/deploy/images/vexpress-qemu
   $ cp core-image-full-cmdline-vexpress-qemu-grub.uefiimg \
   ```

```
core-image-live-vexpress-qemu-grub.uefiimg
$ cd -
```

如果少了這個步驟，QEMU 就會直接把 BitBake 最後一個產製出來的映像檔（也就是含有更新的映像檔）拿來載入，那麼就跟本範例所想要示範的情境不同了。

3. 接著，修改一下目標環境的 hostname 字樣，方便我們判斷「更新」是否有安裝上去。打開 conf/local.conf，然後加上底下這一行設定：

```
hostname_pn-base-files = "vexpress-qemu-release2"
```

4. 然後同樣組建出映像檔來：

```
$ bitbake core-image-full-cmdline
```

然而，這次的重點不在含有完整映像檔內容的 .uefiimg 檔案，而是 core-image-full-cmdline-vexpress-qemu-grub.mender 這個僅含有「更新後根目錄檔案系統」的檔案。這個 .mender 檔案是提供給 Mender 用戶端使用的格式，其中包括了「版本資訊」、「標頭資訊」、用 .tar 格式壓縮過的「根目錄檔案系統映像檔」。

5. 下一個步驟是將新建出來的結果部署到目標環境上，從伺服器取得更新後，在裝置上進行落地更新。我們先回到 QEMU 模擬器的環境，按下 Ctrl + A 組合鍵後再按 x 鍵，以此退出環境。接著，再用方才複製過來的映像檔重新啟動 QEMU：

```
$ ../meta-mender/meta-mender-qemu/scripts/mender-qemu \
core-image-live
```

6. 確認目標環境上的網路設定資訊，在本範例中，QEMU 的虛擬 IP 是 10.0.2.15，而開發環境是 10.0.2.2：

```
# ping 10.0.2.2
PING 10.0.2.2 (10.0.2.2) 56(84) bytes of data.
64 bytes from 10.0.2.2: icmp_seq=1 ttl=255 time=0.286 ms
^C
--- 10.0.2.2 ping statistics ---
```

```
1 packets transmitted, 1 received, 0% packet loss, time 0ms
rtt min/avg/max/mdev = 0.286/0.286/0.286/0.000 ms
```

7. 回到另外一個終端畫面，啟動一台網頁伺服器，以便提供更新下載：

```
$ cd tmp/deploy/images/vexpress-qemu
$ python3 -m http.server
Serving HTTP on 0.0.0.0 port 8000 (http://0.0.0.0:8000/) ...
```

這台伺服器的服務埠是 8000。在更新下載完成之後，就可以按下 Ctrl + C 組合鍵停止伺服器了。

8. 先回到目標環境這邊，輸入以下指令，取得更新：

```
# mender --log-level info install \
> http://10.0.2.2:8000/core-image-full-cmdline-vexpress-qemu-grub.
mender
INFO[0751] Wrote 234881024/234881024 bytes to the inactive
partition
INFO[0751] Enabling partition with new image installed to be a
boot candidate: 3
```

可以看到，目前線上的根目錄檔案系統是位於「分割區 2」（mmcblk0p2）當中，而更新則是被安裝到「分割區 3」（/dev/mmcblk0p3）當中。

9. 在 QEMU 環境的指令列中輸入 reboot 重啟，重啟後會發現 hostname 的環境名稱已經改變，根目錄檔案系統也已經切換到「分割區 3」上了：

```
# mount
/dev/mmcblk0p3 on / type ext4 (rw,relatime)
[...]
# hostname
vexpress-qemu-release2
```

更新成功！

10. 但這還不是結束。我們還需要考慮到發生「重啟迴圈」時的情況。當我們用 fw_printenv 查看 U-Boot 變數時，會看到以下情形：

```
# fw_printenv upgrade_available
upgrade_available=1
# fw_printenv bootcount
bootcount=1
```

若是在沒有清除 bootcount 計數的情況下，就這樣重啟系統，U-Boot 很可能會直接將系統還原到前一個版本。

總之先來測試看看：

1. 馬上再重啟一次目標環境。
2. 重啟過後，會發現 U-Boot 回到了前一個版本：

```
# mount
/dev/mmcblk0p2 on / type ext4 (rw,relatime)
[...]
# hostname
vexpress-qemu
```

3. 讓我們再重新更新一次：

```
# mender --log-level info install \
> http://10.0.2.2:8000/core-image-full-cmdline-vexpress-qemu-grub.
mender
# reboot
```

4. 但這一次在重啟過後要記得提交（commit）變更，將更新狀態確定下來：

```
# mender commit
[...]
# fw_printenv upgrade_available
upgrade_available=0
# fw_printenv bootcount
bootcount=1
```

5. 在 `upgrade_available` 變數被清除之後，U-Boot 就不會再檢查 `bootcount` 計數，也因此裝置會繼續停留在這份根目錄檔案系統的掛載上。等到之後又有更新了，這時 Mender 用戶端會清除 `bootcount` 計數，並重新將 `upgrade_available` 設定起來。

本範例的情境是在裝置上的指令列直接執行 Mender 用戶端，然後進行落地更新的。雖然本範例是透過連線到一台伺服器取得更新的，但我們也可以使用 USB 隨身碟或是 SD 卡。而同樣的機制除了 Mender 之外，我們也可以考慮採用 SWUpdate 或 RAUC，雖然各自各自的優缺點，但基本的概念與原理是相同的。

接下來，讓我們看看如何實作「遠端推送更新」。

使用 Mender 進行遠端推送更新

這邊我們同樣採用 Mender 作為裝置上的用戶端，但這次我們會以管理模式（managed mode）運行，同時設定一台伺服器來部署更新，這樣就不需要在裝置上做任何操作了。Mender 也提供了一個開源伺服器專案，讀者可以參考這個文件，了解如何設置一台示範伺服器（demo server）：`https://docs.mender.io/2.4/getting-started/on-premise-installation`。

安裝時，我們需要 19.03 或更新版本的 Docker Engine，請參考 Docker 的官方網站說明：`https://docs.docker.com/engine/install/`；我們也需要 1.25 或更新版本的 Docker Compose，請參考：`https://docs.docker.com/compose/install/`。

你可以先確認系統上已安裝的 Docker 和 Docker Compose 版本為何，如下所示：

```
$ docker --version
Docker version 19.03.8, build afacb8b7f0
$ docker-compose --version
docker-compose version 1.25.0, build unknown
```

此外，Mender 伺服器還需要一個名為 `jq` 的指令列環境 JSON 剖析器（parser）：

```
$ sudo apt install jq
```

以上三項都安裝完成後，就可以安裝 Mender 整合環境（integration environment）
了：

```
$ curl -L \
https://github.com/mendersoftware/integration/
archive/2.5.1.tar.gz | tar xz
$ cd integration-2.5.1
$ ./demo up
Starting the Mender demo environment...
[...]
Creating a new user...
*****************************************

Username: mender-demo@example.com
Login password: D53444451DB6

*****************************************
Please keep the password available, it will not be cached by the
login script.
Mender demo server ready and running in the background. Copy
credentials above and log in at https://localhost
Press Enter to show the logs.
Press Ctrl-C to stop the backend and quit.
```

在執行 ./demo up 指令檔後，你會看到它正在下載約數百 MB 的 Docker 映像檔，這
可能需要一點時間，時間長度根據網路速度而定。一段時間後，你會看到它產生一組新
的示範（demo）使用者帳號和密碼，這表示伺服器已經啟動運行了。

用網頁瀏覽器打開 https://localhost/ 上的 Mender 網頁介面，並在提示安全警
告時選擇接受。這是因為瀏覽器不接受網頁伺服器所採用的自簽憑證（self-signed
certificate）。然後在 Mender 伺服器的登入頁面，輸入使用者帳號與密碼。

接著，我們需要修改目標環境上的設定，使其「定時」向這台伺服器探詢更新。在
本範例中，我們會在 hosts 檔案內新增一行，將 docker.mender.io 和 s3.docker.
mender.io 這兩條伺服器 URL 路徑指向（映射到）localhost。請在 Yocto Project
中做如下設定：

1. 首先，讓我們回到你安裝 Yocto 的目錄的上一層。

2. 接著新建一個資料層，然後新增一個檔案，後續就會建立出 hosts 檔案的方案檔（也就是 recipes-core/base-files/base-files_3.0.14.bbappend 這個檔案）。讀者們可以直接複製使用本書儲存庫中的 MELP/Chapter10/meta-ota 資料層：

```
$ cp -a melp3/Chapter10/meta-ota .
```

3. 引用環境設定，並建立組建目錄：

```
$ source poky/oe-init-build-env build-mender-qemu
```

4. 將 meta-ota 資料層加進去：

```
$ bitbake-layers add-layer ../meta-ota
```

包括 meta-oe、meta-mender-core、meta-mender-demo、meta-mender-qemu、meta-ota 在內，應該總共會引用到八個資料層。

5. 使用以下指令組建新的映像檔：

```
$ bitbake core-image-full-cmdline
```

6. 將組建結果複製出來，作為本次範例更新前的線上系統狀態：

```
$ cd tmp/deploy/images/vexpress-qemu
$ cp core-image-full-cmdline-vexpress-qemu-grub.uefiimg \
core-image-live-ota-vexpress-qemu-grub.uefiimg
$ cd -
```

7. 使用這份映像檔啟動系統：

```
$ ../meta-mender/meta-mender-qemu/scripts/mender-qemu \
core-image-live-ota
```

啟動後稍等幾秒，你就會在網頁介面的 **Dashboard** 畫面上，看到一台新裝置出現。由於這是示範用的，所以將 Mender 用戶端的探詢時間間隔設定較短，每 5 秒就探詢一次，但實務上，建議應該設定為至少每 30 分鐘才探詢一次。

8. 打開在目標環境上的 /etc/mender/mender.conf 檔案，就可以看到探詢間隔
（polling interval）的設定：

```
# cat /etc/mender/mender.conf
{
    "InventoryPollIntervalSeconds": 5,
    "RetryPollIntervalSeconds": 30,
    "ServerURL": "https://docker.mender.io",
    "TenantToken": "dummy",
    "UpdatePollIntervalSeconds": 5
}
```

你會發現，指向伺服器的 URL 位址設定也在其中。

9. 回到網頁介面上，點擊綠色勾狀圖示，授權（authorize）這台新增的裝置：

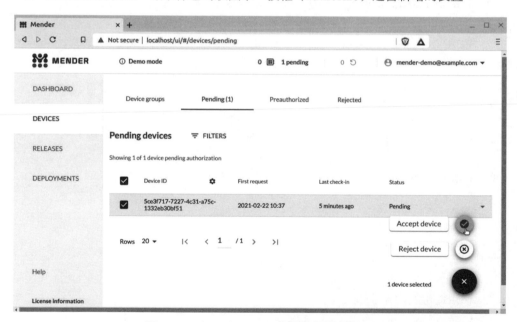

圖 10.4：Accept device（授權新增的裝置）

10. 然後點擊裝置查看資訊。

接下來,我們就可以建立更新並部署了,只是這次改用 OTA 的形式:

1. 修改 conf/local.conf 中的這一行,如下所示:

```
MENDER_ARTIFACT_NAME = "OTA-update1"
```

2. 再次組建映像檔:

```
$ bitbake core-image-full-cmdline
```

這會在 tmp/deploy/images/vexpress-qemu 目錄底下產生一個新的 core-image-full-cmdline-vexpress-qemu-grub.mender 檔案。

3. 打開網頁介面上的 **Releases** 分頁,然後點擊畫面左下角的紫色 **UPLOAD** 按鈕。

4. 從檔案瀏覽視窗中找到 tmp/deploy/images/vexpress-qemu 中的 core-image-full-cmdline-vexpress-qemu-grub.mender 檔案,然後上傳:

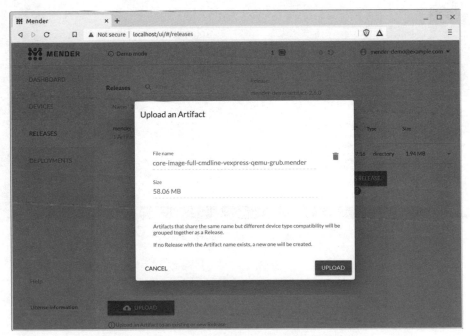

圖 10.5:Upload an Artifact(上傳組建產出結果)

Mender 伺服器會將這份檔案複製存入，接著在 **Releases** 分頁下就會看到一個名為 **OTA-update1** 的物件。

將更新部署到 QEMU 裝置上的流程，如下所示：

1. 點擊 **Devices** 分頁，然後選擇要更新的裝置。
2. 點擊裝置資訊頁面右下角的 **Create a Deployment for this Device** 選項。
3. 從出現的 **Releases** 頁面中，選取 **OTA-update1** 物件，然後點擊 **Create Deployment with this Release** 按鈕：

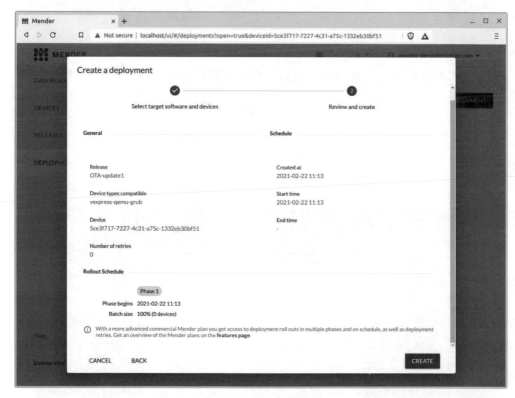

圖 10.6：建立部署作業

4. 在 **Create a deployment** 時進入 **Select target software and devices** 步驟，點擊 **Next** 按鈕。

5. 在 **Create a deployment** 時進入 **Review and create** 步驟，點擊 **Create** 按鈕，開始部署作業。

6. 部署流程開始後，過一下子，狀態就會從 **Pending** 進入 **In progress**：

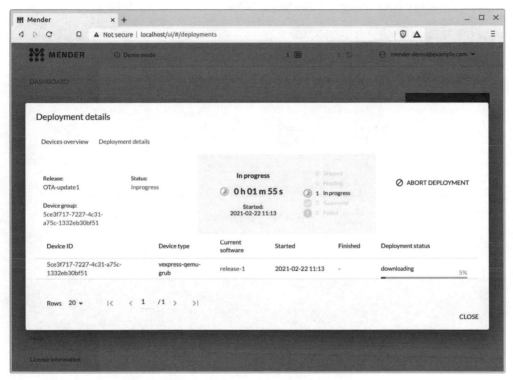

圖 10.7：In progress（推送更新進行中）

7. 大約 13 分鐘後，Mender 用戶端會將「更新」寫到根目錄檔案系統的冗餘映像檔中，然後 QEMU 就會重啟並提交更新。這時網頁介面也會回報 **Finished**，表示用戶端已經完成 **OTA-update1** 的更新：

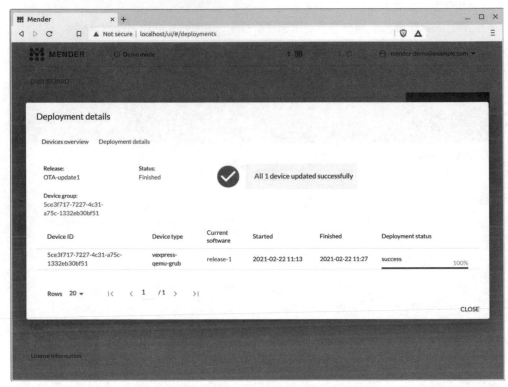

圖 10.8：device updated successfully（裝置更新完成）

Mender 已經算是相當簡潔的方案了，許多企業級產品都有採用它，但有時候我們只是想要盡快將軟體專案成果發送並部署到一小群開發機板上而已。

> **Tip**
> 在 Mender 伺服器跑過幾輪測試後，可能會有讀者想要把示範伺服器上的狀態清除重來。這點並不難。只要進到 integration2.5.1/ 這個目錄底下，然後輸入以下兩道指令即可：
>
> ./demo down
>
> ./demo up

快速應用程式開發（rapid application development，RAD）正是 **balena** 表現優異的地方。在本章最後的討論中，我們將介紹 balena，將一個簡單的 Python 應用程式部署到 Raspberry Pi 4 機板上。

使用 balena 本地端模式進行更新

balena 使用 Docker 容器來部署軟體更新。裝置上運行的是 balenaOS，這是一個基於 Yocto 的 Linux 發行版，並帶有 balenaEngine，也就是 balena 所開發的、相容於 Docker 的容器引擎（container engine）。只要將更新提交到 balenaCloud 這個用於管理裝置的託管服務，就可以自動完成遠端推送更新（OTA）。不過，balena 也可以直接在「本地端模式」（local mode）中運作，這樣一來，裝置的更新就是透過「本地端運行的伺服器」進行推送，而非透過「雲端」。在底下的範例中，我們將探討本地端模式。

balena 專案是由 balena.io（`https://balena.io`）開發與維護的，更多軟體細節，請參閱 balena.io 官方網站說明文件（Docs）的 Reference 頁面。由於我們的主旨是示範「如何利用 balena 來快速部署軟體更新到一小群裝置上」，因此，關於 balena 軟體本身的運作細節，就不在此贅述。

balena 提供的 balenaOS 能夠支援如 Raspberry Pi 4、BeagleBone Black 這類常用的開發機板。但要下載針對這些機板的映像檔，需要註冊一個 balenaCloud 帳號。

申請帳號

即便你只打算使用「本地端模式」進行更新，你還是必須先註冊一個 balenaCloud 帳號：`https://dashboard.balena-cloud.com/signup`。如下圖所示，你需要輸入一組電子郵件信箱與密碼，來進行註冊：

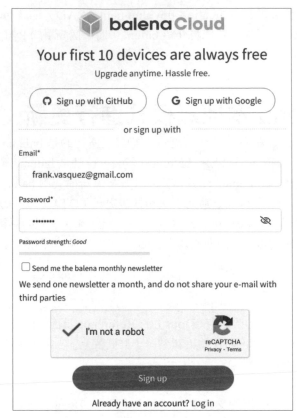

圖 10.9：註冊一個 balenaCloud 帳號

點擊 **Sign up** 按鈕，送出註冊表單。成功送出後，會來到填寫個人資料的步驟，你可以省略跳過。接著，就會進到新建帳號的 balenaCloud 儀表板頁面了。

過程中如果不慎登出，或者登入逾期，你可以重新回到 https://dashboard.balena-cloud.com/login 頁面，輸入註冊時的電子郵件信箱與密碼，重新登入後，就可以再進到後台了。

建立應用程式

在將 Raspberry Pi 4 機板加到 balenaCloud 帳號底下之前，首先，我們需要建立一個應用程式。

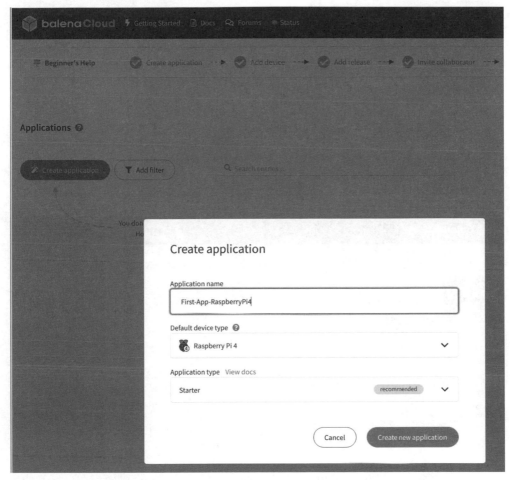

圖 10.10：Create application（建立應用程式）

底下是在 balenaCloud 上「建立一個 Raspberry Pi 4 應用程式」的流程：

1. 使用你註冊的帳號和密碼，登入 balenaCloud 儀表板（dashboard）。
2. 在左上角 **Applications** 底下，點擊 **Create application** 按鈕，開啟 **Create application** 對話框。
3. 替這個應用程式取一個名稱，然後在 **Default device type** 中選擇 **Raspberry Pi 4** 選項。
4. 在 **Create application** 對話框中，點擊 **Create new application** 按鈕後送出。

預設的 **Application type**（應用程式類型）為 **Starter**，這對於範例用途來說是足夠了。新建立的應用程式會出現在 balenaCloud 儀表板畫面中的 **Applications** 底下。

新增裝置

新建好應用程式之後，就可以在 balenaCloud 上新增一台 Raspberry Pi 4 了：

1. 使用你註冊的帳號密碼，登入 balenaCloud 儀表板。
2. 點擊我們新建立的應用程式。
3. 在 **Devices** 頁面，點擊 **Add device** 按鈕：

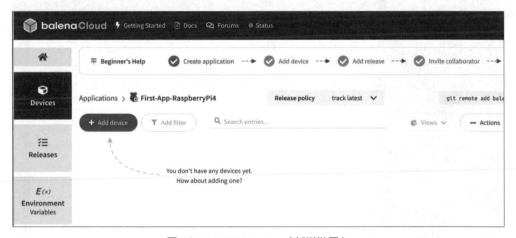

圖 10.11：Add device（新增裝置）

4. 點擊按鈕後，就會出現 **Add new device** 對話框。
5. 確認一下選取的裝置類型為 **Raspberry Pi 4** 無誤。之前在新建立應用程式時，已經將 **Raspberry Pi 4** 設定為 **Default device type**（預設的裝置類型），因此這邊應該不用做任何更動。
6. 確認一下選取的作業系統類型為 **balenaOS**。
7. 確認一下 balenaOS 所選用的是當前最新版本。由於 **Add new device** 預設的建議是採用 balenaOS 最新的可用版本（版本號後面會出現 **recommended** 字樣），因此應該不需要在這一步驟做任何更動。
8. 將 balenaOS 的版本（edition）類型設定為 **Development**（開發版本）。我們必須使用 development image（開發版本映像檔），才能啟用「本地端模式」來進行更好的測試與除錯。

9. 在 **Network Connection** 的設定中，選擇 **Wifi + Ethernet** 選項。我們當然也可以設定為 **Ethernet only**（只使用有線網路連線），但自動偵測並連線至 Wi-Fi 會是一項很方便的功能。

10. 在對應的欄位中輸入 Wi-Fi 路由器的 SSID 和密碼。請將圖中的 `RT-AC66U_B1_38_2G` 替換為讀者 Wi-Fi 路由器的 SSID：

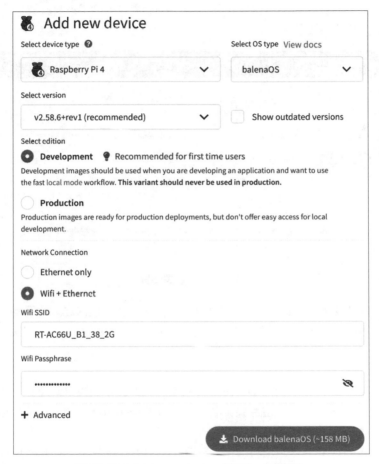

圖 10.12：Add new device（新增一台裝置）

11. 點擊 **Download balenaOS** 按鈕。

12. 將下載的壓縮映像檔保存到開發環境。

這樣我們就有一份 microSD 卡的映像檔了，可以部署到各個 Raspberry Pi 4 機板上，用於應用程式的測試。

至於如何從開發環境部署到 Raspberry Pi 4 機板上，各位讀者現在應該都很熟悉了。使用 Etcher，將「從 balenaCloud 下載下來的 `balenaOS_img.zip` 檔案」寫入一張 microSD 卡中，然後將 microSD 卡插入 Raspberry Pi 4 機板，最後連接電源（插上 USB-C 埠）啟動機板。

大概等個一到兩分鐘左右，你就會在 balenaCloud 儀表板的 **Devices** 頁面上，看到這台 Raspberry Pi 4 裝置了。

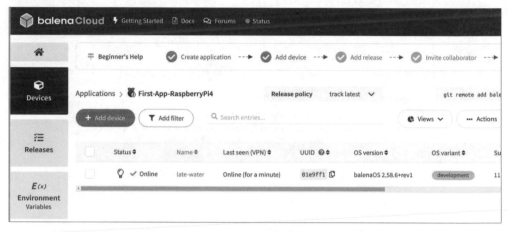

圖 10.13：裝置清單

這樣一來，我們就完成 Raspberry Pi 4 機板與 balena 應用程式之間的關聯了，剩下的就是改用本地端模式，以便我們直接從開發環境進行遠端推送更新（OTA），而不是連接到雲端平台上：

1. 在 baelnaCloud 儀表板的 **Devices** 頁面中，找到目標裝置 Raspberry Pi 4，然後點擊它。筆者範例中的這台裝置名稱顯示為 **late-water**，讀者在執行範例時可能會顯示為不同的名稱。
2. 在 Raspberry Pi 4 裝置的頁面中，點擊燈泡圖示旁邊的向下箭頭圖示。
3. 從下拉式選單中，選擇 **Enable local mode** 選項：

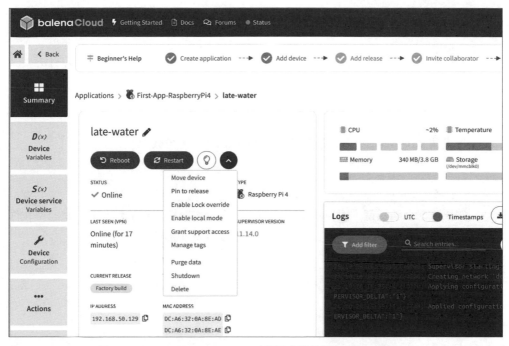

圖 10.14：Enable local mode（啟用本地端模式來推送更新）

啟用本地端模式後，裝置頁面上「原本的 **Logs** 與 **Terminal** 面板」就會消失。裝置狀態也會從 **Online (for N minutes)** 變更為 **Online (local mode)** 了。

將裝置變更為本地端模式後，就可以開始著手部署程式了，但在這之前，我們還需要安裝一個 balena 的 CLI 工具。

安裝 CLI 工具

請依照如下步驟在開發環境上安裝 balena 的 CLI 工具：

1. 開啟網頁瀏覽器，從 `https://github.com/balena-io/balena-cli/releases/latest` 下載最新版本的 balena CLI 工具。

2. 在頁面上找到 Linux 系統的最新版本壓縮檔，並點擊下載。尋找像這樣的檔案名稱字樣 `balena-cli-vX.Y.Z-linux-x64-standalone.zip`，其中 X、Y、Z 分別代表主要編號、次要編號、修補版本號。

3. 在你的家目錄底下解壓縮這個壓縮檔：

```
$ cd ~
$ unzip Downloads/balena-cli-v12.25.4-linux-x64-standalone.zip
```

解壓縮出來的內容會在一個 balena-cli 目錄底下。

4. 將這個 balena-cli 目錄路徑新增到你的 PATH 環境變數中：

```
$ export PATH=$PATH:~/balena-cli
```

如果你想要讓這個「對目錄路徑的引用」在重新開機之後依然有效，請記得在你的家目錄底下的 .bashrc 檔案中，新增一道類似這樣的指令。

5. 確認安裝是否完成：

```
$ balena version
12.25.4
```

在本書寫成當下，最新的 balena CLI 工具版本號為 12.25.4。

安裝好 balena CLI 工具後，我們就可以掃描並搜尋處於區域網路內的 Raspberry Pi 4 機板了：

```
$ sudo env "PATH=$PATH" balena scan
Reporting scan results
-
  host:           01e9ff1.local
  address:        192.168.50.129
  dockerInfo:
    Containers:          1
    ContainersRunning:   1
    ContainersPaused:    0
    ContainersStopped:   0
    Images:              2
    Driver:              overlay2
    SystemTime:          2020-10-26T23:44:44.37360414Z
    KernelVersion:       5.4.58
    OperatingSystem:     balenaOS 2.58.6+rev1
```

```
   Architecture:        aarch64
dockerVersion:
   Version:    19.03.13-dev
   ApiVersion: 1.40
```

在後續的範例中,我們會用到 Raspberry Pi 4 機板的「主機名稱」和「網路 IP 位址」這兩項資訊,也就是上面掃描結果中所顯示的 01e9ff1.local 和 192.168.50.129。但要注意的是,這些資訊是會變動的,你的有可能與這邊顯示的不同。請記錄這兩項資訊,因為我們在後續的練習中會需要它們。

推送專案內容

接下來,就讓我們試著透過本地端區域網路,把一份 Python 專案推送(push)到 Raspberry Pi 機板上:

1. 首先複製一份簡易的 Hello World! 網頁伺服器專案,它是用 Python 程式語言寫成的:

    ```
    $ git clone https://github.com/balena-io-examples/balena-python-
    hello-world.git
    ```

2. 切換到專案資料夾底下:

    ```
    $ cd balena-python-hello-world
    ```

3. 把這份程式碼推送到 Raspberry Pi 4 機板上:

    ```
    $ balena push 01e9ff1.local
    ```

    請將範例中的 01e9ff1.local 參數替換為讀者裝置的主機名稱。

4. 等待 Docker 映像檔組建完成、應用程式開始運作,並且 stdout 開始有紀錄輸出。

5. 在網頁瀏覽器中開啟 https://192.168.50.129 頁面,連到這台示範網頁伺服器。請將範例中的 192.168.50.129 替換為讀者裝置的網路 IP 位址。

這時候，網頁上應該會出現從 Raspberry Pi 4 機板回傳而來的 Hello World! 字樣，並且在 balena push 中，我們會看到類似這樣的紀錄訊息：

```
[Logs] [10/26/2020, 5:26:35 PM] [main] 192.168.50.146 - -
[27/Oct/2020 00:26:35] "GET / HTTP/1.1" 200 -
```

當然「紀錄中顯示的網路 IP 位址」會和「讀者們看到的」有所不同。每當我們重新整理網頁時，都會有一則新的紀錄訊息出現。按下 Ctrl + C 就能中斷「紀錄追蹤」（tailing the logs），並回到指令列環境底下。不過，目標裝置上的容器還是會繼續運作，並持續接收網路請求，回傳 Hello World! 字樣。

輸入以下指令，我們就可以繼續追蹤和查看紀錄訊息：

```
$ balena logs 01e9ff1.local
```

請記得將範例中的 01e9ff1.local 參數替換為讀者裝置的主機名稱。

你可以在專案資料夾的 main.py 檔案中，找到這份範例中的網頁伺服器原始程式碼：

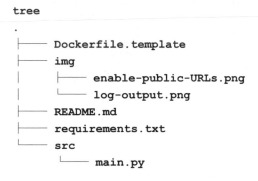

```
tree
.
├── Dockerfile.template
├── img
│   ├── enable-public-URLs.png
│   └── log-output.png
├── README.md
├── requirements.txt
└── src
    └── main.py
```

現在，讓我們稍微改動一下專案程式碼的內容，然後重新部署看看：

1. 用讀者自己熟悉的編輯器打開 src/main.py 並進行修改。
2. 把 'Hello World!' 字樣替換為 'Hello from Pi 4!' 字樣後，儲存變更。如果用 git diff 指令來查看的話，就會看到如下變化：

```
$ git diff
diff --git a/src/main.py b/src/main.py
```

```
index 940b2df..26321a1 100644
--- a/src/main.py
+++ b/src/main.py
@@ -3,7 +3,7 @@ app = Flask(__name__)

 @app.route('/')
 def hello_world():
-    return 'Hello World!'
+    return 'Hello from Pi 4!'

 if __name__ == '__main__':
     app.run(host='0.0.0.0', port=80)
```

3. 把這份新修改的程式碼推送到 Raspberry Pi 4 機板上：

```
$ balena push 01e9ff1.local
```

請記得將範例中的 01e9ff1.local 參數替換為讀者裝置的主機名稱。

4. 等待 Docker 映像檔更新完成。這次因為在本地端模式中有 **Livepush** 這項快取功能存在，所以會比前一次推送要快上許多。

5. 再次用網頁瀏覽器開啟 https://192.168.50.129 頁面，連到這台示範網頁伺服器。請將範例中的 192.168.50.129 替換為讀者裝置的網路 IP 位址。

只是這一次，在 Raspberry Pi 4 機板上運行的網頁伺服器，回傳的是 Hello from Pi 4! 字樣。

我們還可以直接用網路 IP 位址以 SSH 登入到目標裝置上進行確認：

```
$ balena ssh 192.168.50.129
Last login: Tue Oct 27 00:32:04 2020 from 192.168.50.146
root@01e9ff1:~#
```

請將範例中的 192.168.50.129 替換為讀者裝置的網路 IP 位址。不過還沒完，因為應用程式實際上是運行在 Docker 容器內，所以要再進一步以 SSH 登入 Python 網頁伺服器所在的容器查看才行。

因此，在執行 balena ssh 指令時，再額外加上服務名稱作為參數：

```
$ balena ssh 192.168.50.129 main
root@01e9ff1:/usr/src/app# ls
Dockerfile  Dockerfile.template  README.md  requirements.txt  src
root@01e9ff1:/usr/src/app# ps -ef
UID        PID  PPID  C STIME TTY          TIME CMD
root         1     0  0 00:26 pts/0    00:00:01 /usr/local/bin/python
-u src/main.py
root        30     1  0 00:26 ?        00:00:00 /lib/systemd/systemd-
udevd --daemon
root        80     0  2 00:48 pts/1    00:00:00 /bin/bash
root        88    80  0 00:48 pts/1    00:00:00 ps -ef
#
```

從紀錄訊息的輸出當中，我們可以得知這個應用程式的服務名稱是 main。

恭喜各位！如此一來，我們就順利完成 balenaOS 映像檔和開發環境的建置了，讓你和你的開發團隊可以更快速地部署目標裝置、更迅捷地迭代（iterate）專案程式碼。我們在此跨出了很大的一步。以 Docker 容器的形式推送程式碼並迭代更新，這是一種很常見的開發工作流程，而全端開發工程師（full-stack engineer）也非常熟悉這種工作方式。有了 balena 的幫助，這類技巧也能被運用在實際的硬體上，用於開發嵌入式 Linux 應用程式。

小結

針對「上線後的裝置」建立「軟體更新」機制，是一件非常重要的事情，更不用說，如果是連網型的裝置，那麼安全性更新更是必要之事。但許多時候，這項功能都不被人當作一回事，從專案開始就被擱置一旁，或被認為不難解決。希望筆者在本章節中的說明，足夠讓各位讀者理解，要設計出有效率且足夠強健的更新機制，並不是一件容易的事情。同時，市面上也有許多現成可用的開源解決方案，所以我們也不需要自己從零開始。

過去在實務上最常見的，當屬「對稱式映像檔更新」（A/B 映像檔更新）或是「非對稱式映像檔更新」（復原模式更新）。而現成的解決方案有 SWUpdate、RAUC、Mender、fwup 等。近年來則是以「不可分割性的檔案更新」機制為主，如 OSTree，

這不僅能夠減少更新時需要下載的資料量，也能夠減輕對目標環境的儲存空間需求。最後，隨著 Docker 技術的普及，越來越多人希望透過「容器化的方式」進行軟體更新，而 balena 也因此實作了這樣的功能。

如果裝置數量不多，要逐一走訪，並以 USB 隨身碟或是 SD 卡來手動進行落地更新，也不是不可以。但如果需要部署的對象距離遙遠，或是數量眾多，那麼最好還是採用**遠端推送更新（OTA）**的機制為佳。

在下一個章節中，我們將介紹如何透過「裝置驅動程式」來控制系統上的各項硬體元件，包括傳統意義上的內核空間驅動程式，以及說明如何從用戶空間來控制硬體。

11

裝置驅動程式

內核中的裝置驅動程式（device driver），是一個讓系統中其他元件有機會接觸到底層硬體的機制。身為嵌入式系統的開發者，我們需要了解裝置驅動程式在整個大架構之中所扮演的角色為何，以及如何從處在用戶空間的程式來存取它們。在系統中可能會有些新式的硬體元件，而我們得想方設法來存取這些硬體。一般來說，你無須在內核編寫任何程式碼，只要利用手邊的裝置驅動程式便可心想事成。舉例來說，在 sysfs 底下的檔案，便能提供我們操作 GPIO（General Purpose Input/Output，通用型輸出入介面）與 LED 燈號的管道，此外也有能夠存取如 **SPI（Serial Peripheral Interface，序列週邊介面）**與 **I2C（Inter-Integrated Circuit）**這類序列匯流排（serial bus）的函式庫。

很多資訊都會告訴你要怎麼開發一個裝置驅動程式，但卻很少會有人向你說明為什麼要這樣做，以及是否還有其他選擇，而這就是我想要在本章節中表達的。不過也請記得，本書主旨並不是在教各位讀者怎麼開發內核裝置驅動程式（kernel device driver），充其量只是提供探索這個領域的路標，而不是一路帶你走到目的地。如果要開發裝置驅動程式，坊間已經有許多不錯的書籍與文章，而在本章末尾的「**延伸閱讀**」小節，我們也提出了一些資料供你參考。

在本章節中，我們將帶領各位讀者一起了解：

- 裝置驅動程式扮演的角色
- 字元裝置
- 區塊裝置
- 網路裝置
- 在執行期獲取驅動程式資訊
- 找到適用的裝置驅動程式
- 用戶空間中的裝置驅動程式
- 開發內核裝置驅動程式
- 探索硬體設定

讓我們開始吧！

環境準備

執行本章節中的範例時，請讀者先準備如下環境：

- 以 Linux 為主系統的開發環境
- 一張可供讀寫的 microSD 卡與讀卡機
- BeagleBone Black 機板
- 一條 5V、1A 的 DC 直流電源供應線
- 一條乙太網路線，以及開通網路連線所需的防火牆連接埠

此外，讀者可以在本書 GitHub 儲存庫的 Chapter11 資料夾下找到本章的所有程式碼：https://github.com/PacktPublishing/Mastering-Embedded-Linux-Programming-Third-Edition。

裝置驅動程式扮演的角色

我們在「**第 4 章，移植與設定內核**」中曾提到過，內核的其中一項作用就是將電腦系統眾多的硬體介面包裝起來，然後向用戶空間的程式提供一致的存取方式。為了能夠更簡便地在內核中替裝置開發介面，內核為此提供了一個可整合進去的框架（framework），而這個框架就是「裝置驅動程式」，一個在內核與底層硬體之間，作

為中介者角色的程式。所謂的裝置驅動程式，就是一種用來控制裝置的軟體，其中包括一些像是 UART、MMC 控制器這類的實體裝置（physical device），還有如 null 裝置（/dev/null）與 ramdisk（記憶體模擬磁碟）等虛擬裝置（virtual device）。而且同一種驅動程式可以同時控制多個同種類的裝置。

內核中的裝置驅動程式如同其他內核中的元件，是以高等級權限的狀態運行。它對「處理器的位址空間」與「硬體的暫存器」有完整的存取權。它可以處理中斷訊號以及對記憶體的直接存取（DMA，Direct Memory Access），也可以運用複雜的內核元件，達成多執行緒的同步以及對記憶體的管理。但當然這個機制也有缺陷，萬一驅動程式本身就是有缺陷的程式，當出錯時往往事情就很嚴重，而且會使系統崩壞。所以，裝置驅動程式在原則上應該盡可能越單純越好，把決策的空間留給應用程式，單純扮演一個資訊傳遞的角色就好，這個原則也常被以「內核的無為原則」（no policy in the kernel）稱呼。真正負責設定原則、管控系統行為的，是「用戶空間」的責任。舉例來說，當我們插入一條新的 USB 介面裝置時，負責回應這項外部事件並載入內核模組的，其實是用戶空間中一個名為 udev 的程式，而非內核本身。內核只是提供了一個載入內核模組的管道而已。

在 Linux 當中，有以下三種主要的裝置驅動程式：

- **字元裝置（Character）**：這類驅動程式在輸出入（I/O）上不提供緩衝區，但有著各式各樣的功能，而且是與應用程式程式碼（application code）之間最無隔閡的一類驅動程式，也是開發自訂驅動程式時的首選。
- **區塊裝置（Block）**：這是為了對大容量儲存裝置（mass storage device）進行區塊存取而打造的介面，但為了要能夠以最快的速度進行磁碟的讀寫，因此隔著一層厚重的緩衝區，無法自由適用於任何用途。
- **網路裝置（Network）**：這個類型與區塊裝置類似，但存取的對象不是磁碟區塊，主要是用於網路封包（packet）的傳輸與接收。

此外，還有第四種類型，這類型驅動程式會將自己呈現為擬似檔案系統（pseudo filesystem）中的檔案。舉例來說，本章後面會提到，你可以透過 /sys/class/gpio 底下的檔案，對 GPIO 驅動程式進行存取，不過這邊先對主要的三種裝置類型進行詳細介紹。

字元裝置

從用戶空間的角度來看，字元裝置（character device）就是一些被稱為**裝置節點**（**device node**）的特殊檔案。不過，從內核的角度來看，則是以「主要編號」和「次要編號」來辨識與「裝置驅動程式」之間的關聯。概略來講，**主要編號**（**major number**）指的是該「裝置節點」正在使用哪一種「裝置驅動程式」，而**次要編號**（**minor number**）指的是該「驅動程式」正在存取哪一個介面。比方說，在 ARM Versatile PB 上，第一個序列埠的裝置節點是 /dev/ttyAMA0，其主要編號是 204，次要編號是 64。第二個序列埠的裝置節點雖然也有相同的主要編號（因為使用的是同一種裝置驅動程式），但次要編號卻是 65。如果列出全部四個序列埠的裝置，就會如下所示：

```
# ls -l /dev/ttyAMA*
crw-rw---- 1 root root 204,  64 Jan 1 1970 /dev/ttyAMA0
crw-rw---- 1 root root 204,  65 Jan 1 1970 /dev/ttyAMA1
crw-rw---- 1 root root 204,  66 Jan 1 1970 /dev/ttyAMA2
crw-rw---- 1 root root 204,  67 Jan 1 1970 /dev/ttyAMA3
```

在內核說明文件當中的 Documentation/devices.txt，可以找到對這些主要編號與次要編號的規範清單，但這份清單並沒有時常更新，而且也沒有包含上面所提到的 ttyAMA 這些裝置。但不論如何，只要你查看 drivers/tty/serial/amba-pl011.c 的程式碼內容，就可以看到定義在其中的主要編號與次要編號：

```
#define SERIAL_AMBA_MAJOR 204
#define SERIAL_AMBA_MINOR 64
```

而當有多個同種裝置時，裝置節點的命名就會依循 < 基礎名稱 >< 實體編號 > 的規則。在這個例子中，基礎名稱（base name）就是 ttyAMA，實體編號（instance number）就是 0 到 3，像是 ttyAMA0、ttyAMA1、ttyAMA2、ttyAMA3 這樣下去。

我們在「**第 5 章，建立根目錄檔案系統**」時有提到過，有好幾種方式都可以產生裝置節點：

- devtmpfs：當裝置驅動程式註冊了一個新的裝置介面時，會以驅動程式提供的基礎名稱（如 ttyAMA）與實體編號，建立裝置節點。

- udev 或是 mdev（在沒有 devtmpfs 可用時）：除了需要透過「用戶空間的常駐服務程式」從 sysfs 中擷取裝置名稱才能建立節點之外，基本上與 devtmpfs 相同。後面會再介紹 sysfs。
- mknod：如果你有使用到靜態裝置節點的話，這類節點都可以手動用 mknod 產生出來。

你可能會注意到，在上面的例子中，筆者使用到的主要編號與次要編號，都是最小 0、最大 255，8 位元長度的十進位數字。不過事實上，從 Linux 2.6 版本開始，主要編號就已經擴增到 12 位元長度的數字了，因此範圍最小從 1、最大可以到 4,095；而次要編號更擴增到 20 個位元的長度，從 0 到 1,048,575 都可以。

當你打開一個字元裝置節點時，內核會先檢查主要編號與次要編號是否有落在「字元裝置驅動程式」所註冊的範圍內，如果無誤的話，就會把「呼叫」傳遞給驅動程式，否則這個開啟的呼叫（open call）就會失敗。之後，裝置驅動程式會再根據次要編號，找出要使用的硬體介面。

編寫一個存取「驅動程式」的軟體程式時，我們需要對運作的原理有所了解。換言之，不能將「裝置驅動程式」與「一般的檔案」相提並論：因為透過驅動程式所做的任何事情，都會改變裝置的狀態。一個簡單的例子是擬似亂數產生器（pseudorandom number generator）的 urandom，每次讀取時都會回傳隨機的位元組資料；底下這段程式是使用的範例（讀者可以在本書儲存庫的 MELP/Chapter11/read-urandom 找到這份程式）：

```
#include <stdio.h>
#include <sys/types.h>
#include <sys/stat.h>
#include <fcntl.h>
#include <unistd.h>

int main(void)
{
    int f;
    unsigned int rnd;
    int n;
    f = open("/dev/urandom", O_RDONLY);
    if (f < 0) {
        perror("Failed to open urandom");
```

```
        return 1;
    }
    n = read(f, &rnd, sizeof(rnd));
    if (n != sizeof(rnd)) {
        perror("Problem reading urandom");
        return 1;
    }
    printf("Random number = 0x%x\n", rnd);
    close(f);
    return 0;
}
```

Unix 驅動程式模型的好處是，當我們知道有個名為 urandom 的裝置，每次讀取它就會回傳全新的擬似亂數資料，那麼除此之外我們就不用再知道裝置的其他資訊了，只要使用 open(2)、read(2) 與 close(2) 等這類一般函式存取就好。

> **Tip**
> 我們也可以換用如 fopen(3)、fread(3)、fclose(3) 這類串流式輸出入函式（stream I/O function），不過這類函式內建的緩衝機制偶爾會造成無法預期的行為模式。比方說，通常 fwrite(3) 只會寫入到用戶空間的緩衝區為止，而不是寫入裝置。若要寫到裝置上，還需要另外呼叫 fflush(3)，來把緩衝區內的資料進一步寫出去。因此，當呼叫裝置驅動程式時，最好不要使用 fread(3) 與 fwrite(3) 這類串流式輸出入函式。

大多數的裝置驅動程式使用的是「字元裝置介面」（character interface），但大容量儲存裝置是一個值得注意的例外。為了達到最大的讀寫效能，我們需要使用「區塊裝置介面」（block interface）來對磁碟進行讀寫。

區塊裝置

區塊裝置也是使用裝置節點進行連結，因此也會有主要編號與次要編號。

> **Tip**
> 雖然字元裝置與區塊裝置同樣是使用主要編號與次要編號作為辨識的方式，但這兩者是分屬不同的命名空間（namespace）。主要編號 4 的字元裝置驅動程式，和主要編號 4 的區塊裝置驅動程式，絕對沒有任何關係。

對區塊裝置來說，主要編號是用來辨識「使用的裝置驅動程式」，而次要編號則是用來辨識「分割區」。底下以 BeagleBone Black 上的 MMC 驅動程式作為示例：

```
# ls -l /dev/mmcblk*
brw-rw----  1 root disk 179,  0 Jan 1 2000 /dev/mmcblk0
brw-rw----  1 root disk 179,  1 Jan 1 2000 /dev/mmcblk0p1
brw-rw----  1 root disk 179,  2 Jan 1 2000 /dev/mmcblk0p2
brw-rw----  1 root disk 179,  8 Jan 1 2000 /dev/mmcblk1
brw-rw----  1 root disk 179, 16 Jan 1 2000 /dev/mmcblk1boot0
brw-rw----  1 root disk 179, 24 Jan 1 2000 /dev/mmcblk1boot1
brw-rw----  1 root disk 179,  9 Jan 1 2000 /dev/mmcblk1p1
brw-rw----  1 root disk 179, 10 Jan 1 2000 /dev/mmcblk1p2
```

在上面的例子中，mmcblk0 指的是一張有兩個分割區的 microSD 卡，而 mmcblk1 則是一塊同樣分割為兩個分割區的 eMMC 晶片。MMC 區塊裝置的主要編號為 179（可以到 devices.txt 中查看），而次要編號則是在一個範圍內用以區分「不同的 MMC 實體裝置」以及「裝置上的儲存空間分割區」。以 MMC 驅動程式而言，這個範圍是每個裝置都會被分配到八個次要數字：第一個裝置是次要編號 0 到 7、第二個裝置是次要編號 8 到 15，以此類推。在每個範圍內，排在第一個的次要編號代表了整個裝置的原始磁區（raw sector），而其他編號則代表了最多七個分割區。在 eMMC 晶片上，會保留兩塊大小為 128 KiB 的記憶體空間，提供給啟動載入器使用。這兩塊空間分別以 mmcblk1boot0 和 mmcblk1boot1 的裝置名稱顯示，次要編號分別是 16 和 24。

你可能也會想問，那 SCSI 磁碟驅動程式（disk driver）呢？ SCSI 磁碟驅動程式又被稱為 sd，可以用 SCSI 指令集控制一整類的各種磁碟，如 SCSI、SATA、USB 大容量儲存媒體以及**通用快閃儲存裝置（Universal Flash Storage，UFS）**等。這類裝置的主要編號為 8，每個介面（或說磁碟）都會被分配到十六個次要編號。第一個介面的次要編號從 0 到 15，裝置節點的名稱會從 sda 到 sda15 為止；第二個磁碟的次要編號則是從 16 到 31，裝置節點的名稱則是從 sdb 到 sdb15 為止，以此類推。所以到第十六個磁碟為止，次要編號就會是從 240 到 255，節點名稱則是 sdp 開頭。但因為 SCSI 磁碟種類非常廣泛的緣故，所以其實還有佔用其他主要編號，不過這邊就先不提了。

無論是 MMC 還是 SCSI 區塊裝置驅動程式，都期望在磁碟開頭找到一份分割表（partition table，又譯分割資料表）。這份分割表可以用 fdisk、sfdisk、parted 等指令工具建立。

用戶空間的程式只要透過裝置節點，就可以直接打開區塊裝置與之互動，不過這並不是一般的用法，這通常是在做一些如「磁碟分割」、「檔案系統格式化」及「掛載」等管理行為時，才會直接操作。一般在檔案系統掛載後，都是用間接的方式，透過檔案系統內的檔案，與區塊裝置互動的。

大多數的區塊裝置都有內核驅動程式可與之對應，因此不太需要由我們自行開發編寫，這一點在網路裝置上也是如此。就像「檔案系統」的抽象化了「區塊裝置」的細節一樣，在存取「網路裝置」時，也不會是直接存取，而是透過「網路堆疊」（network stack）與之互動。

網路裝置

由於網路裝置不是透過裝置節點存取，所以不會有主要編號與次要編號的機制，而是由內核根據一串名稱與一個實體編號來命名網路裝置。底下是一個網路裝置如何註冊介面的範例：

```
my_netdev = alloc_netdev(0, "net%d", NET_NAME_UNKNOWN, netdev_setup);
ret = register_netdev(my_netdev);
```

當你第一次呼叫上面這段程式時，會建立一個名為 net0 的網路裝置，再執行一次就會再產生出第二個名為 net1 的裝置，以此類推。其他常見的裝置名稱開頭還有 lo、eth、wlan 等等。要注意這個名稱只是一開始裝置使用的名稱，但到了裝置管理員（device manager）那邊，像是 udev 這類的，可能會把這個代換成其他的名稱。

通常來說，網路介面本身的名稱只會在使用 ip 與 ifconfig 這類指令工具設定網路、建立網路位址與路由（route）時，才會派上用場。在此之後，你都會是以間接的方式與網路驅動程式互動，開啟網路 socket，然後讓網路層（network layer）來決定該把呼叫導向哪個正確的介面。

不過，我們還是可以建立一個網路 socket，然後使用在 include/linux/sockios.h 中出現的 ioctl 指令，這樣就能夠從用戶空間直接存取網路裝置。比方說，底下這段程式就用了 SIOCGIFHWADDR，來向驅動程式查詢硬體的 MAC 地址（讀者可以在本書儲存庫的 MELP/Chapter11/show-mac-addresses 找到這份程式）：

```c
#include <stdio.h>
#include <stdlib.h>
#include <string.h>
#include <unistd.h>
#include <sys/ioctl.h>
#include <linux/sockios.h>
#include <net/if.h>

int main (int argc, char *argv[])
{
    int s;
    int ret;
    struct ifreq ifr;
    int i;
    if (argc != 2) {
        printf("Usage %s [network interface]\n", argv[0]);
        return 1;
    }
    s = socket(PF_INET, SOCK_DGRAM, 0);
    if (s < 0) {
        perror("socket");
        return 1;
    }
    strcpy(ifr.ifr_name, argv[1]);
    ret = ioctl(s, SIOCGIFHWADDR, &ifr);
    if (ret < 0) {
        perror("ioctl");
        return 1;
    }
    for (i = 0; i < 6; i++)
        printf("%02x:", (unsigned char)ifr.ifr_hwaddr.sa_data[i]);
    printf("\n");
    close(s);
    return 0;
}
```

上面的程式會以「網路裝置介面名稱」作為參數（argument）。開啟 socket 後，將介面名稱存入一份 struct 變數中，再傳遞給 ioctl 呼叫該 socket，最終的回傳結果則是 MAC 位址。

在了解裝置驅動程式的分類之後，接下來讓我們看看，如何找出在系統上有被使用到的驅動程式資訊。

在執行期獲取驅動程式資訊

在將 Linux 系統運行起來之後，了解一下有哪些裝置驅動程式被載入以及狀態如何，將會對你有所幫助，而你可以在 /proc 與 /sys 底下，透過讀取檔案內容獲取很多資訊。

首先，你可以讀取 /proc/devices，來得知目前已載入並啟用的字元裝置與區塊裝置的驅動程式：

```
# cat /proc/devices
Character devices:
  1 mem
  2 pty
  3 ttyp
  4 /dev/vc/0
  4 tty
  4 ttyS
  5 /dev/tty
  5 /dev/console
  5 /dev/ptmx
  7 vcs
 10 misc
 13 input
 29 fb
 81 video4linux
 89 i2c
 90 mtd
116 alsa
128 ptm
136 pts
153 spi
180 usb
189 usb_device
204 ttySC
204 ttyAMA
207 ttymxc
```

```
226 drm
239 ttyLP
240 ttyTHS
241 ttySiRF
242 ttyPS
243 ttyWMT
244 ttyAS
245 ttyO
246 ttyMSM
247 ttyAML
248 bsg
249 iio
250 watchdog
251 ptp
252 pps
253 media
254 rtc

Block devices:
259 blkext
  7 loop
  8 sd
 11 sr
 31 mtdblock
 65 sd
 66 sd
 67 sd
 68 sd
 69 sd
 70 sd
 71 sd
128 sd
129 sd
130 sd
131 sd
132 sd
133 sd
134 sd
135 sd
179 mmc
```

你可以在上面看到每個驅動程式的主要編號與名稱開頭。不過，這份資訊並沒有辦法告訴我們每個驅動程式背後有多少裝置，比方說只有顯示 ttyAMA，但卻無從得知後面其實有四個實體序列埠。後面在介紹 sysfs 時，我們會再回來討論這一點。

上面是針對字元裝置與區塊裝置的部分，因此當然不會有關於網路裝置的資訊。你可以使用 ifconfig 或是 ip 指令列出網路裝置的資訊：

```
# ip link show
1: lo: <LOOPBACK,UP,LOWER_UP> mtu 65536 qdisc noqueue state UNKNOWN
mode DEFAULT
  link/loopback 00:00:00:00:00:00 brd 00:00:00:00:00:00
2: eth0: <NO-CARRIER,BROADCAST,MULTICAST,UP> mtu 1500 qdisc pfifo_
fast state DOWN mode DEFAULT qlen 1000
  link/ether 54:4a:16:bb:b7:03 brd ff:ff:ff:ff:ff:ff
3: usb0: <BROADCAST,MULTICAST,UP,LOWER_UP> mtu 1500 qdisc pfifo_fast
state UP mode DEFAULT qlen 1000
  link/ether aa:fb:7f:5e:a8:d5 brd ff:ff:ff:ff:ff:ff
```

還可以使用 lsusb 與 lspci 這些常見的指令，找出與 USB 或是 PCI 匯流排相連的裝置。由於這兩者都有著完善的說明與大量的線上指南，所以在這邊就不贅述介紹了。

真正讓人感興趣的資訊都在 sysfs 當中，也就是接下來要介紹的部分。

從 sysfs 獲取資訊

要用文謅謅的方式定義 sysfs 的話，就是內核的物件、屬性與關係的體現。內核物件（kernel object）就是**目錄（directory）**，屬性（attribute，性質）則是**檔案（file）**，至於關係（relationship）指的就是從一個物件指向另外一個物件的**軟連結（symbolic link）**。而從實作面來看，由於 Linux 從 2.6 版本開始的裝置驅動程式模型，便將所有的裝置與驅動程式都視作「內核物件」來處理，所以你可以透過查看 /sys，以內核的觀點將整個系統攤在你的面前：

```
# ls /sys
block class devices fs module
bus dev firmware kernel power
```

而就查詢裝置與驅動程式資訊這一目的來說，我們需要查看以下這三個目錄：
devices、class 與 block。

裝置資訊：/sys/devices

這是以內核的觀點來看從啟動後所偵測到的裝置，以及這些裝置彼此之間如何連結的關係。整個目錄結構的最上層是系統匯流排，所以會看到的內容是依系統而異的。底下是在 QEMU 模擬出來的 ARM Versatile 上所顯示的內容：

```
# ls /sys/devices
platform software system tracepoint virtual
```

不過，所有的系統裡面都會有以下這三個目錄：

- system/：這裡面是作為系統核心的裝置，如 CPU 與時脈等裝置。
- virtual/：這裡面是以記憶體為主的裝置。你會在 virtual/mem 底下看到如 /dev/null、/dev/random 與 /dev/zero 這類記憶體裝置。而在 virtual/net 底下則是會看到 lo 這個網路裝置。（**譯者註**：loopback device 或稱 loopback adapter，是一種由軟體虛擬出來的裝置，又稱迴環裝置或回送裝置，透過此裝置送出的資料會被原樣送回此裝置上。）
- platform/：這部分是其他沒有和傳統硬體匯流排相連的裝置集中處。幾乎包括了在嵌入式裝置上的大部分元件。

其他會出現在目錄裡面的裝置，就要依實際的系統匯流排情況而定了。比方說，如果有 PCI 主匯流排的話，就會顯示為 pci0000:00。

要釐清這裡面的結構十分困難，因為這會需要你對系統的概觀有所了解，而到最後整個目錄路徑會變得又長又難以記憶。為了讓這件事情簡單一些，/sys/class 與 /sys/block 提供了兩個對裝置的不同觀點。

驅動程式資訊：/sys/class

這是以裝置驅動程式的類別所提供的觀點，換句話說，也就是以軟體（而非硬體）的觀點來看。底下的每個子目錄都代表著一個分類的驅動程式，而這些驅動程式都是以同一類驅動程式框架的元件實作。比方說，UART 裝置是由 tty 層管理，於是你可以在 /sys/class/tty 底下找到相關資訊；同樣的，你也可以在 /sys/class/net 底下找到

網路裝置的資訊；還有在 /sys/class/input 可以找到如鍵盤、觸控螢幕、滑鼠等輸入裝置資訊。其他也以此類推。

每個屬於該類別的裝置實體，在子目錄底下都會有一個軟連結指向在 /sys/device 底下的資訊。

讓我們以 Versatile 機板上的序列埠為例。我們可以看到一共有四個序列埠：

```
# ls -d /sys/class/tty/ttyAMA*
/sys/class/tty/ttyAMA0 /sys/class/tty/ttyAMA2
/sys/class/tty/ttyAMA1 /sys/class/tty/ttyAMA3
```

每個子目錄都代表一個與「裝置介面實體」相關聯的內核物件。進入其中一個目錄，我們就會看到這個物件的屬性（以檔案形式呈現），以及與其他物件的關係（以軟連結的形式呈現）：

```
# ls /sys/class/tty/ttyAMA0
close_delay      flags            line         uartclk
closing_wait     io_type          port         uevent
custom_divisor   iomem_base       power        xmit_fifo_size
dev              iomem_reg_shift  subsystem
device           irq              type
```

device 這個連結會連到裝置本身的硬體節點，而 subsystem 則會指向 /sys/class/tty，其他則是一些與裝置本身屬性有關的連結。其中某些屬性是針對序列埠的，如 xmit_fifo_size；但也有更加通用的屬性，像是中斷訊號 irq 與裝置編號 dev。部分屬性檔案（attribute file）甚至允許寫入，這讓我們可以在執行期時對驅動程式的參數（parameter）進行調整。

特別是 dev 這個屬性值得關注，如果你查看它的值，你會發現底下這件事情：

```
# cat /sys/class/tty/ttyAMA0/dev
204:64
```

這些就是此裝置的主要編號與次要編號。這個屬性是在驅動程式註冊此介面時建立的。之前說過，如果你是使用 udev 與 mdev 的話，會需要知道裝置驅動程式的主要編號與次要編號，而這兩個編號的資訊就是直接從這個檔案中讀取出來的。

區塊裝置驅動程式資訊：/sys/block

還有一種裝置模型（device model）的觀點也很重要，即你會在 /sys/block 找到的區塊裝置驅動程式觀點。每個子目錄都是一個區塊裝置，底下是來自 BeagleBone Black 的例子：

```
# ls /sys/block
loop0 loop4 mmcblk0 ram0 ram12 ram2 ram6
loop1 loop5 mmcblk1 ram1 ram13 ram3 ram7
loop2 loop6 mmcblk1boot0 ram10 ram14 ram4 ram8
loop3 loop7 mmcblk1boot1 ram11 ram15 ram5 ram9
```

如果你查看 mmcblk1，也就是這塊機板上的 eMMC 晶片，你會看到介面的屬性以及當中的分割區資訊：

```
# ls /sys/block/mmcblk1
alignment_offset    ext_range         mmcblk1p1   ro
bdi                 force_ro          mmcblk1p2   size
capability          holders           power       slaves
dev                 inflight          queue       stat
device              mmcblk1boot0      range       subsystem
discard_alignment   mmcblk1boot1      removable   uevent
```

所以，結論就是只要你讀取 sysfs，就可以獲得系統中許多關於裝置（硬體部分）以及驅動程式（軟體部分）的資訊。

找到適用的裝置驅動程式

通常嵌入式機板都是為了符合特定用途，所以基於生產商的範本設計之上再稍作修改。雖然機板支援套件（BSP）可以支援機板本身的所有週邊，但如果我們需要加上自訂的硬體時，該怎麼辦呢？舉例來說，我們可能需要透過 I2C 加上溫度感應器、透過 GPIO 連接發光元件與按鈕、透過 MIPI 介面加上顯示螢幕，或是其他各種各樣的功能元件。而你的工作就是要開發一個自訂的內核，來控制所有的元件，那麼該從哪裡開始尋找支援這些週邊的裝置驅動程式呢？

其中最明顯的解方，就是到生產商的官方網站上去查看驅動程式的支援頁面，或是也可以直接詢問對方。不過以筆者個人的經驗來說，這種方式很少會提供你想要的答案。畢

竟硬體生產商並非專研於 Linux 一門的專家，所以他們給的資訊反而常常會誤導你。他們手頭上或許有著專利驅動程式的原始碼或二進位格式檔案，但卻使用著和我們不同版本的內核。因此，不論如何你還是可以試試這條管道，但就筆者而言，我還是會去找找看有沒有開源的驅動程式可以用。

其次，搞不好讀者使用的內核版本已經有支援這個裝置了：在主線 Linux 內核當中，有數以千計的驅動程式，而在商業版本的內核中，更有著許多特製的驅動程式。執行 make menuconfig（或是 xconfig）指令，就可以找出產品名稱或編號。如果找不到與產品名稱編號相符的驅動程式，就試著放寬搜尋條件，因為實際上大多數的驅動程式都可以應對同一系列下的其他產品。再來，還可以試著掃描在驅動程式目錄下的程式碼（這邊記得善用 grep 指令工具）。

如果上述幾種方式還是讓你找不到驅動程式，那麼就試試網路搜尋吧，然後在相關的網路論壇上問問看有沒有不同版本 Linux 上的驅動程式。如果能夠找到，那就再把它移植回你的內核中。要是兩者內核版本相近，則事情就簡單了，但要是版本之間相距已經超過 12 到 18 個月以上，那麼介面很可能多多少少有所改變，而你就需要重寫一堆驅動程式才能整合進去內核當中了。此外，你還可以考慮將這個問題外包出去。而如果以上這些方式都行不通，那最終只能再自己想辦法開發了。不過，通常不會真的走到這一步，接下來讓我們說明。

用戶空間中的裝置驅動程式

在你動手開發一個裝置驅動程式之前，先靜下心來，仔細想想是否真的有此必要。有許多通用的裝置驅動程式可用於一些常見類型的裝置上，這讓我們可以在不對「內核程式碼」動刀的情形下，從用戶空間直接與硬體互動。此外，要開發用戶空間中的程式一定也比較簡單，而且容易除錯，還不用受到 GPL 授權的規範，雖然最後這點不是什麼好理由就是了。

這些驅動程式分為兩大類別：以在 sysfs 底下的檔案進行控制者，如 GPIO 或 LED；還有用裝置節點的方式，以通用介面存取序列匯流排者，如 I2C。

GPIO

GPIO（General Purpose Input/Output，通用型輸出入介面）可說是數位訊號介面最單純的形式，因為它能讓我們直接個別存取硬體引腳（hardware pin），每個引腳（pin，又稱接腳、針腳）都可以設定為輸入或是輸出使用。除此之外 GPIO 還能用於實作如 I2C 或是 SPI 這類較高階的介面，只是需要透過一種被稱為 **bit banging（位元衝或位元敲擊）**的軟體技術，來控制每個位元訊號。GPIO 的主要限制則是在於速度，以及用軟體迴圈數去實作處理器時脈週期數的精確度問題。總而言之，就如同我們會在「**第 21 章，即時系統開發**」中提到的那樣，除非將內核設定為即時系統，否則很難實現比毫秒更高的計時器精確度（timer accuracy）。其他常見的 GPIO 應用還有如讀取按鈕和數位感測器的訊號，以及控制 LED、馬達、繼電器等等。

大多數的系統單晶片（SoC）都會將大量的 GPIO 位元組織成多個 GPIO 暫存器，通常每個暫存器為 32 個位元。內建的 GPIO 位元會透過一個**多工器（multiplexer，又稱為 pin mux，多路複用）**一路傳達到在晶片封裝（chip package）上的 GPIO 引腳。在系統單晶片之外，電源管理的晶片可能也有一些額外的 GPIO 位元，而這些延伸的 GPIO 則會以 I2C 或 SPI 匯流排連接。以上這些不同的 GPIO 元件都可以由 gpiolib 內核子系統處理，雖然 gpiolib 不是真的函式庫，但這個基礎的 GPIO 驅動程式能夠對外提供一個一致性的介面。在內核原始檔 Documentation/gpio 底下，有對 gpiolib 的實作更深入的介紹，而在 drivers/gpio 底下也有對 GPIO 驅動程式的介紹。

透過在 /sys/class/gpio 目錄底下的檔案，應用程式就可以和 gpiolib 進行互動。底下是在一般嵌入式機板（比方說 BeagleBone Black）上常見的情形：

```
# ls /sys/class/gpio
export gpiochip0 gpiochip32 gpiochip64 gpiochip96 unexport
```

從 gpiochip0 到 gpiochip96 的目錄代表了四個 GPIO 暫存器（register），每個暫存器都有 32 個 GPIO 位元。如果再深入查看其中一個 gpiochip 目錄，就會看到如下面這樣：

```
# ls /sys/class/gpio/gpiochip96
base label ngpio power subsystem uevent
```

在 base 這個檔案中，有著第一支 GPIO 引腳在暫存器中的編號，而 ngpio 裡面則是暫存器中位元的數量。在上面這個範例中，gpiochip96/base 的值是 96，而

gpiochip96/ngpio 的值是 32，這就能告訴你這裡使用的是 GPIO 第 96 到 127 位元。而在相鄰的兩個 GPIO 暫存器中間，前者的結尾位元與後者的開頭位元之間可能會有間隔。

要從用戶空間控制 GPIO 位元的話，首先你需要把它從內核空間匯出，也就是把 GPIO 編號寫到 /sys/class/gpio/export 去。底下的範例是在 BeagleBone Black 上，把與「編號 0 的 LED 裝置」相關聯的「GPIO 編號 53」匯出：

```
# echo 53 > /sys/class/gpio/export
# ls /sys/class/gpio
export gpio53 gpiochip0 gpiochip32 gpiochip64 gpiochip96
unexport
```

現在有一個新的 gpio53 目錄出現了，這底下就有你控制引腳所需的檔案。

> **Note**
> 注意如果 GPIO 位元已經被內核佔用了，就無法用這種方式匯出。

在 gpio53 目錄底下有這些檔案：

```
# ls /sys/class/gpio/gpio53
active_low direction power uevent
device edge subsystem value
```

剛開始引腳是被設定為輸入介面，要改為輸出，就要把 out 寫入 direction 檔案中。value 這個檔案會告訴你引腳目前的狀態，0 代表低位狀態（low），1 代表高位狀態（hight）。如果引腳被設定為輸出介面，你可以把 0 或 1 寫入 value 檔案中，以此來改變引腳狀態。但有時候在硬體那邊低位與高位所代表的意義剛好是相反的（硬體工程師們很喜歡玩這種把戲），這時把 1 寫入 active_low 檔案中，就能反轉這個代表意義，於是此時在 value 檔案中的 1 代表低位狀態，而 0 代表了高位狀態。

你可以將 GPIO 編號寫入 /sys/class/gpio/unexport 中，把 GPIO 從用戶空間的控制中解除。

處理 GPIO 的中斷訊號

在很多情況中，輸入的 GPIO 可以被設定為當它改變狀態時，主動產生一個中斷訊號，這種功能讓我們可以被動地等待中斷訊號，而不是用毫無效率的軟體迴圈一直主動地去詢問。如果 GPIO 位元可以被設定為主動產生中斷訊號，就會出現一個名為 edge 的檔案。初始值會是 none，表示它現在不會產生中斷訊號，要啟用中斷訊號功能，你可以把它設定為以下這幾種值之一：

* rising：在從低位改為高位狀態時發出中斷訊號。
* falling：在從高位改為低位狀態時發出中斷訊號。
* both：不論哪種改變方向都要發出中斷訊號。
* none：不發出中斷訊號（預設）。

如果你想要等待從 GPIO 48 上發出的 falling 中斷訊號，首先要先啟用這個類型的訊號：

```
# echo 48 > /sys/class/gpio/export
# echo falling > /sys/class/gpio/gpio48/edge
```

接著，再依如下步驟，等待從 GPIO 發出的中斷訊號：

1. 首先，呼叫 epoll_creare 函式，建立 epoll 通知功能：

   ```
   int ep;
   ep = epoll_create(1);
   ```

2. 接著，呼叫 open 函式打開 GPIO 裝置，並用 read 函式讀取初始值：

   ```
   int f;
   int n;
   char value[4];

   f = open("/sys/class/gpio/gpio48/value", O_RDONLY | O_NONBLOCK);
   [...]
   n = read(f, &value, sizeof(value));
   if (n > 0) {
       printf("Initial value value=%c\n", value[0]);
       lseek(f, 0, SEEK_SET);
   }
   ```

3. 呼叫 `epoll_ctl`，把 GPIO 裝置和 `POLLPRI` 事件註冊進去：

```
struct epoll_event ev, events;
ev.events = EPOLLPRI;
ev.data.fd = f;
int ret;

ret = epoll_ctl(ep, EPOLL_CTL_ADD, f, &ev);
```

4. 最後，呼叫 `epoll_wait` 函式，等待中斷訊號被發出：

```
while (1) {
    printf("Waiting\n");
    ret = epoll_wait(ep, &events, 1, -1);
    if (ret > 0) {
        n = read(f, &value, sizeof(value));
        printf("Button pressed: value=%c\n", value[0]);
        lseek(f, 0, SEEK_SET);
    }
}
```

讀者可以在本書儲存庫的 `MELP/Chapter11/gpio-init/` 目錄底下找到完整的程式碼內容，以及 `Makefile` 檔案和 GPIO 的設定指令檔。

同樣的中斷訊號處理作業其實也可以透過 `select` 與 `poll` 這兩個函式達成，但 `epoll` 與這兩個函式不同的是，它不會隨著監聽的檔案數量增加而使得效能降低。

雖然 LED 與 GPIO 同樣是可以在 `sysfs` 底下存取的介面，但這兩者其實大不相同。

LED

LED 燈號通常也是透過 GPIO 引腳來控制的，不過針對這部分，有另一個內核子系統可以提供更精細的控制。`leds` 這個內核子系統可以讓你控制亮度，這也是 LED 燈號應該要能支援的功能，以及可以讓你用 GPIO 以外的方式來控制 LED 燈號。你可以利用這個子系統，用 `CONFIG_LEDS_CLASS` 選項設定在發生某個事件（如區塊裝置的存取），或是某個裝置處於運作中狀態時，觸發 LED 燈號。在 `Documentation/leds/` 底下有更多的資訊，而在 `drivers/leds/` 底下可以找到驅動程式。

和 GPIO 一樣，LED 燈號可以透過 /sys/class/leds 這個 sysfs 的介面進行控制。
LED 燈號本身的名稱以 < 裝置名稱 >:< 顏色 >:< 功能 > 這樣的規則命名，如下所示：

```
# ls /sys/class/leds
beaglebone:green:heartbeat beaglebone:green:usr2
beaglebone:green:mmc0        beaglebone:green:usr3
```

而底下是個別 LED 燈號內的情形：

```
# cd /sys/class/leds/beaglebone\:green\:usr2
# ls
brightness max_brightness subsystem uevent
device power trigger
```

注意路徑當中的反斜線（\）。當你要在路徑中輸入冒號（:）時，需要在前面加上一個
反斜線作為跳脫字元。

brightness 這個檔案用於控制 LED 燈號的亮度，值可以是從 0（表示關閉）到 max_
brightness（表示全亮）之間的數字。如果 LED 燈號並不支援介於關閉與全亮之間的
亮度設定，那麼任何非零的數值都代表全亮，而零代表關閉。trigger 這個檔案則列出
任何會觸發這個 LED 燈號的事件，這個觸發清單的格式會隨不同的實作方式而有所不
同，底下是一個範例：

```
# cat trigger
none mmc0 mmc1 timer oneshot heartbeat backlight gpio [cpu0]
default-on
```

目前所選擇設定的觸發事件會以中括號（[]）圈住，你可以透過把其他觸發條件寫入檔
案的方式來更改這個設定。比方說，如果你想要完全透過 brightness 這個檔案來控制
明亮，那就把觸發條件設為 none；而如果你把觸發條件設為 timer，就會出現兩個額
外的檔案，讓你能夠「以毫秒為單位」設定明亮的持續時間：

```
# echo timer > trigger
# ls
brightness delay_on max_brightness subsystem uevent
delay_off device power trigger
# cat delay_on
500
```

```
# cat /sys/class/leds/beaglebone:green:heartbeat/delay_off
500
```

但如果 LED 燈號本身有內建的硬體計時器，那麼上述設定的明亮就不會觸發處理器的中斷訊號。

I2C

I2C 是在嵌入式機板上常見的一種低速兩線式匯流排（low speed 2-wire bus），一般用於存取未內建於系統單晶片機板上的週邊裝置，如顯示控制元件、相機感測器、GPIO 擴充元件等等。另一種類似的標準則是 **SMBus（system management bus，系統管理匯流排）**，較常見於個人電腦上，並用於存取溫度或是電壓感測器。SMBus 是源自於 I2C 的一種設計。

I2C 使用主從式協定（master-slave protocol），主控端（master）是在系統單晶片上一到多個的主機控制器（host controller），而從屬端（slave）則是一個由生產商指定（意指需查看規格資料）的 7 位元位址，因此每個匯流排理論上可以有 128 個節點，不過其中 16 個被保留了下來，因此實際上只能用到 112 個節點。每個主控端都可以對其中一個從屬端開啟讀寫的交易傳輸。一般來說，首位元組（first byte）是用來指定在週邊上的暫存器，而剩下的位元組才是要從暫存器讀出或是寫入的資料內容。

每個主機控制器都會有一個對應的裝置節點，比方說，底下這個系統單晶片上就有四個節點：

```
# ls -l /dev/i2c*
crw-rw---- 1 root i2c 89, 0 Jan  1 00:18 /dev/i2c-0
crw-rw---- 1 root i2c 89, 1 Jan  1 00:18 /dev/i2c-1
crw-rw---- 1 root i2c 89, 2 Jan  1 00:18 /dev/i2c-2
crw-rw---- 1 root i2c 89, 3 Jan  1 00:18 /dev/i2c-3
```

此外，裝置介面還支援一系列 ioctl 指令，讓你可以查詢主機控制器，並且對 I2C 從屬端發送 read 與 write 等指令。i2c-tools 套件當中，就使用這個介面來提供以下這些基本的指令列工具，讓你可以與 I2C 裝置互動：

- i2cdetect：這會列出 I2C 轉接器（adapter），並對匯流排進行偵測（probe）。
- i2cdump：這會把 I2C 週邊上的所有暫存器資料傾印（dump）出來。

- `i2cget`：從 I2C 從屬端讀取資料。
- `i2cset`：把資料寫到 I2C 從屬端。

在 Buildroot 以及 Yocto Project 中，都可以找到 `i2c-tools` 這個套件，大部分的主流發行版裡面當然也有。所以只要你知道「從屬端」的位址與使用的協定，你就可以很直覺地編寫下面這種程式，從用戶空間與裝置溝通。底下這份範例展示，如何從掛載在 BeagleBone Black「編號 0 的 I2C 匯流排」上的 AT24C512B EEPROM 讀取前四個位元組的內容。其從屬端的位址是 `0x50`（讀者可以在本書儲存庫的 `MELP/Chapter11/i2c-example` 找到這份程式）：

```c
#include <stdio.h>
#include <unistd.h>
#include <fcntl.h>
#include <i2c-dev.h>
#include <sys/ioctl.h>

#define I2C_ADDRESS 0x50

int main(void)
{
    int f;
    int n;
    char buf[10];

    f = open("/dev/i2c-0", O_RDWR);

    /* 設定 I2C 從屬端裝置的位址 */
    ioctl(f, I2C_SLAVE, I2C_ADDRESS);

    /* 設定要讀取的 16 位元位址為 0 */
    buf[0] = 0; /* address byte 1 */
    buf[1] = 0; /* address byte 2 */
    n = write(f, buf, 2);

    /* 然後從該位址開始讀取 4 位元組的內容 */
    n = read(f, buf, 4);
    printf("0x%x 0x%x0 0x%x 0x%x\n",
    buf[0], buf[1], buf[2], buf[3]);

    close(f);
```

```
    return 0;
}
```

這個程式與 i2cget 很像，差別在於，要讀取的位址開頭和讀取長度，全被寫死在程式碼當中，而非透過參數傳入。我們可以使用 i2cdetect 指令查詢「I2C 匯流排」上任何週邊裝置的位址，但要注意的是 i2cdetect 有可能會污損「I2C 週邊裝置」的狀態，或把該匯流排鎖死，因此使用後需要重啟該裝置。透過查詢週邊裝置的資訊，我們可以得知映射到的是哪一個暫存器。然後，我們就能使用 i2cset 透過 I2C 寫入該暫存器中。這些 I2C 指令集可以輕易地轉換成一個 C 語言函式庫，方便我們用來與週邊裝置進行互動。

> **Note**
>
> 可以查看 Documentation/i2c/dev-interface，來了解更多關於 Linux I2C 的實作細節。drivers/i2c/busses 底下則有主機控制器的驅動程式。

除了 I2C 之外，另一種常見的協定是四線式匯流排（4-wire bus）的 **SPI（Serial Peripheral Interface，序列週邊介面）**。

SPI

SPI 匯流排類似於 I2C，但傳輸速度快上許多，接近數十 MHz 的速度。SPI 使用四線式的介面，其中發送與接收資料的線是分開的，因此能以全雙工模式（full duplex）運作，而匯流排上的每個晶片都是透過同一條晶片選擇線路（chip select line）來做切換選取。這種介面常被用於連接觸控面板感測器、顯示控制器與序列 NOR 快閃裝置。

由於大多數系統單晶片都會實作一到多個主機控制器，因此與 I2C 相同的是，SPI 也採用主從式協定。你可以從內核設定 CONFIG_SPI_SPIDEV，來啟用通用的 SPI 裝置驅動程式，它會替「所有的 SPI 控制器」建立裝置節點，這樣你就能從用戶空間存取 SPI 晶片了。裝置節點的命名規則是 spidev[匯流排編號].[晶片選擇編號]：

```
# ls -l /dev/spi*
crw-rw---- 1 root root 153, 0 Jan  1 00:29 /dev/spidev1.0
```

如果要使用 spidev 介面，可以參考 Documentation/spi 底下的範例程式。

截至目前為止，我們介紹的裝置驅動程式，都是已經內建在 Linux 內核當中，並且擁有來自上游的長期支援。這些裝置驅動程式（如 GPIO、LED、I2C、SPI）都是屬於通用型（generic）的，因此要從用戶空間存取它們並不困難。不過，有時候我們會遇到某類硬體（如光學雷達或無線電等），即使是這些內核裝置驅動程式也不適用。此外，有時候我們還會遇到，硬體與系統單晶片中間還隔著一層 FPGA（Field Programmable Gate Array，現場可程式化邏輯閘陣列）。一旦遇到這類情況，就只能自行編寫內核模組，別無他法。

開發內核裝置驅動程式

最後，如果以上介紹的所有用戶空間方式都無法滿足需求，你就得為裝置上的某個硬體元件開發出裝置驅動程式。像是「字元裝置驅動程式」就非常具有延伸性，而且應該能滿足你 90% 以上的需求；如果你處理的是網路介面，則應該使用「網路裝置驅動程式」；同理，如果你要處理的是大容量儲存裝置，那就選用「區塊裝置驅動程式」。內核驅動程式的開發十分複雜，超出了本書的範疇，不過本章尾聲還是有列出一些參考資料，可以幫助讀者著手進行。在這個小節中，筆者想要針對「與驅動程式互動的方式」進行說明，這也是比較少有人著墨的部分，然後介紹字元裝置驅動程式的基本框架。

設計一個字元裝置驅動程式介面

與序列埠相同，字元裝置驅動程式介面（character driver interface）主要是基於位元組資料的串流，然而有許多裝置並不適用這樣的做法，例如：一個可以控制機器手臂讓它左移右轉的控制器。所幸除了僅僅使用 read 和 write 之外，還有其他「與裝置驅動程式溝通的方式」：

- ioctl：ioctl 函式可以讓你把兩個參數傳遞給驅動程式，而這兩個參數的值可以代表著任何意義。就一般而言，第一個參數是用來從驅動程式上多個功能中選擇其一的指令，而第二個參數則是一個指標，用來指向含有要輸入或是輸出的資料結構。這種方式在驅動程式與軟體緊密結合，由同一群人所開發時較為常見，因為能夠自由定義介面的形式。不過，由於內核中已經棄用了 ioctl，所以你會發現使用 ioctl 的驅動程式很難被上游所採納。之所以內核的開發者們會不喜歡 ioctl，是因為它會讓內核與軟體程式之間的依賴關係太過緊密，使雙方很難在不同的內核版本及架構之間保持協調。

- sysfs：這是目前較為主流的做法，具體的例子就是我們在先前介紹過的 GPIO 介面。這種做法的好處是簡明易懂，只要你給那些檔案的命名都夠具體清晰的話；簡明的另外一個原因是，檔案內容都以 ASCII 字串呈現。但反過來看，因為每個檔案中只存放一個值的緣故，如果你想要一次修改多個值，就會很難達成不可分割性。相較之下，ioctl 卻能夠把所有參數包在一個資料結構中，然後用一次函式呼叫就完成這件事情。

- mmap：你可以略過內核，把內核記憶體直接映射到用戶空間，這樣就能直接存取內核的緩衝區與硬體的暫存器。不過即使如此，可能還是會需要部分內核的程式支援，才能處理中斷訊號與 DMA。正好有個叫作 **uio（user I/O 的縮寫）** 的子系統實現了這個想法。你可以在 Documentation/DocBook/uio-howto 找到更多說明細節，而在 drivers/uio 底下也有範例驅動程式。

- sigio：你可以利用 kill_fasync() 這個內核函式，從驅動程式送出一道訊號用以作為通知，告知軟體一些如「等待輸入中」或是「已經收到中斷訊號」等事件。就一般而言，雖然平平一樣都是 SIGIO 訊號，不過這些訊號背後的意義卻可以很不同；你可以在 drivers/uio/uio.c 與 drivers/char/rtc.c 分別查看 UIO 驅動程式與 RTC 驅動程式的範例。而這種方式的主要門檻難度在於需要開發一個可靠度夠高的訊號處理器，因此用的人並不多。

- debugfs：這是另外一種將內核資料以「檔案」與「目錄」呈現的擬似檔案系統。雖然和 proc 以及 sysfs 很像，不過主要的差別在於，debugfs 裡面無法存放一般系統運作所需的資訊，因為它只是用於除錯與資訊追查用的而已。它的掛載指令是 mount -t debugfs debug /sys/kernel/debug。在內核文件中的 Documentation/filesystems/debugfs.txt 裡面，有對 debugfs 的詳盡說明。

- proc：由於這個檔案系統最初設計的原則所致，因此除非你的程式和程序（process）有關，否則 proc 檔案系統對其他新加入的程式都是棄用（deprecated）的狀態，不過你依然可以用 proc 來挖掘所需要的資訊。與 sysfs 以及 debugfs 不同的是，proc 可以被非 GPL 授權的模組所使用。

- netlink：這是屬於 socket 協定的一類。AF_NETLINK 會在內核空間與用戶空間之間建立一個 socket 連結。這東西設計的初衷是提供給網路工具與 Linux 網路程式溝通之用，以便存取如路由表（routing table）以及其他等細節資料。udev 也使用它來從內核傳遞事件給 udev 的常駐服務。但在一般的裝置驅動程式中非常少見。

上述這些檔案系統，在內核原始碼檔案中都有著許多範例可供參考，你可以依照自己想要的設計來開發驅動程式。在這之中，唯一需要遵照的原則就是「最少意外原則」（principle of least astonishment，或稱最小驚訝原則），換句話說，當軟體開發者使

用我們所開發的驅動程式時，所有事情都應該要以合乎常理的方式運作，沒有任何古怪或令人詫異之處。

深入剖析裝置驅動程式

現在，該是時候簡單地以一段裝置驅動程式的程式碼，總結一下前述介紹的內容。

這是一個名為 dummy 的裝置驅動程式的開頭，用於產生 /dev/dummy0 到 /dev/dummy3 的四個裝置：

```
#include <linux/kernel.h>
#include <linux/module.h>
#include <linux/init.h>
#include <linux/fs.h>
#include <linux/device.h>

#define DEVICE_NAME "dummy"
#define MAJOR_NUM 42
#define NUM_DEVICES 4

static struct class *dummy_class;
```

然後，我們為字元裝置介面定義 dummy_open()、dummy_release()、dummy_read() 和 dummy_write() 函式：

```
static int dummy_open(struct inode *inode, struct file *file)
{
    pr_info("%s\n", __func__);
    return 0;
}

static int dummy_release(struct inode *inode, struct file *file)
{
    pr_info("%s\n", __func__);
    return 0;
}

static ssize_t dummy_read(struct file *file, char *buffer, size_t
```

```
length, loff_t * offset)
{
    pr_info("%s %u\n", __func__, length);
    return 0;
}

static ssize_t dummy_write(struct file *file, const char *buffer,
size_t length, loff_t * offset)
{
    pr_info("%s %u\n", __func__, length);
    return length;
}
```

接著，初始化 file_operations 資料結構，並且定義 dummy_init() 與 dummy_exit() 函式，以便在裝置驅動程式被載入或是卸載時呼叫它們：

```
struct file_operations dummy_fops = {
    .owner = THIS_MODULE,
    .open = dummy_open,
    .release = dummy_release,
    .read = dummy_read,
    .write = dummy_write,
};

int __init dummy_init(void)
{
    int ret;
    int i;
    printk("Dummy loaded\n");
    ret = register_chrdev(MAJOR_NUM, DEVICE_NAME, &dummy_fops);
    if (ret != 0)
        return ret;
    dummy_class = class_create(THIS_MODULE, DEVICE_NAME);
    for (i = 0; i < NUM_DEVICES; i++) {
        device_create(dummy_class, NULL, MKDEV(MAJOR_NUM, i), NULL,
"dummy%d", i);
    }
    return 0;
}
```

```
void __exit dummy_exit(void)
{
    int i;
    for (i = 0; i < NUM_DEVICES; i++) {
        device_destroy(dummy_class, MKDEV(MAJOR_NUM, i));
    }
    class_destroy(dummy_class);
    unregister_chrdev(MAJOR_NUM, DEVICE_NAME);
    printk("Dummy unloaded\n");
}
```

在程式碼的最後，module_init 與 module_exit 這兩個巨集（macro）會指定「當模組被載入或是卸載時」要呼叫的函式：

```
module_init(dummy_init);
module_exit(dummy_exit);
```

另外三個以 MODULE_* 開頭的巨集則是替模組添增一些基本資訊：

```
MODULE_LICENSE("GPL");
MODULE_AUTHOR("Chris Simmonds");
MODULE_DESCRIPTION("A dummy driver");
```

這些基本資訊日後可以透過 modinfo 指令從已編譯的內核模組中取得。讀者可以在本書儲存庫的 MELP/Chapter11/dummy-driver 目錄中取得該驅動程式的完整原始碼。

當模組被載入時，就會去呼叫 dummy_init() 這個函式。你可以看到當它呼叫到 register_chrdev 之後，就會成為字元裝置，然後把驅動程式實作的四個函式的指標，用 struct file_operations 這個資料結構傳遞過去。而 register_chrdev 會告訴內核有一個主要編號為 42 的驅動程式，由於資訊中並未包括驅動程式的類型，因此不會在 /sys/class 底下建立進入點。

也因為如此，所以裝置管理員無法自動建立裝置節點。於是接下來的幾行程式就是用來建立 dummy 這個裝置類別，以及從 dummy0 到 dummy3 這四個類別下的裝置。最後的結果就是一個 /sys/class/dummy 目錄，底下有 dummy0 到 dummy3 的子目錄，每個子目錄底下都有一個名為 dev 的檔案，裡面有著該裝置的主要編號與次要編號。而有了這些資訊，裝置管理員就可以據此建立 /dev/dummy0 到 /dev/dummy3 的裝置節點了。

相對的，`dummy_exit()` 函式的任務就是要去釋放由 `dummy_init()` 函式所宣告的資源，也就是說，把佔用的裝置類別與主要編號釋出。

這個驅動程式的檔案功能是由 `dummy_open()`、`dummy_read()`、`dummy_write()` 以及 `dummy_release()` 實作，並且可以由用戶空間的 `open(2)`、`read(2)`、`write(2)` 與 `close(2)` 呼叫。這個功能會印出一些內核訊息，不過只是用來讓我們確定這些函式有確實被呼叫而已。讀者可以用 echo 指令從指令列試試：

```
# echo hello > /dev/dummy0
dummy_open
dummy_write 6
dummy_release
```

以上面這個例子來說，因為內核訊息預設是直接印出到主控台（console）上，而由於我已登入主控台，所以才能直接看到這些訊息。如果讀者沒有先登入主控台也沒關係，可以運用 dmesg 指令查看內核訊息就好。

這個驅動程式的完整程式碼不到 100 行而已，不過已經足以說明裝置節點與驅動程式之間的關係、裝置類別如何建立的、如何在驅動程式載入時讓裝置管理員自動建立裝置節點，以及如何在用戶空間與內核之間傳遞資料。接下來，你就能夠自由發揮了。

編譯內核模組

此時，你應該有些驅動程式的程式碼需要編譯，然後放到目標環境上測試了。你可以先複製到內核的原始碼檔案中，然後修改 makefile（建置檔）進行組建；或者，你也可以用模組（module）的形式編譯。我們先以內核模組形式的編譯做說明。

我們需要先寫一個簡單的 makefile，利用內核的組建系統來替你省去麻煩的工作：

```
LINUXDIR := $(HOME)/MELP/build/linux

obj-m := dummy.o
all:
    make ARCH=arm CROSS_COMPILE=arm-cortex_a8-linux-gnueabihf- \
    -C $(LINUXDIR) M=$(shell pwd)
clean:
    make -C $(LINUXDIR) M=$(shell pwd) clean
```

把 LINUXDIR 這個變數設定為在你的目標環境上運行模組用的內核目錄路徑。obj-m :=
dummy.o 這段程式會觸發內核組建的規則，編譯原始碼檔案 dummy.c，並且建立內核模
組 dummy.ko。我們後續會再說明如何載入這份內核模組。

> **Note**
> 注意，編譯好的內核模組無法直接相容於不同的內核版本及設定，它只能
> 由編譯時所搭配的內核進行載入。

而如果你想要以整合到內核原始碼中的方式，來組建驅動程式，方法也不難。首先，根
據你的驅動程式所屬的類別，選擇正確的目錄。如果驅動程式是屬於基本的字元裝置，
就把 dummy.c 放到 drivers/char 底下。然後編輯該目錄下的 makefile，並加上下面
這一行，無條件把驅動程式組建為模組：

```
obj-m += dummy.o
```

或者也可以改為加上下面這一行，無條件組建在內核當中：

```
obj-y += dummy.o
```

如果想讓驅動程式成為非必要的選項，你可以參考我們在「**第 4 章，設定與組建內
核**」的「**內核的設定：關於 Kconfig**」小節提到的方式，在 Kconfig 檔案中加上選單
（menu）選項後，修改 makefile 並加上選項變數作為編譯條件。

載入內核模組

運用 insmod、lsmod 與 rmmod 這些指令，就可以簡單地載入、列出與卸載模組。底下
是以載入 dummy 驅動程式作為範例：

```
# insmod /lib/modules/4.8.12-yocto-standard/kernel/drivers/dummy.ko
# lsmod
Tainted: G
dummy 2062 0 - Live 0xbf004000 (O)
# rmmod dummy
```

如果你的模組和上述範例一樣，是放在 /lib/modules/< 內核版本號 > 底下的子目錄當中，你還可以用 depmod -a 指令建立**模組依賴關係的資料庫（module dependency database）**：

```
# depmod -a
# ls /lib/modules/4.8.12-yocto-standard
kernel modules.alias modules.dep modules.symbols
```

在這些以 module.* 開頭的檔案當中的資訊，都會被 modprobe 指令所運用，這樣就可以用模組名稱來查詢得知所在路徑，而不用時時記著完整路徑。可以查看手冊頁來確認 modprobe(8) 的許多其他功能。

現在我們已經編寫並載入了 dummy 內核模組，該如何讓它與實際的硬體進行溝通呢？首先，我們需要透過硬體結構樹或是平台資料，將驅動程式與該硬體綁定在一起。所以接下來就要看看，如何探索與發現硬體，以及如何將硬體與裝置驅動程式關聯在一起。

探索硬體設定

透過 dummy 驅動程式，我們說明了一個裝置驅動程式的結構，但驅動程式與實體硬體之間的互動方式仍屬未知，因為上述所舉的例子僅有對「記憶體」的操作而已。裝置驅動程式的開發目的終究還是要與「硬體」互動，而在其中有部分甚至能夠對「硬體」進行偵測；要知道，在不同的設定下，位址也會不同。

不過有時候，硬體會自己主動提供資訊。在一些與 PCI 或是 USB 這類可偵測型匯流排（discoverable bus）連接的裝置，會提供偵測模式（query mode），以便回傳資源需求以及一個唯一的識別碼（identifier）。內核會根據這個識別碼，根據情況再加上其他規格資訊，來尋找「裝置驅動程式」並進行匹配。

不過，大部分在系統單晶片上的硬體區塊並沒有這種識別碼。因此你必須把資訊以**硬體結構樹（device tree）**或是以 C 語言的資料結構包裝，作為**平台資訊（platform data）**提供出來。

在 Linux 的標準驅動程式模型中，裝置驅動程式應以「適合的子系統」進行註冊，像是 PCI、USB、開源韌體（如硬體結構樹）、平台裝置等。註冊資訊應包含識別碼以及一個被稱為 probe（偵測函式）的回呼函式（callback function）；當「硬體的識別

碼」與「驅動程式的 ID」相符時，便會呼叫此函式。對 PCI 與 USB 來說，這個 ID 會是以生產商及裝置本身的產品編號組合而來，而對硬體結構樹與平台裝置來說，則是以一個名稱代替（一個 ASCII 字串）。

硬體結構樹

我們在「**第 3 章，啟動載入器**」中已經介紹過硬體結構樹，而這邊會說明 Linux 裝置驅動程式是如何跟此關聯在一起。

我們以 ARM Versatile 機板的 `arch/arm/boot/dts/versatile-ab.dts` 作為範例，底下是對乙太網路卡的定義：

```
net@10010000 {
    compatible = "smsc,lan91c111";
    reg = <0x10010000 0x10000>;
    interrupts = <25>;
};
```

在這個範例中，需要留意的是此節點內的 `compatible` 屬性（property），後續在乙太網路卡的原始碼中會再看到該屬性值。之後在「**第 12 章，使用針腳擴充板打造原型**」中，我們會再深入說明硬體結構樹。

平台資訊

如果不支援硬體結構樹功能的話，還有一個替代方案是以 C 語言資料結構來描述硬體，這又被稱為平台資訊（platform data）。

每個硬體都會以 `struct platform_device` 進行描述，當中包含一個名稱，以及一個指向資源陣列的指標。資源（resource）的型態則以 `flags` 參數定義，參數值會是下列其中之一：

- `IORESOURCE_MEM`：一個記憶體區域的實體位址。
- `IORESOURCE_IO`：輸出入暫存器的實體位址或是埠號。
- `IORESOURCE_IRQ`：中斷訊號的編號。

底下是從 arch/arm/machversatile/core.c 當中擷取出來，乙太網路控制器（Ethernet controller）的平台資訊範例，已經適當編輯，以便閱讀：

```
#define VERSATILE_ETH_BASE      0x10010000
#define IRQ_ETH                 25
static struct resource smc91x_resources[] = {
  [0] = {
    .start            = VERSATILE_ETH_BASE,
    .end              = VERSATILE_ETH_BASE + SZ_64K - 1,
    .flags            = IORESOURCE_MEM,
  },
   [1] = {
    .start            = IRQ_ETH,
    .end              = IRQ_ETH,
    .flags            = IORESOURCE_IRQ,
  },
};
static struct platform_device smc91x_device = {
  .name             = "smc91x",
  .id               = 0,
  .num_resources    = ARRAY_SIZE(smc91x_resources),
  .resource         = smc91x_resources,
};
```

從上述可得知，有 64KB 的記憶體區域，以及一種中斷訊號。但這份平台資訊需要進一步向內核註冊，通常會是在機板啟動的時候：

```
void __init versatile_init(void)
{
  platform_device_register(&versatile_flash_device);
  platform_device_register(&versatile_i2c_device);
  platform_device_register(&smc91x_device);
  [...]
```

這份平台資訊的作用，基本上與先前的硬體結構樹相等，這兩者的差異僅在於平台資訊中以 name 欄位取代了 compatible 屬性。

以裝置驅動程式連結硬體

在前面，你已經看到如何以「硬體結構樹」與「平台資訊」來描述一個乙太網路卡。對應的驅動程式原始碼是在 drivers/net/ethernet/smsc/smc91x.c，並且同時支援「硬體結構樹」與「平台資訊」。底下是這份程式碼的初始化部分，一樣經過編輯，以便閱讀：

```
static const struct of_device_id smc91x_match[] = {
  { .compatible = "smsc,lan91c94", },
  { .compatible = "smsc,lan91c111", },
  {},
};
MODULE_DEVICE_TABLE(of, smc91x_match);
static struct platform_driver smc_driver = {
  .probe          = smc_drv_probe,
  .remove         = smc_drv_remove,
  .driver         = {
    .name    = "smc91x",
    .of_match_table = of_match_ptr(smc91x_match),
  },
};
static int __init smc_driver_init(void)
{
  return platform_driver_register(&smc_driver);
}
static void __exit smc_driver_exit(void) \
{
  platform_driver_unregister(&smc_driver);
}
module_init(smc_driver_init);
module_exit(smc_driver_exit);
```

當驅動程式被初始化之後，就會呼叫 platform_driver_register() 函式，裡面的指標會指向 struct platform_driver 資料結構，當中有一個 probe 函式的回呼，以及 smc91x 這個驅動程式的名稱，還有一個指向 struct of_device_id 的指標。

如果驅動程式被設定為使用硬體結構樹，內核就會根據資料結構中的字串，在硬體結構樹節點中的 compatible 屬性進行比對，並對相符者呼叫 probe 函式。

反過來，要是設定為使用平台資訊，那麼只要與 driver.name 相符者，都會被呼叫 probe 函式。

這個 probe 函式會把跟「介面」有關的資訊擷取出來：

```
static int smc_drv_probe(struct platform_device *pdev)
{
    struct smc91x_platdata *pd = dev_get_platdata(&pdev->dev);
    const struct of_device_id *match = NULL;
    struct resource *res, *ires;
    int irq;

    res = platform_get_resource(pdev, IORESOURCE_MEM, 0);
    ires = platform_get_resource(pdev, IORESOURCE_IRQ, 0);
    [...]
    addr = ioremap(res->start, SMC_IO_EXTENT);
    irq = ires->start;
    [...]
}
```

呼叫 platform_get_resource()，會從「硬體結構樹」或是「平台資訊」中擷取與記憶體以及 irq 有關的資訊。接著，就看驅動程式是否要映射記憶體，並且安裝中斷訊號的處理器。在前面的範例中，第三項參數都帶 0 值，這個參數值是用來表示是否存在多個同類型的資源。

硬體結構樹所能進行的設定，不僅僅是基本的記憶體區段及中斷訊號而已。底下是從負責擷取硬體結構樹額外參數的 probe 函式中，擷取出來一段的程式碼，在這一小段程式中會讀取 register-io-width 屬性：

```
match = of_match_device(of_match_ptr(smc91x_match), &pdev->dev);
if (match) {
    struct device_node *np = pdev->dev.of_node;
    u32 val;
    [...]
    of_property_read_u32(np, "reg-io-width", &val);
    [...]
}
```

大部分驅動程式的對應關係，可以在 Documentation/devicetree/bindings 底下找到說明文件。而針對上述用作範例的驅動程式，其說明文件則是在 Documentation/devicetree/bindings/net/smsc911x.txt 當中。

這裡要記得的重點是，驅動程式需要註冊一個 probe 函式，提供給內核足夠的資訊，以便在找到「可辨識出的硬體」時呼叫 probe 函式。而「驅動程式」和「硬體結構樹所描述的硬體」之間的關聯，是由 compatible 屬性來描述；至於和「平台資訊」之間的關聯，則是藉由 name 欄位（名稱本身）來描述。

小結

裝置驅動程式肩負著裝置的種種工作任務，通常這邊的裝置是指實體的硬體（physical hardware），但有時也會是虛擬的介面（virtual interface），然後以一致且有效的高階方式呈現。Linux 的裝置驅動程式大致上可分為三類：字元裝置、區塊裝置、網路裝置，在這三者當中，字元裝置是最為彈性，也因此最為廣泛運用者。Linux 驅動程式要符合被稱為「驅動程式模型」（driver model）的框架，也就是以 sysfs 的形式呈現。幾乎所有的裝置與驅動程式，都可以在 /sys 目錄底下看到。

每種嵌入式系統都有自己獨特的硬體介面與需求。Linux 中大多數的驅動程式都遵循標準介面，並藉由選擇正確的內核設定，很快就能讓裝置運作無誤，這讓我們能專心針對手上那些非標準的硬體元件進行支援開發。

在某些時候，你可以利用一些通用的驅動程式如 GPIO、I2C 等來節省力氣，接著只要開發用戶空間程式就好。筆者也建議以此作為出發點，這能讓我們有機會在無須撰寫內核程式碼的情況下熟悉硬體運作。這並不是說，開發內核驅動程式真的很難，但如果要開發的話，你必須謹慎確保程式碼不會破壞系統的穩定性。

針對開發內核驅動程式一事我們已有結論：如果哪天你真的確定要這樣做，無可避免的是會需要知道它是否正常運作，並要想辦法找出任何程式缺失。而這也是我們在「第 19 章，以 GDB 除錯」會介紹的主題。

後續章節的內容都是在用戶空間的初始化上打轉，並會介紹 init 程式的各種選擇，從簡單的 BusyBox 到複雜的系統都有。

延伸閱讀

如果讀者想要了解更多，可以參考以下資源：

- Robert Love 的著作《*Linux Kernel Development, Third Edition*》
- Linux Weekly News 網站：`https://lwn.net/Kernel/`
- Julia Evans 的「Async IO on Linux: select, poll, and epoll」：`https://jvns.ca/blog/2017/06/03/async-io-on-linux--select--poll--and-epoll`
- Sreekrishnan Venkateswaran 的著作《*Essential Linux Device Drivers, 1st Edition*》

12

使用針腳擴充板打造原型

身為嵌入式 Linux 的開發工程師，最常遇到的需求就是自訂機板（custom board）。比方說，一家消費型電子裝置製造商打算設計一台全新商品，並在上面運行 Linux 系統。Linux 系統映像檔的組建，往往是先於硬體設計的，然後再以開發機板（development board）與針腳擴充板（breakout board）組合成原型（prototype），作為硬體平台。而在這之中，週邊裝置則是透過機板的 I/O 引腳（pin）與裝置連接，作為「硬體結構樹」的一部分。之後，才是編寫韌體程式碼，建立起與應用程式之間的橋樑。

本章的學習目標是「如何把一個 u-blox 的 GPS 模組加到 BeagleBone Black 機板中」。為了進行這項修改，我們需要對該模組與機板的電路圖（schematic）還有規格書（data sheet）有一定的了解，以便利用 Texas Instruments 的 **SysConfig** 這項工具對「硬體結構樹」做出必要的修改。接著，再把 SparkFun 的 GPS 針腳擴充板（GPS Breakout）連接到 BeagleBone Black 上，並使用**邏輯分析儀（logic analyzer）**確認 SPI 引腳的連接無誤。最後，在 BeagleBone Black 上編譯並運行測試程式，好讓我們能夠從 ZOE-M8Q 的 GPS 模組接收到 NMEA 訊息（sentences）。

要運用真實的硬體快速打造出原型，就需要大量反覆地一再嘗試與排除問題。因此在本章中，筆者將帶領各位讀者動手進行焊接（soldering），組裝出一個測試平台（test bench），並對數位訊號（digital signal）進行除錯。在本章中，我們會再次提及「硬體結構樹」這項元件，但這次將特別關注引腳控制設定（pin control configuration），以及如何運用這些設定，來啟用機板外部的週邊裝置（或是機板本身內建的週邊裝置）。在 Debian 完整版 Linux 的幫助下，這次我們將可以在 BeagleBone Black 上運用 git、gcc、pip3、python3 這些開發工具。

在本章節中，我們將帶領各位讀者一起了解：

- 將電路圖轉換為硬體結構樹
- 使用針腳擴充板打造原型
- 利用邏輯分析儀探查 SPI 訊號
- 透過 SPI 訊號接收 NMEA 訊息

讓我們開始吧！

環境準備

執行本章節中的範例時，請讀者先準備如下環境：

- 以 Linux 為主系統的開發環境
- Buildroot 2020.02.9 長期維護版本
- Linux 版 USB 開機碟製作工具 Etcher
- 一張可供讀寫的 microSD 卡與讀卡機
- 一條 USB 轉 TTL 的 3.3V 序列傳輸線
- BeagleBone Black 機板
- 一條 5V、1A 的 DC 直流電源供應線
- 一條乙太網路線，以及開通網路連線所需的防火牆連接埠
- 一張 SparkFun 的 GPS-15193 針腳擴充板
- 一排（12 條引腳以上）分離式接頭
- 烙鐵工具組
- 六條公對母跳線
- 一根 U.FL 的 GNSS 天線

如果讀者已經完成「**第 6 章，選擇組建系統**」的閱讀與練習，應該已經下載並安裝好 Buildroot 2020.02.9 長期維護版本。如果讀者尚未下載安裝，請先參考「The Buildroot User Manual」中的「System requirements」小節：`https://buildroot.org/downloads/manual/manual.html`，以及根據「**第 6 章**」當中的說明，在開發環境上安裝 Buildroot。

能夠擁有一台邏輯分析儀（logic analyzer）的話，可以有效幫助我們查看 SPI 訊號傳輸的情形，並了解問題原因。在本章節的範例中，筆者是使用 Saleae 的 Logic 8 產品，但這項產品的定價不匪（一台要價 399 美元以上）。不過，即使沒有邏輯分析儀，對本章節的閱讀學習也不會造成太大問題。讀者也可以針對 SPI 與 I2C 的除錯需求，趁機入手價格合適的替代品（http://dangerousprototypes.com/docs/Bus_Pirate），不過我們就不在此贅述了。

此外，讀者可以在本書 GitHub 儲存庫的 Chapter12 資料夾下找到本章的所有程式碼：https://github.com/PacktPublishing/Mastering-Embedded-Linux-Programming-Third-Edition。

將電路圖轉換為硬體結構樹

由於 BeagleBone Black 的**物料清單（bill of materials，BOM）**、PCB 設計檔和電路圖都是開源的，因此任何人都可以使用 BeagleBone Black 作為其正式產品的一部分。但因為 BeagleBone Black 主要是針對開發之用，所以依據產品需求不同，可能會有多餘的額外元件，例如乙太網路、USB、microSD 卡插槽等。反過來說，作為開發機板，與正式產品相較，BeagleBone Black 反而可能又少了一些應用程式所需的元件，例如感測器、LTE 數據機、OLED 顯示面板等。

BeagleBone Black 的核心是以 Texas Instruments 的 AM335x 為主，這是一顆單核 32 位元的 ARM Cortex-A8 SoC 系統單晶片，並具備**雙可程式即時單元（dual Programmable Real-Time Units，PRUs）**。Octavo Systems 有另外推出一款具備無線功能、售價較高的 BeagleBone Black 機板，差別在於將「原本的有線乙太網路」替換成了「無線的 Wi-Fi 與藍牙模組」。雖然無線版本的 BeagleBone Black 也是開源硬體，但有時我們可能還是想以 AM335x 為主來自訂 PCB 機板；或是針對 BeagleBone Black 設計一塊子板（daughter board），或稱為功能擴充板（cape，又稱外擴板），也是一種做法。

在本章節中，我們會將一個 u-blox 的 ZOE-M8Q GPS 模組整合到連網裝置（networked device）上。如果你需要將大量數據封包從「地端」區域網路傳輸到「雲端」，或是從「雲端」傳輸到「地端」，採用具備成熟 TCP/IP 網路的 Linux 系統是一個合理的選擇。而由於 BeagleBone Black 的 ARM Cortex-A8 CPU 擁有足夠的「可定址

RAM」與「記憶體管理單元」，因此符合運行主流 Linux 版本的需求。這也代表我們能夠獲取針對 Linux 內核的安全性更新與 bug 修正，由此獲得好處。

在「**第 11 章，裝置驅動程式**」中，我們看過「如何以 Linux 驅動程式驅動乙太網路裝置」的範例，主要是透過被稱為平台資訊（platform data）的 C 語言資料結構或是硬體結構樹，來與週邊裝置進行綁定。但這些年來，硬體結構樹已逐漸成為與 Linux 裝置驅動程式之間（尤其是在 ARM SoC 上）主要的綁定方式。也因此，本章節的範例將以硬體結構樹為主。而與 U-Boot 相同，將硬體結構樹編譯為 DTB 檔也是 Linux 內核組建過程的一部分。

但在我們著手修改硬體結構樹之前，首先需要了解 BeagleBone Black 機板，以及 SparkFun ZOE-M8Q GPS 針腳擴充板（GPS Breakout）的電路圖。

讀取電路圖與規格書

BeagleBone Black 是以 2 x 46 引腳的擴充頭（expansion header）作為輸出入（I/O）連接。這些擴充頭上包括 UART、I2C、SPI 等通訊埠（communications port），還有許多 GPIO。大多數 GPS 模組（包括本書所採用的模組）都可以透過 UART 或 I2C 傳送 NMEA 訊號。儘管許多用戶空間的 GPS 工具（如 gpsd）只能用在「以序列埠連接的模組」上，但筆者還是在範例中採用了 SPI 介面的 GPS 模組。在 BeagleBone Black 上有兩組 SPI 匯流排可用，但我們只需要其中一組來連接 u-blox ZOE-M8Q 模組。

筆者之所以會選擇 SPI 介面，而非 UART 或 I2C 介面，有兩個理由：第一，藍牙或序列主控台（serial console）等裝置會需要 UART 介面，但在許多 SoC 上並不具備此介面。第二，I2C 的驅動程式和硬體可能存在嚴重的缺陷，某些 I2C 的內核驅動程式寫得很差，以至於當有太多週邊裝置連接時，可能會出現匯流排鎖死的問題。舉例來說，像是 Raspberry Pi 4 機板上所使用的 Broadcom SoC 晶片，其 I2C 控制器就以週邊裝置在進行時脈擴展（clock stretching）時會出現異常而聞名。

BeagleBone Black 上的 P9 擴充頭，其引腳概況如下圖所示：

P9

DGND	1	2	DGND
VDD_3V3	3	4	VDD_3V3
VDD_5V	5	6	VDD_5V
SYS_5V	7	8	SYS_5V
PWR_BUT			SYS_RESETn
GPIO_30	11	12	GPIO_60
GPIO_31	13	14	GPIO_40
GPIO_48	15	16	GPIO_51
SPI0_CS0	17	18	SPI0_D1
SPI1_CS1	19	20	SPI1_CS0
SPI0_D0	21	22	SPI0_SCLK
GPIO_49	23	24	GPIO_15
GPIO_117	25	26	GPIO_14
GPIO_125	27	28	SPI1_CS0
SPI1_D0	29	30	SPI1_D1
SPI1_SCLK	31	32	VDD_ADC
AIN4	33	34	GNDA_ADC
AIN6	35	36	AIN5
AIN2	37	38	AIN3
AIN0	39	40	AIN1
GPIO_20	41	42	SPI1_CS1
DGND	43	44	DGND
DGND	45	46	DGND

圖 12.1：P9 擴充頭 SPI 埠

對應 SPI0 匯流排的是引腳 17、18、21、22；對應 SPI1 匯流排的是引腳 19、20、28、29、30、31、42。注意 SPI1 上的引腳 42、28 與引腳 19、20 的功能是一樣的，所以要不是連接到 SPI1_CS1，就是連接到 SPI1_CS0 上，其餘重複功能的引腳要不是停用，就是改為其他用途。注意 SPI1 有 CS1 與 CS0 這兩個引腳，但 SPI0 只有 CS0 引腳而已。這裡的 CS 指的是**晶片選擇線路（chip select，簡稱片選線）**，因為 SPI 匯流排是主從式介面（master-slave interface），透過將片選線上的電位拉低（pulling low），就可以選擇由哪一個週邊裝置來使用匯流排傳輸訊號。這種反向邏輯被稱為「低電位驅動」（active low，又稱低電位有效、低態動作）。

當 BeagleBone Black 的 SPI1 匯流排連接了兩個週邊裝置，就會如下圖所示：

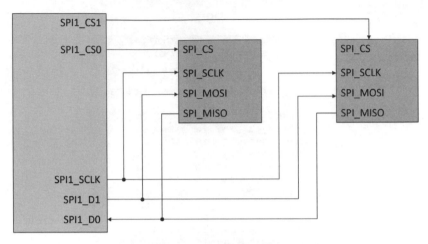

圖 12.2：SPI1 匯流排

如果我們查看 BeagleBone Black 的電路圖（https://github.com/beagleboard/beaglebone-black/blob/master/BBB_SCH.pdf），就會看到 P9 擴充頭上有四個引腳（28 到 31）標示著 SPI1 的字樣：

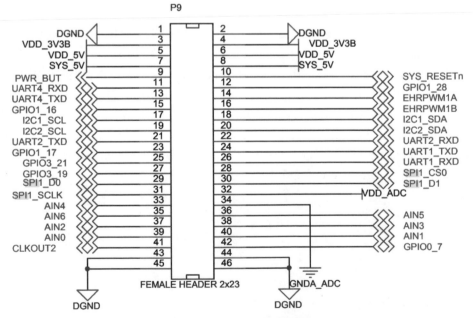

圖 12.3：P9 擴充頭電路圖

至於額外的 SPI1 引腳（19、20、42）和所有的 SPI0 引腳（17、18、21、22），在電路圖上則是被重新用於（repurposed for）I2C1、I2C2、UART2 上了。這個另一個版本的引腳映射（mapping），是透過在硬體結構樹原始碼檔案中定義的「pin mux（多路複用）設定」所產生的。要將「缺少的 SPI 訊號線」從 AM335x 對應到「擴充頭上的目標引腳」，就需要做出正確的「pin mux 設定」才行。在開發原型機板時，可以在「執行階段」處理這類「pin mux 設定」就好，但等到正式產品時，應該在「編譯期間」就設定完畢。

除了 CS0 之外，我們可以看到 SPI0 匯流排還有 SCLK、D0、D1 等線路。其中 **SCLK** 指的是由匯流排主控端（master）所產生的 **SPI 時脈（SPI clock）**訊號，在我們的範例中，指的就是 AM335x。所有通過 SPI 匯流排傳遞的資料，都會與該 SCLK 訊號同步，而 SPI 支援的時脈頻率遠比 I2C 高出許多。D0 線路是 **MISO（master in, slave out，主控端輸入，從屬端輸出）**；D1 線路則是 **MOSI（master out, slave in，主控端輸出，從屬端輸入）**。雖然無論是 D0 還是 D1 都可以在軟體中被設定為 MISO 或 MOSI，但在這裡我們還是按照預設的映射就好。由於 SPI 屬於**全雙工介面（full-duplex interface）**，這代表「主控端」與「從屬端」都可以同時發送資料。

SPI 的四種訊號方向，如下圖所示：

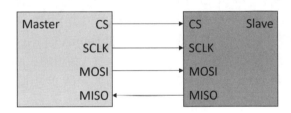

圖 12.4：SPI 訊號

接下來，讓我們看看 ZOE-M8Q 的部分。先從 ZOE-M8Q 的規格書（data sheet）開始看起。讀者可以在 u-box 的產品頁面下載（https://www.u-blox.com/en/product/zoe-m8-series），直接跳到與 SPI 有關的部分。上面寫說，因為引腳與 UART 和 DDC 介面共用的關係，所以預設情況下 SPI 是停用的（disabled）。如果要在 ZOE-M8Q 上啟用 SPI 的話，需要把 D_SEL 引腳接地（connect to the ground），將 D_SEL 的電位拉低，就會把兩個 UART 與兩個 DDC 的引腳，轉換為四個 SPI 的引腳了。

接著從產品頁面（`https://www.sparkfun.com/products/15193`）的 **DOCUMENTS**
分頁，找到 SparkFun ZOE-M8Q GPS 針腳擴充板的電路圖。在寫著 JP1 的跳線左
邊，就可以找到 D_SEL 引腳，將 D_SEL 連接到 GND，就能連起跳線並啟用 SPI：

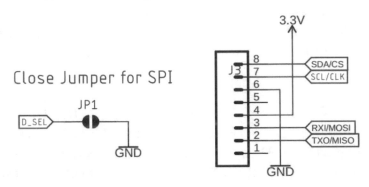

圖 12.5：D_SEL 跳線（jumper），以及 GPS 針腳擴充板上的 SPI 連接器（connector）

至於 CS、CLK、MOSI、MISO 引腳的連接器，則與 3.3V、GND 位於同一側。要連
起跳線，以及將這些接頭（header）連接到這六個引腳上，需要進行焊接作業。

請留意與「晶片」或「模組」互連時的引腳額定值（pin rating）。其中，GPS 針腳
擴充板上的 JP2 跳線會將「SCL/CLK 和 SDA/CS 的引腳」連接到 2.2kΩ 上拉電阻
（pull up resistor）。AM335x 的規格書指出，這些輸出引腳（output pin）由 6mA
電流驅動，因此啟用「內部弱上拉」的話，會增加 100μA 的上拉電流。在 ZOE-M8Q
的這些引腳則是 11kΩ 上拉電阻，以 3.3V 電壓來說，會增加 300μA 的上拉電流。再
加上 GPS 針腳擴充板上 I2C 的 2.2kΩ 上拉電阻的 1.5mA 上拉電流，總計就要 1.9mA
的上拉電流（pull up current）。顯然沒有問題。

回到圖 12.1，我們可以看到，BeagleBone Black 對其 P9 擴充頭的引腳 3 與 4 提供
3.3V 電壓，而 1、2、43 到 46，則是連接到 GND。除了要將 GPS 針腳擴充板上的四
條 SPI 線路連接到 17、18、21、22 引腳之外，我們還要把 GPS 模組的 3.3V 與 GND
分別連接到 BeagleBone Black 上 P9 擴充頭的 3 與 43 引腳。

在大致理解 ZOE-M8Q 的連線方式之後，先來啟用 BeagleBone Black 上 Linux 的
SPI0 匯流排吧！而最快的方式，就是從 `BeagleBoard.org` 網站下載已經組建好的
Debian 映像檔。

在 BeagleBone Black 上安裝 Debian

BeagleBoard.org 網站為各式 Beagle 開發機板提供了 Debian 的映像檔。Debian 是現今主流的 Linux 發行版之一，包括了非常全面的開源軟體套件庫，這是來自世界各地人們的貢獻，透過所有人的努力達成的。對嵌入式 Linux 來說，要針對 Beagle 機板組建 Debian 並不划算，因為這過程中無法利用跨平台編譯。因此，與其自行針對 BeagleBone Black 組建 Debian，還不如直接從 BeagleBoard.org 下載人家已經準備好的映像檔。

請執行以下指令，下載 BeagleBone Black 可用的 Debian Buster IoT 映像檔，以便裝載於 microSD 卡上：

```
$ wget https://debian.BeagleBoard.org/images/bone-debian-10.3-iot-
armhf-2020-04-06-4gb.img.xz
```

在本書寫成當下，AM335x 為主的 BeagleBone 機板，其最新的 Debian 映像檔版本是 10.3，其中，主版本號 10 表示 10.3 版本採用的是 Debian 的 Buster 長期維護版本。10.0 版本是在 2019 年 7 月 6 日推出的，因此在推出的 5 年內應該都能夠獲得更新。

> **Note**
>
> 可以的話，請從 BeagleBoard.org 下載本章節範例所使用的 10.3 版本（也就是 Buster），而不是最新的版本。因為 BeagleBone 的啟動載入器、內核、DTB、指令列工具等，這些都會不斷更新變化，因此本書範例中的指引有可能不適用於後來最新的 Debian 版本。

現在我們已經有了可用於 BeagleBone Black 的 Debian 映像檔，接下來，就可以將映像檔寫入 microSD 卡中並啟動它。請先找到從 BeagleBoard.org 下載的 bone-debian-10.3-iot-armhf-2020-04-06-4gb.img.xz 檔案，並透過 Etcher 寫到一張 microSD 卡。把 microSD 卡插到 BeagleBone Black 上後，用 5V 電源供應啟動。接著，使用乙太網路線將 BeagleBone Black 機板與路由器連線。看到網路燈號開始閃爍後，就表示機板已經連上網路了，這樣就可以在 Debian 中透過網路安裝與下載套件。

請從開發環境 ssh 登入到 BeagleBone Black 上，如下所示：

```
$ ssh debian@beaglebone.local
```

然後在登入 debian 使用者帳號時輸入密碼 temppwd。

> **Note**
>
> 其實很多 BeagleBone Black 機板在內建的快閃儲存記憶體中都已經有安
> 裝 Debian 作業系統了,所以就算不插入上述的 microSD 卡也可以啟動。
> 如果在密碼提示字元(password prompt)之前,有出現 BeagleBoard.
> org Debian Buster IoT Image 2020-04-06 這樣的訊息,才表示是以
> microSD 卡上的 Debian 10.3 映像檔啟動的。反之,如果看到的是不同訊
> 息,那就要檢查一下 microSD 卡是否正確寫入與插入。

進入 BeagleBone Black 機板後,接下來,讓我們看一下如何啟用 SPI 介面。

啟用 spidev

Linux 針對 SPI 裝置在用戶空間提供了一組 read() 與 write() 的 API 介面,這被稱
為 spidev,並且在針對 BeagleBone Black 的 Debian Buster 映像檔中也有這組 API
可用。讀者可以使用以下指令,確認是否有該 spidev 內核模組存在:

```
debian@beaglebone:~$ lsmod | grep spi
spidev                  20480  0
```

然後將可用的 SPI 週邊位址(peripheral address)列出:

```
$ ls /dev/spidev*
/dev/spidev0.0  /dev/spidev0.1  /dev/spidev1.0  /dev/spidev1.1
```

/dev/spidev0.0 與 /dev/spidev0.1 節點分別代表 SPI0 匯流排;/dev/spidev1.0 與
/dev/spidev1.1 節點指的就是 SPI1 匯流排了。在本範例中我們以 SPI0 為主就好。

我們可以透過 U-Boot 來設定 BeagleBone Black 的硬體結構樹,只要修改 U-Boot 的
uEnv.txt 設定檔案,就可以選擇要載入的硬體結構樹覆蓋檔(device tree overlay):

```
$ cat /boot/uEnv.txt
#Docs: http://elinux.org/Beagleboard:U-boot_partitioning_layout_2.0

uname_r=4.19.94-ti-r42
.
.
```

```
.
###U-Boot Overlays###
###Documentation: http://elinux.org/
Beagleboard:BeagleBoneBlack_Debian#U-Boot_Overlays
###Master Enable
enable_uboot_overlays=1
###
.

.

.
###Disable auto loading of virtual capes (emmc/video/wireless/adc)
#disable_uboot_overlay_emmc=1
#disable_uboot_overlay_video=1
#disable_uboot_overlay_audio=1
#disable_uboot_overlay_wireless=1
#disable_uboot_overlay_adc=1
.

.

.
###Cape Universal Enable
enable_uboot_cape_universal=1
```

首先確認 enable_uboot_overlays 與 enable_uboot_cape_universal 這兩項環境變數都設為 1。在設定檔中「前面加上 # 符號」就表示該行被註解掉了，也因此 U-Boot 會忽略上面所有的 disable_uboot_overlay_< 裝置名稱 >=1 語法。這份設定檔是套用到 U-Boot 環境的，所以要讓「對 /boot/uEnv.txt 的修改」生效，就需要重啟裝置。

Note

在 BeagleBone Black 上，音效覆蓋檔（audio overlay）會與 SPI1 匯流排發生衝突，所以如果讀者打算啟用 SPI1 通訊功能的話，請記得修改 /boot/uEnv.txt，把 disable_uboot_overlay_audio=1 這一行的註解取消掉。

我們還可以用以下指令，來查看 U-Boot 載入了哪些硬體結構樹覆蓋檔（device tree overlay）：

```
$ cd /opt/scripts/tools
$ sudo ./version.sh | grep UBOOT
UBOOT: Booted Device-Tree:[am335x-boneblack-uboot-univ.dts]
UBOOT: Loaded Overlay:[AM335X-PRU-RPROC-4-19-TI-00A0]
UBOOT: Loaded Overlay:[BB-ADC-00A0]
UBOOT: Loaded Overlay:[BB-BONE-eMMC1-01-00A0]
UBOOT: Loaded Overlay:[BB-NHDMI-TDA998x-00A0]
```

在 AM3358 版本的 Debian 上還有一項獨特的 cape universal 功能：https://github.com/cdsteinkuehler/beaglebone-universal-io。這項功能讓我們能夠在「不用修改硬體結構樹或是重新組建內核」的情況下，存取「幾乎所有的 BeagleBone Black 硬體 I/O」。在執行階段也可以利用 config-pin 指令工具，選擇採用不同的 pin mux 設定檔。

若要查看可選的引腳群組（pingroup）設定，請使用以下程式碼：

```
$ cat /sys/kernel/debug/pinctrl/*pinmux*/pingroups
```

如果只想查看與 SPI 引腳群組有關的設定，請使用以下程式碼：

```
$ cat /sys/kernel/debug/pinctrl/*pinmux*/pingroups | grep spi
group: pinmux_P9_19_spi_cs_pin
group: pinmux_P9_20_spi_cs_pin
group: pinmux_P9_17_spi_cs_pin
group: pinmux_P9_18_spi_pin
group: pinmux_P9_21_spi_pin
group: pinmux_P9_22_spi_sclk_pin
group: pinmux_P9_30_spi_pin
group: pinmux_P9_42_spi_cs_pin
group: pinmux_P9_42_spi_sclk_pin
```

一般來說，不會只將一個引腳分配給整個引腳群組。通常，同一組 SPI 匯流排的所有引腳（CS、SCLK、D0、D1），都會在同一個引腳群組中以多路複用（mux）的方式進行分配。在 Debian 映像檔的 /opt/source/dtb-4.19-ti/src/arm 目錄底下，我

們可以在硬體結構樹設定檔內，看到這種奇怪的一對一引腳對群組（one-to-one pin to group）的關係。

其中 `am335x-boneblack-uboot-univ.dts` 檔案的內容如下所示：

```
#include "am33xx.dtsi"
#include "am335x-bone-common.dtsi"
#include "am335x-bone-common-univ.dtsi"
```

一份 `.dts` 檔案與三份引用（included）的 `.dtsi` 檔案，共同組成了硬體結構樹的定義。然後，`dtc` 工具會將這四個原始檔編譯為 `am335x-boneblack-uboot-univ.dtb` 檔案。接著，在這個通用硬體結構樹（cape universal device tree）的設定之上，再加上 U-Boot 額外載入的設定，這些硬體結構樹覆蓋檔（device tree overlay）的副檔名是 `.dtbo`。

以下是針對 `pinmux_P9_17_spi_cs_pin` 引腳群組的定義：

```
P9_17_spi_cs_pin: pinmux_P9_17_spi_cs_pin { pinctrl-single,pins = <
AM33XX_IOPAD(0x095c, PIN_OUTPUT_PULLUP | INPUT_EN | MUX_MODE0) >; };
```

這邊可以看到，在 `pinmux_P9_17_spi_cs_pin` 群組的設定中，我們會使用「P9 擴充頭上的 17 引腳」作為「SPI0 匯流排的 CS 引腳」。

以下是針對 `P9_17_pinmux` 的定義，其中引用了 `pinmux_P9_17_spi_cs_pin`：

```
/* P9_17 (ZCZ ball A16) */
P9_17_pinmux {
    compatible = "bone-pinmux-helper";
    status = "okay";
    pinctrl-names = "default", "gpio", "gpio_pu", "gpio_pd", "gpio_
input", "spi_cs", "i2c", "pwm", "pru_uart";

    pinctrl-0 = <&P9_17_default_pin>;
    pinctrl-1 = <&P9_17_gpio_pin>;
    pinctrl-2 = <&P9_17_gpio_pu_pin>;
    pinctrl-3 = <&P9_17_gpio_pd_pin>;
    pinctrl-4 = <&P9_17_gpio_input_pin>;
    pinctrl-5 = <&P9_17_spi_cs_pin>;
```

```
    pinctrl-6 = <&P9_17_i2c_pin>;
    pinctrl-7 = <&P9_17_pwm_pin>;
    pinctrl-8 = <&P9_17_pru_uart_pin>;
};
```

請注意，`pinmux_P9_17_spi_cs_pin` 群組只是用來設定 `P9_17_pinmux` 的「九種不同方式」之一。由於 `spi_cs` 並非該引腳的預設設定，所以 SPI0 匯流排在預設情況下是停用的（disabled）。

為了啟用 `/dev/spidev0.0`，請執行以下 `config-pin` 指令：

```
$ config-pin p9.17 spi_cs
Current mode for P9_17 is:     spi_cs
$ config-pin p9.18 spi
Current mode for P9_18 is:     spi
$ config-pin p9.21 spi
Current mode for P9_21 is:     spi
$ config-pin p9.22 spi_sclk
Current mode for P9_22 is:     spi_sclk
```

如果執行時遇到權限問題，請在指令前方加上 `sudo`，然後重新執行一次。在登入 debian 使用者帳號時輸入預設密碼 `temppwd`。本書儲存庫的 `MELP/Chapter12` 提供了一份 `config-spi0.sh` 指令檔，裡面有以上四道 `config-pin` 指令，方便讀者執行。

由於 Debian 內建 `git` 指令工具，因此讀者可以直接下載本書的儲存庫：

```
$ git clone https://github.com/PacktPublishing/Mastering-Embedded-
Linux-Programming-Third-Edition.git MELP
```

然後啟用在 BeagleBone Black 上的 `/dev/spidev0.0`，如下所示：

```
$ MELP/Chapter12/config-spi0.sh
```

`sudo` 密碼與 debian 登入提示字元相同，因此看到 `sudo` 提示字元時，請同樣輸入 `temppwd`。

在 Linux 內核的原始碼檔案中，還有一份 spidev_test 程式可供使用。筆者已將這個程式的原始碼檔案 spidev_text.c 從 https://github.com/rm-hull/spidev-test 下載下來，並放在本書儲存庫的 MELP/Chapter12/spidev-test 底下。

請使用以下指令編譯 spidev_test 程式：

```
$ cd MELP/Chapter12/spidev-test
$ gcc spidev_test.c -o spidev_test
```

然後執行 spidev_test 程式：

```
$ ./spidev_test -v
spi mode: 0x0
bits per word: 8
max speed: 500000 Hz (500 KHz)
TX | FF FF FF FF FF FF 40 00 00 00 00 95 FF FF FF FF FF FF FF
FF FF FF FF FF FF FF FF FF FF FF F0 0D | ......@....?.............
..?.
RX | 00 00 00 00 00 00 00 00 00 00 00 00 00 00 00 00 00 00 00
00 00 00 00 00 00 00 00 00 00 00 00 00 | ..........................
....
```

其中 -v 參數代表 --verbose 模式，會將 TX 緩衝區的內容都顯示出來。這個版本的 spidev_test 程式會預設使用 /dev/spidev0.0 裝置，因此我們不需要再用 --device 參數選取 SPI0 匯流排。SPI 的「全雙工性質」意味著可以在傳輸訊號的同時也接收資料。而在這個範例中，RX 緩衝區全部顯示為 0，就代表沒有接收到任何資料。事實上，也沒有任何保證表示 TX 緩衝區內的所有資料是會被成功送出的。

接下來，使用跳線將 BeagleBone Black P9 擴充頭上的 18 引腳（SPI0_D1）與 21 引腳（SPI0_D0）連在一起，如下圖所示：

P9

DGND	1	2	DGND
VDD_3V3	3	4	VDD_3V3
VDD_5V	5	6	VDD_5V
SYS_5V	7	8	SYS_5V
PWR_BUT			SYS_RESETN
GPIO_30	11	12	GPIO_60
GPIO_31	13	14	GPIO_40
GPIO_48	15	16	GPIO_51
SPI0_CS0	17	18	SPI0_D1
SPI1_CS1	19	20	SPI1_CS0
SPI0_D0	21	22	SPI0_SCLK
GPIO_49	23	24	GPIO_15
GPIO_117	25	26	GPIO_14
GPIO_125	27	28	SPI1_CS0
SPI1_D0	29	30	SPI1_D1
SPI1_SCLK	31	32	VDD_ADC
AIN4	33	34	GNDA_ADC
AIN6	35	36	AIN5
AIN2	37	38	AIN3
AIN0			AIN1
GPIO_20	41	42	SPI1_CS1
DGND	43	44	DGND
DGND	45	46	DGND

圖 12.6：SPI0 loopback（迴環或回送）

查看 P9 擴充頭的映射方式，如果 BeagleBone Black 機板的 USB 埠朝下，那麼接頭（header）就位於左側方向。將 SPI0_D1 用跳線接到 SPI0_D0，會在 MOSI（master out）與 MISO（master in）之間形成一個 loopback connection（迴環連線或回送連線）。

> **Note**
>
> 在 BeagleBone Black 重新啟動或斷電之後，別忘記重新執行 config-spi0.sh 指令檔，以便重新啟用 /dev/spidev0.0 介面。

在建立 loopback connection 之後，重新執行 spidev_test 程式：

```
$ ./spidev_test -v
spi mode: 0x0
bits per word: 8
max speed: 500000 Hz (500 KHz)
TX | FF FF FF FF FF FF 40 00 00 00 00 95 FF FF FF FF FF FF FF FF FF
FF FF FF FF FF FF FF FF FF F0 0D | ......@.....................
RX | FF FF FF FF FF FF 40 00 00 00 00 95 FF FF FF FF FF FF FF FF FF
```

```
FF FF FF FF FF FF FF FF FF F0 0D | ......@....................
```

你會看到「RX 緩衝區的內容」與「TX 緩衝區的內容」一模一樣。這表示我們已驗
證了 /dev/spidev0.0 介面的功能正常運作。如果你想了解更多關於執行期時的「pin
mux 設定」，以及 BeagleBone Black 的硬體結構樹與覆蓋檔等資訊，建議閱讀以下
網址中的內容：https://cdn-learn.adafruit.com/downloads/pdf/introduction-
to-the-beaglebone-black-device-tree.pdf。

自訂硬體結構樹

BeagleBoard.org 所提供的通用硬體結構樹（cape universal device tree）非常適合用
來打造原型，但像 config-pin 這樣的工具不適合用在正式產品上。因此，當我們準備
推出一款消費性裝置時，必須明確知道會有哪些週邊裝置。在裝置的啟動過程（boot
process）中，除了「從 EEPROM 讀取型號與版本號」之外，不應該進行任何的硬體
探索（hardware discovery）作業，這樣 U-Boot 就能根據這些資訊，明確地選擇要載
入哪些硬體結構樹與覆蓋檔。就像選擇內核模組一樣，硬體結構樹的設定最好是在「編
譯階段」決定，而非「執行階段」。

所以最終我們還是需要根據這張客製化的 AM335x 機板自訂硬體結構樹定義檔。由
於大多數 SoC 供應商（包括 Texas Instruments 也是）都會提供可互動的 pin mux 工
具，以便生成硬體結構樹定義，因此我們在這邊也會利用 Texas Instruments 的線上
SysConfig 工具，來替 Nova 範例機板添加一個 spidev 介面。在「**第 4 章，設定與
組建內核**」的「**把 Linux 移植到新的機板上**」小節中，以及在「**第 6 章，選擇組建系
統**」中，我們都曾替 Nova 範例機板自訂硬體結構樹，當時是在 Buildroot 建立自訂
的機板支援套件（BSP）。而這次，我們會直接增加到 am335x-boneblack.dts 檔案
中，而不是另外複製一份。

如果讀者還沒申請過 myTI 帳號，請先到 https://dev.ti.com 註冊一個帳號，以便使
用 SysConfig 工具：

1. 點擊頁面右上角的 **Login / Register** 按鈕。
2. 填寫 **New user** 的註冊表單。
3. 點擊 **Create account** 按鈕。

然後按照如下步驟開啟 SysConfig 工具：

1. 點擊首頁右上角的 **Login / Register** 按鈕。
2. 在 **Existing myTI user** 輸入已經註冊冊好的電子郵件信箱和密碼。
3. 點擊 **Cloud tools** 下的 SysConfig **Launch** 按鈕。

點擊 **Launch** 按鈕後，就會跳轉到 SysConfig 首頁的網址 https://dev.ti.com/ sysconfig/#/start，你也可以直接將這個網址加入書籤。SysConfig 會把設計儲存在雲端，方便我們後續的存取。

接下來，按照以下流程，建立 AM335x 上的 SPI0 pin mux 設定：

1. 在 **Start a new Design** 底下的 **Device** 選單中，選擇 **AM335x**。
2. 保留 AM335x 的 **Part** 與 **Package** 的選單預設值，即保留預設的 **Default** 與 **ZCE** 選項。
3. 點擊 **Start** 按鈕。
4. 從左側窗格選擇 **SPI**。
5. 點擊 **ADD** 按鈕，把 SPI 加到設計當中：

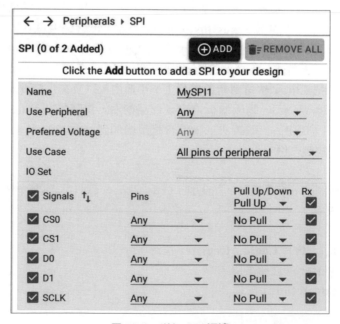

圖 12.7：增加 SPI 週邊

6. 在 **Name** 欄位中，把 **MySP1** 名稱更改為 **SPI0**。

7. 在 **Use Peripheral** 選單中選擇 **SPI0** 選項：

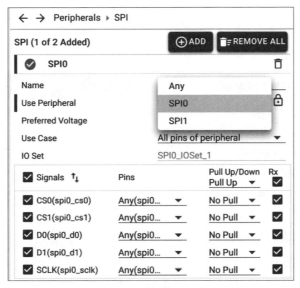

圖 12.8：選擇「SPI0」選項

8. 在 **Use Case** 選單中選擇 **Master SPI with 1 chip select** 選項：

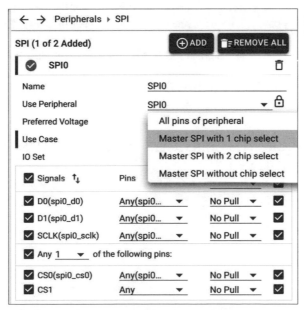

圖 12.9：選擇「Master SPI with 1 chip select」選項

9. 取消 **CS1** 的勾選，移除該項目。

10. 然後在 **Generated Files** 底下，點擊 `devicetree.dtsi` 來查看硬體結構樹檔案內容。

11. 在 **Signals** 的 **Pull Up/Down** 選單中選擇 **Pull Up** 選項：

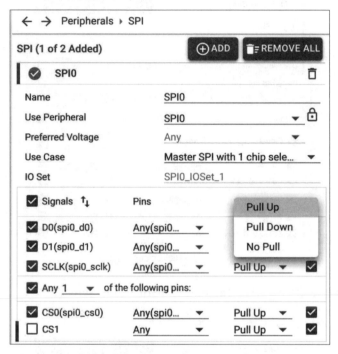

圖 12.10：將「Signals」設為高電位的上拉「Pull Up」選項

查看硬體結構樹檔案內容出現的變化：所有的 `PIN_INPUT` 都被替換為 `PIN_INPUT_PULLUP` 了。

12. 取消 **D1**、**SCLK** 和 **CS0** 的 **Rx** 勾選，因為這些在 AM335x 主控端（master）是屬於輸出，而非輸入：

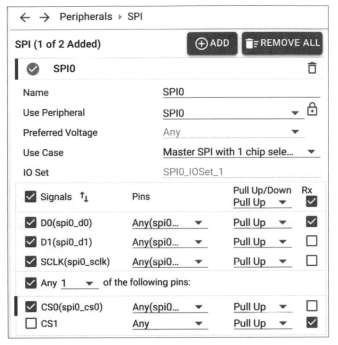

而 **D0** 引腳對應到的是 MISO（主控端輸入，從屬端輸出），因此勾選該引腳的 **Rx** 項目。到目前為止，在硬體結構樹檔案中，你應該會看到 spi0_sclk、spi0_d1 和 spi0_cs0 等引腳都被設定為 PIN_OUTPUT_PULLUP 了。這邊再複習一次，在 SPI 中，CS 訊號屬於低電位驅動模式，因此要把電位上拉，防止該線路出現浮接的問題。（**譯者註**：浮接，floating，意指沒有電壓接入、容易出現干擾的狀態。）

13. 點擊存檔圖示，將 devicetree.dtsi 硬體結構樹檔案下載下來。
14. 點擊頁面左上角 **File** 選單的 **Save As** 選項，將你的設計存檔。
15. 將本次設計取名為 nova.syscfg 後，點擊 **SAVE** 按鈕存檔。
16. 下載後的 .dtsi 檔案內容，如下所示：

```
&am33xx_pinmux {
    spi0_pins_default: spi0_pins_default {
        pinctrl-single,pins = <
            AM33XX_IOPAD(0x950, PIN_OUTPUT_PULLUP | MUX_MODE0) /*
(A18) spi0_sclk.spi0_sclk */
```

```
                AM33XX_IOPAD(0x954, PIN_INPUT_PULLUP | MUX_MODE0) /*
    (B18) spi0_d0.spi0_d0 */
                AM33XX_IOPAD(0x958, PIN_OUTPUT_PULLUP | MUX_MODE0) /*
    (B17) spi0_d1.spi0_d1 */
                AM33XX_IOPAD(0x95c, PIN_OUTPUT_PULLUP | MUX_MODE0) /*
    (A17) spi0_cs0.spi0_cs0 */
            >;
        };
        [...]
    };
```

上面省略了不必要的、額外的 sleep 引腳設定。如果我們把上面程式碼中顯示的十六進位引腳位址，與 am335x-bone-common-univ.dtsi 中同樣的 SPI0 引腳位址，兩者比較一下，就會發現它們是一樣的。

am335x-bone-common-univ.dtsi 中的 SPI0 引腳設定是：

```
    AM33XX_IOPAD(0x095x, PIN_OUTPUT_PULLUP | INPUT_EN | MUX_MODE0)
```

INPUT_EN 這個位元遮罩（bitmask）的意思是，在這份通用硬體結構樹中，SPI0 的所有四個引腳都被同時設定為輸入與輸出，不過，實際上只有 0x954 的 spi0_ds0 會被用於輸入。

INPUT_EN 這個位元遮罩是定義在 /opt/source/dtb-4.19-ti/include/dt-bindings/pinctrl/am33xx.h 標頭檔中的眾多巨集之一，你可以從 Debian Buster IoT 的映像檔中查看內容，如下所示：

```
    #define PULL_DISABLE            (1 << 3)
    #define INPUT_EN                (1 << 5)
    [...]
    #define PIN_OUTPUT              (PULL_DISABLE)
    #define PIN_OUTPUT_PULLUP       (PULL_UP)
    #define PIN_OUTPUT_PULLDOWN     0
    #define PIN_INPUT               (INPUT_EN | PULL_DISABLE)
    #define PIN_INPUT_PULLUP        (INPUT_EN | PULL_UP)
    #define PIN_INPUT_PULLDOWN      (INPUT_EN)
```

更多其他與 TI 硬體結構樹巨集有關的定義，可以參考 /opt/source/dtb-4.19-tiinclude/dt-bindings/pinctrl/omap.h 標頭檔：

```
#define OMAP_IOPAD_OFFSET(pa, offset) (((pa) & 0xffff) - (offset))
[...]
#define AM33XX_IOPAD(pa, val) OMAP_IOPAD_OFFSET((pa), 0x0800) (val)
```

我們已經完成 SPI0 的 pin mux 設定，將產生的硬體結構樹複製並貼到我們的 nova.dts 檔案中。一旦定義了這個新的 spi0_pins_default 引腳群組，我們就可以透過覆寫（override）的方式，將該引腳群組與 spi0 裝置節點關聯在一起：

```
&spi0 {
    status = "okay";
    pinctrl-names = "default";
    pinctrl-0 = <&spi0_pins_default>;
    [...]
}
```

裝置節點名稱前面的 & 符號表示這邊不是定義一個新的節點，而是引用（或進一步修改）在硬體結構樹中的一個既存節點（an existing node）。

在本書儲存庫的 MELP/Chapter12/buildroot/board/melp/nova 中，有筆者已經準備好的、修改過的 nova.dts 檔案。

請依照如下步驟使用這份硬體結構樹檔案，針對 Nova 範例機板組建自訂的 Linux 映像檔：

1. 請先將 MELP/Chapter12/buildroot 底下的內容複製到 Buildroot 安裝路徑中：

   ```
   $ cp -a MELP/Chapter12/buildroot/* buildroot
   ```

   這個動作會新增一個 board/melp/nova 目錄和一份 nova_defconfig 檔案，或者取代（覆蓋掉）MELP/Chapter06/buildroot 中相同名稱的內容。

2. 切換到 Buildroot 安裝目錄底下：

   ```
   $ cd buildroot
   ```

3. 清除先前的組建產出物：

```
$ make clean
```

4. 準備 Nova 範例機板的組建作業：

```
$ make nova_defconfig
```

5. 開始組建映像檔：

```
$ make
```

組建完成後，會產出一個 output/images/sdcard.img 映像檔。使用 Etcher，將映像檔寫入 microSD 卡中。詳細的操作請參閱「**第 6 章，選擇組建系統**」的「**介紹 Buildroot**」的「**以實際的硬體機板為例**」小節。當 Etcher 寫入完成後，將 microSD 卡插入 BeagleBone Black 中。由於這次沒有在根目錄檔案系統中納入 SSH 常駐服務（daemon），因此我們需要使用序列傳輸線（serial cable）登入。

請按照以下步驟，透過序列主控台（serial console）登入 BeagleBone Black 機板：

1. 用一條 USB 轉 TTL 的 3.3V 序列傳輸線，連接「你的 Linux 開發環境」與「BeagleBone Black 機板的 J1 接頭」。連接時，請留意傳輸線 FTDI 端的黑線是連到 J1 接頭的 1 引腳。然後，在 Linux 開發環境上，你應該就會看到 /dev/ttyUSB0 序列埠。
2. 用 gtkterm、minicom 或是 picocom 之類的終端機程式，以 115200 **bps**（bits per second）無流量控制，連線到該序列埠。其中 gtkterm 大概是最容易設定和使用的：

```
$ gtkterm -p /dev/ttyUSB0 -s 115200
```

3. 用 5V 電源供應線連接 BeagleBone Black 並啟動。接著，你應該就會在序列主控台上，依序看到 U-Boot 輸出、內核輸出，最後是登入提示字元。
4. 用無密碼的 root 使用者帳號登入。

往上滾動頁面或是輸入 `dmesg`，查看方才啟動時的內核訊息。像這樣的內核訊息會說明（驗證），在納入 `nova.dts` 的定義之後，`spidev0.0` 介面是否有被正確啟用：

```
[ 1.368869] omap2_mcspi 48030000.spi: registered master spi0
[ 1.369813] spi spi0.0: setup: speed 16000000, sample
trailing edge, clk normal
[ 1.369876] spi spi0.0: setup mode 1, 8 bits/w, 16000000 Hz
max --> 0
[ 1.372589] omap2_mcspi 48030000.spi: registered child spi0.0
```

在根目錄檔案系統中也有納入 `spi-tools` 套件可用於測試。這份套件中含有 `spi-config` 與 `spi-pipe` 兩項指令列工具。

`spi-config` 的使用方式，如下所示：

```
# spi-config -h
usage: spi-config options...
  options:
    -d --device=<dev> use the given spi-dev character device.
    -q --query        print the current configuration.
    -m --mode=[0-3]   use the selected spi mode:
            0: low idle level, sample on leading edge,
            1: low idle level, sample on trailing edge,
            2: high idle level, sample on leading edge,
            3: high idle level, sample on trailing edge.
    -l --lsb={0,1}    LSB first (1) or MSB first (0).
    -b --bits=[7...]  bits per word.
    -s --speed=<int>  set the speed in Hz.
    -r --spirdy={0,1} consider SPI_RDY signal (1) or ignore it (0).
    -w --wait         block keeping the file descriptor open
to avoid speed reset.
    -h --help         this screen.
    -v --version      display the version number.
```

`spi-pipe` 的使用方式，如下所示：

```
# spi-pipe -h
usage: spi-pipe options...
  options:
    -d --device=<dev>   use the given spi-dev character device.
```

```
-s --speed=<speed>      Maximum SPI clock rate (in Hz).
-b --blocksize=<int> transfer block size in byte.
-n --number=<int>       number of blocks to transfer (-1 = infinite).
-h --help               this screen.
-v --version display the version number.
```

我們在本章節中不會用到 spi-tools；我們會用 spidev-test 和修改過後的 spidev-read 來進行測試。

本書關於硬體結構樹檔案的篇幅大致上到此為止。雖然 DTS 的用途廣泛，但有時也很讓人困擾，畢竟 dtc 編譯器並不聰明，很多時候還要再借助 modprobe 與 dmesg 來進行除錯。比方說，要是我們在 pin mux 設定中忘記上拉電位，或是將輸入引腳錯誤地設定成輸出引腳，就有可能導致裝置無法通過測試。如果處理的是 SDIO 介面的 Wi-Fi 或藍牙模組，那設定上就會更加麻煩了。

設定好 SPI 介面後，接著就可以來處理 GPS 模組的部分了。在完成 SparkFun ZOE-M8Q GPS 針腳擴充板的連線之後，我們才會再回頭來看 spidev 介面的議題。

使用針腳擴充板打造原型

在完成 BeagleBone Black 機板上的 SPI 設定之後，接下來就是處理 GPS 模組的部分。但在我們開始建立與 SparkFun ZOE-M8Q GPS 針腳擴充板的連線之前，首先要來焊接硬體的部分。焊接會需要一定的作業空間、焊接材料，以及花費一定的時間。

具體來說，以本章範例而言，會需要以下這些：

- 帶有尖端的（可調溫度）焊接烙鐵
- 車用儀表板矽膠防滑墊，或是烘焙用矽膠墊，或是乾脆拿一塊磁磚
- 細度（0.031 英吋）松香芯焊錫絲
- 烙鐵架
- 一塊蘸水海綿
- 一把剝線鉗
- 護目鏡
- 焊接用輔助支架，放大鏡，還有 LED 燈
- X-Acto 的 #2 雕刻刀搭配 #2 刀片，或是 #1 雕刻刀搭配 #11 刀片

以下是可考慮、但非必要之準備項目：

- 絕緣的矽膠焊接墊
- 吸錫線（吸錫絲）
- 黃銅刷
- 萬用黏土，或類似的黏合劑
- 牙科工具組
- 尖嘴鉗
- 鑷子

以上這些東西，絕大多數都可以在 SparkFun Beginner Tool Kit（新手工具包）當中取得，但你也可以自行在其他地方以較便宜的價格入手。如果讀者是初次接觸焊接作業，建議可以先拿一些廢棄的 PCB 板做練習，再實際於 ZOE-M8Q 上操作。SparkFun GPS 針腳擴充板上的孔洞很小，因此需要穩定、細膩的作業，此時，可以利用帶有放大鏡與鱷魚夾的輔助支架，會非常有幫助。而如果使用萬用黏土之類的黏合劑，也可以在焊接時直接將針腳擴充板固定在一塊平坦、堅硬的平台上作業。只要完成焊接之後，再用 X-Acto 之類的雕刻刀，將黏合處刮開，或是將附著的多餘黏合劑刮去即可。

即使讀者不熟悉電子零組件領域，筆者也鼓勵學習嘗試。雖然在掌握技巧之前，可能會需要經過數日不等的挫折感，但親手將電路焊接起來可是非常有成就感的一件事情。如果讀者需要參考資料，建議可以閱讀由 Mitch Altman 與 Andie Nordgren 合著，並由 MightyOhm 免費出版的焊接輕鬆學漫畫：《*Soldering is Easy*》。

底下是筆者個人提供的一些小撇步：焊接前，可以先用黃銅刷擦拭烙鐵頭，以免有氧化的問題。利用 X-Acto 雕刻刀，可以刮掉 PCB 板上任何飛濺的焊料。可以先用熱熨斗，在矽膠墊上融化一些焊錫絲，觀察並把玩一下，了解並熟悉焊錫的特性。最後，在進行焊錫作業期間，請務必戴上護目鏡，以免任何飛射的零件或材料傷及雙眼。

連起 SPI 跳線

先前我們在 SparkFun GPS 針腳擴充板的電路圖上，在一個標示為 JP1 的跳線左側，找到了 D_SEL 引腳，只要將 D_SEL 引腳接到跳線右側的 GND，就可以把 ZOE-M8Q 從 I2C 切換成 SPI 模式（mode）。而在這兩條 SPI 跳線的焊墊上已經有少許焊料，因此，首先我們要做的是將這兩個焊接點加熱，然後把焊料黏在一起就好。

將針腳擴充板翻面，查看跳線，此時我們可以在機板上中間左側，看到標示有 SPI 的
JP1 跳線：

圖 12.12：跳線

請依照如下步驟連起（close）SPI 跳線：

1. 將烙鐵接上電源，加熱到華氏 600 度（約攝氏 315 度）。
2. 用輔助支架的鱷魚夾將 GPS 針腳擴充板固定好。
3. 將「放大鏡」與「LED 燈」裝上輔助支架，以便清楚地看到 SPI 跳線。
4. 將烙鐵尖端輕觸在 SPI 跳線左側及右側的焊墊上，直到焊料熔化黏在一起。
5. 如果有必要，可以自行再加一點焊料上去。
6. 用烙鐵尖端將跳線焊墊上「任何多餘的焊料」熔化並去除。

連起跳線不需要太多焊料，如果焊接時發現焊料冒煙，請記得將烙鐵的溫度調低。一旦
這條跳線被連起，就代表 ZOE-M8Q 上的「序列」與「I2C 連線」會被停用，因此，
針腳擴充板上方標示為 FTDI 與 I2C 這兩個引腳也就跟著被停用，要改用下方標示為
SPI 的引腳。

> **Tip**
> 焊錫時可以用烙鐵尖端的側邊，而非用最前端的尖頭部分，這樣能夠更好
> 地控制焊料。

至於 JP2 的部分因為已經連起就不用再焊接了。JP2 指的是各有一個焊墊並連接著兩個
2.2kΩ I2C 上拉電阻的跳線，就位於 JP1 的正上方，並在針腳擴充板上標示為 I2C。

連起 SPI 跳線後，接下來，讓我們加上 GNSS 天線。

加上 GNSS 天線

使用 Molex 或一般的陶瓷貼片 GNSS 天線（antenna），就可以讓 ZOE-M8Q 收到 GPS 定位訊號。但要注意的是，U.FL 連接器（connector）很容易壞掉，因此必須小心處理。我們需要把針腳擴充板「平放」在堅硬平面上，並使用放大鏡，才能確保天線正確安裝上去。

請依照如下步驟，將 GNSS 天線接上 U.FL 連接器：

1. 將「天線連接線的母端」與「機板上連接器的公端」對準位置。
2. 將手指輕輕放在「兩個疊合在一起的連接器端口」上，確保「天線連接線的母端」不會鬆脫。
3. 再次從「兩個疊合在一起的連接器端口」上方視察，確認位置有正確對到。
4. 然後用手指從「連接器的中心」下壓，壓緊，直到確認兩個連接器端口有確實地緊合在一起。

這樣就完成天線的安裝了，接下來，讓我們接上 SPI 接頭。

接上 SPI 接頭

我們要使用六條公對母跳線，將 SparkFun GPS 針腳擴充板連接到 BeagleBone Black 機板上。跳線的「公端」插入 BeagleBone Black 上的 P9 擴充頭；跳線的「母端」則插入一排針座接頭（a row of straight breakaway headers，或稱排針），這個我們等等要焊接到針腳擴充板上面去。但由於孔洞很小的關係，在針腳引腳（header pin）插入的情況下，很難讓「烙鐵尖端」熔入並滴上焊料，這也是為什麼筆者在準備清單中會建議使用 0.031 英吋或更細的焊錫絲。

如果讀者未曾處理過這類小型電子元件，應該先準備一些多餘的針座接頭（straight breakaway headers），並練習焊接到廢棄的 PCB 板上。只要再多花一些時間練習，就可以避免損壞 ZOE-M8Q GPS 模組，不用再多花一筆錢更換。一個好的焊接點（solder joint），應該是剛好包住針座引腳（header pin），並填滿孔洞，從外觀上來看是一個火山狀突起的小點。焊接點需要接觸到孔洞周圍那一圈金屬材質的環狀，任何在「引腳」（pin）與「金屬環狀」（metal ring）之間的空隙，都可能導致接觸不良。

請依照如下步驟，準備好 SparkFun GPS 針腳擴充板，以便後續連接到 SPI 接頭上：

1. 準備一排 8pin 的針座接頭。
2. 再準備一排 4pin 的針座接頭。
3. 將一排 8pin 的針座接頭，插入針腳擴充板底部 SPI 的孔洞中。
4. 再將另外一排 4pin 的針座接頭，插入針腳擴充板底部 SPI 孔洞「反面的孔洞」中。這種做法只是為了等等在焊接時能夠穩定而已。
5. 用輔助支架的鱷魚夾穩定 GPS 針腳擴充板。
6. 裝上放大鏡與 LED 燈，以便清楚看見針腳擴充板上那一排八個的 FTDI 與 I2C 孔洞。
7. 如果讀者使用的是「含鉛焊料」，請將烙鐵加熱到華氏 600 到 650 左右的溫度；如果讀者使用的是「不含鉛焊料」，請加熱到華氏 650 到 700 左右的溫度。

接著，對針腳擴充板上標示有 SDA、SCL、GND、3V3、RXI、TXO 的六個孔洞進行如下操作：

1. 將「一小滴焊料」黏在加熱後的烙鐵尖端，以便進行焊接作業。
2. 將烙鐵尖端點在「針座引腳」與「金屬環狀」上。
3. 然後將焊料點在烙鐵尖端上，把孔洞填滿。
4. 將「烙鐵尖端」與「焊料」輕輕拉離，在機板上形成一個丘狀。
5. 用彫刻刀把「任何多餘的焊料」刮除，並用「吸錫絲」將不小心黏到其他孔洞的焊料吸除。
6. 用沾水海綿或黃銅刷，將烙鐵尖端「焦黑的氧化殘留物」擦掉。

請重複以上步驟，直到所有六個針座引腳都與孔洞相連。完成後的針腳擴充板看起來應該像這樣，如下圖所示：

圖 12.13：焊錫點

這張照片是後續已經接上跳線的狀態，至於在一排八個孔洞中，有兩個標示為 NC 的孔洞之所以不需要焊接，是因為那兩個孔洞沒有要連接到任何東西。

接上 SPI 跳線

將針腳擴充板翻過來看到底部，以便開始連接跳線。對 GND 使用黑色或灰色的跳線、對 3V3 接頭使用紅色或橙色的跳線，這樣才能夠清楚分辨，避免損壞你的針腳擴充板。在其他跳線上，最好也使用其他不同顏色，這樣才不會搞混 SPI 的連接線。

在將六條跳線的「母端」接上針座引腳之後，針腳擴充板的背面看起來就像這樣：

圖 12.14：SPI 跳線的母端

請依照如下步驟，將「SPI 跳線的公端」連接到「BeagleBone Black 機板上的 P9 擴充頭」：

1. 先將 BeagleBone Black 斷電。
2. 將 GPS 針腳擴充板上的 GND 連接到 P9 的 1 引腳。
3. 將 GPS 針腳擴充板上的 CS 連接到 P9 的 17 引腳。
4. 將 GPS 針腳擴充板上的 CLK 連接到 P9 的 22 引腳。
5. 將 GPS 針腳擴充板上的 3V3 連接到 P9 的 3 引腳。
6. 將 GPS 針腳擴充板上的 MOSI 連接到 P9 的 18 引腳。
7. 將 GPS 針腳擴充板上的 MISO 連接到 P9 的 21 引腳。

就一般規則而言，最好是先連上 GND 再接上其他跳線。萬一 GPS 針腳擴充板上有任何因為靜電而聚積產生的放電，這樣做就能夠有效保護 BeagleBone 機板的 I/O 線路。

接上六條跳線的「公端」之後，看起來會是如下圖所示：

圖 12.15：SPI 跳線的公端

在上圖中，筆者使用「灰色線」將 GND 連接到 1 引腳，並使用「黃色線」將 3V3 連接到 3 引腳。「藍色線」則是連接 GPS 針腳擴充板上的 MOSI 與 18 引腳。千萬注意，不要誤將「3V3 的跳線」插到 P9 擴充頭 VDD_3V3 下方的「另外一個 VDD_5V」去了，那樣會燒壞針腳擴充板的。

然後依照如下步驟，啟動 BeagleBone Black 並啟用 SPI0 匯流排，替 GPS 針腳擴充板供電：

1. 將寫有 Debian Buster IoT 的 microSD 卡插入 BeagleBone Black 機板。
2. 用 5V 電源供應線連接 BeagleBone Black 並啟動。
3. 用乙太網路線將 BeagleBone Black 連上網路路由器。
4. 用 debian 使用者帳號登入 BeagleBone Black 機板：

   ```
   $ ssh debian@beaglebone.local
   ```

5. 預設密碼為 temppwd。
6. 切換到本書儲存庫的本章節目錄：

   ```
   $ cd MELP/Chapter12
   ```

7. 啟用 /dev/spidev0.0 介面：

   ```
   $ sudo ./config-spi0.sh
   ```

找到 spidev-test 目錄，並且執行 spidev_test 程式數次：

```
debian@beaglebone:~$ cd MELP/Chapter12/spidev-test
$ ./spidev_test
$ ./spidev_test
```

運用鍵盤「向上鍵」就可以省去反覆輸入同樣指令的麻煩。而在第二次執行指令後，你應該就會看到，在 RX 緩衝區內出現以 $GNRMC 為開頭的 NMEA 訊息：

```
$ ./spidev_test
spi mode: 0x0
bits per word: 8
max speed: 500000 Hz (500 KHz)
RX | 24 47 4E 52 4D 43 2C 2C 56 2C 2C 2C 2C 2C 2C 2C
```

```
2C 2C 2C 4E 2A 34 44 0D 0A 24 47 4E 56 54 47 2C |
$GNRMC,,V,,,,,,,,,,N*4D..$GNVTG,
```

如果讀者看到類似上面這樣的 NMEA 訊息，那就表示一切無誤，恭喜你！本章節範例中最困難的部分已經完成，剩下的「不過只是軟體」而已。

不過，要是 spidev_test 從 GPS 模組那邊沒有收到任何 NMEA 訊息（https://en.wikipedia.org/wiki/NMEA_0183），那麼可以參考以下 Q&A 來確認問題原因：

1. **是否已正確載入通用硬體結構樹設定檔？**
   請用 sudo 權限執行 /opt/scripts/tools 底下的 version.sh 指令檔，來確認映像檔的作業系統版本。

2. **執行 config-spi0 指令檔時，是否有出現錯誤訊息？**
   如果遇到權限問題，請用 sudo 重新執行 config-spi0。要是出現 No such file or directory（無此檔案或目錄）等錯誤訊息，那就表示 U-Boot 沒能成功載入通用硬體結構樹設定檔。

3. **針腳擴充板上的供電 LED 燈號是否有亮起為紅色？**
   如果燈號沒有正確亮起，那就代表 3V3 沒有正確連接，因此 GPS 針腳擴充板並未收到供電。如果讀者手邊有多相電表（multimeter，或稱萬用電表），可以利用電表來偵測一下，確認 GPS 針腳擴充板是否有從 BeagleBone Black 那邊收到 3.3V 的電源。

4. **GPS 針腳擴充板的 GND 跳線，是否有被正確連接到 P9 擴充頭的 1 或 2 引腳上？**
   如果沒有正確接地的話，GPS 針腳擴充板將無法正常運作。

5. **檢查每一條跳線的兩端，是否有鬆動的跡象？**
   為了讓 SPI 介面能夠運作，這四條跳線（CS、SCLK、MISO、MOSI）的連接都是必須是正確無誤的。

6. **是否將 MOSI 跳線或 MISO 跳線接錯了位置？**
   就像接錯 UART 上的 TX 與 RX 那樣，這是常見且容易出現的錯誤。雖然我們已經用跳線的顏色做出區別，但如果必要的話，用膠帶再貼上標籤會更好。

7. **是否將 CS 跳線與 SCLK 跳線接錯了位置？**
   同樣地，利用不同顏色的跳線有助於我們辨識，不會搞混應該連接的孔洞。

如果所有以上這些都檢查過且沒有問題，那麼接下來就要依靠邏輯分析儀（logic analyzer）了。要是讀者手上沒有一台邏輯分析儀，那麼請重新檢查 JP1 跳線和所有六個焊接點，確保 JP1 跳線有被正確焊接上去。例如：填補針座引腳與周圍金屬環狀之間的任何空隙；移除任何有可能將「相鄰的兩個引腳」短路在一起的多餘焊料；或是在可能缺少的地方再填補一些焊料。處理完成後，再試著重新接上跳線，並嘗試啟動。運氣好的話，這次應該能夠得到比先前更好的成果。

要成功完成本範例的練習，需要正確地完成所有的焊接（soldering）與接線（wiring）作業。如果讀者急於看到成品的實際應用，可以先跳過下一個小節，直接從「**透過 SPI 訊號接收 NMEA 訊息**」**小節**開始閱讀。一旦你確認 NMEA 訊息已正確從 GPS 模組傳輸到終端畫面上，你可以隨時回頭學習與 SPI 訊號和數位邏輯有關的議題。

利用邏輯分析儀探查 SPI 訊號

即使你已經成功地從 GPS 模組接收到 NMEA 訊息，但如果可以的話，你還是應該利用 Saleae Logic 8 之類的邏輯分析儀探查（probe）一下訊號。探查 SPI 訊號有助於我們深入了解 SPI 協定的運作情形，此外，學習如何使用邏輯分析儀也有助於發生問題時的除錯。在本小節的討論中，我們會利用 Saleae Logic 8 查看 BeagleBone Black 與 ZOE-M8Q 之間的訊號傳輸情形。如果四個 SPI 介面的訊號之一出現異常，那麼我們就可以透過邏輯分析儀，突顯出那個有異常的訊號。

使用 Saleae Logic 8 時，你需要具備 USB 2.0 連接埠的筆電或桌上型電腦。Saleae 的 Logic 1 軟體可安裝於 Linux、Max OS X 和 Windows 作業系統平台。其中 Linux 平台版本的 Logic 軟體附帶了一個 installdriver.sh 指令檔，可以幫助我們處理軟體在存取裝置時的權限設定問題。請在 Logic 軟體安裝目錄下的 Drivers 資料夾中找到這個指令檔，並在指令列環境中執行，這樣你就不需要每次使用 sudo 權限來啟動 Logic 了。你也可以建立一個連結到「安裝目錄資料夾中 Logic 可執行檔」的捷徑，把這個捷徑放在桌面或工作列上，以便開啟。

安裝好 Logic 1 軟體之後，請使用隨附的高速 USB 連接線，連線到裝置上。啟動 Logic 應用程式，並等待軟體連接到裝置上完成設定。當 Logic 應用程式在視窗畫面上方顯示 **Connected** 字樣後，就表示可以開始連接並測試了。用放大鏡確認一下孔洞旁邊的標示無誤後，用拇指壓住測試夾（test clip）比較寬的那一端，把夾口伸出、夾在引腳上扣住，並再次用放大鏡確認，測試夾的夾口是否有確實夾住引腳。

請依照如下步驟，利用 Saleae Logic 8 測試 SPI 訊號：

1. 將「9pin 連接線」接到「邏輯分析儀」上。翻到邏輯分析儀的背面，連接線中的「灰色引線」對到接地圖示的部分，「黑色引線」則是對到標示 1 的部分，如下圖所示：

圖 12.16：Saleae Logic 8

2. 然後，將測試夾連接到灰色、橙色、紅色、棕色和黑色引線。每一條測試夾都有兩個金屬引腳（metal pin）可以連接。將金屬引腳之一連接到引線（lead）上。黑色、棕色、紅色和橙色的引線，連接到邏輯分析儀的前四個通道（channel）。而灰色則是對到 GND 上。

3. 關閉 BeagleBone Black，斷開 5V 電源供應線。

4. 除了連接到 GPS 針腳擴充板的 3V3 供電跳線之外，將所有跳線的「母端」拔起。

5. 將 GPS 針腳擴充板的 CS 引腳接到橙色引線的夾口上。

6. 將 GPS 針腳擴充板的 SCLK 引腳接到紅色引線的夾口上。

7. 將 GPS 針腳擴充板的 GND 引腳接到灰色引線的夾口上。

8. 略過 NC 引腳與 3V3 引腳。

9. 將 GPS 針腳擴充板的 MOSI 引腳接到黑色引線的夾口上。

10. 將 GPS 針腳擴充板的 MISO 引腳接到棕色引線的夾口上。

11. 將原本跳線的「母端」重新接到原本那些 GPS 針腳擴充板的針座引腳上。如果不想把跳線整根拔起再插回，也可以把母端稍微拉起一點，只要足夠讓測試夾的夾口伸入並夾住引腳就好。將母端重新插回去，並確認不會鬆脫。完成之後的情況應該如下圖所示：

圖 12.17：探查訊號用的測試夾

在筆者上面這張照片中，黃色跳線是對到 3V3 引腳，也就是「沒有接到測試夾的引腳」。藍色跳線的 MOSI 則是對到邏輯分析儀的黑色引線。

12. 重新將 5V 電源接上 BeagleBone Black 機板。啟動機板後，確認 GPS 針腳擴充板是否有收到供電，供電的 LED 燈號是否有亮起為紅色。

接下來，依照如下步驟設定 Logic 8，來對這四條 SPI 通道進行採樣（sample）：

1. 啟動 Logic 應用程式，等待一段時間，讓應用程式透過 USB 埠連線到邏輯分析儀。

2. 點擊 **Analyzers** 窗格的 + 圖示，新增一個分析儀：

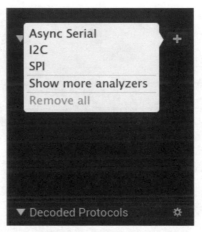

圖 12.18：新增分析儀

3. 在 **Add Analyzer** 選單中選擇 **SPI** 選項。

4. 在 **Analyzer Settings** 對話框中點擊 **Save** 按鈕：

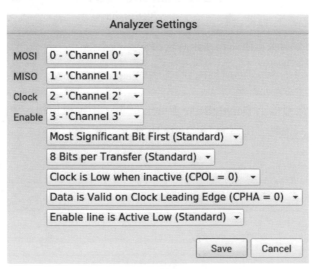

圖 12.19：設定分析儀

圖中的 **CPOL** 與 **CPHA** 分別是時脈極性（clock polarity）與時脈相位（clock phase）的意思。當 CPOL 為 0 時，代表時脈沒傳輸資料的閒置期間，會維持在低電位；反之，當 CPOL 為 1 時，代表時脈沒傳輸資料的閒置期間，會維持在高電位。而當 CPHA 為 0 時，代表資料取值的時機點，是在時脈電位發生變化時（a clock leading edge）；反之，當 CPHA 為 1 時，代表資料取值的時機點，是在時脈電位變化復位時（a clock trailing edge）。經過排列組合後，SPI 就會有四種不同的模式：mode 0（CPOL = 0、CPHA = 0）；mode 1（CPOL = 0、CPHA = 1）；mode 2（CPOL = 1、CPHA = 1）；mode 3（CPOL = 1、CPHA = 0）。而 ZOE-M8Q 預設是採用 SPI mode 0 模式。

5. 點擊左側 **Channel 4** 旁邊的「齒輪圖示」按鈕，叫出 **Channel Settings** 選單：

圖 12.20：選擇「Hide This Channel」選項

6. 在 **Channel Settings** 選單中選擇 **Hide This Channel** 選項。

7. 對 Channel 5、6、7 重複以上步驟 5 和步驟 6，直到畫面上只剩下 Channel 0 到 3。

8. 點擊左側 Channel 0（MOSI）旁邊的「齒輪圖示」按鈕，叫出 **Channel Settings** 選單。

9. 在 **Channel Settings** 選單中選擇 **4x** 選項：

圖 12.21：放大通道訊號

10. 對 Channel 1 到 3（MISO、CLOCK、以及 ENABLE）重複以上步驟 8 和步驟 9，將訊號顯示放大。

11. 點擊左側 Channel 3（ENABLE）齒輪圖示「右邊」的按鈕，叫出 **Trigger Settings** 選單。這個 ENABLE 通道對應到的是 SPI CS，因此，我們要設定成「當從該通道收到事件時，再開始進行訊號採樣」。

12. 在 **Trigger Settings** 選單中選擇電位下落（負緣）圖示，作為觸發條件：

圖 12.22：設定為**負緣觸發**（the falling edge trigger）

13. 點擊左上角 **Start** 按鈕的「向上向下箭頭」圖示，設定採樣速率與持續時間。
14. 將採樣速率降到 **2 MS/s**，並將持續時間設定為 **50 毫秒**：

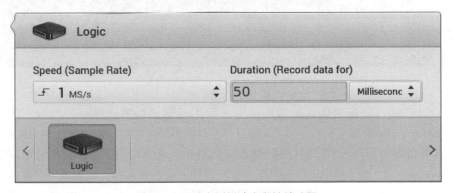

圖 12.23：設定採樣速率與持續時間

依照實務經驗，採樣速率（sample rate）至少要設定為頻寬的 4 倍。所以用 SPI 的 1 MHz 頻寬來計算，其實採樣速率至少要設定為 4 MS/s 才對。但由於 `spidev_test` 會將 SPI 埠的速度（speed）設定成 500 kHz，因此採樣速率設定成 2 MS/s 應該就夠了。如果採樣速率過低，會在 CLOCK 通道出現不規則的訊號。BeagleBone Black 機板上的 SPI 埠其實可以支援到 16 MHz，而在 `dmesg` 也可以看到，這也是我們在自訂 `nova.dts` 檔案中對 `spi0.0` 所設定的預設值。

點擊左上角的 **Start** 按鈕，開始從 BeagleBone Black 機板擷取 SPI 傳輸訊號。如果 CS 訊號有正常運作的話，在執行 `spidev_test` 程式之前，我們應該都不會看到有任何訊號出現。

當我們從 debian@beaglebone 終端畫面執行 spidev_test 之後，應該就會觸發採樣作業，然後從 **Logic** 應用程式的視窗畫面看到類似如下的情形：

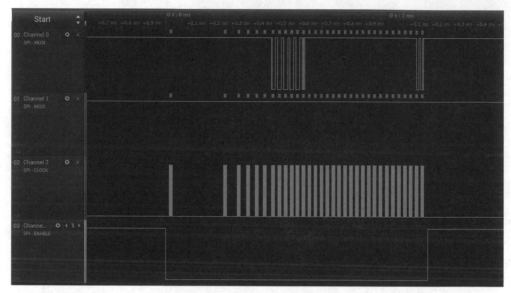

圖 12.24：spidev_test 訊號傳輸

接著，我們就可以針對任何想看的部分，使用滑鼠滾輪放大縮小。其中，凡是當 BeagleBone Black 在 Channel 0（MOSI）上有資料時，在 Channel 3 上的 ENABLE 訊號圖電位就會下落。SPI 的 CS 訊號在這個時候，正常來說，都是處於**低電位驅動**（**active low**），而 ENABLE 的訊號，在沒有任何資料傳輸時，則會處於高電位。如果你看到 ENABLE 訊號圖始終處於高電位的狀態，那就表示 SPI 匯流排並未成功啟用，所以 GPS 模組的資料沒能傳入。

底下是 Channel 0 上 MOSI 訊號圖的一段特寫：

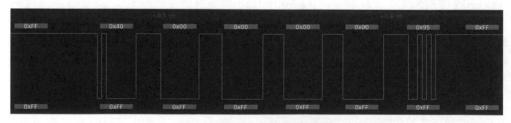

圖 12.25：MOSI 訊號圖的段落

這邊記錄到的 **0x40 0x00 0x00 0x00 0x00 0x95** 位元組內容，與 spidev_test 中的 TX 緩衝區內容一致。不過，如果你是在 Channel 1 上看到這段訊號，而非 Channel 0 的話，那就表示 MOSI 與 MISO 的接線在某個地方接反了。

SPI 訊號傳輸結束時會是這樣：

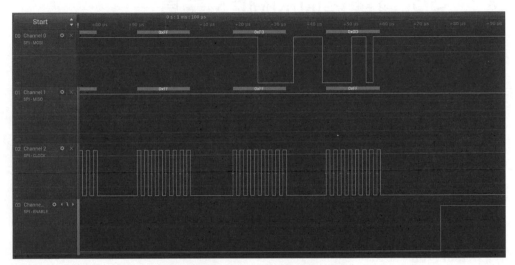

圖 12.26：spidev_test 訊號傳輸結束

你可以看到，Channel 0（MOSI）的最後兩個位元組資料，也與 TX 緩衝區的內容一致，是 0xF0 與 0x0D。此外，每當有位元組資料傳輸時，Channel 2 上的 CLOCK 訊號都會出現一組規律的週期振盪。因此，要是這組 CLOCK 訊號看起來並不規律的話，那就表示：要不是傳輸的資料有遺失，或被干擾，就是採樣速率不夠快的緣故。由於在第一次 SPI 資料傳輸中沒有從 GPS 模組收到任何 NMEA 訊息，因此 Channel 1（MISO）的訊號圖始終維持在高電位。

如果你看到 Channel 3（ENABLE）始終是邏輯 0 的狀態，那就表示探查的 pin mux 設定有誤，並未被正確設定成 PULL_UP。這個 PULL_UP 位元（bit）的作用就像一個上拉電阻（pull up resistor），當 CS 訊號為低電位時，它會將線路維持在高電位的狀態，所以才被稱為「低電位驅動」（active low）。如果在 Channel 2 以外的通道上看到了類似 CLOCK 訊號的行為，那就表示：要不是夾錯了探查的引腳，就是有另外一條跳線與 SCLK 插錯了位置。如果讀者所看到的訊號圖行為，都和以上這些範例圖片一致，那就表示我們對 SPI 的運作驗證無誤。

如此一來，在我們手頭上的嵌入式開發工具箱內就有了一組強力工具。除了 SPI 之外，Logic 8 也能用來探查和分析 I2C 訊號。接下來，我們會使用 Logic 8 來查看從 GPS 模組接收到的 NMEA 訊息。

透過 SPI 訊號接收 NMEA 訊息

NMEA 是一種大多數 GPS 接收器（receiver）都有支援的資料格式，也是 ZOE-M8Q 預設採用的訊息格式。這些訊息會以 ASCII 文字組成，以 $ 字元開頭並以 , 逗號字元分隔欄位。但原始的 NMEA 訊息（message）並不一定容易閱讀，所以我們要利用剖析器（parser），協助我們在這些資料欄位上添加有幫助的說明。

我們現在要做的是從 /dev/spidev0.0 介面讀取 ZOE-M8Q 的 NMEA 訊息。由於 SPI 的全雙工性質，其實對 /dev/spidev0.0 的讀取或寫入是同樣的意思，因此需要的話，也是可以不斷地寫入 0xFF 資料值就好。而 spi-pipe 這個程式就可以幫助我們做到這一點。這個程式和 spi-config 同樣都是 spi-tools 套件的一部分。但筆者這邊沒有使用 spi-pipe 程式，而是直接修改了 spidev-test，使之把 GPS 模組的 ASCII 資料串流到了 stdout 去。讀者可以在本書儲存庫的 MELP/Chapter12/spidev-read 底下找到筆者修改過後的 spidev-read 程式。

請使用以下指令編譯 spidev_read 程式：

```
debian@beaglebone:~$ cd MELP/Chapter12/spidev-read
$ gcc spidev_read.c -o spidev_read
```

然後執行 spidev_read 程式：

```
$ ./spidev_read
spi mode: 0x0
bits per word: 8
max speed: 500000 Hz (500 KHz)
$GNRMC,,V,,,,,,,,,,N*4D
$GNVTG,,,,,,,,,N*2E
$GNGGA,,,,,,0,00,99.99,,,,,,*56
$GNGSA,A,1,,,,,,,,,,,,,99.99,99.99,99.99*2E
$GNGSA,A,1,,,,,,,,,,,,,99.99,99.99,99.99*2E
$GPGSV,1,1,00*79
$GLGSV,1,1,00*65
```

```
$GNGLL,,,,,,V,N*7A
[...]
^C
```

執行之後，如果一切無誤，每秒鐘都會收到一則 NMEA 訊息。按下 Ctrl + C 組合鍵就能隨時跳出，回到指令列環境下。

接著，我們用 Logic 8 來擷取這些 SPI 傳輸資料看看：

1. 點擊 **Start** 按鈕旁的「向上向下箭頭」圖示，調整採樣的持續時間。
2. 將持續時間設定為 3 秒。
3. 點擊左上角的 **Start** 按鈕。
4. 再次執行 spidev_read 程式看看。

Logic 軟體接著會在 3 秒之後完成擷取，然後，你會看到類似的情形，如下圖所示：

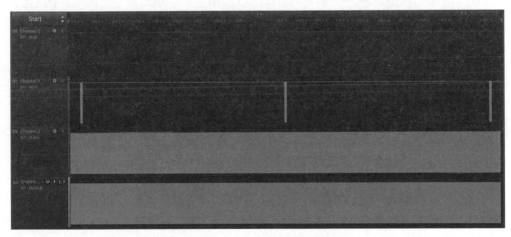

圖 12.27：spidev_read 訊號傳輸

從 Channel 1（MISO）訊號圖上可以明顯看到，每間隔 1 秒就會有一段 NMEA 訊息，並且總共有三段。

將其中一段 NMEA 訊息放大來看：

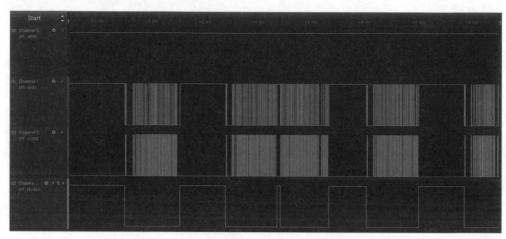

圖 12.28：NMEA 訊息的段落

你可以看到，在 MISO 通道上有資料傳輸，ENABLE 的訊號處於低電位，且 CLOCK
出現振盪的訊號。由於 spidev_read 程式只有在 MOSI 上寫入 0xFF 的資料，因此
Channel 0 上沒有出現任何活動。

在修改 spidev_read 的同時，筆者另外還用 Python 的 pynmea2 函式庫，編寫了一個
用來剖析 NMEA 訊息的程式：parse_nmea.py。

在 BeagleBone Black 上安裝 pynmea2 函式庫，如下所示：

```
$ pip3 install pynmea2
Looking in indexes: https://pypi.org/simple, https://www.piwheels.
org/simple
Collecting pynmea2
  Downloading https://files.pythonhosted.org/packages/88/5f/
a3d09471582e710b4871e41b0b7792be836d6396a2630dee4c6ef44830e5/pynmea2-
1.15.0-py3-none-any.whl
Installing collected packages: pynmea2
Successfully installed pynmea2-1.15.0
```

然後以如下指令，將 `spidev_read` 的輸出導向（pipe，串接）到 NMEA 剖析器：

```
$ cd MELP/Chapter12/spidev-read
$ ./spidev_read | ./parse_nmea.py
```

剖析出來的 NMEA 訊息類似這樣，如下所示：

```
<RMC(timestamp=None, status='V', lat='', lat_dir='', lon='', lon_
dir='', spd_over_grnd=None, true_course=None, datestamp=None, mag_
variation='', mag_var_dir='') data=['N']>
<VTG(true_track=None, true_track_sym='', mag_track=None, mag_track_
sym='', spd_over_grnd_kts=None, spd_over_grnd_kts_sym='', spd_over_
grnd_kmph=None, spd_over_grnd_kmph_sym='', faa_mode='N')>
<GGA(timestamp=None, lat='', lat_dir='', lon='', lon_dir='', gps_
qual=0, num_sats='00', horizontal_dil='99.99', altitude=None,
altitude_units='', geo_sep='', geo_sep_units='', age_gps_data='',
ref_station_id='')>
<GSA(mode='A', mode_fix_type='1', sv_id01='', sv_id02='', sv_
id03='', sv_id04='', sv_id05='', sv_id06='', sv_id07='', sv_id08='',
sv_id09='', sv_id10='', sv_id11='', sv_id12='', pdop='99.99',
hdop='99.99', vdop='99.99')>
<GSA(mode='A', mode_fix_type='1', sv_id01='', sv_id02='', sv_
id03='', sv_id04='', sv_id05='', sv_id06='', sv_id07='', sv_id08='',
sv_id09='', sv_id10='', sv_id11='', sv_id12='', pdop='99.99',
hdop='99.99', vdop='99.99')>
<GSV(num_messages='1', msg_num='1', num_sv_in_view='00')>
<GSV(num_messages='1', msg_num='1', num_sv_in_view='00')>
<GLL(lat='', lat_dir='', lon='', lon_dir='', timestamp=None,
status='V', faa_mode='N')>
[...]
```

筆者的 GPS 模組沒有抓到任何定位衛星，也沒有收到任何定位資訊。造成這種情形的原因很多種，例如「使用了錯誤的 GPS 天線」或是「需要處於空中沒有遮蔽物的環境」等。所以如果讀者也遇到了類似的問題，沒有關係，畢竟這類高周波（radio frequency waves，RF）裝置會遇到的環境問題比較複雜，而本章節的學習目標，只是為了理解如何建立 SPI 傳輸，並讓 GPS 模組開始運作。現在我們已經完成了學習目標，讀者可以自行嘗試替換為其他種類的 GPS 天線，或是玩玩看 ZOE-M8Q 的其他進階功能，像是改用訊息內容更加豐富的 UBX 協定。

在驗證完「NMEA 資料串流」有正常導出到終端畫面之後，本章節範例就算大功告成。在本章節中，我們成功地驗證了 BeagleBone Black 機板與 ZOE-M8Q 之間可以透過 SPI 通訊。如果讀者先前跳過了**「利用邏輯分析儀探查 SPI 訊號」小節**，現在是回頭嘗試的好時機。SPI 與 I2C 一樣，在大多數的 SoC 上都有支援，因此是值得花時間學習的對象，特別是如果讀者的應用程式需要高速傳輸的週邊裝置的話。

小結

在本章節中，我們學會如何整合「主流 SoC 機板」與「週邊裝置」。為此，我們需要先從裝置的「規格書」與「電路圖」中收集相關資訊，以便完成正確的 pin mux 設定，以及修改硬體結構樹。因為手邊沒有現成可用的完成硬體（finished hardware），所以我們必須手動對針腳擴充板進行焊接作業，以便連接「開發機板」和「這些電子零組件」。最後，我們也學會如何利用邏輯分析儀來驗證及排除可能的故障問題。在完成硬體平台的原型之後，就可以開始開發「嵌入式應用程式」了。

在接下來的兩個章節中，我們會談論「系統啟動」，並會介紹 init 程式的各種選擇，涵蓋範圍從單純的 BusyBox init 到複雜的 System V init、systemd、BusyBox runit 都有。你選擇的 init 程式，無論是在裝置的啟動時間，或是在容錯能力方面，都會大幅度地影響產品的使用者體驗。

延伸閱讀

如果讀者想要了解更多，可以參考以下資源：

- Piyu Dhaker 的「Introduction to SPI Interface」：https://www.analog.com/en/ analog-dialogue/articles/introduction-to-spi-interface.html
- Mitch Altman、Andie Nordgren 與 Jeff Keyzer 合著的《Soldering is Easy》：https://mightyohm.com/blog/2011/04/soldering-is-easy-comic-book
- Elias the Sparkiest 的「SparkFun GPS Breakout (ZOE-M8Q and SAM-M8Q) Hookup Guide」：https://learn.sparkfun.com/tutorials/sparkfun-gps-breakout-zoe-m8q-and-sam-m8q-hookup-guide

13

動起來吧！init程式

我們先前在「**第4章，設定與組建內核**」當中，介紹過從內核啟動到執行第一支程式
init 的這個過程。在「**第5章，建立根目錄檔案系統**」與「**第6章，選擇組建系統**」
中，也介紹過了各種不同複雜度的根目錄檔案系統建立方式，而不管是哪種方式，也都
一定會有 init 這支程式在其中。所以，現在是時候再更深入介紹 init 程式，以及它
對系統的重要性。

有很多種方法都可以實作 init 程式的功能。在本章節中，我們會介紹其中三種：
BusyBox 的 init、System V 的 init 以及 systemd。不論是以上哪一種，都會大略介
紹運作的原理以及它所適合的系統類型，然後要在空間限制、複雜度與彈性之間的考量
下做出抉擇。在過程中，我們也會示範如何用 BusyBox 的 init 和 System V 的 init
來啟動一份常駐服務（daemon），並說明如何在 systemd 中增加一項服務。

在本章節中，我們將帶領各位讀者一起了解：

- 在內核啟動之後
- init 程式
- BusyBox 的 init
- System V 的 init
- systemd

環境準備

執行本章節中的範例時，請讀者先準備如下環境：

- 以 Linux 為主系統的開發環境
- Buildroot 2020.02.9 長期維護版本
- Yocto 3.1（Dunfell）長期維護版本

如果讀者已經完成「**第 6 章，選擇組建系統**」的閱讀與練習，應該已經下載並安裝好 Buildroot 2020.02.9 長期維護版本了。如果讀者尚未下載安裝，請先參考「The Buildroot User Manual」中的「System requirements」小節（`https://buildroot.org/downloads/manual/manual.html`），以及根據「**第 6 章**」當中的指引，在開發環境上安裝 Buildroot。

如果讀者已經完成「**第 6 章，選擇組建系統**」的閱讀與練習，應該已經下載並安裝好 Yocto 3.1（Dunfell）長期維護版本了。如果讀者尚未下載安裝，請先參考「Yocto Project Quick Build」中的「Compatible Linux Distribution」小節與「Build Host Packages」小節（`https://docs.yoctoproject.org/brief-yoctoprojectqs/index.html`），以及根據「**第 6 章**」當中的指引，在開發環境上組建 Yocto。

此外，讀者可以在本書 GitHub 儲存庫的 `Chapter13` 資料夾下找到本章的所有程式碼：`https://github.com/PacktPublishing/Mastering-Embedded-Linux-Programming-Third-Edition`。

在內核啟動之後

在「**第 4 章，設定與組建內核**」裡，我們說明過內核的啟動程式碼（bootstrap code）是如何找到根目錄檔案系統的。若不是透過 `initramfs`，就是透過內核指令列的 `root=` 參數指定，接著就會執行一支程式。如果是 `initramfs` 的話，預設是執行 `/init`，而如果是一般檔案系統的話，預設是執行 `/sbin/init`。這支 init 程式擁有 root 用戶的權限，而且由於是第一支執行的程序，因此 **PID（process ID，程序編號）** 為 1。要是因為某些原因導致無法正常執行 init 程式，就會面臨內核崩壞。

init 可說是所有其他程序的「祖程序」（ancestor），我們可以透過 pstree 指令了解這層關係。底下這個範例是在一個嵌入式 Linux 系統上執行 pstree 指令的結果：

```
# pstree -gn
init(1)-+-syslogd(63)
        |-klogd(66)
        |-dropbear(99)
        `-sh(100)---pstree(109)
```

init 程式的任務，就是從用戶空間開始接管啟動流程並讓系統運行起來。雖然在「**第5章，建立根目錄檔案系統**」的範例當中，當時的 init 不過是一個被呼叫執行的 shell 指令檔，但在大多數時候，你需要的是一個更為複雜的 init 常駐服務，並擁有以下這些功能：

- 在系統啟動時，要能啟動常駐服務程式、設定系統參數，以及其他讓系統進入正常運作狀態的必要功能。
- 還可能啟動一些額外的常駐服務，像是在終端機上啟動 getty，以顯示登入指令列環境（login shell）。
- 在程序直接的「父程序」（parent）終止後，而同一執行緒群組裡又沒有其他程序存在時，負責接管這些「孤兒程序」（orphaned）。
- 在 init 任何直接的「子程序」（children）被 SIGCHLD 訊號終止後，會負責接收回傳值，以避免「殭屍程序」（zombie）的發生。在「**第17章，程序與執行緒**」中，會再介紹什麼叫殭屍程序。
- 有時還要重啟那些被終止的常駐服務。
- 負責處理系統終止。

換句話說，init 程式從生到死、從啟動到終止，管理著整個系統的生命週期。現在還有一派的想法認為，init 也很適合處理其他的執行期事件（runtime event），例如偵測到新硬體、載入或是卸載模組，而這就是 systemd 的做法。

init 程式

在嵌入式裝置上，你最有可能遇到的三種 init 程式為 BusyBox 的 init、System V 的 init 以及 systemd。以上三者在 Buildroot 都可以組建出來，而預設上是使用 BusyBox 的 init。至於 Yocto Project，則是讓你在 System V 的 init 與 systemd

之間做抉擇，而預設上是使用 System V 的 init。比較不一樣的是，Poky-tiny 版的 Yocto 則是使用 BusyBox 的 init，與其他發行版不同。

下表以一些項目作為這三者之間的比較：

衡量標準	BusyBox init	System V init	systemd
複雜度	低	中	高
啟動速度	快	慢	中
指令列環境需求	ash	ash 或 bash	無
執行檔數量	1	4	50(*)
對 libc 的需求	任何版本	任何版本	glibc
大小 (MiB)	<0.1(*)	0.1	34(**)

上表 (*) 的部分：BusyBox 的 init 會被納入 BusyBox 的單一執行檔中，這樣一來便能節省磁碟的佔用空間。

上表 (**) 的部分：在 Buildroot 會根據對 systemd 的設定不同而有所差異。

總而言之，上表從 BusyBox 的 init 往 systemd 方向走，不論彈性或複雜度，都是越來越高。

BusyBox 的 init

BusyBox 的 init 程式體積最小，並使用 /etc/inittab 作為設定檔，用以定義在系統啟動與系統終止時，分別要啟動與停止的程式。一般來說，真正執行這項作業的 shell 指令檔會是在 /etc/init.d 這個目錄底下。

init 程式一開始會先讀取設定檔，也就是 /etc/inittab。這個檔案當中包含一連串需要執行的程式，每行一個程式，以底下的這種格式列出：

```
<id>::<action>:<program>
```

這些參數所代表的意義如下：

- `id`：要執行這個指令的控制終端目標。
- `action`：在什麼情境下要執行這段指令，說明請見次段。
- `program`：要執行的程式。

`action` 參數的值為下列之一：

- `sysinit`：當 init 程式執行時，執行此程式。此情境的執行順序優先於其他類型的情境之前。
- `respawn`：執行此程式，並在此程式終止時重新執行。此情境是用來將程式作為常駐服務運行。
- `askfirst`：與 `respawn` 相同，但會在終端上印出 `Please press Enter to activate this console` 訊息字樣，然後當按下 Enter 按鍵之後才會執行程式。此情境是用來在無需輸入使用者名稱與密碼的情況下，在終端啟動一些互動式的指令列環境。
- `once`：一次性執行程式，在程式終止後不再嘗試重新執行。
- `wait`：執行程式，並進入等待，直到程式結束為止。
- `restart`：當 init 程式收到 `SIGHUP` 訊號，被告知重新讀取 `inittab` 檔案時執行程式。
- `ctrlaltdel`：當 init 程式收到 `SIGINT` 訊號時執行程式，通常這訊號是代表在終端上按下了 Ctrl + Alt + Del 的組合鍵。
- `shutdown`：當 init 程式要終止時執行程式。

底下這個簡單範例的指令內容，是先掛載 proc 與 sysfs，然後在一個序列介面上運行指令列環境：

```
null::sysinit:/bin/mount -t proc proc /proc
null::sysinit:/bin/mount -t sysfs sysfs /sys
console::askfirst:-/bin/sh
```

如果專案內容只是要簡單地啟動少量常駐服務，並可能在序列終端上運行一個登入環境，那麼手動撰寫這些指令檔或許不是什麼難事。而如果你想要建立一個**自主建立**（**roll your own**，**RYO**）的嵌入式 Linux 版本，這樣也會是比較適合的做法。不過，你會發現當要設定的東西數量上升時，也會越來越難維護這種自行製作的 init 指令

檔，而且由於此架構本身並未徹底模組化，因此每當有新的元件要加入時，都需要進行更新。

Buildroot 的 init 指令檔

BusyBox 的 init 已經在 Buildroot 的舞台上發揮長才多年了。Buildroot 在 /etc/init.d 底下有兩個指令檔，分別為 rcS 與 rcK。前者會在「啟動過程」（bootup）時執行，查找所有以大寫字母 S 開頭、並帶兩位數字名稱的指令檔，接著以數字的大小依序執行它們；這些被稱為「啟動指令檔」（start script）。另外，rcK 指令檔則是會在「終止過程」（shutdown）時執行，查找所有以大寫字母 K 開頭、並帶兩位數字名稱的指令檔，接著以數字的大小依序執行它們；這些被稱為「終止指令檔」（kill script）。

在知道這一規則之後，Buildroot 的套件就能輕易地增添自訂的啟動指令檔與終止指令檔，透過檔案名稱中的兩位數字還能調整執行的順序，使得系統更加彈性。如果你是使用 Buildroot 的話，這種架構能讓你輕易上手；但就算不是使用 Buildroot，也可以考慮在自行開發 BusyBox 的 init 指令檔時，將這種架構納入其中。

與 BusyBox 的 init 類似，System V 的 init 也是依靠位於 /etc/init.d 目錄底下的 shell 指令檔以及 /etc/inittab 設定檔來運作。這兩者雖然看似雷同，但 System V 的 init 擁有更多的功能和更長的歷史。

System V 的 init

init 程式最初的概念，其實可以追溯到 1980 年代中期 UNIX 的 System V。而在 Linux 發行版中最常見的 init 程式，最早是由 Miquel van Smoorenburg 所編寫的，直到近代，它才被考慮應用為啟動 Linux 以及啟動嵌入式系統的方式。但近幾年這個趨勢又進一步地被 systemd 取代，這一點在後續的討論中會再詳細說明。

BusyBox 的 init 程式可說是 System V 的 init 程式簡化版。與 BusyBox 的 init 相較起來，System V 的 init 有兩項優點：

- 首先，啟動指令檔使用的是我們所熟知的模組架構，因此可以簡單地在組建或是執行期時添加新的套件。

- 其次，是**執行層級（runlevel）**的概念存在，只要切換執行層級，便可以一口氣啟動或終止整組程式。

執行層級從 0 到 6 加上 s，一共有八種：

- s：系統啟動
- 0：系統停止運作
- 1 到 5：一般使用模式
- 6：系統重啟

其中 1 到 5 的層級可以隨意定義使用，而這五個層級在桌上型電腦的 Linux 發行版中，通常會規劃為以下使用模式：

- 1：單人用戶模式
- 2：不支援網路設定的多人用戶模式
- 3：支援網路設定的多人用戶模式
- 4：未使用
- 5：支援圖形化登入介面的多人用戶模式

init 程式預設使用的 runlevel 層級值，是設定在 /etc/inittab 中的 initdefault 這行，如下所示：

```
id:3:initdefault:
```

你可以在執行期藉由使用指令 telinit [runlevel]，來指示 init 程式變更當前的執行層級。你也可以使用 runlevel 指令，來查看現在所使用以及前一次所使用的執行層級，示例如下：

```
# runlevel
N 5
# telinit 3
INIT: Switching to runlevel: 3
# runlevel
5 3
```

在上例第一行中，runlevel 指令的輸出結果是 N 5，代表沒有前一次的執行層級紀錄（N），而目前的 runlevel 層級是 5，因為在啟動之後還沒有變更過 runlevel 的層級。在變更 runlevel 層級之後，輸出的結果就變成了 5 3，表示層級已經從 5 變更到 3。

halt 跟 reboot 這兩個指令，分別會把執行層級變更為 0 與 6。你可以透過內核指令列，把預設使用的 runlevel 層級值，變更為 0 到 6 之間其中一個。舉例來說，如果要強制讓 runlevel 使用單人用戶模式，可以在內核指令列最後加上 1，如下所示：

```
console=ttyAMA0 root=/dev/mmcblk1p2 1
```

在每種執行層級中，都會有一組終止用的指令檔，稱為「終止指令檔」（kill script）；同時也會有另外一組啟動用的指令檔，稱為「啟動指令檔」（start script）。每當切換到新的 runlevel 層級時，init 程式首先會執行「終止指令檔」，然後才會再執行「啟動指令檔」。而如果是運行中的常駐服務，到了新的 runlevel 層級時，處理的方式不是執行啟動指令檔，也不是執行終止指令檔，而是會送出 SIGTERM 訊號。換句話說，當切換 runlevel 層級時，對常駐服務的預設行為就是中斷它，除非有特別指定其他處理方式。

但老實講，嵌入式 Linux 對執行層級架構的需求並沒有那麼大：畢竟大多數的裝置在啟動之後，就單純只是使用預設的 runlevel 層級，便不再變動了。不過，也有可能只是因為大部分人都不知道有這種功能吧。

Tip

舉例來說，當想要在正常運行與維護模式之間做切換時，執行層級就可以是一種簡便的模式切換方法。

在 Buildroot 與 Yocto Project 當中，都可以選擇使用 System V 的 init 程式。而在這兩者當中，init 指令檔都已經避開了 bash shell 獨有的功能，所以也可以和 BusyBox 的 ash shell 相容。不過，Buildroot 其實會偷偷把 BusyBox 的 init 程式用 System V 的 init 換掉，然後加上 inittab 來模擬 BusyBox 的模式。而且 Buildroot 其實沒有實作執行層級功能，因此只能在「層級 0 的停止運作」與「層級 6 的重啟」之間做切換。

接下來，讓我們深入一些細節。下面的範例是來自於 Yocto Project 3.1 版本。其他發行版中的 init 指令檔可能會有所差異。

inittab

init 程式首先從讀取 /etc/inittab 開始，這裡面會定義每個 runlevel 層級要做的事情。如同前面所說，當初 BusyBox 參考了 System V，所以不意外的，你會覺得 System V 的 inittab 定義格式就像是 BusyBox 的擴充版。

在 inittab 中每行定義的格式如下所示：

```
id:runlevels:action:process
```

各欄位的說明如下：

- id：以最多四個字元表示的唯一識別碼（unique identifier）
- runlevels：設定要使用的執行層級（在 BusyBox 的 inittab 中這個欄位會留空）
- action：下段所述的關鍵字之一
- process：要執行的指令內容

action 可設定的值與 BusyBox 的 init 程式大致相同：sysinit、respawn、once、wait、restart、ctrlaltdel 與 shutdown。不過，System V 的 init 沒有 askfirst 這個選項，這個設定只有 BusyBox 才有。

以下是從 Yocto Project 的 core-image-minimal 組建目標中，擷取出來作為範例的完整 inittab 內容（使用 qemuarm 作為目標環境）：

```
# /etc/inittab: init(8) configuration.
# $Id: inittab,v 1.91 2002/01/25 13:35:21 miquels Exp $

# The default runlevel.
id:5:initdefault:

# Boot-time system configuration/initialization script.
# This is run first except when booting in emergency (-b) mode.
si::sysinit:/etc/init.d/rcS
```

```
# What to do in single-user mode.
~~:S:wait:/sbin/sulogin
# /etc/init.d executes the S and K scripts upon change
# of runlevel.
#
# Runlevel 0 is halt.
# Runlevel 1 is single-user.
# Runlevels 2-5 are multi-user.
# Runlevel 6 is reboot.

l0:0:wait:/etc/init.d/rc 0
l1:1:wait:/etc/init.d/rc 1
l2:2:wait:/etc/init.d/rc 2
l3:3:wait:/etc/init.d/rc 3
l4:4:wait:/etc/init.d/rc 4
l5:5:wait:/etc/init.d/rc 5
l6:6:wait:/etc/init.d/rc 6

# Normally not reached, but fallthrough in case of emergency.
z6:6:respawn:/sbin/sulogin
AMA0:12345:respawn:/sbin/getty 115200 ttyAMA0
# /sbin/getty invocations for the runlevels
#
# The "id" field MUST be the same as the last
# characters of the device (after "tty").
#
# Format:
# <id>:<runlevels>:<action>:<process>
#

1:2345:respawn:/sbin/getty 38400 tty1
```

第一條設定的 `id:5:initdefault` 會把預設的 **runlevel** 層級設定為 5。下一條設定的 `si::sysinit:/etc/init.d/rcS` 會在啟動時執行 rcS 指令檔，稍後會再對此深入介紹。再往下看，從 `l0:0:wait:/etc/init.d/rc 0` 開始有六條一組的設定，表示每當切換到其中一種執行層級時，都會去執行 /etc/init.d/rc 這個指令檔，這個指令檔就是負責處理「啟動指令檔」與「終止指令檔」的執行。

在 inittab 檔案的尾端，有一條設定是當 runlevel 設定為 1 到 5 任一層級時，會在裝置節點 /dev/ttyAMA0 上執行 getty 常駐服務，用來顯示登入提示字元，這樣才能讓使用者登入，然後進入可互動的指令列環境：

```
AMA0:12345:respawn:/sbin/getty 115200 ttyAMA0
```

ttyAMA0 這個裝置是在我們用 QEMU 模擬出來的 ARM Versatile 機板上的一個序列主控台（serial console），如果用的是其他開發機板，這個名稱會有所不同。此外，最後還有一條設定是當 runlevel 設定為 2 到 5 任一層級時，在 tty1 裝置上同樣會執行 getty 常駐服務。tty1 裝置是一個虛擬主控台（virtual console），如果你組建內核時，有設定 CONFIG_FRAMEBUFFER_CONSOLE 或是 VGA_CONSOLE 選項的話，那麼 tty1 這個虛擬主控台通常會映射到圖形畫面。在桌上型版本的 Linux 中，常會提供六組 getty 程序，用來對應編號 1 到 6 的虛擬終端（virtual terminal），你可以用組合鍵 Ctrl + Alt + F1 到 Ctrl + Alt + F6 來進行切換，而編號 7 的虛擬終端則是預留給圖形畫面使用的。只是在嵌入式裝置上鮮少會用到這個虛擬終端。

至於 sysinit 那條設定所執行的 /etc/init.d/rcS 指令檔，其實功用就只是切換到 S 執行層級而已：

```
#!/bin/sh
[...]
exec /etc/init.d/rc S
```

所以，最後的結果就是會先切換到執行層級 S，才再切換到預設的執行層級 5。而由於執行層級 S 不會被紀錄下來，所以在 runlevel 指令中的前一次層級中也看不到這筆紀錄。

init.d 指令檔

只要元件有需要在 runlevel 層級發生變化時做出因應，都要在 /etc/init.d 底下準備指令檔。這些指令檔都會接受兩種參數：start 與 stop，稍後會再以範例說明這部分。

負責處理 runlevel 層級的指令檔 /etc/init.d/rc，會以「要切換的 runlevel 層級值」作為參數。而每一種 runlevel 層級值都會有一個名為 rc<runlevel>.d 的目錄：

```
# ls -d /etc/rc*
/etc/rc0.d  /etc/rc2.d  /etc/rc4.d  /etc/rc6.d
/etc/rc1.d  /etc/rc3.d  /etc/rc5.d  /etc/rcS.d
```

在這些目錄底下，可以找到以大寫字母 S 開頭、並帶兩位數字名稱的指令檔，也有可能會看到開頭為大寫字母 K 的指令檔。這些就是啟動指令檔與終止指令檔，而 Buildroot 在這裡也引用了同樣的概念：

```
# ls /etc/rc5.d
S01networking S20hwclock.sh S99rmnologin.sh S99stop-bootlogd
S15mountnfs.sh S20syslog
```

只是這裡看到的這些檔案其實是軟連結（symbolic link），它們會再各自連結到 init.d 目錄底下對應的指令檔。rc 指令檔會先以參數 stop 去執行「所有以 K 開頭的檔案」，接著才以參數 start 去執行「所有以 S 開頭的檔案」。這邊再說明一次：名稱開頭後的兩位數字是用來決定這些指令檔執行的順序之用。

增加新的常駐服務

先假設你現在有一個叫作 simpleserver 的程式要作為 Unix 常駐服務，而作為常駐服務的意思，就是以背景程序運行。讀者可以在本書儲存庫的 MELP/Chapter13/simpleserver 底下找到這份程式。此外，要以常駐服務形式運行這份程式，還會需要類似如下的 init.d 指令檔，同樣地，讀者可以在本書儲存庫的 MELP/Chapter13/simpleserver-sysvinit 底下找到這個指令檔範例：

```
#! /bin/sh

case "$1" in
  start)
    echo "Starting simpelserver"
    start-stop-daemon -S -n simpleserver -a /usr/bin/simpleserver
    ;;
  stop)
    echo "Stopping simpleserver"
    start-stop-daemon -K -n simpleserver
```

```
    ;;
  *)
    echo "Usage: $0 {start|stop}"
    exit 1
esac

exit 0
```

在遇到這類需求時，可以利用 start-stop-daemon 這個功能，來幫助你管理背景程序。這個工具原先是來自於 Debian 的安裝工具套件 dpkg，不過大部分嵌入式系統都是使用 BusyBox 裡面提供的版本。start-stop-daemon 這個指令以 -S 參數執行就可以啟動常駐服務，並且能夠確保無論何時都只有一個執行中的實體存在；而以 -K 參數執行，就可以用名稱進行搜尋，並送出 SIGTERM 訊號終止服務。

要讓 simpleserver 作為常駐服務運行起來，只要把這個指令檔放到 /etc/init.d/simpleserver 目錄底下，權限設定為可執行檔案。接著，對每個你想要運行這份程式的執行層級目標，加上連結到這個指令檔的軟連結。在此範例中，只在預設的 runlevel 層級值 5 運行：

```
# cd /etc/init.d/rc5.d
# ln -s ../init.d/simpleserver S99simpleserver
```

數字 99 代表這個程式要最後一個才執行。請記得一件事情，可能有很多其他的軟連結也都是以 S99 開頭，如果遇到這種情形時，rc 指令檔會變成以字典順序執行這些檔案。

雖然終止程序對嵌入式裝置來說，通常不在考慮之列，但如果有必要在終止時執行作業，記得在執行層級 0 與 6 加上終止指令檔的軟連結：

```
# cd /etc/init.d/rc0.d
# ln -s ../init.d/simpleserver K01simpleserver
# cd /etc/init.d/rc6.d
# ln -s ../init.d/simpleserver K01simpleserver
```

不過，如果要對 init.d 指令檔進行測試與除錯，其實有比切換執行層級更快速的方式。

啟動與停止服務

你也可以直接呼叫 /etc/init.d 底下的指令檔來進行互動，舉例來說，控制 syslogd 與 klogd 這兩個常駐服務的 syslog 指令檔：

```
# /etc/init.d/syslog --help
Usage: syslog { start | stop | restart }

# /etc/init.d/syslog stop
Stopping syslogd/klogd: stopped syslogd (pid 198)
stopped klogd (pid 201)
done

# /etc/init.d/syslog start
Starting syslogd/klogd: done
```

所有的指令檔都支援 start 與 stop 參數，而且應該還要支援 help 參數。某些還會支援 status 參數，可以讓你了解服務是否有在運行。在仍然使用 System V 的 init 的主流發行版裡，則是透過 service 指令來啟動或終止服務，也因此不會看到直接執行這些指令檔時的資訊。

雖然 Linux 作業系統的管理員們數十年來已經習慣了 System V 的 init 這個 init 常駐服務的陪伴，且執行層級也提供了比 BusyBox 的 init 更精細的控制能力，但 System V 的 init 並無法在需要時「監控」或「重啟」這些服務。隨著 System V 的 init 逐漸不敷使用，此時，許多最新的 Linux 發行版開始轉向另一種選擇：systemd。

systemd

systemd 將自己定義為 System and Service Manager（系統與服務的管理員）：https://www.freedesktop.org/wiki/Software/systemd/。這個專案最早是在 2010 年由 Lennart Poettering 與 Kay Sievers 建立，為的是開發一套可以管理包含 init 常駐服務在內整個 Linux 系統的整合工具組。在這些工具當中，也包括了裝置管理（udev）與紀錄工具等。systemd 是一種態度的選擇，一種藝術的高度，而且還在持續快速進化中。systemd 常見於桌上型與伺服器版本的 Linux 中，在嵌入式 Linux 系統上也越來越普遍，尤其是在現今越來越複雜的裝置上。所以，對嵌入式系統來說，和 System V 的 init 程式相比究竟有哪些優點？

- 設定的方法更簡單，而且一旦了解之後也會覺得這種方法更合理。和有時錯綜複雜的 System V 的 init 程式比起來，systemd 可以使用單元設定檔（unit configuration file）這種格式清楚的定義來設定。
- 比起用兩位數字來設定指令檔的執行順序，systemd 的服務之間有更明確的依賴關係存在。
- 可以針對每個服務設定不同的權限與資源限制，這對增進安全性來說尤為重要。
- systemd 可以監控服務，並在必要的時候重啟服務。
- 服務的啟動是以平行機制進行，節省了啟動過程所花費的時間。

礙於本書篇幅，我們無法完整介紹 systemd，以本書主題來說也不適合這麼做，因此和介紹 System V 的 init 程式時相同，我們只專注在嵌入式開發的使用情境上，並以 Yocto Project 3.1 版本中的 systemd 244 版本進行示範。底下將會簡單介紹，並提供一些具體的範例。

使用 Yocto Project 與 Buildroot 組建 systemd

在 Yocto Project 上預設的 init 程式是使用 System V 的版本。因此，如果要選用 systemd，要先把下列內容加進 conf/local.conf 設定檔中：

```
INIT_MANAGER = "systemd"
```

Buildroot 預設使用的是 BusyBox 的 init，不過，我們可以透過 menuconfig 指令設定 **System configuration** 選單的 **Init system** 選項，更改為使用 systemd。同時，我們也必須修改工具鏈的設定，改為採用 glibc 作為 C 語言的函式庫，因為 systemd 並不支援 uClibc-ng 或 musl。此外，systemd 的使用對內核的「版本」和「設定」有些許要求，詳細情況可以參閱 systemd 原始碼當中的 README 檔案，以便了解支援的函式庫，以及內核的依賴關係。

環境、服務與單元

在我們說明 systemd 的 init 程式運作原理之前，這邊先介紹原理中的三個重要概念：

- **單元（unit）**：指的是用來定義目標（環境）、服務與其他東西的設定檔案。單元本身是以「屬性」（property）和「屬性值」組成的純文字檔案。

- **服務（service）**：指的是可以啟動或終止的常駐服務，概念上和 System V 的 init 裡的「服務」差不多。
- **目標（target，環境）**：指的是一組服務，概念上和 System V 的 init 裡的「執行層級」類似，但更為彈性。預設的目標（環境）可用來使服務在系統啟動時自動運行。

只要使用 systemctl 指令，就可以改變這些設定，以及確認設定的內容。

單元

設定的基本單位就是單元檔案（unit file）。你可以在以下三個位置找到單元檔案：

- /etc/systemd/system：本地端設定檔
- /run/systemd/system：執行期設定檔
- /lib/systemd/system：系統設定檔（隨著發行版提供）

在要尋找一個單元時，systemd 會以上列順序依序搜尋目錄，一旦找到就結束搜索，因此你可以在 /etc/systemd/system 目錄底下，放一個和系統目錄底下同名的單元檔案，藉此覆蓋設定。同理，你可以在本機檔案中建立一個空白檔案，或是連結到 /dev/null 的連結，以這種方式停用單元。

所有單元檔案的內容都會以一個 [Unit] 開頭的區塊起始，底下接著基本資料與依賴關係的資訊。舉例來說，D-Bus 服務 /lib/systemd/system/dbus.service 的 [Unit] 區塊，如下所示：

```
[Unit]
Description=D-Bus System Message Bus
Documentation=man:dbus-daemon(1)
Requires=dbus.socket
```

你可以看到，除了「簡單的說明文字」和「說明文件的參考」之外，底下還有一條以 Requires 關鍵字設定的、對 dbus.socket 的依賴關係。這個意思是指示 systemd 在啟動 D-Bus 服務時，要建立一個本地端 socket。

Unit 區塊中的依賴關係分別由 Requires、Wants 與 Conflicts 關鍵字來描述：

* Requires：這個單元所需求的單元清單；意思是當這個單元啟動時，這些單元也要被啟動。
* Wants：Requires 的弱化版；列在當中的單元會被啟動，但就算需求的單元有發生錯誤，也不會終止這個單元的啟動流程。
* Conflicts：與 Requires 相反的依賴關係；當這個單元啟動時，被列在其中的單元會被終止，反過來說，當列在其中的單元有被啟動者，這個單元就會被終止。

以上這三個關鍵字定義了**對外依賴關係（outgoing dependency）**，它們最常被用來建立目標（環境）之間的依賴關係。還有另外一種**對內依賴關係（incoming dependency）**，通常被用來建立服務與目標（環境）之間的連結。換句話說，「對外依賴關係」所描述的，是當系統狀態變更時，需要啟動的目標（環境）清單；「對內依賴關係」所描述的，是某項服務在某個狀態下，是否要啟動或終止。「對內依賴關係」需要使用 WantedBy 關鍵字來建立，這部分稍後會在**「增加自訂的服務」小節**中再進一步說明。

總之，依賴關係的處理結果，就是產生一串需要被啟動（或是需要被終止）的單元清單。還可以使用 Before 與 After 這兩個關鍵字來決定啟動的順序。至於終止的順序，則是單純將啟動的順序反過來而已：

* Before：這個單元要在清單中的其他單元之前啟動。
* After：這個單元要在清單中的其他單元之後啟動。

在下面這個範例中，使用了 After 關鍵字來確保「網頁伺服器」要在網路功能之後才啟動：

```
[Unit]
Description=Lighttpd Web Server
After=network.target
```

如果都沒有設定 Before 或 After 的話，單元之間就會以不定的順序平行啟動。

服務

服務（service）指的是可以被啟動或終止的常駐服務（daemon），和 System V 的 init 的「服務」概念相同。服務是檔名以 .service 結尾的一種單元檔案，例如：lighttpd.service。

服務單元為以 [Service] 開頭的區塊，其描述運行的規則。底下是在 lighttpd. service 檔案中的服務區塊內容：

```
[Service]
ExecStart=/usr/sbin/lighttpd -f /etc/lighttpd/lighttpd.conf -D
ExecReload=/bin/kill -HUP $MAINPID
```

這些內容是當要啟動或重新啟動服務時所要執行的指令。這其中有很多你可以著手的設定細節，所以還請另外參考 systemd.service(5) 的手冊頁內容。

目標（環境）

目標（target，環境）也是一種單元設定，用來將多個服務（或是其他種類的單元）組合起來。這是一種可以充當同步點（synchronization point）的、只有描述依賴關係的 metaservice。目標的檔名以 .target 結尾，例如：multi-user.target。目標（環境）指的是一種期望的運行狀態，和 System V 的 init 的「執行層級」扮演一樣的角色。底下是在 multi-user.target 檔案中的單元區塊內容：

```
[Unit]
Description=Multi-User System
Documentation=man:systemd.special(7)
Requires=basic.target
Conflicts=rescue.service rescue.target
After=basic.target rescue.service rescue.target
AllowIsolate=yes
```

上面的內容表示，在 multi-user 這個目標（環境）啟動之前，必須先啟動 basic 目標。此外，這個目標的啟動與 rescue 目標為「互斥」，所以如果要啟動 rescue 目標的話，就要先終止 multi-user 目標。

systemd 是如何啟動系統的？

接下來，我們看看 systemd 是如何實作系統啟動的。/sbin/init 會軟連結到 /lib/systemd/systemd，因此當內核呼叫 /sbin/init 時就會運行 systemd。運行時的預設目標使用 default.target，是指向所需目標的連結。如果是使用純文字登入，那就是指向 multi-user.target，而如果是使用圖形化環境，那就是指向 graphical.target。舉例來說，如果預設目標是使用 multi-user.target，那就會看到以下這種軟連結：

```
/etc/systemd/system/default.target -> /lib/systemd/system/multi-user.
target
```

預設目標可以在內核指令列中，用 system.unit=< 新目標 > 來變更。你可以用 systemctl 指令來確認預設目標內容，如下所示：

```
# systemctl get-default
multi-user.target
```

當啟動如 multi-user.target 這類目標時，會產生一連串依賴關係，然後讓系統進入運行狀態。在一般的系統設定中，multi-user.target 依存於 basic.target，basic.target 再依存於 sysinit.target，至於 sysinit.target 則也是依存於其他需要更早執行的服務。你可以用 systemctl list-dependencies 指令列出這串依賴關係。

你還可以用底下這道指令列出所有的服務，以及這些服務現在的狀態：

```
# systemctl list-units --type service
```

查詢目標狀態的話，可以用：

```
# systemctl list-units --type target
```

在了解系統內的依賴關係後，該如何在這串依賴關係當中，增加我們自訂的服務呢？

增加自訂的服務

這邊拿前面出現過的 `simpleserver` 範例來示範一下，底下是這個服務的單元，讀者可以在本書儲存庫的 `MELP/Chapter13/simpleserver-systemd` 底下找到它：

```
[Unit]
Description=Simple server

[Service]
Type=forking
ExecStart=/usr/bin/simpleserver

[Install]
WantedBy=multi-user.target
```

以 `[Unit]` 開頭的區塊裡面，只有對於這個服務的描述文字，如此當你使用 `systemctl` 或是其他指令時，就會將這段文字顯示在清單中。這個服務沒有任何依賴關係的設定，就如同名稱一樣，一個「單純」（simple）的服務。

以 `[Service]` 開頭的區塊裡面，會指向執行檔，並且設定一個參數，表示要以分支程序（fork）執行。如果程式本身更加單純，並且要以前景（foreground）執行，那麼就不用加上 `Type=forking` 這行設定，systemd 也就不會視其為常駐服務。

以 `[Install]` 開頭的區塊內容加上了對 `multi-user.target` 的依賴關係描述，這樣當系統進入「多人用戶模式」時，就會啟動我們的伺服器。

一旦你把單元存檔在 `/etc/systemd/system/simpleserver.service` 之後，就能用 `systemctl start simpleserver` 或是 `systemctl stop simpleserver` 的指令，來啟動或是終止這個服務。你還可以用以下的指令來確認服務目前的狀態：

```
# systemctl status simpleserver
simpleserver.service - Simple server
  Loaded: loaded (/etc/systemd/system/simpleserver.service; disabled)
  Active: active (running) since Thu 1970-01-01 02:20:50 UTC; 8s ago
 Main PID: 180 (simpleserver)
   CGroup: /system.slice/simpleserver.service
           └─ 180 /usr/bin/simpleserver -n

Jan 01 02:20:50 qemuarm systemd[1]: Started Simple server.
```

此時 systemd 能做的只是依指令來啟動或停止服務而已。如果要讓這份服務自動運
作，就要加上一個對「目標」的依賴關聯，而這也就是單元裡 [Install] 區塊的作
用。當服務被設定為 enable（啟用）時，只要運行依存的 multi-user.target，在系
統啟動時「服務」也會跟著被執行起來。如下用 systemctl enable 指令就可以啟用服
務：

```
# systemctl enable simpleserver
Created symlink from /etc/systemd/system/multi-user.target.wants/
simpleserver.service to /etc/systemd/system/simpleserver.service.
```

從這個方法就可以看到，在不用編輯任何單元檔案的情況下，就能在執行期建立依賴關
聯。有個名稱為 < 目標名稱 >.target.wants 的目錄，底下會存放關聯到服務的連結，
這和「在目標中的 [Wants] 底下設定依賴單元」是一樣的功用。就上面的範例來說，
你可以在目錄底下找到以下的連結：

```
/etc/systemd/system/multi-user.target.wants/simpleserver.service -> /
etc/systemd/system/simpleserver.service
```

如果這個服務的重要程度，是需要在發生錯誤後「重新啟動」的那種，你可以在
[Service] 區塊底下加上這行參數：

```
Restart=on-abort
```

其他 Restart 參數可設定的值，還有 on-success、on-failure、on-abnormal、on-
watchdog、on-abort 與 always 等。

增加看門狗（監視程式）

在嵌入式裝置上，**看門狗（watchdog，監視程式）**是很常見的一種需求，尤其是當關
鍵的服務因為一些原因，像是重啟系統而停止運作時，便需要在這種時候進行一些處
理。在大多數嵌入式系統單晶片（cmbedded SoC）中，可以從 /dev/watchdog 這個
裝置節點存取「硬體式看門狗」（hardware watchdog）。在系統啟動時，看門狗會設
定一個逾時期限（timeout），如果沒有在時限內重設這個期限，就會觸發看門狗，並
將系統重新啟動。在內核原始碼檔的 Documentation/watchdog 有提供「看門狗驅動
程式」介面的資訊，而驅動程式的程式碼也可以在 drivers/watchdog 底下找到。

不過，要是有兩個或是更多的關鍵服務需要靠看門狗來保護時該怎麼辦？systemd 有項功能可以協助看門狗，在多個服務之間進行管控。

systemd 可以被設定為「要求服務定期進行 keepalive 呼叫」，來確認存續（keepalive，又譯存留或保留）情形，並在逾時未收到呼叫時進行處理。換句話說，這是一種針對每個服務的「軟體式看門狗」（software watchdog）。要啟用這項功能，需要在常駐服務中增加程式碼，來傳送 keepalive 訊息。程式內的工作是先確認環境變數 WATCHDOG_USEC 的值為非零值，然後在這個值的時間內（建議是在看門狗設定的這個逾時期限一半以內）呼叫 sd_notify(false, "WATCHDOG=1")。在 systemd 的原始碼裡面也有範例可供參考。

要在服務的單元中啟用看門狗，需要在 [Service] 區塊底下，加上下列的設定內容：

```
WatchdogSec=30s
Restart=on-watchdog
StartLimitInterval=5min
StartLimitBurst=4
StartLimitAction=reboot-force
```

在上面這個範例中，每 30 秒就要進行一次 keepalive 的存續確認。如果沒能完成確認，服務就會被重新啟動；而如果服務在 5 分鐘內被重啟 4 次以上，systemd 就會強制重啟整個系統。同樣的，在 systemd.service(5) 的手冊頁中，也有對這些設定選項的詳細說明可供參考。

雖然靠看門狗就可以搞定這些個別的服務，但萬一今天要是 systemd 本身出錯了呢？或是發生內核崩壞？或是硬體鎖死了？為了應對這些狀況，我們需要告知 systemd 使用看門狗驅動程式：只要在 /etc/systemd/system.conf 內加上 RuntimeWatchdogSec=< 秒數 > 就好。systemd 會在這段逾時期限內，重新設定看門狗，這時如果 systemd 因為某些原因出錯，就會重啟整個系統。

針對嵌入式 Linux 的考量

對嵌入式 Linux 來說，systemd 的許多功能都非常有用，在這篇簡短的介紹中還有很多沒介紹到的，例如：使用 slice（切片）來管理資源（請參考 systemd.slice(5) 以及 systemd.resource-control(5) 的手冊頁）、裝置管理（udev(7)）與系統日誌（journald(5)）等。

不過，你需要在空間上面做考量，即使以「只有包含核心元件 systemd、udevd、journald 在內的最小體積組建」來說，再包含「共用函式庫」，也要佔用將近 10 MiB 的空間。

還有，就是要記得 systemd 的開發與內核和 glibc 緊密相關，所以如果「你使用的內核和 glibc 版本」比 systemd 的發行版舊一年或兩年以上，是無法運行的。

小結

每個 Linux 裝置都無可避免地需要某種 init 程式。如果你正在開發的系統只需要在啟動時執行少量常駐服務，並維持不變，那麼 BusyBox 的 init 程式已足可應付你的需求。而且，如果你使用 Buildroot 作為組建系統的話，這通常也是個好選擇。

但要是讀者的系統不論在啟動或是執行期，在服務之間都有著複雜的依賴關係需要處理，而你剛好又有足夠的儲存空間時，那麼 systemd 就會是最佳選擇。就算撇開依賴關係的複雜度不談，systemd 也能提供一些如看門狗、遠端紀錄等有用功能，所以試著認真考慮它吧。

即使現在趨勢逐漸轉向 systemd，System V 的 init 還是會持續在市面上存在很長的一段時間。畢竟這套機制已經發展成熟完整，許多元件也都有既存的 init 指令檔可供參考運用。因此，現階段它仍舊是 Poky（Yocto Project reference distribution，Yocto Project 的參考發行版）的預設 init 程式。

就縮短啟動過程的時間來看，在相近的工作量下，systemd 的速度比 System V 的 init 程式來得快。不過，要是真的需要快速啟動的話，BusyBox 的 init 程式搭配最小的啟動指令檔，令其他人都望塵莫及。

在下一章中，我們會進一步針對嵌入式 Linux 系統的需求，來看看一些較不常見的 init 程式。比方說，BusyBox 的 runit 提供了與 systemd 相當的功能和彈性，卻又沒有那麼複雜。因此，如果讀者正在使用 Buildroot 作為組建系統，而 BusyBox 的 init 卻不能滿足你的需求時，那麼或許可以考慮改用 BusyBox 的 runit。接下來，我們將詳細說明採用的理由，並實際以 Buildroot 作為示範。

延伸閱讀

如果讀者想要了解更多，可以參考以下資源：

- 在「systemd System and Service Manager」這個網頁當中，有許多有用的網路資源連結可供參考：https://www.freedesktop.org/wiki/Software/systemd/

14

使用BusyBox runit 快速啟動

在前一章中，我們介紹了經典的 System V init 程式和 systemd 程式，也簡單描述了 BusyBox 中最小型的 init 程式。接下來，讓我們看看 BusyBox 中的另一個 runit 程式吧。BusyBox 的 runit 在「System V init 的簡單」與「systemd 的彈性」之間取得了一個不錯的平衡，因此，現在許多熱門的 Linux 發行版（如 Void）都會採用完整版的 runit 作為 init 程式。雖然最強勢的大概還是非 systemd 莫屬，但 systemd 對許多嵌入式 Linux 系統來說並不適用。而 BusyBox runit 不像 systemd 那樣複雜又佔用資源，此外，它還能提供一些進階功能，例如服務監督（service supervision）、專用的服務紀錄（dedicated service logging）等。

在本章中，我們會介紹如何將系統切割成獨立的 BusyBox runit 服務，每個服務皆有自己的目錄和 run（執行）指令檔。接著，我們會學習如何使用 check（檢查）指令檔，強制讓某些服務等待其他服務啟動。然後，我們將了解如何啟用專用的服務紀錄，並學習如何設定紀錄檔輪替（log rotation）。在本章的最後，我們會用一個範例來展示，如何透過具名管道（named pipe）讓一個服務向另一個服務發送訊號。與 System V init 不同，BusyBox runit 以並行（concurrent）的方式運作，而非循序（sequential）的方式，這樣可以大幅加速啟動時間。再次提醒，對 init 程式的選用，會對最終產品的行為和使用者體驗產生明顯的影響。

在本章節中，我們將帶領各位讀者一起了解：

- 下載 BusyBox 的 `runit`
- 建立服務目錄與檔案
- 服務監督
- 處理服務的依賴關係
- 專用的服務紀錄
- 對服務發送訊號

環境準備

執行本章節中的範例時，請讀者先準備如下環境：

- 以 Linux 為主系統的開發環境
- Linux 版 USB 開機碟製作工具 Etcher
- 一張可供讀寫的 microSD 卡與讀卡機
- 一條 USB 轉 TTL 的 3.3V 序列傳輸線
- Raspberry Pi 4 機板
- 一條 5V、3A 的 USB Type-C 電源供應線

如果讀者已經完成「**第 6 章，選擇組建系統**」的閱讀與練習，應該已經下載並安裝好 Buildroot 2020.02.9 長期維護版本。如果讀者尚未下載安裝，請先參考「The Buildroot User Manual」中的「System requirements」小節：`https://buildroot.org/downloads/manual/manual.html`，以及根據「**第 6 章**」當中的說明，在開發環境上安裝 Buildroot。

此外，讀者可以在本書 GitHub 儲存庫的 `Chapter14` 資料夾下找到本章的所有程式碼：`https://github.com/PacktPublishing/Mastering-Embedded-Linux-Programming-Third-Edition`。

下載 BusyBox 的 runit

首先，請依照如下步驟，準備本章節所需的執行環境：

1. 切換到我們在「**第 6 章，選擇組建系統**」中安裝 Buildroot 的目錄路徑底下：

   ```
   $ cd buildroot
   ```

2. 確認是否已有 BusyBox 的 runit：

   ```
   $ grep Runit package/busybox/busybox.config
   # Runit Utilities
   ```

   在本書寫成當下，我們使用的 Buildroot 2020.02.9 長期維護版本仍有 BusyBox runit 可用。如果讀者在後續更新的版本中找不到 BusyBox runit 的話，請改用此版本。

3. 還原工作環境，清除任何之前範例執行時所產生的檔案或目錄：

   ```
   $ make clean
   $ git checkout .
   $ git clean --force -d
   ```

   git clean --force 這道指令會刪除之前範例中的 Nova U-Boot 修補檔案（patch），以及所有後來才添加到 Buildroot 的檔案。

3. 然後另外開一條名為 busybox-runit 的分支（branch），作為本範例的練習環境：

   ```
   $ git checkout -b busybox-runit
   ```

3. 將 BusyBox 的 runit 加到針對 Raspberry Pi 4 機板的預設設定中：

   ```
   $ cd configs
   $ cp raspberrypi4_64_defconfig rpi4_runit_defconfig
   $ cd ..
   $ cp package/busybox/busybox.config \
   board/raspberrypi/busybox-runit.config
   ```

```
$ make rpi4_runit_defconfig
$ make menuconfig
```

6. 在 menuconfig 選單中，找到 **Toolchain | Toolchain type** 子選單，選擇
    External toolchain 選項：

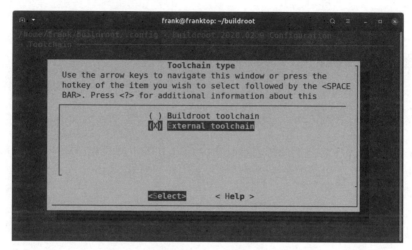

圖 14.1：選擇「External toolchain」選項

7. 回到選單上一層，然後進到 **Toolchain** 子選單中，選擇 **Linaro AArch64** 的工具
    鏈選項，然後回到主選單下：

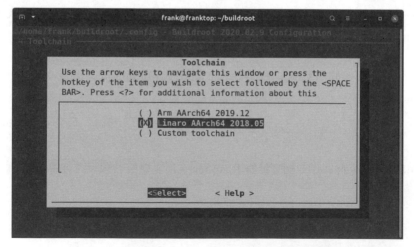

圖 14.2：選擇「Linaro AArch64」的工具鏈選項

8. 此時，BusyBox 應該已經被選為 init 系統，但我們還是可以再次進到 **System configuration | Init system** 的子選單下，確認選項是否已經正確設定為 **BusyBox**，而非 **systemV** 或 **systemd**。接著跳出，回到主選單下。

9. 進到 **Target packages** 子選單下，找到在 **BusyBox** 下方的 **BusyBox configuration file to use** 欄位：

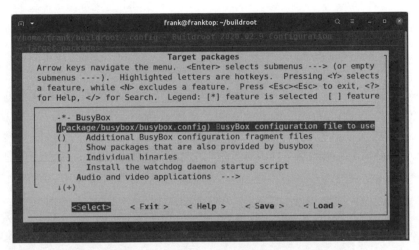

圖 14.3：選擇「BusyBox configuration file to use」欄位

10. 將欄位中原本顯示的 `package/busybox/busybox.config` 替換為 `board/raspberrypi/busybox-runit.config`：

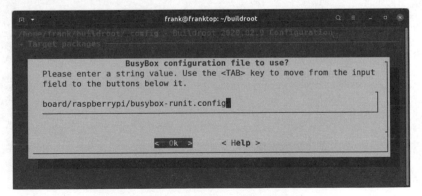

圖 14.4：確認要採用的「BusyBox 設定檔」路徑

11. 離開 menuconfig 畫面，並選擇 **Yes**，儲存對設定的變更。Buildroot 會將新的設定儲存為一個 .config 檔案。

12. 更新 configs/rpi4_runit_defconfig，讓它可以使用「這個新的 BusyBox 設定檔」的位置：

```
$ make savedefconfig
```

13. 然後修改 BusyBox runit 的設定：

```
$ make busybox-menuconfig
```

14. 進到 busybox-menuconfig 的設定選單畫面，這邊會看到一個名為 **Runit Utilities** 的子選單。進到子選單中，把所有選項都勾選起來，其中 chpst、setuidgid、envuidgid、envdir、softlimit 等工具程式，都是經常被「服務 run 指令檔」使用的指令列工具，因此這些通通都要納入。svc 與 svok 是沿用自 daemontools 的工具，所以如果覺得非必要的話，你可以將這兩個排除在外：

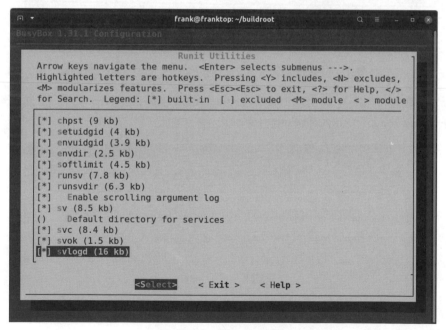

圖 14.5：runit 的工具程式

15. 在 **Runit Utilities** 子選單下，找到 **Default directory for services** 欄位。

16. 在 **Default directory for services** 欄位中輸入 /etc/sv：

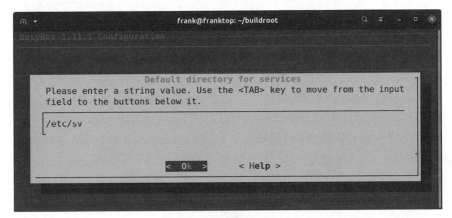

圖 14.6：預設的服務目錄

17. 離開 busybox-menuconfig 的設定選單畫面，選擇 **Yes** 來保存你的變更。和之前在 menuconfig 時一樣，對 busybox-menuconfig 的變更會被儲存到輸出目錄的一個 .config 檔案中，而 BusyBox 2020.02.9 長期維護版本的預設輸出目錄是 output/build/busybox-1.31.1

18. 將變更套用到 board/raspberrypi/busybox-runit.config 中：

```
$ make busybox-update-config
```

19. BusyBox 在 Buildroot 的 package/busybox 目錄底下有一個 inittab 檔案。這份檔案會指示 BusyBox 的 init 程式去掛載各種檔案系統，並且將檔案描述符（file descriptor）連結到 stdin、stdout、stderr 等裝置節點，以便構築用戶空間的設定檔。為了從 BusyBox 的 init 更改為 BusyBox 的 runit，我們需要修改 package/busybox/inittab 內容：

```
# now run any rc scripts
::sysinit:/etc/init.d/rcS
```

把上面的內容替換為以下的內容：

```
# now switch over to runit
null::respawn:runsvdir /etc/sv
```

20. 然後再從 BusyBox 的 inittab 檔案中刪除以下內容：

```
# Stuff to do before rebooting
::shutdown:/etc/init.d/rcK
```

由於 BusyBox 的 runit 在重啟之前會自動終止「它監督的所有程序」，所以對 BusyBox 的 runit 來說，只要刪除 ::shutdown 這一行就好，不需做相等的替換。

這樣一來，我們就擁有新的 configs/rpi4_runit_defconfig 和 board/raspberrypi/ busybox-runit.config 檔案，以及一個修改過的 package/busybox/inittab 檔案了。我們可以使用它們，在 Raspberry Pi 4 自訂的 Linux 映像檔上啟用 BusyBox 的 runit。請記得將修改成果 commit 到 Git 分支中做留存。

然後組建這份自訂的映像檔，如下所示：

```
$ make rpi4_runit_defconfig
$ make
```

組建完成後，就會有一份 output/images/sdcard.img 的「啟動用映像檔」（bootable image）。使用 Etcher，將這份映像檔寫到一張 microSD 卡上，並插入 Raspberry Pi 4 機板，然後啟動它。不過，此時因為 /etc/sv 底下還沒有任何服務可供 runsvdir 執行，因此目前除了系統啟動之外，就沒有別的作業了。

現在，我們可以用一條序列傳輸線（serial cable）連接到 Raspberry Pi 4 機板，並用無密碼的 root 使用者帳號登入，來確認 BusyBox runit 的啟動成果。此時，在映像檔中還沒納入 connman，因此我們需要先用 /sbin/ifup -a 來啟動網路介面：

```
# /sbin/ifup -a
[ 187.076662] bcmgenet: Skipping UMAC reset
[ 187.151919] bcmgenet fd580000.genet: configuring instance for
external RGMII (no delay)
udhcpc: started, v1.31.1
udhcpc: sending discover
[ 188.191465] bcmgenet fd580000.genet eth0: Link is Down
udhcpc: sending discover
[ 192.287490] bcmgenet fd580000.genet eth0: Link is Up - 1Gbps/Full -
```

```
flow control rx/tx
udhcpc: sending discover
udhcpc: sending select for 192.168.1.130
udhcpc: lease of 192.168.1.130 obtained, lease time 86400
deleting routers
adding dns 192.168.1.254
```

接下來，我們先來看一下 runit 服務目錄的結構與配置。

建立服務目錄與檔案

runit 可說是 daemontools 這個程序監督工具的重製版，起初是由 Gerrit Pape 開發，目的是為了取代 System V 的 init 和其他 Unix 的 init 方案。在本書寫成當下，runit 的最佳參考資料來源是 Pape 本人的網站（http://smarden.org/runit/），以及 Void Linux 的線上說明文件。

BusyBox 版本的 runit 與一般版本的 runit，它們的不同之處，基本上從說明文件中就可以看出來。舉例來說，BusyBox 版本當中的 sv 工具程式有支援 start 與 check 這些功能，但這些在原本的 sv --help 說明當中完全沒有提到。我們可以在 BusyBox 的 output/build/busybox-1.31.1/runit 目錄底下，找到 BusyBox runit 原始程式碼。你也可以直接到 https://git.busybox.net/busybox/tree/runit，查看目前線上最新的 BusyBox runit 原始程式碼。如果在使用上發現 BusyBox runit 有任何的 bug 或是缺少的功能，你也可以對 Buildroot 的 busybox 套件做修補來補強。

對於「簡單的程序監督」來說，在 Arch Linux 發行版中，BusyBox 的 runit 與 systemd 是可以同時應用的。關於這部分的細節可以參考 Arch Linux 的 Wiki。BusyBox 預設採用 init，且官方也沒有說明如何將 init 替換為 runit，因此，本書也不會針對「如何替換」做說明，而是展示如何利用 BusyBox 的 runit 來將「服務監督的功能」新增至 BusyBox 的 init。

服務目錄結構

在 Void Linux 發行版的原始說明文件（現已棄用）當中，有一段對 runit 的說明，如下所示：

> 『服務目錄（service directory）底下僅需要一個名為 run 的可執行檔就好，而這個可執行檔的功用，就是在前景 exec（執行）一個程序。』

不過，除了上述這個必要的 run 指令檔之外，一個 runit 服務目錄底下其實還可以再納入一個 finish 指令檔、一個 check 指令檔和一個 conf 設定檔。其中 finish 指令檔是用於服務停止或程序終止時，而在 conf 設定檔中，包含了任何 run 指令檔在執行時所需要的環境變數。

與 BusyBox init 的 /etc/init.d 目錄類似，這個 /etc/sv 目錄，是 runit 中一般用來存放「服務」的目錄。以下是一個簡易的嵌入式 Linux 系統，在它的 BusyBox init 服務目錄底下，預設會有這些指令檔：

```
$ ls output/target/etc/init.d
S01syslogd S02sysctl   S21haveged S45connman S50sshd rcS
S02klogd   S20urandom S30dbus    S49ntp     rcK
```

Buildroot 在各式常駐服務的套件中，都有提供這些 BusyBox init 指令檔。但是在 BusyBox runit 中，我們必須自行準備這些檔案。

在同樣的系統中，BusyBox runit 服務目錄底下會有這些指令檔：

```
$ ls -D output/target/etc/sv
bluetoothd dbus   haveged ntpd syslogd
connmand   dcron klogd   sshd watchdog
```

在目錄結構方面，BusyBox runit 的每個服務都有一個自己的資料夾，資料夾中含有 run 這個可執行指令檔。由於之前在設定時，我們從 inittab 中刪除了 ::sysinit:/etc/init.d/rcS 的緣故，所以同樣處於目標環境映像檔中的 BusyBox init 指令檔並不會被執行到。而與 init 不同的是，在 runit 中，這些服務的 run 指令檔是以「前景（foreground）模式」而非「背景（background）模式」執行的。

Void Linux 發行版可說是 runit 服務的參考資料寶庫。比方說，這是 Void 當中 sshd
服務的 run 指令檔：

```
#!/bin/sh
# Will generate host keys if they don't already exist
ssh-keygen -A >/dev/null 2>&1
[ -r conf ] && . ./conf
exec /usr/sbin/sshd -D $OPTS 2>&1
```

runsvdir 工具程式會啟動「定義在 /etc/sv 目錄底下的服務群組」，並進行服務監
控。因此，我們必須將這份 sshd 服務的 run 指令檔新增到 /etc/sv/sshd/run，以便
runsvdir 可以找到這份檔案並執行。值得注意的是，這份檔案需要處於可執行的檔案
權限下，這樣 BusyBox 的 runit 才能夠執行。

而同樣是 sshd 服務，底下以 Buildroot 的 /etc/init.d/S50sshd 為例，與 /etc/sv/
sshd/run 做一個對照：

```
start() {
    # Create any missing keys
    /usr/bin/ssh-keygen -A

    printf "Starting sshd: "
    /usr/sbin/sshd
    touch /var/lock/sshd
    echo "OK"
}
```

你會看到，差別在於預設情況下 sshd 是以「背景模式」執行，但我們可以使用 -D 參
數，來強制讓 sshd 改以「前景模式」執行。在 runit 中，我們需要在 run 指令檔中使
用 exec 指令，將「實際要執行的指令」設定為「前景模式」。exec 指令會將「當前
程序中所執行的程式」替換成「後面要執行的程式」。其結果就是，原本在 /etc/sv/
sshd 底下啟動的 ./run 程序，變成了 /usr/sbin/sshd -D 程序，而不是另外分支出
一個新程序：

```
# ps aux | grep "[s]shd"
  201 root      runsv sshd
  209 root      /usr/sbin/sshd -D
```

請注意，sshd 服務的 run 指令檔會先引用 conf 設定檔，以便取得 $OPTS 這個環境變數的內容。如果在 /etc/sv/sshd 底下沒有任何 conf 設定檔存在，那麼 $OPTS 變數的值就會是未定義且留空的（undefined and empty），但在這個範例中是不會造成問題的。而 sshd 服務與其他大多數的 runit 服務一樣，不需要在系統關機或重啟之前執行一份 finish 指令檔來釋放資源。

服務設定

Buildroot 內建於套件中的 init 指令檔，是以 BusyBox 的 init 為主，因此，我們需要將這些 init 版本的指令檔轉換為 runit 版本，並且改為安裝到 output/target/etc/sv 底下。但我發現，與其一個個去單獨修補這些套件，把所有服務檔案集中到 Buildroot 目錄之外的一個 rootfs 覆蓋層（overlay）或是一個綜合套件（umbrella package）中，這樣管理起來會更加容易。只要透過 make 設定的 BR2_EXTERNAL 變數，就可以讓 Buildroot 指向安裝目錄以外的路徑，在那個路徑下集中管理自訂用的檔案。

而最常見的做法是將 Buildroot 作為一個子模組（submodule）嵌入到 Git 儲存庫的頂層，並將其整合到一個 br2-externel 目錄（tree）中：

```
$ cat .gitmodules
[submodule "buildroot"]
    path = buildroot
    url = git://git.buildroot.net/buildroot
    ignore = dirty
    branch = 15a05e6d5a875759d217d61b3c7b31ec87ea4eb5
```

這種「將 Buildroot 作為一個子模組嵌入」的做法，能夠簡化我們對 Buildroot 套件的新增、修補等維護作業。將「子模組的嵌入」與「一個特定的版本管控標籤」綁定，這樣就能確保任何外部自訂資料的穩定性，直到 Buildroot 需要升級為止。在本範例中，我們把「對 buildroot 子模組的引用」與 2020.02.9 這個版本標籤（tag）綁定在一起，用以標示出「引用時的 Buildroot 長期維護版本」編號為何：

```
$ cd buildroot
$ git show --summary
commit 15a05e6d5a875759d217d61b3c7b31ec87ea4eb5 (HEAD -> busybox-
runit, tag: 2020.02.9)
Author: Peter Korsgaard <peter@korsgaard.com>
```

```
Date:    Sun Dec 27 17:55:12 2020 +0100

    Update for 2020.02.9

    Signed-off-by: Peter Korsgaard peter@korsgaard.com
```

但如果是要在「buildroot 作為 BR2_EXTERNAL 路徑中的一個子目錄」這樣的情況下執行 make 組建的話，我們需要設定額外的參數：

```
$ make -C $(pwd)/buildroot BR2_EXTERNAL=$(pwd) O=$(pwd)/output
```

Buildroot 建議的 br2-externel 目錄結構，規劃如下：

```
+-- board/
|   +-- <company>/
|       +-- <boardname>/
|           +-- linux.config
|           +-- busybox.config
|           +-- <other configuration files>
|           +-- post_build.sh
|           +-- post_image.sh
|           +-- rootfs_overlay/
|           |   +-- etc/
|           |   +-- <some file>
|           +-- patches/
|               +-- foo/
|               |   +-- <some patch>
|               +-- libbar/
|                   +-- <some other patches>
+-- configs/
|   +-- <boardname>_defconfig
+-- package/
|   +-- <company>/
|       +-- package1/
|       |   +-- Config.in
|       |   +-- package1.mk
|       +-- package2/
|           +-- Config.in
|           +-- package2.mk
+-- Config.in
+-- external.mk
+-- external.desc
```

如果我們要把先前自訂的 `rpi4_runit_defconfig` 檔案與 `busybox-runit.config` 檔案加到這個樹狀目錄結構中，根據 Buildroot 的建議指引，這兩份設定檔應該要歸屬在 `board`，也就是與「機板」相關的目錄底下。其中 `<boardname>_defconfig` 這種映像檔設定檔，應該要放置在以該「機板名稱」為開頭的映像檔設定目錄之下；而 `busybox.config`，則應該歸屬在相應的 `board/<company>/<boardname>` 目錄之下。另外，我們自訂的 BusyBox `inittab` 檔案所在的 `rootfs_overlay/etc` 目錄，也應該歸屬在與「機板」相關的資料群中。

與 BusyBox runit 服務相關的設定檔，都是集中在 `/etc/sv` 底下，因此乍看之下，你會覺得它們應該歸屬在與特定「機板」相關的 `rootfs` 覆蓋層（overlay）中。但以筆者的經驗而言，我們很快就會發現這種做法不夠彈性。這是因為我們往往需要針對「同一款機板」準備多種不同的映像檔設定，比方說，光是同一款消費性裝置的映像檔，就可能分成開發版（development）、正式版（production）和製造版（manufacturing，即用於大量生產的版本）。而每個不同版本映像檔的服務設定都是分開的，因此，實際上這類設定會隨著映像檔而有所不同。基於以上理由，這類服務設定（service configuration）最好歸屬在「套件」相關的 `package` 底下，而非「機板」相關的 `board` 底下。筆者就是運用這種「Buildroot 目錄之外的綜合套件」管理方式（每一種映像檔類型就有一組套件），來設定 BusyBox runit 的服務。

在 `br2-externel` 的最上層，需要有 `external.desc`、`external.mk` 和 `Config.in` 檔案。`external.desc` 檔案包含了描述 `br2-external` 的基本中繼資料（basic metadata）：

```
$ cat external.desc
name: ACME
desc: Acme's external Buildroot tree
```

在使用 Buildroot 時，`BR2_EXTERNAL_<name>_PATH` 這個變數會被設定為 `br2-external` 的絕對路徑（absolute path），以便在 Kconfig 與 makefile 中引用或使用。`desc` 欄位則是一段可選的說明文字（optional description），可以透過 `BR2_EXTERNAL_<name>_DESC` 變數來取得。就以本範例的 `external.desc` 來說，這些變數名稱中的 `<name>` 部分就會是 `ACME` 字樣。而 `external.mk` 檔案中，基本上就只有一行對 `BR2_EXTERNAL_<name>_PATH` 變數的引用而已（這個變數定義在 `external.desc` 檔案中）：

```
$ cat external.mk
include $(sort $(wildcard $(BR2_EXTERNAL_ACME_PATH)/package/acme/*/*.mk))
```

這一行 include 主要用來告訴 Buildroot，要到哪裡尋找這些外部套件的 .mk 檔案。而外部套件的 Config.in 檔案路徑，則是另外定義在 br2-external 最上層的 Config.in 中：

```
$ cat Config.in
source "$BR2_EXTERNAL_ACME_PATH/package/acme/development/Config.in"
source "$BR2_EXTERNAL_ACME_PATH/package/acme/manufacturing/Config.in"
source "$BR2_EXTERNAL_ACME_PATH/package/acme/production/Config.in"
```

Buildroot 會讀取 br2-external 的這份 Config.in 檔案，然後把其中包含的套件方案檔（package recipe）加到最上層的設定選單中。如果我們依照 Buildroot 的建議指引，使用 development、manufacturing、production 等不同版本來規劃綜合套件，填入 br2-external 的目錄結構中，看起來會像下面這樣：

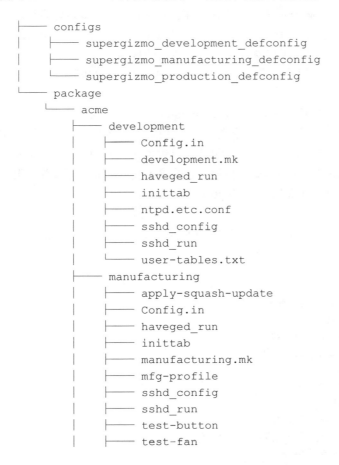

```
├── configs
│   ├── supergizmo_development_defconfig
│   ├── supergizmo_manufacturing_defconfig
│   └── supergizmo_production_defconfig
└── package
    └── acme
        ├── development
        │   ├── Config.in
        │   ├── development.mk
        │   ├── haveged_run
        │   ├── inittab
        │   ├── ntpd.etc.conf
        │   ├── sshd_config
        │   ├── sshd_run
        │   └── user-tables.txt
        ├── manufacturing
        │   ├── apply-squash-update
        │   ├── Config.in
        │   ├── haveged_run
        │   ├── inittab
        │   ├── manufacturing.mk
        │   ├── mfg-profile
        │   ├── sshd_config
        │   ├── sshd_run
        │   ├── test-button
        │   ├── test-fan
```

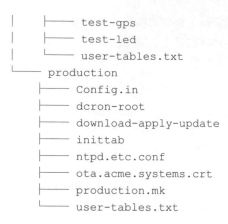

```
│       ├─────  test-gps
│       ├─────  test-led
│       └─────  user-tables.txt
└─────  production
        ├─────  Config.in
        ├─────  dcron-root
        ├─────  download-apply-update
        ├─────  inittab
        ├─────  ntpd.etc.conf
        ├─────  ota.acme.systems.crt
        ├─────  production.mk
        └─────  user-tables.txt
```

如果你將這個目錄結構與前一個目錄結構做比較,你會看到,`<boardname>` 的部分已被替換為 `supergizmo`,而 `<company>` 的部分則被替換為 `acme`。你可以這樣看待綜合套件(umbrella package):它們就像一些共同的基礎映像檔(base image)之上的映像檔覆蓋層(image overlay)。如此一來,這三個版本的映像檔,都可以共用同一份 U-Boot、內核和驅動程式,而剩下的工作,我們只要專注在用戶空間的設定就好。

接著就是開始思考,開發版映像檔(development image)中需要納入哪些套件。最起碼來說,開發人員需要能夠「使用 ssh 登入裝置」、「使用 sudo 執行指令」,以及使用 vim 編輯「部署到機板上的檔案」。此外,開發人員也會希望使用 strace、gdb、perf 之類的工具來追蹤、除錯和剖析程式。值得注意的是,這些軟體都不應該出現在資安層級較為嚴格的裝置正式版映像檔(production image)中。

在 development 綜合套件中,Config.in 會挑選只應該部署到公司內部開發人員的「開發版(preproduction)硬體」上的套件:

```
$ cat package/acme/development/Config.in
config BR2_PACKAGE_DEVELOPMENT
    bool "development"
    select BR2_PACKAGE_HAVEGED
    select BR2_PACKAGE_OPENSSH
    select BR2_PACKAGE_SUDO
    select BR2_PACKAGE_TMUX
    select BR2_PACKAGE_VIM
    select BR2_PACKAGE_STRACE
    select BR2_PACKAGE_LINUX_TOOLS_PERF
    select BR2_PACKAGE_GDB
```

```
select BR2_PACKAGE_GDB_SERVER
select BR2_PACKAGE_GDB_DEBUGGER
select BR2_PACKAGE_GDB_TUI
help
    The development image overlay for Acme's SuperGizmo.
```

在這些套件的組建流程中，各個服務的指令檔與設定檔都會被安裝到 output/target 目錄底下。以下是 package/acme/development/development.mk 當中相關的設定：

```
define DEVELOPMENT_INSTALL_TARGET_CMDS
    $(INSTALL) -D -m 0644 $(@D)/inittab $(TARGET_DIR)/etc/inittab
    $(INSTALL) -D -m 0755 $(@D)/haveged_run $(TARGET_DIR)/etc/sv/
haveged/run
    $(INSTALL) -D -m 0755 $(@D)/sshd_run $(TARGET_DIR)/etc/sv/sshd/
run
    $(INSTALL) -D -m 0644 $(@D)/sshd_config $(TARGET_DIR)/etc/ssh/
sshd_config
endef
```

Buildroot 的 <package>.mk 檔案有 <package>_BUILD_CMDS 與 <package>_INSTALL_TARGET_CMDS 這兩個區塊。由於這個綜合套件被命名為 development，因此這塊有關安裝的部分，實際名稱應該要宣告為 DEVELOPMENT_INSTALL_TARGET_CMDS。需要注意的是，這個 <package> 前綴字樣，它必須與 Config.in 檔案中那行 BR2_<package> 的後綴字樣一致，否則在組建時會拋出異常訊息。

所以根據這份設定，haveged/run 與 sshd/run 這些指令檔會被安裝到目標環境的 /etc/sv 目錄中，而啟動 runsvdir 所需的自訂 inittab 則是被安裝到 /etc 底下。這些檔案都必須安裝在正確的路徑下，並且設定正確的權限，否則 BusyBox 的 runit 是無法啟動 haveged 與 sshd 服務的。

這邊提到的 haveged 是一款軟體亂數產生器（software random number generator），主要目標是為了解決 Linux 的 /dev/random 裝置在亂數生成上「隨機度過低」（low-entropy，低熵）的問題。由於 SSH 協定高度依賴於亂數，因此，「隨機度過低」可能會使 sshd 無法正常運作。某些較新款的系統單晶片（SoC）提供了硬體亂數產生器（hardware random number generator），然而，某些內核版本可能還無法支援這些硬體亂數產生器。在這些系統上，如果缺少了 haveged 功能，那麼在裝置啟動之後可能會需要等上數分鐘的時間，才能開始讓 sshd 接受連線。

在 BusyBox 的 runit 中運行 haveged 非常簡單：

```
$ cat package/acme/development/haveged_run
#!/bin/sh
exec /usr/sbin/haveged -w 1024 -r 0 -F
```

至於 production 和 manufacturing 的綜合套件，它們更像是以不同的組合方式選擇「要納入映像檔中的套件與服務」。在 production 映像檔中，會包含用於下載和套用「軟體更新」的工具；而在 manufacturing 映像檔中，會包含工廠技術人員用於驗證和測試「硬體」的工具。BusyBox runit 也很適合應對以上這兩種需求。

在 production 綜合套件中，Config.in 會挑選「透過遠端推送更新（**OTA**）定期進行軟體更新」所需的套件：

```
$ cat package/acme/production/Config.in
config BR2_PACKAGE_PRODUCTION
    bool "production"
    select BR2_PACKAGE_DCRON
    select BR2_PACKAGE_LIBCURL
    select BR2_PACKAGE_LIBCURL_CURL
    select BR2_PACKAGE_LIBCURL_VERBOSE
    select BR2_PACKAGE_JQ
    help
      The production image overlay for Acme's SuperGizmo.
```

反之，我們不應該在開發環境或製造環境中加入這類 OTA 工具，所以在這些版本中需要排除它們。在 production 映像檔中，有一個「下載、套用、更新指令檔」，它會利用 curl 指令，來向 OTA 伺服器請求軟體更新。而在 curl 發送請求時，在機板上也需要有一份公開的 SSL 憑證，以便與 OTA 伺服器之間做身分驗證。dcron 常駐服務則被設定為每 10 到 20 分鐘之間運行一次這份「下載、套用、更新指令檔」，並加入一些雜訊（這是為了避免造成尖峰）。如果真的有更新可下載，指令檔就會下載映像檔、驗證它，然後套用到 microSD 卡中並重新啟動系統。以下是 package/acme/production/production.mk 中相關的設定：

```
define PRODUCTION_INSTALL_TARGET_CMDS
    $(INSTALL) -D -m 0644 $(@D)/inittab $(TARGET_DIR)/etc/inittab
    $(INSTALL) -D -m 0644 $(@D)/dcron-root $(TARGET_DIR)/etc/cron.d/
root
```

```
    $(INSTALL) -D -m 0775 $(@D)/download-apply-update
    $(TARGET_DIR)/usr/sbin/download-apply-update
    $(INSTALL) -D -m 0644 $(@D)/ota.acme.com.crt $(TARGET_DIR)/etc/
ssl/certs/ota.acme.com.crt
    $(INSTALL) -D -m 0644 $(@D)/ntpd.etc.conf $(TARGET_DIR)/etc/ntp.
conf
Endef
```

切換到 br2-external 最上層的根目錄，然後輸入以下指令，組建出 production 映像
檔來：

```
$ make clean
$ make supergizmo_production_defconfig
$ make
```

對於範例中的 Acme SuperGizmo 來說，組建 development 映像檔或 manufacturing
映像檔的差別，只有 defconfig 的設定不同而已。這三個版本的 defconfig 基本上是
相同的，除了最後一行之外；最後一行分別是 BR2_PACKAGE_DEVELOPMENT=y、BR2_
PACKAGE_PRODUCTION=y、BR2_PACKAGE_MANUFACTURING=y。要留意這三個不同版本的
綜合套件是互斥的，所以千萬不要在同一個映像檔中同時納入多個綜合套件，否則有可
能出現無法預期的結果。

服務監督

一旦我們在 /etc/sv 下建立「擁有 run 指令檔的服務目錄」，並確保 BusyBox init
啟動 runsvdir，後續就是 BusyBox runit 的工作了，這些工作可能包括啟動、停
止、監控、重啟等作業。runsvdir 工具程式會為每個服務目錄啟動一個 runsv 程序，
即使程序被中斷了，也會重新啟動它。因為 run 指令檔會以「前景模式」運行這些常
駐服務，所以只要 run 指令檔在服務運行期間處於被攔阻（block）的狀態，一旦發現
run 指令檔被意外結束，runsv 就會自動重啟這些服務。

在系統的啟動過程中，這種自動重啟服務的功能是必要的，因為以 run 指令檔啟動服
務有可能會失敗。尤其是 BusyBox 的 runit 會幾乎同時啟動所有服務，而非依序啟
動，在這種情況下，只要服務依賴的「其他服務」或是需要的「系統資源」（如 GPIO
或裝置驅動程式）還沒到位，服務就會啟動失敗。後續我們還會討論如何設定服務之間
的依賴關係，以便掌控系統的啟動過程。

下面是在本範例的嵌入式 Linux 系統上運行的 `runsv` 程序：

```
# ps aux | grep "[r]unsv"
  177 root        runsvdir /etc/sv
  179 root        runsv ntpd
  180 root        runsv haveged
  181 root        runsv syslogd
  182 root        runsv dcron
  185 root        runsv dbus
  187 root        runsv bluetoothd
  192 root        runsv watchdog
  195 root        runsv connmand
  199 root        runsv sshd
  202 root        runsv klogd
```

從上面可以看到，在 `inittab` 中所設定的 `runsvdir /etc/sv` 指令，是直到 PID 編號 177 才執行的。PID 編號 1 是 `/sbin/init`，也就是指向 `/bin/busybox` 的軟連結。PID 編號 2 到 176（未顯示在上面的輸出結果中）都是屬於內核與系統本身的服務，而這些指令在 ps 的顯示結果中，會用方括號字元（`[]`）包住；這種方括號字元的表示方式，代表該程序並非是以特定指令列啟動的。範例中的 `connmand` 與 `bluetoothd` 這兩個服務，都依賴於 D-Bus 才能正常運作，所以在直到 D-Bus 啟動之前，`runsv` 可能會多次嘗試重啟這些服務：

```
# pstree -a
init
  |-getty -L 115200 ttyS0
  |-hciattach /dev/ttyAMA0 bcm43xx 921600 flow - 60:81:f9:b0:8a:02
  |-runsvdir /etc/sv
  |    |-runsv ntpd
  |    |    `-ntpd -u ntp -c /etc/ntp.conf -U 60 -g -n
  |    |         `-{ntpd}
  |    |-runsv haveged
  |    |    `-haveged -w 1024 -r 0 -F
  |    |-runsv syslogd
  |    |    `-syslogd -n -O /var/data/log/messages -b 99 -s 1000
  |    |-runsv dcron
  |    |-runsv dbus
  |    |    `-dbus-daemon --system --nofork --nopidfile --syslog-only
  |    |-runsv bluetoothd
  |    |    `-bluetoothd -E --noplugin=* -n
```

```
|   |-runsv watchdog
|   |   `-watchdog -T 10 -F /dev/watchdog
|   |-runsv connmand
|   |   `-connmand -n
|   |-runsv sshd
|   |   `-sshd -D
|   `-runsv klogd
|       `-klogd -n
`-wpa_supplicant -u
```

如果有服務是需要網路連線才能正常運作的，基於 DHCP 的非同步性質，服務啟動所需的時間又可能再拉長幾秒鐘。在這個範例中，connmand 會負責系統上所有網路介面的服務，換句話說，這些服務又依賴於 connmand。要是裝置的 IP 位址由於網路連線的切換，或是因為 DHCP 的更新，而發生變動，就可能要想辦法重啟一大堆相關服務了。幸好，BusyBox 的 runit 提供了一個可以從指令列重啟服務的簡便方式。

控制服務

BusyBox 的 runit 提供了一個 sv 指令列工具，方便我們管理、檢視和控制服務：

```
# sv --help
BusyBox v1.31.1 () multi-call binary.

Usage: sv [-v] [-w SEC] CMD SERVICE_DIR...

Control services monitored by runsv supervisor.
Commands (only first character is enough):

status: query service status
up: if service isn't running, start it. If service stops, restart it
once: like 'up', but if service stops, don't restart it
down: send TERM and CONT signals. If ./run exits, start ./finish
    if it exists. After it stops, don't restart service
exit: send TERM and CONT signals to service and log service. If they
    exit, runsv exits too
pause, cont, hup, alarm, interrupt, quit, 1, 2, term, kill: send
STOP, CONT, HUP, ALRM, INT, QUIT, USR1, USR2, TERM, KILL signal to
service
```

在 sv 的 help 說明文件中，解釋了 up、once、down、exit 這些指令參數的作用，並說明了 pause、cont、hup、alarm、interrupt、quit、1、2、term、kill 這些指令，分別對應到哪些 POSIX 訊號。而且這些指令參數都可以簡寫為頭文字就好（即每個指令的第一個字母）。

在底下的範例中，我們會用 sv 指令來嘗試控制 ntpd 服務。但你實際上會看到的輸出結果可能和筆者的不同，這取決於執行指令時服務的運行時間：

1. 重啟 ntpd 服務：

    ```
    # sv t /etc/sv/ntpd
    # sv s /etc/sv/ntpd
    run: /etc/sv/ntpd: (pid 1669) 6s
    ```

    sv t 指令會重啟服務，而 sv s 指令會確認服務狀態。t 是 term 的簡寫，因此 sv t 指令會向服務發送 TERM 訊號，中斷服務後，再重啟它。從狀態資訊中我們可以得知，ntpd 服務在重啟之前已經運行了 6 秒鐘的持續時間。

2. 接著，改用 sv d 指令來停止 ntpd 服務，看看狀態資訊會變成什麼樣子：

    ```
    # sv d /etc/sv/ntpd
    # sv s /etc/sv/ntpd
    down: /etc/sv/ntpd: 7s, normally up
    ```

    這次從狀態資訊中我們可以看到，ntpd 服務已經停止了 7 秒鐘的持續時間。

3. 然後重新啟動 ntpd 服務：

    ```
    # sv u /etc/sv/ntpd
    # sv s /etc/sv/ntpd
    run: /etc/sv/ntpd: (pid 2756) 5s
    ```

    這次的狀態資訊顯示，ntpd 自啟動之後已經運行了 5 秒鐘的持續時間。值得注意的是，因為從停止後到重新啟動服務之間，系統已經運作了一段時間，因此 PID 編號變得比原先來得高。

4. 接著以一次性啟動（one-off start）的形式啟動 ntpd 服務：

```
# sv o /etc/sv/ntpd
# sv s /etc/sv/ntpd
run: /etc/sv/ntpd: (pid 3795) 3s, want down
```

sv o 指令類似於 sv u 指令，但不同之處在於，如果接下來服務終止了，那就不會再自動重啟。你可以用 sv k /etc/sv/ntpd 指令發送一條 KILL 訊號給 ntpd 服務，然後你就會看到，ntpd 服務在終止後，依舊維持在停止狀態。

以下是本範例中所有用到的 sv 指令的完整名稱：

```
# sv term /etc/sv/ntpd
# sv status /etc/sv/ntpd
# sv down /etc/sv/ntpd
# sv up /etc/sv/ntpd
# sv once /etc/sv/ntpd
```

如果服務有「異常處理」或是「訊號處理」的需求，你可以將這類業務邏輯安插在 finish 指令檔中。這份 finish 指令檔並非必要，它會在 run 指令檔結束後執行。每個 finish 指令檔都有兩個參數：

- $1：它是 run 指令檔在結束時的結束碼（exit code）。
- $2：它是由 waitpid 系統呼叫決定的「結束狀態（exit status）中的最低有效位元組（Least Significant Byte，LSB）」，用於表示結束的原因。

如果 run 是正常結束的，結束碼會是 0；如果 run 不是正常結束的，結束碼會是 -1。如果 run 是正常結束的，那麼狀態位元組（status byte）會是 0。如果結束的原因是事件訊號，那麼狀態位元組就會是該訊號的代碼（the signal number）。要是 runsv 打從一開始就無法執行 run 指令檔，那麼結束碼會是 1，而狀態位元組會是 0。

因此，假設我們今天有一個負責監測「IP 位址是否發生變動」的服務，我們就可以利用 sv t 指令來重啟網路服務。這基本上與 ifplugd 的作用類似，差別在於，ifplugd 會在「乙太網路連線狀態改變時」作用，而非「IP 位址發生變動時」作用。或者，我們也可以單純使用「一個 while 迴圈所寫成的 shell 指令檔」，在迴圈中不斷探查網路介面狀態，用這種方式來取代這類服務。sv 指令還可以被拿來當作是一種在 run 指令檔（或 finish 指令檔）與服務之間溝通的管道，這也是接下來我們要介紹的重點。

處理服務的依賴關係

先前我們提到過，像 connmand 和 bluetoothd 這類服務，需要 D-Bus 才能正常運作。D-Bus 是一種訊息的系統匯流排（message system bus），它支援發佈／訂閱（publish-subscribe）模式，讓不同程序之間得以進行通訊。Buildroot 的套件提供了 dbus-daemon 這個 D-Bus 系統常駐服務和 libdbus 函式庫。C 語言函式庫中，實作了 D-Bus 的低階 API 介面，但也有其他程式語言（如 Python）的較高階 API 介面。而在某些程式語言的實作中，不是依賴於 libdbus 函式庫，是另外自行實作了 D-Bus 協定的版本。總而言之，對於像 connmand 和 bluetoothd 這類 D-Bus 服務而言，系統中的 dbus-damon 必須先就位，它們才能夠正常啟動。

啟動時的依賴關係

runit 的官方文件建議使用 sv start 來管理與「其他同樣由 runit 控制的服務」之間的依賴關係。比方說，假設我們今天想確保 D-Bus 服務會先於 connmand 服務之前啟動，那麼我們應該這樣定義 /etc/sv/connmand/run：

```
#!/bin/sh
/bin/sv start /etc/sv/dbus > /dev/null || exit 1
exec /usr/sbin/connmand -n
```

這樣一來，當 run 指令檔執行時，如果系統的 dbus-daemon 尚未啟動，那麼 sv start /etc/sv/dbus 這行指令就會嘗試啟動。sv start 指令類似於 sv up，差別在於，我們可以利用 -w 指令參數或是 SVWAIT 環境變數，來設定啟動服務時的「等待秒數」時間上限。如果沒有設定 -w 指令參數，也沒有定義 SVWAIT 環境變數，那麼預設的等待時間為 7 秒鐘。如果執行指令時，服務正在運行中，那麼就會回傳 0，表示成功執行；反之則會回傳 1，並使得 /etc/sv/connmand/run 指令檔提前中斷，而 connmand 服務也沒有啟動。此時，負責監控 connmand 啟動的 runsv 程序，會持續嘗試啟動服務，直到成功為止。

底下借用 Void Linux 中的 /etc/sv/dbus/run 為例：

```
#!/bin/sh
[ ! -d /var/run/dbus ] && /bin/install -m755 -g 22 -o 22 -d /var/run/
dbus
[ -d /tmp/dbus ] || /bin/mkdir -p /tmp/dbus
exec /bin/dbus-daemon --system --nofork --nopidfile --syslog-only
```

然後與 Buildroot 中的 `/etc/init.d/S30dbus` 做對照:

```
# Create needed directories.
[ -d /var/run/dbus ] || mkdir -p /var/run/dbus
[ -d /var/lock/subsys ] || mkdir -p /var/lock/subsys
[ -d /tmp/dbus ] || mkdir -p /tmp/dbus
RETVAL = 0
start() {
    printf "Starting system message bus: "
    dbus-uuidgen --ensure
    dbus-daemon --system
    RETVAL=$?
    echo "done"
    [ $RETVAL -eq 0 ] && touch /var/lock/subsys/dbus-daemon
}

stop() {
    printf "Stopping system message bus: "
    ## we don't want to kill all the per-user $processname, we want
    ## to use the pid file *only*; because we use the fake
nonexistent
    ## program name "$servicename" that should be safe-ish
    killall dbus-daemon
    RETVAL=$?
    echo "done"
    if [ $RETVAL -eq 0 ]; then
        rm -f /var/lock/subsys/dbus-daemon
        rm -f /var/run/messagebus.pid
    fi
}
```

你可以看到,相較之下,Buildroot 版本的 D-Bus 服務指令檔要複雜許多。這是因為 runit 以「前景模式」運行 dbus-daemon,因此不需要 pid 檔或是 lock 檔(鎖定檔)等繁瑣的機制。可能會有讀者認為,上面所展示的 stop() 函式內容也很適合拿來當作 finish 指令檔,但在 runit 的情況下,沒有 dbus-damon 要終止,也沒有 pid 檔或 lock 檔要刪除。請記得,在 runit 中,讓服務終止的 finish 指令檔其實並非必要,而且應該是在有使用意義時才安插進去的。

自訂啟動時的依賴關係

當 /etc/sv/dbus 目錄底下有安插 check 指令檔時，sv 會利用這份指令檔來檢查這個服務是否可用。如果指令檔正常執行（結束碼為 0），那麼就會視為服務可用。這個檢查機制（check mechanism）能夠讓我們在「程序正常運行」之外，加上一些額外的後置條件（postconditions），用以綜合判斷服務是否真正可用。舉例來說，像是 connmand 服務的啟動，就不代表與網路的連線已經成功建立。因此 check 指令檔可以幫助我們檢查，在其他服務得以啟動之前，某項服務已確實啟動且運作正常。

比方說，如果要驗證 Wi-Fi 網路是否可用，就可以參考下面這份 check 指令檔：

```
#!/bin/sh
WIFI_STATE=$(cat /sys/class/net/wlan0/operstate)
"$WIFI_STATE" = "up" || exit 1
exit 0
```

將 這 份 指 令 檔 存 為 /etc/sv/connmand/check，便 可 使 Wi-Fi 網 路 成 為「判 斷connmand 服務是否啟動」的必要條件之一。這樣一來，每當你執行 sv start /etc/sv/connmand 時，即使 connmand 服務正在運行，該指令僅在 Wi-Fi 網路介面正常啟動時，才會回傳「結束碼為 0」。

使用 sv check 指令，你也可以在不啟動服務的情況下執行 check 指令檔。如同 sv start 指令，只要服務目錄底下存在 check 指令檔，sv 指令就會執行這個指令檔，來判斷服務是否可用。只有當 check 指令檔正常結束且回傳「結束碼為 0」時，該服務才會被認為是可用的。sv 指令最多會等待 7 秒的時間，等待 check 指令檔回傳「結束碼為 0」的結果。與 sv start 指令不同的是，如果 check 指令檔回傳「結束碼為非 0」的結果，那麼 sv 指令就不會嘗試啟動該服務。

總而言之

只要利用 sv start 與 sv check 機制，就能讓我們自行管理服務之間的啟動依賴關係。將這些功能再與 finish 指令檔結合，就可以建立起對程序的監督機制。例如，作為父程序的服務可以在父程序要終止時，呼叫 sv down 指令來連帶終止其他的子服務。這種富有彈性的自訂功能，也是筆者認為 BusyBox runit 如此好用的原因。只要使用簡單、清楚定義的 shell 指令檔，就可以自訂依賴關係，使其照我們的期望運

行。如果讀者想要了解更多關於服務監督的細節，我推薦閱讀與 Erlang 容錯（fault tolerance）有關的文章。

專用的服務紀錄

專用的服務紀錄器（dedicated service logger）只會記錄來自單一常駐服務的輸出。這類紀錄器的好處是，它不會把不同服務的紀錄內容全都混在一起，而是分別寫在各自的紀錄檔中。反之，那些由集中式系統紀錄器（centralized system logger，如 syslogd）所生成的整合型紀錄檔（monolithic log file）往往雜亂無章，但也不能說它們無用。這兩種紀錄器各有其用途：專用的紀錄可讀性高，而集中式紀錄則提供上下文，方便我們理解系統的情境。我們甚至不一定要在這兩者之中選邊站，可以同時有專用的紀錄器，也可以同時有 syslog 系統紀錄器。

運作原理

因為服務的 run 指令檔會以「前景模式」運行，所以如果我們要為服務建立「專用的紀錄器」，其實只要簡單地將 run 指令檔的「標準輸出」重新導向到一份紀錄檔中就好。在目標服務目錄底下新建一個 log 子目錄，然後在這個子目錄底下再新建一個紀錄器本身的 run 指令檔（與服務本身的 run 指令檔無關），這樣就可以了。只要有這個 log 子目錄存在，就會建立一條管道（pipe），將「服務目錄中 run 程序的輸出」導向「log 目錄中 run 程序的輸入」。

以 sshd 服務為例，其服務目錄結構會變成這樣，如下所示：

```
# tree etc/sv/sshd
etc/sv/sshd
|-- finish
|-- log
|   `-- run
`-- run
```

更進一步說明的話，每當 BusyBox runit 的 runsv 程序遇到這類服務目錄結構時，除了會依情況執行 sshd/run 或是 sshd/finish 之外，還會：

1. 建立一條管道
2. 將 run 與 finish 的標準輸出重新導向到這條管道上
3. 切換到 log 目錄底下
4. 啟動 log/run 指令檔
5. 將 log/run 的標準輸入導向方才那條管道上（這樣就能從管道中讀取）

runsv 對 sshd/log/run 的啟動與監控，與對 sshd/run 大同小異。當你為 sshd 服務添加一個紀錄器後，你會發現 sv d /etc/sv/sshd 指令只會終止 sshd 服務，而不會把紀錄器也停下來。除非另外再執行 sv d /etc/sv/sshd/log 指令，或是乾脆把這一行指令寫進 /etc/sv/sshd/finish 指令檔中，才能停止紀錄器。

為服務新增專用的紀錄

BusyBox 的 runit 另外提供了一個 svlogd 常駐服務，可直接運用在 log/run 指令檔中：

```
# svlogd --help
BusyBox v1.31.1 () multi-call binary.

Usage: svlogd [-tttv] [-r C] [-R CHARS] [-l MATCHLEN] [-b BUFLEN]
DIR...

Read log data from stdin and write to rotated log files in DIRs

-r C        Replace non-printable characters with C
-R CHARS    Also replace CHARS with C (default _)
-t          Timestamp with @tai64n
-tt         Timestamp with yyyy-mm-dd_hh:mm:ss.sssss
-ttt        Timestamp with yyyy-mm-ddThh:mm:ss.sssss
-v          Verbose
```

你可以看到，在使用 svlogd 時，需要指定一到多個 DIR 輸出目錄路徑作為參數。

請依照如下步驟，在 BusyBox 的 runit 服務中加入專用的紀錄：

1. 在服務目錄底下新增一個 log 子目錄。
2. 在 log 子目錄中新建一份 run 指令檔。
3. 將 run 指令檔設定為可執行權限。
4. 在 run 指令檔中用 exec 指令執行 svlogd。

底下借用 Void Linux 中的 /etc/sv/sshd/log/run 指令檔為例：

```sh
#!/bin/sh
[ -d /var/log/sshd ] || mkdir -p /var/log/sshd
exec chpst -u root:adm svlogd -t /var/log/sshd
```

由於 svlogd 會將 sshd 紀錄檔寫入 /var/log/sshd 目錄，因此如果該目錄尚不存在，我們首先需要自行建立該目錄。為了讓這份紀錄檔持久存在，你可能需要修改 inittab，好在啟動過程中、於 runsvdir 執行之前，將 /var 改為掛載到「一個可寫入的快閃分割區」上。在上面的範例中，exec 指令後面的 chpst -u root:adm 會確保，當 svlogd 執行時，是以 root 使用者和 adm 使用者群組的權限執行的。

至於 -t 這個選項，它會在紀錄檔中每一行資訊的開頭，加上 TAI64N 格式的時間戳記。雖然 TAI64N 格式的時間戳記相當精確，但卻缺乏可讀性。在時間戳記參數的格式方面，svlogd 另外還提供了 -tt 與 -ttt 選項。如果某些常駐服務本身的紀錄資訊就帶有時間戳記的話，只要將 log/run 裡面 svlogd 的這些參數排除掉，就不會造成混淆了。

可能有讀者會好奇：那我們可以為 klogd 或 syslogd 服務新增一個專門的日誌紀錄器嗎？請不要這樣做。因為 klogd 與 syslogd 這兩者在設計上都是系統層面的紀錄常駐服務，它們也非常擅長這樣的工作。對紀錄器本身做記錄，其實沒什麼意義，除非是紀錄器本身發生異常且需要除錯。而如果服務本身就會同時對 stdout 與 syslog 輸出紀錄資訊的話，請記得在給 syslog 的紀錄資訊內不要額外加上時間戳記，因為 syslog 的機制本身就有一個時間戳記欄位可供使用。

專門的紀錄器會以一個獨立的程序運行，因此在設計嵌入式系統時，需要考量這些紀錄器程序所造成的額外負擔。尤其是當你決定採用 BusyBox runit 作為服務監督工具

時，在資源有限的系統上，更要謹慎決定「哪些服務需要新增專門的紀錄器」，否則可能會拖累裝置的回應效率。

紀錄檔輪替

svlogd 預設會以「100 萬位元組檔案大小為一個單位、每個單位一個紀錄檔、總共 10 個紀錄檔」的方式，自動進行紀錄檔的輪替。之前說過，這些紀錄檔會被寫入一到多個作為參數傳送給 svlogd 指令的 DIR 輸出目錄路徑中。紀錄檔的輪替行為當然是可設定的，但在進入實際設定之前，先讓筆者說明一下背後的運作原理。

先不提 svlogd 是如何取得 NUM 與 SIZE 這兩個設定值的。其中 NUM 指的是要保留（retain）的紀錄檔個數，而 SIZE 指的是單一紀錄檔的檔案大小上限。假設 svlogd 正在把紀錄資訊寫到一個名為 current 的紀錄檔中。當 current 這個檔案的大小達到 SIZE 位元組的限制時，svlogd 就會對 current 進行輪替。

svlogd 輪替 current 檔案的過程，如下所示：

1. 關閉對 current（當前）紀錄檔的寫入動作。
2. 將 current 紀錄檔設為唯讀。
3. 把 current 紀錄檔重新命名為 @< 時間戳記 >.s。
4. 建立一個新的 current 記錄檔，視其為新的當前紀錄檔，開始寫入。
5. 統計除了當前紀錄檔之外，總共已經輪替了幾份紀錄檔。
6. 如果紀錄檔個數已經超過 NUM 上限，就把其中最舊的紀錄檔刪除掉。

用來重新命名「被輪替的 current 紀錄檔」的 < 時間戳記 > 值，其時間點指的是該紀錄檔被輪替掉的時間點，而不是該紀錄檔產生出來的時間點。

接下來，讓我們看看 SIZE、NUM、PATTERN 這幾個參數：

```
# svlogd --help
BusyBox v1.31.1 () multi-call binary.
[Usage not shown]
DIR/config file modifies behavior:
sSIZE - when to rotate logs (default 1000000, 0 disables)
nNUM - number of files to retain
!PROG - process rotated log with PROG
```

```
+,-PATTERN - (de)select line for logging
E,ePATTERN - (de)select line for stderr
```

這些參數是經由「讀取 DIR/config 設定檔」的方式設定的。其中，如果將 SIZE 設定為 0，就等於是停用紀錄檔輪替機制的意思，而不是指套用預設值，這一點要特別注意。底下的範例是一個 DIR/config 設定檔，它會使 svlogd 保留最多 100 份紀錄檔，然後每份紀錄檔最大為 9,999,999 個位元組的大小，總計來說，會在該輸出目錄底下，最多產生約 1 GB 左右的檔案：

```
s9999999
n100
```

如果對 svlogd 設定了多個 DIR 輸出目錄，那麼 svlogd 會將紀錄檔寫到所有這些路徑底下。但為什麼要把同一筆紀錄寫到那麼多個目錄底下呢？答案是你「不需要」把同一筆紀錄寫到多個目錄底下。每個輸出目錄底下各自都有一份 config 設定檔，而設定在其中的篩選條件，就可以用來比對和過濾紀錄資訊，以決定是否要接受這筆紀錄的寫入。

假設今天你在 DIR/config 中設定了一組「以 +、-、E 或是 e 為開頭，後面接著長度為 N 個字元」的 PATTERN 篩選，那麼 svlogd 就會根據 PATTERN 的設定內容，與每條傳入的紀錄訊息做「前 N 個字元」的比對。+ 與 - 是用於標準輸出的過濾，而 E 與 e 是用於標準錯誤的過濾。+PATTERN 或 EPATTERN 代表選中，而 -PATTERN 或 ePATTERN 代表排除。

對服務發送訊號

在「**啟動時的依賴關係**」小節中，筆者已說明如何用 sv 指令列工具來控制服務。其後，我們又示範如何用 sv start 和 sv down 指令來設定 run 和 finish 指令檔，並建立與其他服務之間的依賴關係。可能有讀者意識到，其實在執行 sv 指令時，runsv 會對「它監督的 run 程序」發出 POSIX 訊號；但你可能不知道的是，這其實是透過一條具名管道（named pipe），才能讓 sv 工具如此管理「作為目標的 runsv 程序」。supervise/control 和（可選的）log/supervise/control 這兩條具名管道被打開（open），這樣其他程序就可以發送指令給 runsv。雖然透過 sv 指令對服務發送訊號比較簡單，但如果有需要，你其實也可以不用 sv 指令，而是直接將「控制字元」寫到這條 control 管道中。

在沒有設定「專門的紀錄器」的情況下，執行期的服務目錄結構，大致如下所示：

```
# tree /etc/sv/syslogd
/etc/sv/syslogd
|-- run
`-- supervise
    |-- control
    |-- lock
    |-- ok
    |-- pid
    |-- stat
    `-- status
```

/etc/sv/syslogd 底下的 control 檔案就是服務的具名管道。pid 檔案與 stat 檔案則含有服務當前的 PID 程序編號與狀態值（run 或 down）。從上面的目錄結構中可以看到，在 supervise 子目錄底下的所有檔案，以及 supervise 子目錄本身，都是在系統啟動時，由 runsv syslogd 產生出來的。如果服務本身有設定專門的紀錄器，那麼 runsv 還會進一步在紀錄器的目錄底下，也產生一份 supervise 子目錄出來。

作為控制字元（control character）的 t、d、u、o，也就是我們之前看過的 sv 指令中 term、down、up、once 的簡寫：

- t term：對程序發送 TERM 訊號，然後重啟服務。
- d down：對程序發送 TERM 訊號，接著發送 CONT 訊號，但不重啟服務。
- u up：啟動服務，並且在程序終止時重啟服務。
- o once：試著在預設的 7 秒鐘內啟動服務，並且不會試著重啟服務。
- 1：對程序發送 USR1 訊號。
- 2：對程序發送 USR2 訊號。

尤其是這兩個控制字元 1 和 2，它們是由「收到這兩個訊號的服務端」自己解釋意義，並決定如何回應 USR1 與 USR2 這兩個訊號的。如果讀者是負責擴充一個服務的開發人員，那麼就可以利用訊號處理器（signal handler）來達到這一點。雖然這兩個使用者自訂訊號（user-defined signal）似乎看起來沒什麼用處，但要是再結合寫入設定檔的更新，那麼其實可以做出許多變化。而且使用者自訂訊號不會像 STOP、TERM 或 KILL 訊號那樣終止服務。

小結

本章介紹了一個較鮮為人知，且筆者認為被嚴重低估的 init 系統。如同 systemd 那樣，BusyBox runit 也可以在系統啟動期間與執行期間，管理服務之間複雜的依賴關係。它在設定上較為簡便，且筆者認為比起 systemd 更符合 Unix 系統的精神。再說，在啟動時間方面，更是沒人能超越 BusyBox runit 這個選項。如果讀者是採用 Buildroot 作為組建系統，那麼強烈建議選擇 BusyBox runit 作為你裝置上 init 系統。

本章節的學習內容涵蓋了很多方面。首先，我們學會如何在裝置上安裝 BusyBox runit，並用 Buildroot 啟動它。我們也說明如何利用綜合套件來設定與組裝服務。接著，我們實際觀察一個程序的監督機制，然後深入了解服務之間的依賴關係，以及如何管理這些關係。接下來，我們看到如何為服務新增一個專門的紀錄器，並學習如何設定紀錄檔輪替。最後，我們說明服務如何透過一條具名管道，來互相發送訊號進行溝通。

在下一個章節中，我們會將議題轉向 Linux 系統的電源管理，主要目標是學習如何降低耗電量。對於那些必須仰賴電池作為供電手段的裝置來說，這一點尤為重要。

延伸閱讀

如果讀者想要了解更多，可以參考以下資源：

- 「The Buildroot User Manual」：http://nightly.buildroot.org/manual.html#customize
- Gerrit Pape 的「runit documentation」：http://smarden.org/runit/
- 「Void Handbook」：https://docs.voidlinux.org/config/services
- Tristan Sloughter、Fred Hebert 和 Evan Vigil-McClanahan 的「Adopting Erlang」：https://adoptingerlang.org/docs/development/supervision_trees

15

電源管理

對於那些以電池供電的裝置來說，我們必須採取任何措施來降低耗電，以延長電池壽命，因此電源管理（power management）是至關重要的議題。即使是直接供電的裝置，減少耗電也有助於裝置冷卻和節省能源成本。在本章節中，我們將介紹電源管理的四個原則：

- 沒有要求的話，不需要什麼都以最高效率運行
- 閒置不一定是壞事
- 不需要的功能就停用
- 如果真的沒有要執行的作業，那就乾脆進入睡眠

如果以更技術面的方式來解釋這些電源管理原則，意思就是要努力降低 CPU 時脈頻率（clock frequency）。在閒置期間，電源管理系統應該要盡量選擇最深層的睡眠狀態（sleep state）；它應該停用那些用不到的週邊裝置，以便降低負載；此外，整個系統都應該支援暫停模式（suspended mode），以便迅速地在各類電源管理狀態之間做切換。

Linux 具備這些原則的解決方案，筆者將依序說明，並提供範例讓各位讀者了解，如何將這些功能運用在嵌入式系統上，達到耗電最佳化。

本章節在討論系統電源管理時，會提到一些源自於 **ACPI（Advanced Configuration and Power Interface，進階組態與電源介面）**規範的專有名詞，例如 **C-State（C 狀態）**與 **P-State（P 狀態）**等。在初次接觸到這些名詞時，筆者會稍做解釋。更進一步的細節，讀者可以參考本章節尾聲的「**延伸閱讀**」小節。

在本章節中，我們將帶領各位讀者一起了解：

- 分析耗電量
- 調整時脈頻率
- 選擇最佳閒置狀態
- 關閉週邊裝置
- 進入睡眠模式

環境準備

執行本章節中的範例時，請讀者先準備如下環境：

- 以 Linux 為主系統的開發環境
- Linux 版 USB 開機碟製作工具 Etcher
- 一張可供讀寫的 microSD 卡與讀卡機
- 一條 USB 轉 TTL 的 3.3V 序列傳輸線
- BeagleBone Black 機板
- 一條 5V、1A 的 DC 直流電源供應線
- 一條乙太網路線，以及開通網路連線所需的防火牆連接埠

此外，讀者可以在本書 GitHub 儲存庫的 Chapter15 資料夾下找到本章的所有程式碼：https://github.com/PacktPublishing/Mastering-Embedded-Linux-Programming-Third-Edition。

分析耗電量

在本章節範例中，我們不會採用模擬器，而是使用實際的硬體平台。因此，我們需要一組具備電源管理的 BeagleBone Black 來演繹。但不幸的是，BeagleBone 的 meta-yocto-bsp 資料層並未提供 **PMIC（Power Management IC，電源管理晶片）**韌

體，所以我們要改用一份事先準備好的 Debian 映像檔。這份韌體也有可能被包含在 meta-ti 資料層中，但筆者當時並未找到。「在 BeagleBone Black 上安裝 Debian」的流程，除了 Debian 的版本之外，大致上與**「第 12 章，使用針腳擴充板打造原型」**的內容一樣。

請執行以下指令，下載 BeagleBone Black 可用的 Debian Stretch IoT 映像檔，以便裝載於 microSD 卡上：

```
$ wget https://debian.beagleboard.org/images/bone-debian-9.9-iot-
armhf-2019-08-03-4gb.img.xz
```

在本書寫成當下，AM335x 為主的 BeagleBone 系列機板，其最新的 Debian 映像檔版本是 10.3（Buster）。但在本章節中，我們將採用 Debian 9.9 版本來執行範例，因為 10.3 版本的 Linux 內核缺少部分電源管理功能。請下載 Debian Stretch IoT 映像檔，並使用 Etcher 寫入一張 microSD 卡中。

> **Note**
>
> 可以的話，請從 BeagleBoard.org 下載本章節範例所使用的 Debian 9.9 版本（Stretch）的映像檔。這是因為 Debian 10.3 版本缺少 CPUIdle 驅動程式，所以該發行版中沒有 CPUIdle 的調速器（governor，即 menu 和 ladder）。不過，如果無法取得 9.9 版本，或是該版本已不再提供支援，那麼請嘗試 BeagleBoard.org 上比 10.3 更新的版本。

在 BeagleBone 機板斷電的情況下，將 microSD 卡插入讀卡槽，再插上序列傳輸線。此時，在開發環境上，你應該會看到一個 /dev/ttyUSB0 序列埠。請用合適的終端機程式（如 gtkterm、minicom、picocom 等），並用 115200 bps（bits per second）無流量控制的方式連線。根據筆者的經驗，gtkterm 大概是最容易設定和使用的：

```
$ gtkterm -p /dev/ttyUSB0 -s 115200
```

如果出現權限錯誤（permissions error）的訊息，你可能需要先將使用者帳號加到 dialout 使用者群組底下，重啟系統後，再嘗試一次連線。

按住 BeagleBone Black 上的 Boot Switch 按鈕（在最靠近 microSD 讀卡槽的地方），然後以「5V 外接電源」接上「機板」啟動，按住「按鈕」5 秒後放開。接著，

你應該就會在序列主控台（serial console）上，看到 U-Boot 輸出資訊、內核輸出資訊，最後出現登入提示字元：

```
Debian GNU/Linux 9 beaglebone ttyS0

BeagleBoard.org Debian Image 2019-08-03

Support/FAQ: http://elinux.org/Beagleboard:BeagleBoneBlack_Debian

default username:password is [debian:temppwd]

beaglebone login: debian
Password:
```

以 debian 使用者帳號登入，密碼則是畫面上所顯示的 temppwd。

> **Note**
>
> 許多 BeagleBone Black 機板在內建的快閃儲存記憶體中都已經安裝了一份 Debian 作業系統，因此，就算沒有插入 microSD 卡，依舊可以正常啟動。如果在登入提示字元之前，你看到的訊息是 BeagleBoard.org Debian Image 2019-08-03，這才表示是以 microSD 卡上的「Debian 9.9 版本的映像檔」啟動的。反之，如果你看到不同的訊息，請檢查一下是否有正確插入 microSD 卡。

另外，你也可以用底下的方法，檢查運行的 Debian 作業系統版本：

```
debian@beaglebone:~$ cat /etc/os-release
PRETTY_NAME="Debian GNU/Linux 9 (stretch)"
NAME="Debian GNU/Linux"
VERSION_ID="9"
VERSION="9 (stretch)"
ID=debian
HOME_URL="https://www.debian.org/"
SUPPORT_URL="https://www.debian.org/support"
BUG_REPORT_URL="https://bugs.debian.org/"
```

然後確認可用的電源管理模式有哪些：

```
debian@beaglebone:~$ cat /sys/power/state
freeze standby mem disk
```

如果一共看到四種不同的模式，那就沒錯了。但要是只看到 freeze，那就表示電源管理子系統沒有正常啟動，請回到前面的步驟，然後再次確認。

接著，我們先來量測耗電量。量測（measure）的方法有兩種：「從外部量測」和「從內部量測」。從外部量測耗電量的話，就是直接以安培計與伏特計來測量電流與電壓，然後將這兩者的數據相乘起來，得到電量的瓦數。讀者可以選用基本款的儀表，量測出數據，再將變化記錄下來；讀者也可以採用較進階的款式，有的甚至還支援紀錄功能，讓你可以看到以「毫秒」（millisecond）為單位的電量變化。基於本章節的學習目標，筆者這邊選擇以 mini USB 埠作為 BeagleBone 機板的供電，然後再搭配一款僅花費數美元的簡便 USB 耗電監測器。

至於另一種方法，則是利用 Linux 內建的監控系統。透過 sysfs，你可以獲得大量資訊，而搭配 **PowerTOP** 這個非常好用的程式，就可以收集各種不同來源的資訊，並整合在一起顯示。這個 PowerTOP 套件在 Yocto Project 與 Buildroot 當中都有，當然也可以安裝在 Debian 上面。

請依照如下步驟，在 BeagleBone Black 機板上的 Debian Stretch IoT 作業系統中，安裝 PowerTOP：

```
debian@beaglebone:~$ sudo apt update
[...]
debian@beaglebone:~$ sudo apt install powertop
Reading package lists... Done
Building dependency tree
Reading state information... Done
Suggested packages:
  laptop-mode-tools
The following NEW packages will be installed:
  powertop
0 upgraded, 1 newly installed, 0 to remove and 151 not upgraded.
Need to get 177 kB of archives.
After this operation, 441 kB of additional disk space will be used.
Get:1 http://deb.debian.org/debian stretch/main armhf powertop armhf
2.8-1+b1 [177 kB]
Fetched 177 kB in 0s (526 kB/s)
```

在安裝 PowerTOP 之前，別忘了將 BeagleBone Black 接上網路線，並且更新一下可供安裝的套件清單。

底下是在 BeagleBone Black 機板上執行 PowerTOP 所得的監測數據範例：

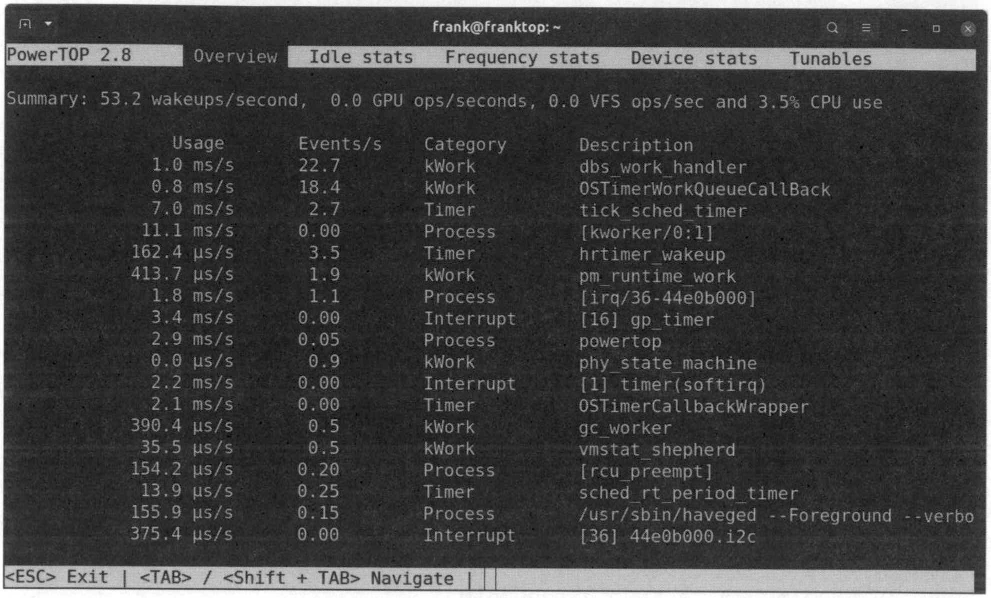

```
 ⊡ ▾                          frank@franktop: ~                  Q  ≡  _  ⏷  ✕

PowerTOP 2.8      Overview   Idle stats   Frequency stats   Device stats   Tunables

Summary: 53.2 wakeups/second,  0.0 GPU ops/seconds, 0.0 VFS ops/sec and 3.5% CPU use

          Usage       Events/s    Category      Description
         1.0 ms/s     22.7        kWork         dbs_work_handler
         0.8 ms/s     18.4        kWork         OSTimerWorkQueueCallBack
         7.0 ms/s      2.7        Timer         tick_sched_timer
        11.1 ms/s      0.00       Process       [kworker/0:1]
       162.4 µs/s      3.5        Timer         hrtimer_wakeup
       413.7 µs/s      1.9        kWork         pm_runtime_work
         1.8 ms/s      1.1        Process       [irq/36-44e0b000]
         3.4 ms/s      0.00       Interrupt     [16] gp_timer
         2.9 ms/s      0.05       Process       powertop
         0.0 µs/s      0.9        kWork         phy_state_machine
         2.2 ms/s      0.00       Interrupt     [1] timer(softirq)
         2.1 ms/s      0.00       Timer         OSTimerCallbackWrapper
       390.4 µs/s      0.5        kWork         gc_worker
        35.5 µs/s      0.5        kWork         vmstat_shepherd
       154.2 µs/s      0.20       Process       [rcu_preempt]
        13.9 µs/s      0.25       Timer         sched_rt_period_timer
       155.9 µs/s      0.15       Process       /usr/sbin/haveged --Foreground --verbo
       375.4 µs/s      0.00       Interrupt     [36] 44e0b000.i2c

<ESC> Exit  |  <TAB> / <Shift + TAB> Navigate  | |
```

圖 15.1：PowerTOP 的介面

圖 15.1 顯示目前系統還沒有什麼活動，而 CPU 資源使用量僅有 3.5%。後續在「**使用 CPUFreq**」小節和「**CPUIdle 驅動程式**」小節中，我們會再看到另一份活動較多的範例。

但至少我們已經有了可以量測功耗的方式，接著就來看看，在嵌入式 Linux 系統中，用來管理功耗最重要的關鍵之一：時脈頻率（clock frequency）。

調整時脈頻率

同樣是一公里，「用跑的」比「用走的」還要花更多力氣。同樣的道理，在較低的時脈頻率下，CPU 的功耗會比較小。讓我們詳細說明。

CPU 在執行程式碼時的耗電量，是「閘極漏電流（gate leakage current）的靜態部分」與「閘極切換（gate switch）的動態部分」的總和：

$$P_{cpu} = P_{static} + P_{dyn}$$

其中「動態部分」的計算，取決於「切換邏輯閘」（the logic gates being switched）電容總量多少（C 值）、時脈頻率（f 值）和電壓的平方值（V^2 值）：

$$P_{dyn} = CfV^2$$

從這條公式可以看出，即使改變了時脈頻率（f），但為了完成作業所需要的，CPU 週期數（C）還是必須夠多，因此似乎無法省下功耗。換句話說，如果把時脈頻率砍半，那麼就需要兩倍長的時間來完成運算，因此動態部分的總功耗值依舊是一樣的。更進一步地說，如果降低時脈頻率的話，甚至有可能導致功耗成本上升，因為屆時 CPU 需要花上更多時間才能回到閒置狀態下。這樣看起來，應該是要盡可能以最高的時脈頻率，好讓 CPU 快點把事情做完、快點進入閒置狀態才對。這又被稱為**加速進入閒置（race to idle）**的行為模式。

> **Note**
>
> 不過，還有另外一種動機，會讓我們想採取降低時脈的做法：**過熱管理（thermal management）**。降低時脈有可能是為了將系統溫度控制在一定範圍內，不過，這不在本書討論範圍內，因此就不在此贅述了。

因此，如果想要節省耗電，我們必須能夠改變 CPU 核心的電壓。但是，每一種電壓值都會對應一個最高時脈頻率，要是超過了該時脈頻率，那麼閘極的切換將變得不穩定。換言之，「越高的時脈頻率」就需要「越高的電壓」，這兩者是無法被分開看待的。而確實許多的 SoC 中也支援這兩者一起調整的功能，這又稱為 **DVFS（Dynamic Voltage and Frequency Scaling，動態電壓與頻率調整）**。裝置生產商會計算出「核心頻率」與「電壓伏特值」之間最佳的搭配組態，而這些組態被稱為 **OPP（Operating Performance Point，效能調校點或性能操作點）**。在 ACPI 規範中，通常又稱為 **P-State（P 狀態）**，P0 對應的是擁有「最高時脈頻率」的調校點。雖然 OPP 是時脈頻率與電壓伏特的組合，但通常只會提到頻率的部分而已。

如果要在不同 P-State 之間切換，就需要內核驅動程式的支援。讓我們看看這個驅動程式，以及如何控制它。

CPUFreq 驅動程式

Linux 有一個名為 **CPUFreq** 的元件，它負責管理不同 OPP 調校點之間的切換。它是每個 SoC 機板支援套件（BSP）的一部分。CPUFreq 由「驅動程式」與「調速器」組成：由位於 drivers/cpufreq/ 的「驅動程式」負責切換 OPP，並由一組「調速器」決定何時切換。CPUFreq 透過 /sys/devices/system/cpu/cpuN/cpufreq 目錄控制著每個 CPU（其中 N 代表 CPU 編號）。在這個目錄中，我們可以找到許多檔案。其中一些檔案如下：

- cpuinfo_cur_freq、cpuinfo_max_freq 與 cpuinfo_min_freq：分別為 CPU 當前的時脈頻率，以及最高頻率和最低頻率的限制，以 KHz 為單位。
- cpuinfo_transition_latency：切換 OPP 所需要的時間，以奈秒（nanosecond）為單位。如果該值無法被確定，那麼這邊會顯示為 -1。
- scaling_available_frequencies：該 CPU 可選的 OPP 頻率值的清單。
- scaling_available_governors：該 CPU 可用的調速器的清單。
- scaling_governor：目前採用的 CPUFreq 調速器。
- scaling_max_freq 與 scaling_min_freq：該調速器可用的時脈頻率範圍，以 KHz 為單位。
- scaling_setspeed：當你採用的是 userspace（用戶空間）調速器時，可透過這個檔案手動設定時脈頻率。這部分稍後會說明。

調速器決定了「切換 OPP」的策略（policy），並在 scaling_min_freq 與 scaling_max_freq 之間設定時脈頻率。一般來說，調速器（governor）有以下幾種：

- powersave：永遠以最低時脈頻率為主。
- performance：永遠以最高時脈頻率為主。
- ondemand：根據 CPU 使用率來改變時脈頻率。如果 CPU 的閒置時間少於 20%，那麼就會把頻率設定為最大值；如果閒置時間高於 30%，那麼就會將頻率往下調整 5%。
- conservative：與 ondemand 類似，但是反過來以逐步 5% 的方式逐漸提高頻率，而不是從最高頻率往下。
- userspace：讓用戶空間程式來決定頻率。

Debian 啟動時預設採用的調速器為 `performance`：

```
$ cd /sys/devices/system/cpu/cpu0/cpufreq
$ cat scaling_governor
performance
```

接下來，在本章節中，我們要使用 `ondemand` 調速器。因此，請用以下指令進行切換：

```
$ sudo cpupower frequency-set -g ondemand
[sudo] password for debian:
Setting cpu: 0
```

密碼為預設的 `temppwd`。

`ondemand` 調速器用來決定「何時切換 OPP」的參數，可以在 `/sys/devices/system/cpu/cpufreq/ondemand/` 底下進行設定。在 `ondemand` 調速器與 `conservative` 調速器中，還會將「變更時脈頻率與電壓的成本」也考慮進去，這個參數是設定在 `cpuinfo_transition_latency` 內。但這些對「變更成本」的計算，僅限於使用「一般排程策略」（normal scheduling policy）的執行緒；如果執行緒使用的是「即時（real time）排程策略」，則會無論如何，以最高頻率的 OPP 為主，避免執行緒的執行逾時。

至於 `userspace` 調速器，則允許用戶空間的常駐服務自訂「切換 OPP」的策略，例如 `cpudyn`、`powernowd` 這類。只是這兩者的設計都是針對基於 x86 架構的筆記型電腦（筆電），而非嵌入式裝置。

了解如何在「執行期間」控制 CPUFreq 之後，接著，讓我們看看如何在「編譯期間」就定義 OPP 調校點。

使用 CPUFreq

查看 BeagleBone Black 的硬體結構樹，你會發現其中有與 OPP 相關的設定，例如底下的 `am33xx.dtsi`：

```
cpu0_opp_table: opp-table {
    compatible = "operating-points-v2-ti-cpu";
    syscon = <&scm_conf>;
```

```
        [...]
        opp50-300000000 {
            opp-hz = /bits/ 64 <300000000>;
            opp-microvolt = <950000 931000 969000>;
            opp-supported-hw = <0x06 0x0010>;
            opp-suspend;
        };
        [...]
        opp100-600000000 {
            opp-hz = /bits/ 64 <600000000>;
            opp-microvolt = <1100000 1078000 1122000>;
            opp-supported-hw = <0x06 0x0040>;
        };
        [...]
        opp120-720000000 {
            opp-hz = /bits/ 64 <720000000>;
            opp-microvolt = <1200000 1176000 1224000>;
            opp-supported-hw = <0x06 0x0080>;
        };
        [...]
        oppturbo-800000000 {
            opp-hz = /bits/ 64 <800000000>;
            opp-microvolt = <1260000 1234800 1285200>;
            opp-supported-hw = <0x06 0x0100>;
        };
        oppnitro-1000000000 {
            opp-hz = /bits/ 64 <1000000000>;
            opp-microvolt = <1325000 1298500 1351500>;
            opp-supported-hw = <0x04 0x0200>;
        };
    };
```

這些是執行期間可用的 OPP，而與 OPP 頻率值的清單對照一下，就會發現這兩者之間一致的關聯了：

```
$ cd /sys/devices/system/cpu/cpu0/cpufreq
$ cat scaling_available_frequencies
300000 600000 720000 800000 1000000
```

如果今天採用的是 userspace 調速器，那麼只要對 scaling_setspeed 做寫入，我們就可以自行控制時脈頻率，並量測出裝置在每種 OPP 組態下的功耗。不過這類量測的精確度有待商榷，因此建議當作一個參考就好。

當系統處於閒置狀態下，功耗為 70mA @ 4.6V = 320 mW。這部分是與時脈頻率無關的，也就是我們在前面的功耗公式中看到的，一個系統的靜態功耗部分。

然後，用以下的運算吃重負載，量測出每種 OPP 組態的最大功耗量：

```
# dd if=/dev/urandom of=/dev/null bs=1
```

量測結果如下表所示。當中的功耗變化欄位，指的是將該組態與閒置狀態下相比較，其中的**功耗變化（delta power，功耗差異）**增加了多少：

OPP 組態	頻率（KHz）	功耗（mW）	功耗變化（mW）
OPP50	300,000	370	50
OPP100	600,000	505	185
OPP120	720,000	600	280
Turbo	800,000	640	320
Nitro	1,000,000	780	460

這些數據顯示的是每種 OPP 組態下的最大功耗（maximum power）。但由於 CPU 都是在 100% 運行的狀態下進行量測，這代表「時脈頻率越高的測試」執行了「更多的作業」，因此並不是公平的數據。如果我們將作業量保持一致，僅僅改變頻率，則會得到如下的數據情形：

OPP 組態	頻率（KHz）	CPU 使用率（%）	功耗（mW）
OPP50	300,000	94	320
OPP100	600,000	48	345
OPP120	720,000	40	370
Turbo	800,000	34	370
Nitro	1,000,000	28	370

你可以看到，相較之下，頻率最低的功耗節省了約 15%。

而使用 PowerTOP，我們還可以進一步看到每種 OPP 組態下的作業耗時。圖 15.2 是在 BeagleBone Black 機板上採用 ondemand 調速器，在輕量作業情境下所得到的數據：

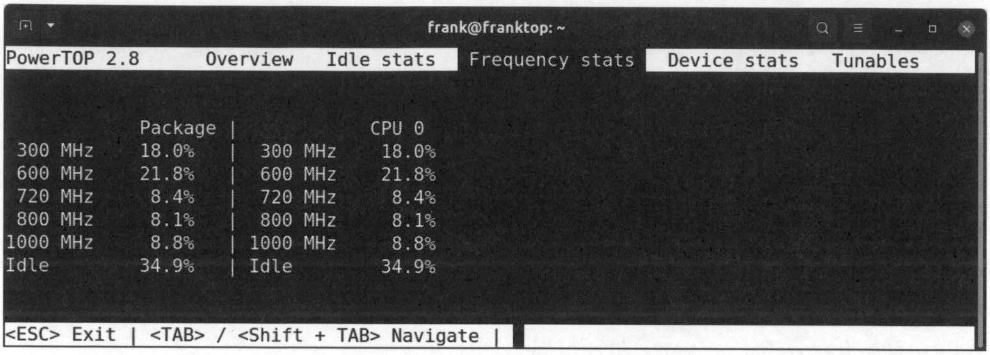

```
                                            frank@franktop: ~
PowerTOP 2.8       Overview    Idle stats   Frequency stats   Device stats   Tunables

                Package |               CPU 0
300 MHz         18.0%   |  300 MHz      18.0%
600 MHz         21.8%   |  600 MHz      21.8%
720 MHz          8.4%   |  720 MHz       8.4%
800 MHz          8.1%   |  800 MHz       8.1%
1000 MHz         8.8%   | 1000 MHz       8.8%
Idle            34.9%   | Idle          34.9%


<ESC> Exit  |  <TAB> / <Shift + TAB> Navigate |
```

圖 15.2：PowerTOP 的頻率分析數據

多數情形下，ondemand 就是最適合的調速器。我們可以透過內核設定 CPU_FREQ_DEFAULT_GOV_ONDEMAND 項目，將其設定為預設採用的調速器，或者，我們也可以寫在啟動指令檔中，在啟動流程中選擇要採用的調速器。本書儲存庫中的 MELP/Chapter15/cpufrequtils 有一份「來自 Debian 的 System V init 指令檔」可供參考。

更多關於 CPUFreq 驅動程式的細節，請參考 Linux 內核原始碼中的 Documentation/cpu-freq 目錄。

在本小節中，我們討論的是 CPU 繁忙（busy）時的功耗情形，接下來讓我們看看 CPU 閒置（idle）能夠幫助我們省下多少功耗。

選擇最佳閒置狀態

當處理器無事可做時，就會執行一條**暫停指令（halt instruction）**，進入所謂的閒置狀態（idle state）。閒置時，CPU 會消耗較少的電量。當發生事件（如硬體中斷訊號）時，才會再離開閒置狀態。大部分的 CPU 都會具備多種不同的閒置狀態，每種都會有不同的功耗情形，主要是在功耗與延遲（從閒置狀態下醒來所需要花費的時間長度）之間做權衡。在 ACPI 規範中，它們又被稱為 **C-State（C 狀態）**。

越深層的 C-State，代表會關閉越多的電路，而代價就是失去越多的狀態，也因此才會需要更長的時間，才能回到可正常運作的狀態下。舉例來說，在某些 C-State 中，CPU 快取可能會被關閉，因此當 CPU 要回去工作時，就得要重新從主記憶體載入一些資訊才行。而這代價不斐，我們不會想要這種事情太常發生，因此，只有當 CPU 有很大機會長時間處於這種狀態時，才會納入考慮。每個系統所支援的狀態數量都不太一樣，但無論如何，從睡眠狀態回到正常運作的狀態，都需要一定時間作為代價。

決定閒置狀態的關鍵在於了解「CPU 接下來大概會閒置多久」。雖然預測未來這種事情是很困難的，但旁敲側擊，總是有跡可循。其中一點是根據當前的 CPU 作業負載量：如果現在作業量很重，那麼之後的短期間內應該也不會好到哪裡去，所以深度睡眠並不是好主意。但即使現在作業量很輕，也值得觀察一下，看看是否有「即將過期的計時器事件」來決定。如果沒有作業，也沒有計時器事件，那麼就可以安心切換到深度的閒置狀態了。

用於決定閒置狀態的是 CPUIdle 驅動程式。更多關於此驅動程式的細節，可以參考 Linux 內核原始碼中的 `Documentation/cpuidle` 目錄。

CPUIdle 驅動程式

CPUIdle 和 CPUFreq 一樣，都是由 BSP 中的「驅動程式」與決定策略的「調速器」組成。但兩者不同在於，CPUIdle 的調速器無法在執行期間改變，而且也沒有提供「用戶空間調速器」這種選擇。

CPUIdle 閒置狀態的相關資訊，在 `/sys/devices/system/cpu/cpu0/cpuidle` 目錄底下都可以找到，其中，每種睡眠狀態都會有一個子目錄，分別以 `state0` 到 `stateN` 命名。這當中 `state0` 是最淺度的睡眠，而編號最大的 `stateN` 自然就是最深度的睡眠。值得注意的是，資料夾名稱的編號不等同於 C-State 的編號，而且 CPUIdle 中也沒有 `c0`（代表運行中）這樣的狀態。與狀態有關的有以下這些檔案：

- `desc`：關於狀態的描述文字
- `disable`：對這個檔案寫入 `1`，就可以停用該狀態
- `latency`：當 CPU 核心脫離該狀態時，從這個狀態恢復到正常運作狀態「所需要的時長」，以微秒（microsecond）為單位
- `name`：這個狀態的名稱
- `power`：在該閒置狀態下的功耗值，以毫瓦（milliwatt）為單位

- `time`：花費在該閒置狀態下的總時長，以微秒為單位
- `usage`：進入這個狀態的次數

以 BeagleBone Black 的 AM335x SoC 為例，它支援兩種閒置狀態。第一種狀態是：

```
$ cd /sys/devices/system/cpu/cpu0/cpuidle
$ grep "" state0/*
state0/desc:ARM WFI
state0/disable:0
state0/latency:1
state0/name:WFI
state0/power:4294967295
state0/residency:1
state0/time:1023898
state0/usage:1426
```

這個狀態名稱是 `WFI`，即 **Wait For Interrupt（等待中斷）**，表示 ARM 架構中的暫停指令（halt instruction）。由於只是單純地暫停，所以脫離狀態所需的延遲時間僅有 1 微秒，而功耗則顯示為 `-1`，代表 CPUIdle 當下還不知道該狀態的功耗情形。第二種狀態是：

```
$ cd /sys/devices/system/cpu/cpu0/cpuidle
$ grep "" state1/*
state1/desc:mpu_gate
state1/disable:0
state1/latency:130
state1/name:mpu_gate
state1/power:0
state1/residency:300
state1/time:139156260
state1/usage:7560
```

這個狀態的名稱是 mpu_gate，並且擁有較高的、130 微秒的延遲時間。這些閒置狀態可以直接寫死在 CPUIdle 驅動程式內，或是定義在硬體結構樹中。以 am33xx.dtsi 為例：

```
cpus {
    cpu@0 {
        compatible = "arm,cortex-a8";
```

```
        enable-method = "ti,am3352";
        device_type = "cpu";
        reg = <0>;
        .
        .
        .
        cpu-idle-states = <&mpu_gate>;
    };
    idle-states {
        mpu_gate: mpu_gate {
            compatible = "arm,idle-state";
            entry-latency-us = <40>;
            exit-latency-us = <90>;
            min-residency-us = <300>;
            ti,idle-wkup-m3;
        };
    };
}
```

CPUIdle 的調速器也有兩種：

- ladder：它會根據「上次在閒置狀態下的持續時間」來決定要往更深或是更淺的狀態切換過去。但這類調速器僅適用於規律計時器，不適用於動態計時器的情況。
- menu：它會根據「預期的閒置持續時間」來決定閒置狀態。它適用於動態計時器的系統。

這兩者之間的採用與抉擇，取決於你對 NO_HZ 的設定，這部分稍後會再做說明。

至於與驅動程式之間的互動，當然還是透過 sysfs 檔案系統，也就是 /sys/devices/system/cpu/cpuidle 目錄，其中有兩個檔案：

- current_driver：這是 cpuidle 驅動程式的名稱
- current_governor_ro：這是調速器的名稱

這些代表的是目前使用哪個驅動程式和採用哪個調速器。而閒置狀態下的數據，在 PowerTOP 中則會另外顯示在 Idle stats 的分頁下。圖 15.3 是在 BeagleBone Black 機板上採用 menu 調速器：

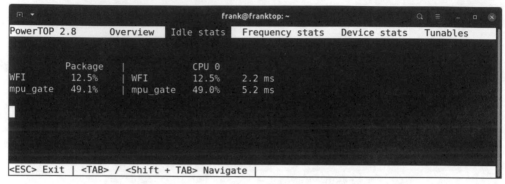

圖 15.3：PowerTOP 的閒置分析數據

數據顯示，當系統處於閒置狀態時，如我們預期，大多數都會進入較深的 mpu_gate 閒置狀態。

然而，即使 CPU 處於完全閒置的情境，大多數的 Linux 系統還是會透過系統計時器中斷訊號來定期喚醒系統。所以為了節省更多電源，我們需要將 Linux 內核設定為無間斷模式（tickless operation）。（**譯者註**：tickless 又譯無計時、無空迴圈、無滴答，即動態計時器（dynamic timer）的意思。）

無間斷模式

與「無間斷模式」相關的是 NO_HZ 這個設定。如果系統確實處於閒置狀態下，一般來說，最有可能造成 CPU 被喚醒的，是一個預設會以每秒 HZ 的速率（HZ 值一般為 100）規律地計時、定期產生中斷訊號的系統計時器（system timer）。過去 Linux 系統就是依靠計時器來作為計算逾時的主要手段。

但要是中斷訊號發出時，根本就沒有任何計時器事件需要處理，那麼此時僅僅為了中斷訊號而喚醒 CPU 根本就是一個浪費的行為。於是在內核設定中有了 CONFIG_NO_HZ_IDLE 這個動態計時的選項，在計時器的作業尾聲，動態計時會查看計時器的事件佇列，並在有事件時才安排下一次的中斷訊號，進而避免了不必要的喚醒，讓 CPU 盡可能地閒置久一點。任何對耗電管理有高度需求的應用程式，應該在內核中啟用這項設定。

雖然嵌入式 Linux 系統中 CPU 佔了功耗的大部分，但關閉系統上的其他元件也多多少少有點幫助。

關閉週邊裝置

目前為止我們都是針對 CPU 做討論，討論的內容也都是如何在 CPU 運行或閒置狀態下，減低造成的功耗。現在該來看看其他的系統週邊裝置了，看看是否能夠從這些地方省下一些電源消耗。

在 Linux 內核當中，這部分是由**執行期電源管理系統（runtime power management system，或簡稱 runtime pm）**所負責的，只要是驅動程式本身有支援 runtime pm 的話，就可以透過管理系統將「未使用的週邊裝置」關閉，並在需要時喚醒它們。這是一項動態的管理作業，並且可由用戶空間控制，但取決於裝置驅動程式是否支援這類對硬體的管理。不過，大多數情況下，至少會包括「關閉子系統時脈訊號」的時脈閘控（clock gating）以及「關閉核心電路」這些功能。

我們可以透過 sysfs 介面控制「執行期電源管理系統」。每個週邊裝置下，都會有一個名為 power 的子目錄，其中會有這些檔案：

* control：可讓用戶空間決定是否要對此裝置採取 runtime pm 管理。如果設定值為 auto，代表啟用管理；反之，如果設定為 on，就代表不啟用管理，而裝置不會被關閉。
* runtime_enabled：用於查看 runtime pm 管理是否為 enabled 啟用或是 disabled 停用；如果 control 被設定為 on，那麼這邊會顯示為 forbidden。
* runtime_status：裝置本身的目前狀態，分為 active、suspended、unsupported 三種。
* autosuspend_delay_ms：裝置被關閉之前的停等時長設定，-1 表示無限期停等。當關閉裝置硬體的成本過高時，有些驅動程式會以此時長為根據，避免陷入頻繁關閉又啟動的循環當中。

底下以 BeagleBone Black 機板上的 MMC 驅動程式為例：

```
$ cd /sys/devices/platform/ocp/481d8000.mmc/mmc_host/mmc1/mmc1:0001/
power
$ grep "" *
```

```
async:enabled
autosuspend_delay_ms:3000
control:auto
runtime_active_kids:0
runtime_active_time:14464
runtime_enabled:enabled
runtime_status:suspended
runtime_suspended_time:121208
runtime_usage:0
```

從上面可以看到 runtime pm 已啟用，而裝置目前處於被關閉的狀態，但每次要關閉裝置時，必須得在該裝置最後一次被使用的 3000 毫秒停等時間之後。接下來，我們嘗試讀取裝置上的一個區塊，看看會發生什麼變化：

```
$ sudo dd if=/dev/mmcblk1p3 of=/dev/null count=1
1+0 records in
1+0 records out
512 bytes copied, 0.00629126 s, 81.4 kB/s
$ grep "" *
async:enabled
autosuspend_delay_ms:3000
control:auto
runtime_active_kids:0
runtime_active_time:17120
runtime_enabled:enabled
runtime_status:active
runtime_suspended_time:178520
runtime_usage:0
```

現在 MMC 驅動程式處於 active 的啟動狀態，機板也從 320 mW 增加到了 500 mW 的功耗。如果 3 秒之後再關閉裝置的話，功耗就會回到 320 mW 的程度。

更多關於 runtime pm 的細節，請參考 Linux 內核原始碼的 Documentation/power/runtime_pm.txt。

在理解 runtime pm 的原理與行為之後，接下來，讓我們看看如何實際應用它。

進入睡眠模式

在電源管理的議題上，還有一種手段可以考慮：那就是乾脆讓整個系統都進入睡眠模式（sleep mode），並期望系統會在這個狀態下待久一點。在 Linux 內核中，這被稱為**系統睡眠（system sleep）**，而且一般是由使用者發起的：也就是說，使用者的行為決定了整個裝置需要睡眠多久。例如，當我準備回家、收拾背包時，決定將筆電不關機而是直接蓋上螢幕，然後放進背包內。確實，在 Linux 中對「系統睡眠」的實作，大多數是針對「筆電裝置」的支援。而在筆電的設計中，這類睡眠通常又分為兩種：

- Suspend（待命模式）
- Hibernate（休眠模式）

第一種模式通常被稱為 **Suspend to RAM（記憶體待命）**，意指除了系統記憶體之外，將其他所有元件都關閉。因此裝置在睡眠期間仍會有少量功耗。當系統醒來時，記憶體中還是保有先前的狀態，筆電可以在數秒鐘內迅速地恢復正常運作。

但如果我們選擇進入 **Hibernate（休眠模式）**，那麼「記憶體中的內容」會被全部存入硬碟內。此後，系統不會造成任何功耗，所以某種意義上可以永久處在這個狀態下。但當醒來時，就需要花點時間從磁碟中讀取「之前保存的內容」，然後再將其放回記憶體中。在嵌入式系統上很少會用到 Hibernate，主要的原因是快閃儲存記憶體的讀寫速度並不快，另外一個原因是這不適合用在嵌入式裝置的工作情境上。

更多關於睡眠模式的細節，請參考內核原始碼的 Documentation/power 目錄。

但 Suspend to RAM 與 Hibernate 只是 Linux 所支援的四種系統睡眠模式中的兩種而已。接下來，我們將繼續深入探討這兩種模式以及其他的 ACPI 電源狀態。

電源狀態

根據 ACPI 規範的定義，睡眠狀態（sleep state）又被稱為 **S-State（S 狀態）**。Linux 中總共支援四種系統睡眠狀態（freeze、standby、mem、disk），如果對應到 ACPI 的 S-State 的話，則分別是 [S0]、S1、S3、S4，如下所述：

- freeze（[S0]）凍結：除了 CPU 與記憶體仍舊正常運作之外，所有用戶空間中的活動全部都被停止（凍結）。

這樣一來，等於是完全沒有來自用戶空間的程式碼需要執行，進而節省了電源。但在 ACPI 中並沒有能夠完全與此模式對應的定義，最接近的就是 S0 狀態而已，而 S0 指的其實是「系統正常運作」。

- standby（S1）待機：與凍結類似，但除了「啟動用 CPU」（boot CPU）之外，其餘所有 CPU 資源均進入睡眠。
- mem（S3）記憶體待命：系統關機，但記憶體維持在待命狀態，也就是所謂的 **suspend to RAM** 模式。
- disk（S4）磁碟待命：將記憶體中的內容存入硬碟，然後系統關機，也就是所謂的 **suspend to disk** 模式。

但不是所有系統都支援以上所有四種狀態，你可以查詢 /sys/power/state 檔案來了解有哪些狀態可用：

```
# cat /sys/power/state
freeze standby mem disk
```

只要將對應的狀態名稱寫到 /sys/power/state 中，就可以切換到該系統睡眠狀態下。

對於嵌入式裝置而言，最常使用的狀態應該就是 mem 的記憶體待命模式了。就以 BeagleBone Black 為例：

```
# echo mem > /sys/power/state
[ 1646.158274] PM: Syncing filesystems ...done.
[ 1646.178387] Freezing user space processes ... (elapsed 0.001
seconds) done.
[ 1646.188098] Freezing remaining freezable tasks ... (elapse 0.001
seconds) done.
[ 1646.197017] Suspending console(s) (use no_console_suspend to
debug)
[ 1646.338657] PM: suspend of devices complete after 134.322 msecs
[ 1646.343428] PM: late suspend of devices complete after 4.716 msecs
[ 1646.348234] PM: noirq suspend of devices complete after 4.755
msecs
[ 1646.348251] Disabling non-boot CPUs ...
[ 1646.348264] PM: Successfully put all powerdomains to target state
```

在筆者使用手上這台簡易萬用電表的情況下，當裝置不到 1 秒鐘就進入睡眠之後，功耗降到低於 10 毫瓦以下，而這已經是這台電表的量測極限了。所以，系統睡眠了，但要如何喚醒它呢？讓我們詳細說明。

喚醒事件

在讓裝置進入待命狀態前，我們必須準備好可以喚醒它的手段才行，而內核再次成為我們的幫手。如果沒有事先準備喚醒事件源（wakeup source），那麼系統會拋出以下訊息，拒絕進入待命狀態：

```
No sources enabled to wake-up! Sleep abort.
```

喚醒事件源的意思是，即使在最深層的睡眠狀態下，還是有部分系統必須維持供電狀態才行。這些部分通常會包括 **PMIC（Power Management IC，電源管理 IC）**、**RTC（real-time clock，實時時鐘）**和一些介面，如 GPIO、UART、乙太網路等。

喚醒事件（wakeup event）同樣透過 sysfs 控制，在 /sys/device 的每種裝置底下，都會有一個名為 power 的子目錄，而在該目錄路徑下，則有一個 wakeup 檔案，寫有底下這幾種字串資料之一：

- enabled：將該裝置設為喚醒事件源之一
- disabled：將該裝置從喚醒事件源中排除
- 無資料：該裝置無法產生喚醒事件

要知道有哪些裝置可以產生喚醒事件，只要搜尋 wakeup 檔案內寫有 enabled 或 disabled 字樣的裝置即可：

```
$ find /sys/devices/ -name wakeup | xargs grep "abled"
```

以 BeagleBone Black 機板為例，其中 UART 就是喚醒事件源之一，因此，只要我們在主控台按下任意鍵，就可以喚醒 BeagleBone 了：

```
[ 1646.348264] PM: Wakeup source UART
[ 1646.368482] PM: noirq resume of devices complete after 19.963
msecs
[ 1646.372482] PM: early resume of devices complete after 3.192 msecs
```

```
[ 1646.795109] net eth0: initializing cpsw version 1.12 (0)
[ 1646.798229] net eth0: phy found : id is : 0x7c0f1
[ 1646.798447] libphy: PHY 4a101000.mdio:01 not found
[ 1646.798469] net eth0: phy 4a101000.mdio:01 not found on slave 1
[ 1646.927874] PM: resume of devices complete after 555.337 msecs
[ 1647.003829] Restarting tasks ... done.
```

我們已經了解如何讓裝置進入睡眠狀態，也已經知道如何透過 UART 這類週邊裝置或介面來重新喚醒它。但假設今天我們希望裝置在不需要外部介入的情況下，就可以自己醒來的話，要怎麼辦？此時就是 RTC 派上用場的時候了。

實時時鐘的定時喚醒

大多數系統都具備一個 RTC（real-time clock，實時時鐘），以便在未來 24 小時的某個時間點，產生鬧鐘式的中斷訊號。只要是有此類功能的系統，你就會看到一個 /sys/class/rtc/rtc0 的目錄，在該目錄下會有一個 wakealarm 檔案。對 wakealarm 寫入一個數字，就會在該數字的秒數時間之後，發出鬧鐘訊號。也就是說，結合「實時時鐘」與「喚醒事件」這兩個機制，就可以用 RTC 來喚醒待命中的裝置了。

下面的範例使用 rtcwake 指令，就可以將系統切換到 standby 狀態下，並在 5 秒鐘後因 RTC 的喚醒事件自動醒來：

```
$ sudo su -
# rtcwake -d /dev/rtc0 -m standby -s 5
  rtcwake: assuming RTC uses UTC ...
  rtcwake: wakeup from "standby" using /dev/rtc0 at Tue Dec 1
19:34:10 2020
[ 187.345129] PM: suspend entry (shallow)
[ 187.345148] PM: Syncing filesystems ... done.
[ 187.346754] Freezing user space processes ... (elapsed 0.003
seconds) done.
[ 187.350688] OOM killer disabled.
[ 187.350789] Freezing remaining freezable tasks ... (elapsed 0.001
seconds) done.
[ 187.352361] Suspending console(s) (use no_console_suspend to debug)
[ 187.500906] Disabling non-boot CPUs ...
[ 187.500941] pm33xx pm33xx: PM: Successfully put all powerdomains to
target state
[ 187.500941] PM: Wakeup source RTC Alarm
```

```
[ 187.529729] net eth0: initializing cpsw version 1.12 (0)
[ 187.605061] SMSC LAN8710/LAN8720 4a101000.mdio:00: attached PHY
driver [SMSC LAN8710/LAN8720] (mii_bus:phy_addr=4a101000. mdio:00,
irq=POLL)
[ 187.731543] OOM killer enabled.
[ 187.731563] Restarting tasks ... done.
[ 187.756896] PM: suspend exit
```

不過，因為 UART 同時也是喚醒事件源之一，因此，如果在 RTC 的 wakealarm 到來
之前，就在主控台按下任意鍵的話，BeagleBone Black 機板同樣會醒來：

```
[ 255.698873] PM: suspend entry (shallow)
[ 255.698894] PM: Syncing filesystems ... done.
[ 255.701946] Freezing user space processes ... (elapsed 0.003
seconds) done.
[ 255.705249] OOM killer disabled.
[ 255.705256] Freezing remaining freezable tasks ... (elapsed 0.002
seconds) done.
[ 255.707827] Suspending console(s) (use no_console_suspend to debug)
[ 255.860823] Disabling non-boot CPUs ...
[ 255.860857] pm33xx pm33xx: PM: Successfully put all powerdomains to
target state
[ 255.860857] PM: Wakeup source UART
[ 255.888064] net eth0: initializing cpsw version 1.12 (0)
[ 255.965045] SMSC LAN8710/LAN8720 4a101000.mdio:00: attached PHY
driver [SMSC LAN8710/LAN8720] (mii_bus:phy_addr=4a101000.mdio:00,
irq=POLL)
[ 256.093684] OOM killer enabled.
[ 256.093704] Restarting tasks ... done.
[ 256.118453] PM: suspend exit
```

BeagleBone Black 機板上的 Power 電源鍵也是喚醒事件源之一，所以，即便今天沒有
連接著序列主控台（serial console），我們也可以用這種方法喚醒裝置。請記得，是
按 Power（電源開關）按鈕，而不是旁邊的 Reset（重啟）按鈕，否則會直接重啟機板
的。

本書對 Linux 四種系統睡眠模式的介紹到此告一段落。我們說明如何讓裝置進入 mem
或 standby 等待命電源管理狀態，也學會如何透過 UART、RTC、電源鍵等管道發出

事件訊號，以便喚醒裝置。雖然 Linux 系統的這些 runtime pm 主要是針對筆電的使用情境而設計的，但同樣也可以運用在嵌入式系統的情境中，以便降低耗電量。

小結

Linux 的電源管理功能相當多元。我們在本章中介紹了這四種主要元件：

- **CPUFreq**：它會針對「處理器核心」切換不同的 OPP 組態，在處理器繁忙之間的空閒期間，盡量「忙裡偷閒」、降低時脈，以便減低功耗。在 ACPI 規範中，OPP 組態又被稱為 P-State（P 狀態）。
- **CPUIdle**：當預計 CPU 會有一段不小的空閒期間時，它會選擇讓 CPU 進入更深層的閒置狀態。在 ACPI 規範中，這類閒置狀態又被稱為 C-State（C 狀態）。
- **runtime pm**：它會關閉那些沒有必要的週邊裝置。
- **系統睡眠模式**：它會乾脆將整個系統都切換到低功耗的組態下。這通常是根據使用者的行為而定，例如：當我們輕按電源鍵或事先定義好的待命按鈕時。在 ACPI 規範中，這類系統睡眠狀態又被稱為 S-State（S 狀態）。

大多數的電源管理功能都是經由機板支援套件（BSP）提供實作，因此，我們的主要工作僅僅在於如何妥善且正確地設定、利用這些功能而已。只有最後一項元件（也就是選擇系統睡眠狀態）才有可能牽涉到程式碼的編寫，以便由終端使用者觸發狀態的切換與脫離。

在下一個 Section 中，我們將說明嵌入式應用程式的開發。首先，我們將從「如何打包與部署 Python 程式碼」開始，然後在談到 balena 時，更深入探討**「第 10 章，上線後的軟體更新」**曾經提及的「容器化技術」。

延伸閱讀

如果讀者想要了解更多，可以參考以下資源：

- UEFI Forum, Inc. 的「Advanced Configuration and Power Interface (ACPI) Specification」：https://uefi.org/sites/default/files/resources/ACPI_Spec_6_4_Jan22.pdf